新一代信息技术（网络空间安全）高等教育丛书

丛书主编：方滨兴　郑建华

密码学引论

主　编◎陈少真　任炯炯

副主编◎李曼曼　高　源

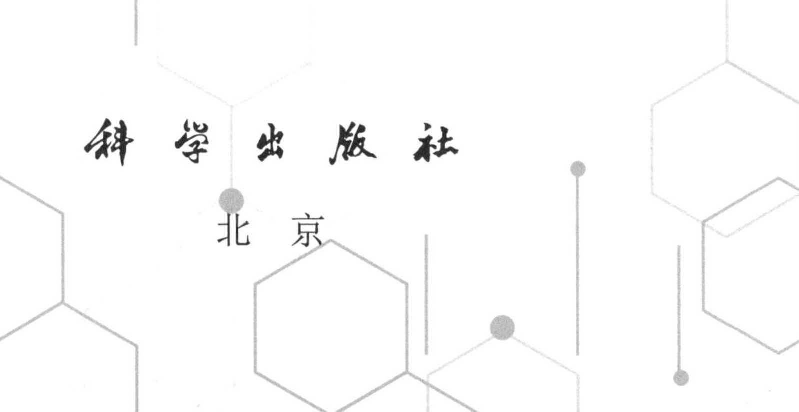

科学出版社

北　京

内 容 简 介

网络空间安全不仅牵动着国家安全的命脉，更是社会稳定和经济发展的坚实基石．密码技术作为保障网络空间安全的核心技术，其重要性无疑是举足轻重的．本书秉承正反联动、理实融合的理念；全面讲解密码学的基本知识，并注重体现密码设计与分析的思想．在阐述密码理论的同时，还介绍大量的算法和标准，特别在序列密码、分组密码和公钥密码体制的章节中，不仅阐释经典的密码体制及其安全性分析，还介绍我国商用密码标准算法及其应用．此外，本书关注密码学近些年的研究成果，重点介绍量子密码、抗量子计算的密码体制、云计算中的同态加密等前沿领域的新发展．为方便读者更好地掌握密码学知识，本书添加了丰富的数字资源，读者扫描二维码，即可学习相关内容．本书还在每章的末尾附带了理论或实践习题，便于读者巩固所学，深化理解．

本书可作为高等院校网络空间安全、计算机科学与技术、密码科学与技术等专业的本科生密码学教材，也可作为从事密码理论和方法研究的科研人员的参考书．

图书在版编目（CIP）数据

密码学引论／陈少真，任炯炯主编．—北京：科学出版社，2024．9．
ISBN 978-7-03-079235-8

Ⅰ．TN918.1

中国国家版本馆 CIP 数据核字第 2024H2K326 号

责任编辑：张中兴　梁　清　李香叶／责任校对：樊雅琼
责任印制：赵　博／封面设计：有道设计

科学出版社 出版
北京东黄城根北街 16 号
邮政编码：100717
http://www.sciencep.com

北京华宇信诺印刷有限公司印刷
科学出版社发行　各地新华书店经销
*
2024 年 9 月第　一　版　开本：720×1000　1/16
2025 年 1 月第二次印刷　印张：19
字数：383 000

定价：79.00 元

（如有印装质量问题，我社负责调换）

丛书编写委员会

丛书序

网络空间安全已成为国家安全的重要组成部分，也是现代数字经济发展的安全基石. 随着新一代信息技术发展，网络空间安全领域的外延、内涵不断拓展，知识体系不断丰富. 加快建设网络空间安全领域高等教育专业教材体系，培养具备网络空间安全知识和技能的高层次人才，对于维护国家安全、推动社会进步具有重要意义.

2023 年，为深入贯彻党的二十大精神，加强高等学校新兴领域卓越工程师培养，战略支援部队信息工程大学牵头组织编写 "新一代信息技术 (网络空间安全) 高等教育丛书". 本丛书以新一代信息技术与网络空间安全学科发展为背景，涵盖网络安全、系统安全、软件安全、数据安全、信息内容安全、密码学及应用等网络空间安全学科专业方向，构建 "纸质教材+数字资源" 的立体交互式新型教材体系.

这套丛书具有以下特点：一是系统性，突出网络空间安全学科专业的融合性、动态性、实践性等特点，从基础到理论、从技术到实践，体系化覆盖学科专业各个方向，使读者能够逐步建立起完整的网络安全知识体系；二是前沿性，聚焦新一代信息技术发展对网络空间安全的驱动作用，以及衍生的新兴网络安全问题，反映网络空间安全国际科研前沿和国内最新进展，适时拓展添加新理论、新方法和新技术到丛书中；三是实用性，聚焦实战型网络安全人才培养的需求，注重理论与实践融通融汇，开阔网络博弈视野、拓展逆向思维能力，突出工程实践能力提升. 这套 "新一代信息技术 (网络空间安全) 高等教育丛书" 是网络空间安全学科各专业学生的学习用书，也将成为从事网络空间安全工作的专业人员和广大读者学习的重要参考与工具书.

最后，这套丛书的出版得到网络空间安全领域专家们的大力支持，衷心感谢所有参与丛书出版的编委和作者们的辛勤工作与无私奉献. 同时，诚挚希望广大读者关心支持丛书发展质量，多提宝贵意见，不断完善提高本丛书的质量.

方滨兴
2024 年 6 月

序　言

当今时代信息技术的发展和应用在给人类社会生产生活带来极大便利的同时，也带来了众多信息安全问题. 而这些安全问题的解决主要基于网络与信息的机密性、完整性、可用性、真实性、不可否认性、可控性、可信性、公平性、隐私性等基本属性. 密码技术是解决网络与信息安全问题最有效、最可靠、最经济的手段，它可以有效地实现这些基本安全属性中的大部分. 因此，掌握密码技术十分重要，也十分必要.

《密码学引论》教材是由战略支援部队信息工程大学陈少真教授等经过多年科研和教学积累编写而成的，我认为该教材有以下几个特点.

1. 定位准确. 定位于本科教材，全面讲解密码学的基本知识，在阐述密码理论的同时，还介绍大量的算法和标准，特别在序列密码、分组密码和公钥密码的相关章节中，不仅介绍经典的密码算法，其中包括中国商用密码标准算法，而且还阐述部分算法的安全性分析.

2. 内容丰富. 该教材同时介绍了网络安全协议及近几年密码发展的新成果，如抗量子密码和云计算安全等，使内容更加丰富、更加具有前沿性. 为使读者更好地掌握密码学知识，该教材附录中还包含了必要的数学知识.

3. 习题适中. 该教材每章后面都配有适量的具有适中难度的习题，这些习题有助于读者掌握教材内容，也便于教师教学.

该教材可作为网络空间安全/信息安全/密码学、应用数学和计算机等专业的本科生教材使用，也可作为从事密码学研究的相关科研人员的参考书.

2024 年 1 月于北京

前　言

党的二十大报告明确提出，我国将“加快建设制造强国、质量强国、航天强国、交通强国、网络强国、数字中国”. 这一战略部署，不仅为新时代下的网络强国建设明确了发展路径，更提供了坚实的理论支撑和行动指南. 在推进网络强国建设的进程中，网络信息安全扮演着举足轻重的角色，而密码学，作为信息安全的基石，其重要性不容忽视. 在保护网络通信方面，密码学通过先进的加密技术，确保通信内容的机密性，有效防止信息被非法窃取或泄露. 同时，在维护数据安全上，密码学提供了数据完整性和真实性的验证机制，确保通信双方身份的真实性以及信息的可靠性，成为信息安全领域的坚强后盾. 在数字化浪潮汹涌的当下，密码学已经渗透到我们生活的方方面面，关于密码学的研究和应用也愈发受到全球关注.

本书是“新一代信息技术(网络空间安全)高等教育丛书”中的一本，是在教材《密码学教程》的基础上，合理选取教学内容，注重密码设计与分析思想的体现，突出应用实践性. 在编写过程中，编者力求结构严谨、逻辑清晰、语言表达简练、例子通俗易懂. 本书全面讲解密码学的基本知识，在阐述密码理论的同时，介绍大量的算法和标准，特别是在序列密码、分组密码和公钥密码体制的章节中，不仅阐释经典的密码体制及其安全性分析，还介绍我国商用密码标准算法及其应用. 此外，本书关注密码学近些年的研究成果，重点介绍量子密码、抗量子计算的密码体制、云计算中的同态加密等前沿领域的新发展. 本书添加了丰富的数字资源，通过扫描书中二维码，读者可以获取相应知识点的教学视频、教学设计、思政案例、算法模拟器以及必要的数学背景知识等. 此外，本书在每章的末尾设置了丰富的理论或实践习题，方便读者更好地掌握密码学知识.

本书共 9 章，带*的章节可以作为知识拓展内容. 第 1 章概述密码学与网络安全、密码体制及安全性. 第 2 章介绍古典密码体制及其安全性分析. 第 3～5 章主要介绍几种现代密码体制，其中第 3 章介绍序列密码体制，包括序列密码的理论基础、A5 算法和国产 ZUC 算法，以及序列密码的典型分析方法. 第 4 章介绍分组密码体制，包括分组密码的设计思想、数据加密标准、高级数据加密标准、国产 SM4 算法，以及分组密码差分和线性分析原理及工作模式. 第 5 章介绍公钥密码体制，包括公钥密码的设计原理、RSA 公钥密码体制、ElGamal 密码体制、国产 SM2 公钥加密算法，以及不同算法的安全性分析. 第 6 章介绍消息认证码、安全 Hash 函数 SHA-1 和 SHA-3、国产 SM3 算法，以及几种著名数字签名体制. 第 7

章介绍密码协议、身份认证协议，以及零知识证明及其应用的相关知识. 第 8 章从密钥分配、密钥协商、秘密共享、密钥保护几个方面介绍密钥管理技术. 第 9 章介绍密码学的新进展，包括量子计算与量子密码、抗量子计算的公钥密码体制以及面向云计算的同态加密.

本书由长期从事密码学教学和科研的教师编写，并请郑建华院士和相关专家进行审定，感谢专家们提出的宝贵意见和建议. 感谢科学出版社为本书出版给予的大力支持.

本书可作为网络空间安全、应用数学和计算机等专业的本科生密码学教材，也可作为从事密码理论和方法研究的科研人员的参考书. 本书依据作者多年从事密码学研究与教学的经验编写，但疏漏与不妥之处在所难免，诚望读者与同行专家、学者不吝批评指正.

作　者

2024 年 6 月

目　录

第 1 章

引　论

本章主要对密码学中的基本概念进行简要介绍，并对密码学中常用的一些符号和密码分析的类型加以说明.

1.1　密码学与网络安全概述

网络空间安全事关国家安全、事关社会稳定、事关经济发展. 网络信息技术日新月异、网络安全问题日趋复杂，人们对了解和掌握网络安全知识需求愈加迫切. 密码技术作为网络空间安全技术中的核心技术，其应用和研究更加广泛. 特别是四十多年来，世界上众多国家、学校和研究机构都开展了密码学的研究工作，密码学的理论和应用发展更加多样化. 从 20 世纪 70 年代开始，随着信息化的迅猛发展和广泛应用，在以保密为目标的加密技术基础上，各类密码技术纷纷出现，试图为网络安全和各种基于信息系统的应用提供安全保护，例如实体认证和消息认证技术等. 借助相关学科理论和技术的发展，加上密码学自身理论的不断深化和扩展，现代密码学成为一门内容丰富、理论深入的综合性学科.

密码学发展概述

1. 密码学的简要历史

机密性是最古老的安全服务要求，很长一段历史时期，密码学的核心是加密体制，在此阶段，相关概念如下.

研究信息的保密和复原保密信息以获取其真实内容的学科称为密码学(cryptology). 它包括

密码编码学(cryptography)：研究对信息进行编码，实现隐蔽信息的一门学科.

密码分析学(cryptanalysis)：研究复原保密信息或求解加密算法与密钥的学科.

在邮政系统和信息的电气化传输发展以前，通信主要由秘密信使来完成. 然而信使有被抓捕和叛变的可能，所以，人们希望他们的通信不能被那些没有获得所提供的特殊的解密信息的敌人所理解. 完成这一目的的技术就构成了密码编码学. 因此，密码编码学是一门使传递的信息只被预定的接收者所理解而不向他人泄露的学科. 这里所说的信息包括文字、语音、图像和数据等一切可用于人们进行思想交流的工具.

密码的出现迫使人们使用这样或那样的方法去揭示使用了密码技术的保密通信的秘密. 当然, 这一过程是在缺乏隐蔽此消息的密码技术的任何细节知识的情况下进行的. 完成这一目的过程就构成了密码分析学, 有时也称为破译或攻击. 因此, 密码分析学是研究如何获得使用了密码技术的保密通信的真实内容的一门学科.

密码方法的使用和研究起源颇早. 4000 多年以前, 人类创造的象形文字就是原始的密码方法. 我国周朝姜太公为军队制定的阴符(阴书)就是最初的密码通信方式.

19 世纪末, 无线电的发明使密码学的发展进入一个加快发展的时期. 这一时期密码的主要标志是以手工操作或机械操作实现的, 通常称之为初等密码. 这类密码的编码思想是: 要么错乱明文的顺序, 要么用一个字母去替换另一个明文字母, 要么用一组字母去替换另一组明文字母, 要么对明文信息进行多次代替和置换, 以达到文字加密的目的. 这一阶段始于 20 世纪之初, 一直延续到 20 世纪 50 年代末. 这些密码广泛应用于第一次世界大战和第二次世界大战. 例如, 第一次世界大战中使用的单表代替密码、多表代替密码、多码代替密码和第二次世界大战中德军使用的 Enigma (恩尼格玛)密码机、盟军使用的 Hagelin (哈格林) 密码、日军使用的 “蓝密” 和 “紫密” 都是这种类型的密码. 这些密码几乎已全部被破解了. 已经证明只要给予足够数量的已加密的消息, 整个消息可以被解开. 本书第 2 章将介绍这样的一些密码及其破译方法.

1949 年, 香农 (Shannon) 发表了《保密系统的通信理论》(*The Communication Theory of Secrecy Systems*), 从此密码学发展成为一个专门学科, 密码学的发展也进入一个快速发展的时期. 这一时期的密码的主要标志是以电子技术代替了手工操作和机械操作, 极大地提高了加密和解密的速率, 因此, 通常称之为电子密码. 电子密码包括序列密码 (stream cipher)、分组密码 (block cipher) 和公开密钥密码 (public key cryptosystem).

序列密码将明文划分成字符, 并且用一个随时间变化的函数逐个对每一个字符进行加密. 此函数的时间相关性由序列密码的内部状态决定. 在每个字符被加密以后, 此密码设备依照某种规则改变状态. 因此, 相同的明文字符的两次出现通常不会变成相同的密文字符.

分组密码将明文划分成固定大小的字块, 并且独立地处理每一个字块. 分组密码是置换密码, 必须具有大容量的字母表以阻止穷举攻击. 1977 年, 美国的数据加密标准 (data encryption standard, DES) 的公布, 使密码的应用进入到社会的各个领域, 特别是网络化蓬勃发展的今天, 密码的应用更加显示出广阔的前景.

促成初等密码向电子密码过渡的主要原因有两条: 一条是香农发表的划时代论文《保密系统的通信理论》, 它证明了密码编码学是如何置于坚实的数学基础之上的; 另一条是微电子学的发展促成了人们跟随香农的某些思想, 并引入新的思想和方法, 利用电子技术设计了各种类型的电子密码, 并广泛应用于军事、外交、商业等部门.

1976 年, Diffie 和 Hellman 发表的革命性论文《密码学新方向》(*New Directions in Cryptography*), 突破了传统密码体制使用秘密密钥所带来的密钥管理难题, 使密码的发展进入了一个全新的发展时期. 这一时期的密码的主要标志是加密和解密使用了不同的密钥, 加密密钥可以公开, 解密密钥需要保密. 因此, 通常称之为公开密钥密码. 在这种密码体制中, 理论上可以做到不仅加密算法公开, 而且加密密钥也是公开的. 根据这种体制, 凡是要使用这种密码装置的人都分配给一个加密密钥, 并像电话号码一样将加密密钥公布于众. 任何人想把一条消息发给某用户, 只需查阅该用户使用的加密密钥, 并用此加密密钥将消息加密后发给该用户, 而且只有该用户才能解开用此加密密钥加密的消息, 这是因为只有该用户拥有相应的解密密钥.

由于公钥体制下加密密钥是公开的, 所以人们易于采用主动攻击, 例如伪造、篡改消息等. 在通信广泛应用的实践中, 单独使用加密体制不能解决伪造、篡改、不可否认性和身份认证等问题, 为了防止消息被伪造、篡改和重放, 必须使发送的消息具有被验证的能力, 使接收者或第三者能够识别和确认数据的真伪性与完整性, 实现这种功能的密码系统被称为消息认证系统. 同时, 对通信方的真实身份的识别和认证, 也是保证通信安全的重要环节, 成为密码学的研究范畴, 从而认证系统主要包括数据完整性认证、数据源身份认证和实体身份认证, 与公钥密码(加密)同时提出的数字签名也是实现数据源身份认证的重要技术之一.

通信的广泛应用使得原来需要面对面才能完成的任务可以通过信息交流实现, 基于通信的两方或多方应用需要对应的安全保障, 而这些保障是基本加密体制无法实现的, 从而密码协议 (cryptographic protocol) 的研究与应用进入密码学的范畴, 成为密码学的重要内容, 也成为各类应用安全的重要支撑.

2. 密码学的重要意义

随着人类社会的进步与发展, 密码学逐渐成为政治、军事、外交、商业等领域内相互斗争的工具. 斗争的双方主要围绕信息的保密和破译进行着激烈的, 有时甚至是生死存亡的斗争, 这种斗争也推动了密码学的不断发展. 历史充满了这样的事实: 理想的密码体制和成功的密码分析在取得外交成功、获得军事胜利、掌握贸易谈判的主动权、捕捉罪犯、制止间谍犯罪等方面起着重要的作用.

第二次世界大战中, 德国人认为自己的“Enigma”密码是不可破译的. 谁知, 正是这套“不可破译”的密码让德国法西斯兵败如山倒. 1940 年 8 月 8 日, 德国空军元帅戈林下达了“老鹰行动”的命令, 雄心勃勃地要在短时间内消灭英国空军, 但他做梦也没有想到他的命令发出不到一小时就被送到了英国首相丘吉尔手中. 德国飞机还未离开法国的西海岸, 其航向、速度、高度、架数就被标在英国军用地图上. 1941 年 12 月, 日本海军采用无线电静默和战略伪装骗过了美国人, 成功地偷袭了珍珠港. 但是, 1942 年 6 月, 日本海军对中途岛发起的登陆作战因日本密码被破译, 终于遭到毁灭性的失败, 太平洋战争从此出现转机. 中途岛战役的胜利一方面是因为情报工作的胜利.

日本海军大将山本五十六, 因其行程密码电报被破译而丧命于南太平洋的事实更是广为人知. 1943 年 4 月, 山本决定到所罗门群岛各基地视察, 他将自己的行程计划用高级密码通知下属. 其实, 日本人认为万无一失的密码已被美国的破译专家所破译, 山本的行程通知, 无异于死亡通知.

第二次世界大战后, 密码也显过多次神威. 在 1962 年的古巴导弹危机中, 苏美剑拔弩张, 形势严峻. 据悉, 美国人心生一计, 故意用能被苏联截收、破译的密码告知其军队, 准备与苏联开战. 最终苏联妥协, 危机解除. 埃及和以色列多次开战, 以色列人频频得手, 其原因之一, 是他们破译了埃及密码, 甚至用埃及的密码调动埃及的军队. 海湾战争, 美军取得了胜利. 美国参议院情报委员会主席评价这场战争时说: 没有情报, 就不会有“沙漠风暴”的胜利.

我国历史上也有这样的教训. 中日甲午战争中北洋水师的覆灭, 虽然其根本的原因在于晚清朝廷的腐败, 但是日本人破译了清军的密码也是一个重要的原因.

第二次世界大战中, 美国还利用破译密码所获得的情报为其外交服务. 1939 年, 日本使用最高级的安全密码“紫密”与驻外国的 13 个使馆、领事馆进行通信. 由于美国破译了日本的“紫密”, 掌握了日本外交谈判的底牌, 每每逼日本就范. 1994 年, 因为美国的情报机构通过截获的国际电讯, 得知法国与沙特阿拉伯正在进行一笔数亿美元的军火交易, 这使美国先行一步从法国人手中抢下了这笔大生意.

从以上事实不难看出, 成功的密码分析也为打赢未来高技术条件下的局部战争提供可靠的保障.

当今时代, 高新技术发展日新月异, 计算机网络已成为无处不在的信息基础设施. 电子政府、知识经济、数字化部队、信息化战争等等均立足于计算机网络之上, 融合于计算机网络发展之中. 而要解决计算机网络的安全保密问题, 必须建立信息安全保障体系. 这个体系由保护、检测、反应和恢复四大部分构成. 其中网络空间安全保护是网络空间安全保障体系的核心和基础. 网络空间安全保护要在构建安全体系结构的前提下, 制定安全技术规范、实现安全服务、建立安全机制, 以维持网络空间安全可靠的运行, 并满足用户的合理需求和保证信息的安全. 网络空间安全服务依靠安全机制来完成, 而安全机制主要依赖于密码技术. 所以, 密码技术是计算机网络安全保障体系的支柱, 这已成为网络空间安全专家的共识.

毫无疑问, 通信的安全和保护在未来的年代中将继续发展, 这不仅因为在军事和政治方面的重要作用, 也由于它在公众事业和商业领域仍是十分重要的安全保障.

1.2 密码体制与密码分析

密码学
基本概念

不同功能的密码技术有着不同的体制模型, 对应密码分析的目标和方法也有差异. 本节首先阐述加密机制的体制和分析, 其余类别密码在后面章节阐述.

密码编码学是改变信息形式以隐蔽其真实含义的学科. 具有这种功能的系统称为密码体制或密码系统(cryptographic system). 被隐蔽的信息称为明文(plaintext), 经过密码方法将明文变换成另一种隐蔽的形式称为密文(ciphertext). 实现明文到密文的变换过程称为加密变换(encryption), 这种变换的规则称为加密算法. 合法接收者(receiver)将密文还原成明文的过程称为解密变换(decryption), 这种还原的规则称为解密算法. 加密变换和解密变换一般是可逆的. 通常, 加密算法和解密算法都是在一组信息的控制下进行的. 控制加密算法和解密算法的信息分别称为加密密钥和解密密钥. 报文或数字保密通信的过程见图 1.1, 其中发出信息的一方为发送方, 收到信息的一方为接收方. 发送方把信源 (明文源) 的待加密的信息 m 送入加密器, 在加密密钥 k_1 的控制下, 将明文 m 变换成密文 c. 密文 c 经过信道(有线、无线或其他方式)发给接收方. 接收方收到密文 c 后, 将 c 送入解密器, 在解密密钥 k_2 的控制下, 将密文 c 还原成明文 m. 在保密通信的过程中, 存在着两种攻击的方式, 即非法接入者的主动攻击和窃听者的被动攻击, 主动攻击者将经过篡改的密文信息 c' 插入信道, 而被动攻击者只是窃听密文 c 进行分析, 试图获得明文 m. 对抗主动攻击者需要使用消息认证技术, 对抗被动攻击者只需要加密技术即狭义的密码技术.

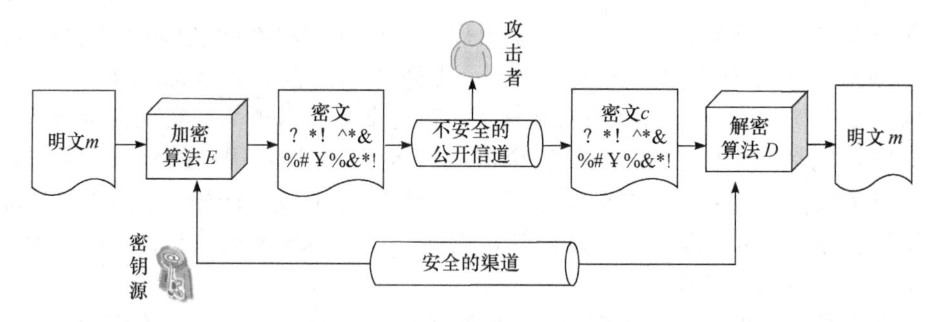

图 1.1　报文或数字保密通信示意图

设明文空间为M, 密文空间为C, 密钥空间分别为K_1和K_2, 其中K_1是加密密钥构成的集合, K_2是解密密钥构成的集合. 如果$K_1 = K_2$, 此时加密密钥需经由安全密钥信道由发方传送给接收方. 加密变换$E_{k_1}: M \to C$, 其中$k_1 \in K_1$, 它由加密器完成. 解密变换$D_{k_2}: C \to M$, 其中$k_2 \in K_2$, 它由解密器完成. 称总体 $(M, C, K_1, K_2, E_{k_1}, D_{k_2})$为一密码系统或密码体制. 对给定的明文$m \in M$, 密钥$k_1 \in K_1$, 加密变换将明文$m$变换成密文$c$:

$$c = E_{k_1}(m) \tag{1.1}$$

收方利用解密密钥$k_2 \in K_2$, 对收到的密文c施行解密变换得到原明文m:

$$m = D_{k_2}(c) \tag{1.2}$$

如果一个密码系统的加密密钥和解密密钥相同, 或者从一个易于得到另一个, 则称此密码系统为单钥体制(one-key cryptosystem)或对称密码体制(symmetric cryptosystem). 单钥体制的密码的保密性能主要取决于密钥的安全性. 产生满足指定要求的密钥是这类密码体制设计和实现的主要课题. 将密钥安全地分配给通信双方, 在网络通信的条件下更为复杂, 它包括密钥的产生、分配、存储、销毁等多方面的问题, 统称为密钥管理 (key management). 这是影响单钥体制的密码系统安全的关键因素. 即使密码算法很好, 倘若密钥管理不当, 也很难实现系统的安全保密.

单钥体制的密码系统可以分为

(1) 代数作业体制: 它将明文信息输入密码机, 经过多次代替、置换, 然后输出密文信息. 古典密码中的单表代替、多表代替、多码代替和乘积密码等都属于这种类型的密码体制. 转轮密码及在转轮密码的基础上发展起来的纸带密码也属于这种类型.

(2) 序列密码体制: 它将明文信息按字符逐位加密或用序列逐位控制明文信息加密. 例如模拟话密和数字话密都属于这种类型.

(3) 分组密码体制: 它是将信息按一定长度分组后逐组进行加密.

如果一个密码系统的加密密钥和解密密钥不同, 并且从一个难以推出另一个,称此密码系统为双钥体制(two-key cryptosystem)或非对称密码体制(asymmetric cryptosystem). 使用双钥体制的用户都有一对选定的密钥: 一个是公开的; 另一个是秘密的. 公开的密钥可以像电话号码那样注册公布, 因此双钥体制又称公钥体制.

在图 1.1 中, 如果敌手 (opponent) 通过某些渠道窃听或侦收到正在被发送的密文信息, 然后试图用各种手段或方法去获取密钥或明文信息, 那么, 这种攻击方法称为被动攻击(passive attack). 如果敌手通过更改被传送的密文信息, 或将自己的扰乱信息插入到对方的通信信道之中以破坏合法接收者的正常解密, 则这种攻击为主动攻击(active attack).

密码分析(cryptanalysis)是被动攻击, 它是在不知道解密密钥甚至通信者所采用的加密体制的细节的条件下, 试图通过密码分析达到获得机密消息的目的. 密码分析在军事、外交、公安、商务、反间谍等领域中起着相当重要的作用. 例如, 在第二次世界大战中, 美军破译了日本的 "紫密", 使得日本在中途岛战役大败. 一些专家们估计, 盟军在密码破译上的成功, 至少使第二次世界大战缩短了八年.

密码分析的工具至少包括: ① 概率论和数理统计; ② 线性代数和抽象代数; ③ 计算的复杂性理论; ④ 信息理论及其他一些特定的知识等. 例如分析语音加密要懂得语音的三大要素、语音的语图特性, 分析报文加密需掌握明文的统计特性等.

密码分析的类型可以分为

密码分析类型

(1) 唯密文攻击 (ciphertext only attack): 破译者仅仅知道密文, 利用各种手段和方法去获取相应的明文或解密密钥.

(2) 已知明文攻击 (known plaintext attack): 破译者除了有被截获的密文外, 利用各种方法和手段得到一些与已知密文相对应的明文.

(3) 选择明文攻击 (chosen plaintext attack): 破译者可获得对加密机的访问权限, 这样, 他可以利用他所选择的任何明文, 在同一未知密钥下加密得到相应的密文, 即可以选定任何明文-密文对来进行攻击, 以确定未知密钥. 数据库系统可能最易受到这种类型的攻击, 这是因为用户能够将某些要素插入数据库, 然后再观察所储存的密文的变化, 从而获得加密密钥.

(4) 选择密文攻击 (chosen ciphertext attack): 破译者可获得对解密机的访问权限, 这样, 他可以利用他所选择的任何密文, 在同一未知密钥下解密得到相应的明文, 即可以选定任何密文-明文对来进行攻击, 以确定未知密钥. 攻击公开密钥密码体制时常采用这种攻击方法. 虽然原文是不大明了的, 但密码分析者可用它来推断密钥.

密码分析的方法有穷举法和分析法两大类. 穷举法是对截获的密文依次用各种可能的密钥去试译密文直至得到有意义的明文, 或在同一密钥下 (即密钥固定), 对所有可能的明文加密直至得到与截获密文一致为止. 前者称为密钥穷举, 后者称为明文穷举. 只要有足够的时间和存储容量, 原则上穷举法是可以成功的.

但是, 任何一种能保证信息安全的密码体制都会设计得使这一方法实际上不可行. 为了使这一方法实际上可计算, 破译者会千方百计地减少穷举量. 减少穷举量的方法大体上有两种. 一种方法是根据已经掌握的信息或密码体制上的不足, 先确定密钥的一部分结构, 或从密钥总体中排除那些不可能使用的密钥, 再利用穷举法去破译实际使用的密钥. 另一种方法是将密钥空间划分成若干个 (例如 q 个) 等可能的子集, 对密钥可能落入哪个子集进行判断 (至多进行 q 次). 在确定了密钥所在的子集后, 再对该子集进行类似的划分, 并检验实际密钥所在的子集. 以此类推, 就可以正确地判定出实际密钥.

分析法又分为确定性分析和统计分析两大类. 确定性分析是利用一个或几个已知量, 用数学的方法去求出未知量. 已知量和未知量的关系由加密和解密算法确定. 寻找这种关系是确定性分析的关键步骤. 例如 n 级线性移位寄存器序列作为密钥序列时, 就可在已知 $2n$ 个比特的密钥序列下通过求解线性方程组破译. 应用统计的方法进行破译也可以分为两类. 一类是利用明文的统计规律进行破译. 破译者对截获的密文进行统计分析, 总结其间的规律, 并与明文的统计规律进行对照分析, 从中提取明文和密文的对应或变换信息. 第 2 章中的单表代替密码的破译方法属于这种类型. 另一类是利用密码体制上的某些不足 (例如明密信息之间存在某种相关性), 采用统计的方法进行优势判决, 以区别实际密钥和非实际密钥. 我们将在后面的章节中介绍这类方法的实现.

在破译时, 破译者必须认真研究破译对象的具体特性, 找出其内在的规律性, 才能确定应当使用何种分析方法. 一般情况下, 破译一个密码, 甚至破译一个密码体制的部分结构, 往往不是仅采用一种破译方法就可以达到破译的目的, 而是要综合利用各种已知条件, 使用多种分析手段和方法, 有时甚至要创立新的破译方法, 才能达到较满意的效果.

密码破译的结果可分为完全破译和部分破译. 如果不管采用密钥空间中哪个密钥加密的密文, 都能从密文迅速恢复原明文, 则此密码已完全破译, 这也意味着敌手能够迅速地确定该密码系统实际使用的密钥. 如果对于部分实际使用的密钥, 敌手能由密文迅速恢复原明文, 或能从密文确定部分原明文, 就说该密码部分破译. 完全破译又分为绝对破译和相对破译. 绝对破译是指破译的结果完全符合合法接收者解密密文的过程. 否则称为相对破译. 相对破译往往是根据密文可以迅速得到相应的明文, 但由明文并不一定能加密成相应的密文.

密码分析之所以能破译密码, 最根本是依赖于明文的多余度. 这是香农在 1949 年所创立的信息理论第一次透彻地阐明了密码分析的基本原理. 密码分析的成功除了靠上述的数学演绎和统计推断外, 还必须充分利用保密通信中的侧面消息和密码的编制特点.

任何一个密码体制都包含两类资料 —— 公开资料和秘密资料. 所谓公开资

料是指信息加密时所用的一系列规则和算法. 公开资料是公开的. 如果密码体制是通过硬件设计的, 其技术指标和规格都将公布, 操作说明书也可以得到. 通过软件来实现的密码体制也是如此. 公开资料也可能在一定时间内不公开, 但它绝不会像秘密资料那样绝对地保密. 因此, 所谓体制泄密是指公开资料已被人所知, 然而这并未对密码的安全构成多大威胁. 所谓秘密资料就是敌方所得不到的资料, 一般是指此密码所使用的密钥, 这是一个密码绝对保密的一部分资料, 一旦泄露便严重危害密码的安全.

破译密钥的主要任务是研究密码体制的编制特点, 使用破译中出现的故障和侧面消息, 确定使用何种密码分析方法来获得其密钥.

侧面消息是指通信双方的各种因素的相对稳定性及其内在联系. 例如, 下面一段密文

DFOR KIBUC TECRELOHV DONSHU KADCRAP GEDOD LADCLIAC NOCILLN

出现在弗吉尼亚州的一个餐馆的餐桌布上. 如同侦查一个案件一样, 当我们知道上述密文与汽车有关时, 那么就容易得出这段密文中的单词是字母换位的结论, 从而可推出其对应的明文为

FORD BUICK CHEVROLET HUDSON PACKARD DODEG CADILLAC LINCOLN

这是一个侧面消息的例子, 它使得这段密文几乎没有什么价值了.

侧面消息还包括正在传输的数据、报文及语音等情况的相对固定性及它们之间的内在联系. 例如传输销售数据时, 用户的姓名和地址编为第一部分, 售出报单编为第二部分, 交货日期编为第三部分. 这些都是相对固定的, 报文的开头和结尾也是固定的. 同时, 在传输销售数据的一份密报中可能会多次出现像计划、交货、日期之类的词. 破译者可以根据它们去猜出部分密文的实际内容, 从而得到一些明文-密文对, 把唯密文破译转为已知明文破译.

侧面消息既可以通过保密通信双方间的联络得到, 也可以由公开渠道得到. 侧面消息的内容也是广泛的, 它可能涉及通信的内容, 也可能涉及密码机的内部结构和使用故障等.

任何一个密码体制都是按照一定的编码思想设计的. 所谓编制, 即实现某一编码思想的全过程. 对于非代数作业的密码体制来说, 其编制是由加密器和加密密钥来实现的. 因此, 密码的编制规律是指由明文信息到密文信息的变换过程中所具有的整体的和个别的特征. 由于编码思想往往受各种主客观条件的影响, 所以密码体制的实现和设计不可能十全十美, 往往在体制的个别部分出现一些小的疏忽. 这些小的疏忽可以为我们破译其实际密钥打开一个缺口. 同时, 同类密码体制(例如序列密码体制)往往具有共同的设计思想或结构, 可以通过寻找它们的

共同特征去研究具体密码的结构和特征. 破译者的任务之一是寻找密码编制上的规律, 确定或创造出分析或破译这类密码的方法. 序列密码的相关攻击、攻击 DES 密码的差分分析等都是利用了密码编制上的缺陷而创立的破译方法.

密码在使用过程中暴露出来的异常现象 (一般是由使用不当或机器故障造成的) 也可以被我们利用. 破译者通过侦察和分析他所截获的大量密文, 力图找出使用密码机的过程中出现的某些矛盾 (例如重复报、重码或某些异常现象等) 以获取有关密钥使用或密码体制等方面的信息.

密码体制往往受到当代科学技术的极大影响. 例如语言文字学、数学、声学、电子学、计算机理论等最新成就都不同程度地渗透到密码设计之中, 这样就决定了密码分析是一项艰巨的、复杂的、探索性很强的工作. 正如爱伦·坡所说: "人类智慧编造不出一种人类智慧所不能解开的密码." 只要认真研究密码体制及其设计思想, 努力发掘编制和使用等方面的内在规律, 总可以找到一个切实可行的分析方法.

1.3 密码体制的安全性

为对抗密码分析, 对密码技术提出了对应的安全需求, 安全性是密码技术的首要需求. 现代密码学逐渐发展丰富为较为成熟的安全理论, 主要包括安全的合理定义和论证.

密码体制安全标准和完善保密性

安全定义一般综合考虑攻击者可能的攻击能力和攻击可能达到的目标, 通常以具备最强能力攻击者不能达到的最容易攻击目标作为安全要求. 安全论证早期主要以论证现有已知攻击方法都不能攻破为主, 当然这种论证是不完备的, 因为很可能存在未公开的或未发现的攻击方法. 现代密码学采用严格的形式化分析或归约论证密码的安全性.

在以后的章节中, 我们会碰到对密码体制安全性的评价, 下面定义几个有用的准则[1].

1.3.1 计算安全性

计算安全性 (computational security) 涉及攻击密码体制所作的计算上的努力. 如果使用最好的算法攻破一个密码体制需要至少 N 次操作, 这里的 N 是一个特定的非常大的数字, 我们可以定义这个密码体制是计算安全的. 问题是没有一个已知的实际的密码体制在这个定义下可以被证明是安全的. 但由于这种标准的可操作性, 它又成为最适用的标准之一.

1.3.2 可证明安全性

通过有效的转化, 将对密码体制的任何有效攻击归约到解一类已知难处理问题, 即使用多项式归约技术形式化证明一种密码体制的安全性, 称为可证明安全性(provable security). 例如, 可以证明这样一类命题: 如果给定的整数是不可分解的, 那么给定的密码体制是不可破解的. 但必须注意, 这种途径只是说明了安全性和另一个问题是相关的, 并没有完全证明是安全的.

1.3.3 无条件安全性

无条件安全性(unconditional security)考虑的是对攻击者的计算量没有限制的时候的安全性. 即使提供了无穷的计算资源, 也是无法被攻破的, 我们定义这种密码体制是无条件安全的, 也称为具有完善保密性.

下面定量描述完善保密性. 假设 (P, C, K, E, D) 是一个特定的密码体制, 密钥 $k\in K$ 只用于一次加密. 假设明文空间 P 存在一个概率分布. 因此明文元素定义了一个随机变量, 用 X 表示. $\Pr[X = x]$表示明文 x 发生的**先验概率**. 还假设以固定的概率分布选取密钥, 密钥也定义了一个随机变量, 用 k 表示. $\Pr[K = k]$ 表示密钥 k 发生的概率. 可以合理地假设密钥和明文是统计独立的随机变量. P 和 K 的概率分布导出了 C 的概率分布. 因此同样可以把密文元素看成随机变量, 用 Y 表示. 对于任意的 $y\in C$, 我们有

$$\Pr[Y=y]=\sum_{|K:y\in C(k)|}\Pr[K=k]\Pr[x=d_k(y)]$$

其中 $C(k)=\{e_k(x): x\in P\}$ 表示密钥是 k 时所有可能的密文.

同样, 对任意的 $y\in C$ 和 $x\in P$, 可计算条件概率

$$\Pr[Y=y\,|\,X=x]=\sum_{|K:x=d_k(y)|}\Pr[K=k]$$

现在我们可以用 Bayes (贝叶斯) 定理计算条件概率

$$\Pr[X=x\,|\,Y=y]=\frac{\Pr[X=x]\Pr[Y=y|X=x]}{\Pr[Y=y]}$$

并称其为**后验概率**.

定义 1.1 一个密码体制具有完善保密性, 即如果对于任意的 $x\in P$ 和 $y\in C$, 有 $\Pr[x\,|\,y]=\Pr[x]$. 也就是说, 给定密文 y, 明文 x 的后验概率等于明文 x 的先验概率. 通俗地讲, 完善保密性就是不能通过观察密文得到明文的任何信息, 即无条件安全性.

一个著名的具有完善保密性的密码体制是"一次一密"密码体制. 这个体制首先由 Gibert Vernam 于 1917 年用于报文消息的自动加密和解密. "一次一密"很多年来被认为是不可破的, 但是一直都没有一个数学证明, 直到 30 年后香农提出了完善保密性的概念. 但是, 密码体制的无条件安全性是基于每个密钥仅用一次的事实. 例如, "一次一密"对已知明文攻击将是脆弱的. 这就带来了一个严峻的

密钥管理问题, 因此限制了“一次一密”在商业上的应用.

对于安全保密的角度而言, 密文给出一些有关其对应明文的信息是不可避免的. 一个好的密码算法可使这样的信息最少, 一个好的密码分析者利用这类信息可确定明文. 如何度量信息的多少, 香农理论提出了熵的概念, 给出了最大熵定理[3,4].

小结与注释

本章主要对密码学中的基本概念和基础知识进行简要介绍, 包括密码体制的分类和安全性描述.

香农理论为密码学的研究奠定了坚实的理论基础, 在香农理论中, 对密码体制语义的刻画也是非常有意义的: 密文消息空间是所有可能的消息空间, 而原文消息空间是消息空间中很小的一个区域, 在这个区域中的消息具有某种相当简单的统计结构, 也就是说它们是有意义的; (好的) 加密算法是一种混合变换, 它将有意义的小区域中的有意义的消息相当均匀地分布到整个消息空间中. 所以, 在后面的章节中讲述的各种密码体制, 其最终目的, 都是使密文的分布具有接近随机的分布, 从而达到较大不确定性, 即具有较大熵而难以破译.

结合著名的柯克霍夫 (Kerckhoffs) 原则[2]: 加密算法的公开, 不应该影响明文和密钥的安全, 并对后面各章密码体制有更好的理解, 对好的密码体制给出下面总结:

(1) 加解密算法不包含秘密的成分或设计部分;

(2) 加密算法将有意义的消息相当均匀地分布在整个密文消息空间中, 甚至可以由加密算法的某些随机的运算来获得随机的分布;

(3) 使用正确的密钥, 加解密算法是实际有效的;

(4) 不使用正确的密钥, 要由密文恢复出相应的明文是一个由密钥参数的大小唯一决定的困难问题, 通常取长为 s 的密钥, 使得解这个问题所要求计算资源的量级超过 $p(s)$, p 是任意多项式.

习题 1

1.1　密码分析的类型有哪几种?

1.2　什么是对称密码和非对称密码?

1.3　评价密码体制安全性有哪些标准?

参考文献 1

[1] Stinson D. Cryptography: Theory and Practice. Boca Raton: CRC Press, 1995.
[2] Mao W B. 现代密码学理论与实践. 王继林, 伍前红, 等译. 北京: 电子工业出版社, 2004.
[3] Shannon C E. Communication theory of secrecy systems. Bell Systems Technical Journal, 1949, 28: 656-715.
[4] Shannon C E. A mathematical theory of communication. Bell Systems Technical Journal, 1948, 27: 379-423.

第 2 章

古典密码体制及分析

本章研究一些早期的密码体制 (或称古典密码体制)及其分析方法. 这些密码体制大都比较简单, 可采用手工操作或机械操作实现加密和解密, 因此现在已极少使用了. 而在古典密码体制中使用的基本运算, 如换位和代替, 仍广泛地用于现代对称密码体制的构造中. 因此, 研究古典密码体制的构成原理和分析方法, 不仅有助于理解历史上的信息安全保护方式, 而且对于现代密码体制的设计与分析具有启迪意义.

2.1 古典密码体制中的基本运算

古典密码体制中使用的基本运算包括换位变换、代替变换和乘积变换. 下面介绍换位变换和代替变换.

2.1.1 换位变换

通过重新排列消息中元素的位置而不改变元素本身的变换, 称为换位. 若一个加密体制仅使用换位变换来加密一条消息, 则称为换位密码. 换位密码是古典密码体制中的重要一类. 换位变换仍广泛应用于现代对称密码的构造.

令l为一固定的正整数, 它表示消息分组的大小, 设K为$\{1, 2, \cdots, l\}$上所有置换变换, 即$\{1, 2, \cdots, l\}$的所有排列. 取$\pi \in K$, 置换$\pi = (\pi(1), \pi(2), \cdots, \pi(l))$ 是一个密钥. 对于明文分组$(x_1, x_2,\cdots, x_l) \in P$, 这个换位密码的加密算法是

$$e_\pi(x_1, x_2,\cdots, x_l) = (x_{\pi(1)}, x_{\pi(2)},\cdots, x_{\pi(l)}) = (y_1, y_2,\cdots, y_l)$$

令π^{-1}表示π的逆, 即$\pi^{-1}(\pi(i)) = i, i = 1, 2,\cdots, l$, 那么这个换位密码相应的解密算法是

$$d_{\pi^{-1}}(y_1,y_2,\cdots,y_l) = (x_{\pi^{-1}\pi(1)},x_{\pi^{-1}\pi(2)},\cdots,x_{\pi^{-1}\pi(l)}) = (x_1,x_2,\cdots,x_l)$$

对于长度大于分组长度 l 的消息, 该消息可分成多个分组, 然后每个分组重复同样的变换. 对于消息分组长度l, 共有l! 种不同的密钥, 因此, 一个明文消息分组能够变换加密为l! 种可能的密文.

例 2.1 换位密码 令$l = 4$, $\pi = (\pi(1), \pi(2), \pi(3), \pi(4)) = (2, 3, 4, 1)$, 那么明文

消息 Good morning 的加密变换如下：首先将明文分为 3 个组，每个分组 4 个字符：

Good morn ing*

其中，将最后一组填充为 4 个字符. 然后，换位加密为下面的密文：

Oodgornmng*i

解密密钥为$\pi^{-1}=(4, 1, 2, 3)$.

2.1.2 代替变换

假设所采用语言的字母表含有 q 个字母，即可表示为

$$Z_q=\{0,1,\cdots,q-1\}$$

集合 Z_q 上置换的全体记为 SYM(Z_q)，则 SYM(Z_q)是 Z_q 上的对称群.

定义 2.1 设 $k=\{\sigma_1, \sigma_2, \cdots, \sigma_n, \cdots\}$是一列置换, $x=\{x_1, x_2, \cdots, x_n, \cdots\}$是一列明文，其中$\sigma_i\in$SYM($Z_q$), $x_i\in Z_q$. 变换 E_k 将 n-明文组 $x=\{x_1, x_2,\cdots, x_n\}$加密成 n-密文组 $y=\{y_1, y_2,\cdots, y_n\}$，即

$$E_k(x)=(\sigma_1(x_1),\sigma_2(x_2),\cdots,\sigma_n(x_n))=(y_1,y_2,\cdots,y_n)=y$$

称上述加密方式为代替(substitution)加密. 当 $\sigma_1=\sigma_2=\cdots=\sigma_n$ 时，称 E_k 为单表代替加密. 否则，称其为多表代替加密，称 σ_i 为代替加密密表.

由于 SYM(Z_q)的阶等于 $q!$，故单表代替密码共有 $q!$ 个 (其中含恒等代替加密 E_I) 不同的代替加密密表.

2.2 单表代替密码

如果一个加密体制仅使用代替变换来加密一个消息，则称为代替密码. 代替密码是古典密码体制中的重要一类，分为单表代替密码和多表代替密码. 下面介绍几种早期使用的单表代替密码.

单表代替密码

2.2.1 移位代替密码

以下将 q 个字母的字母表与 Z 模 q 中数作一一对应，利用每个字母对应的数字代替该字母. 例如，将英文字母表作如下对应(表 2.1).

表 2.1

a	b	c	d	e	f	g	h	i	j	k	l	m	n	o	p	q	r	s	t	u	v	w	x	y	z
0	1	2	3	4	5	6	7	8	9	10	11	12	13	14	15	16	17	18	19	20	21	22	23	24	25

这样，可以用 0 表示 a，用 1 表示 b.

移位代替密码 (shift cipher) 是最简单的一种单表代替密码. 其加密变换为

$$E_k(i) = i + k \equiv j(\text{mod}\, q), \quad 0 \leqslant i, \quad j < q \tag{2.1}$$

$$K = \{k \mid 0 \leqslant k < q\} \tag{2.2}$$

显然, 移位代替密码的密钥空间中元素个数为 q, 其中 $k = 0$ 是恒等变换. 其解密变换为

$$D_k(j) = E_{q-k}(j) \equiv i(\text{mod}\, q) \tag{2.3}$$

例 2.2 凯撒密码(Caesar cipher)是对英文字母表进行移位代替的密码, 其中 $q = 26$. 例如, 选择密钥 $k = 3$, 则有下述代替表(表 2.2).

表 2.2

明文	a	b	c	d	e	f	g	h	i	j	k	l	m	n	o	p	q	r	s	t	u	v	w	x	y	z
密文	A	B	C	D	E	F	G	H	I	J	K	L	M	N	O	P	Q	R	S	T	U	V	W	X	Y	Z

明文: a b c d e f g h i j k l m n o p q r s t u v w x y z

密文: D E F G H I J K L M N O P Q R S T U V W X Y Z A B C

若明文 m = caesar cipher is a shift substitution, 则密文为

$$c = E_3(m) = \text{FDEVDU FLSKHU LV D VKLIW VXEVWLWXWLRQ}$$

解密时, 只要用密钥 $k = 23$ 的加密密表对密文 c 进行加密运算就可恢复出原明文. 这种密码是将明文字母表中字母位置下标与密钥 k 进行模 q 加法运算的结果作为密文字母位置下标, 相应的字母即密文字母, 因此又称其为加法代替密码. 为了加密与解密方便, 可将英文字母表的所有移位作为行列出, 如表 2.3 所示, 表 2.3 称作维吉尼亚密表.

表 2.3 维吉尼亚密表

明文		a	b	c	d	e	f	g	h	i	j	k	l	m	n	o	p	q	r	s	t	u	v	w	x	y	z
移位	0	A	B	C	D	E	F	G	H	I	J	K	L	M	N	O	P	Q	R	S	T	U	V	W	X	Y	Z
移位	1	B	C	D	E	F	G	H	I	J	K	L	M	N	O	P	Q	R	S	T	U	V	W	X	Y	Z	A
移位	2	C	D	E	F	G	H	I	J	K	L	M	N	O	P	Q	R	S	T	U	V	W	X	Y	Z	A	B
移位	3	D	E	F	G	H	I	J	K	L	M	N	O	P	Q	R	S	T	U	V	W	X	Y	Z	A	B	C
移位	4	E	F	G	H	I	J	K	L	M	N	O	P	Q	R	S	T	U	V	W	X	Y	Z	A	B	C	D
移位	5	F	G	H	I	J	K	L	M	N	O	P	Q	R	S	T	U	V	W	X	Y	Z	A	B	C	D	E
移位	6	G	H	I	J	K	L	M	N	O	P	Q	R	S	T	U	V	W	X	Y	Z	A	B	C	D	E	F
移位	7	H	I	J	K	L	M	N	O	P	Q	R	S	T	U	V	W	X	Y	Z	A	B	C	D	E	F	G
移位	8	I	J	K	L	M	N	O	P	Q	R	S	T	U	V	W	X	Y	Z	A	B	C	D	E	F	G	H
移位	9	J	K	L	M	N	O	P	Q	R	S	T	U	V	W	X	Y	Z	A	B	C	D	E	F	G	H	I

续表

明文	a	b	c	d	e	f	g	h	i	j	k	l	m	n	o	p	q	r	s	t	u	v	w	x	y	z
移位 10	K	L	M	N	O	P	Q	R	S	T	U	V	W	X	Y	Z	A	B	C	D	E	F	G	H	I	J
移位 11	L	M	N	O	P	Q	R	S	T	U	V	W	X	Y	Z	A	B	C	D	E	F	G	H	I	J	K
移位 12	M	N	O	P	Q	R	S	T	U	V	W	X	Y	Z	A	B	C	D	E	F	G	H	I	J	K	L
移位 13	N	O	P	Q	R	S	T	U	V	W	X	Y	Z	A	B	C	D	E	F	G	H	I	J	K	L	M
移位 14	O	P	Q	R	S	T	U	V	W	X	Y	Z	A	B	C	D	E	F	G	H	I	J	K	L	M	N
移位 15	P	Q	R	S	T	U	V	W	X	Y	Z	A	B	C	D	E	F	G	H	I	J	K	L	M	N	O
移位 16	Q	R	S	T	U	V	W	X	Y	Z	A	B	C	D	E	F	G	H	I	J	K	L	M	N	O	P
移位 17	R	S	T	U	V	W	X	Y	Z	A	B	C	D	E	F	G	H	I	J	K	L	M	N	O	P	Q
移位 18	S	T	U	V	W	X	Y	Z	A	B	C	D	E	F	G	H	I	J	K	L	M	N	O	P	Q	R
移位 19	T	U	V	W	X	Y	Z	A	B	C	D	E	F	G	H	I	J	K	L	M	N	O	P	Q	R	S
移位 20	U	V	W	X	Y	Z	A	B	C	D	E	F	G	H	I	J	K	L	M	N	O	P	Q	R	S	T
移位 21	V	W	X	Y	Z	A	B	C	D	E	F	G	H	I	J	K	L	M	N	O	P	Q	R	S	T	U
移位 22	W	X	Y	Z	A	B	C	D	E	F	G	H	I	J	K	L	M	N	O	P	Q	R	S	T	U	V
移位 23	X	Y	Z	A	B	C	D	E	F	G	H	I	J	K	L	M	N	O	P	Q	R	S	T	U	V	W
移位 24	Y	Z	A	B	C	D	E	F	G	H	I	J	K	L	M	N	O	P	Q	R	S	T	U	V	W	X
移位 25	Z	A	B	C	D	E	F	G	H	I	J	K	L	M	N	O	P	Q	R	S	T	U	V	W	X	Y

2.2.2 乘法代替密码

乘法代替密码(multiplicative cipher)的加密变换为

$$E_k(i) = i \cdot k \equiv j(\bmod q), \quad 0 \leqslant j < q \tag{2.4}$$

这种密码又叫采样密码(decimation cipher), 这是因为其密文字母表将明文字母表按下标每隔 k 位取出一个字母排列而成 (字母表首尾相接). 显然, 当 $\gcd(k, q) = 1$, 即 k 与 q 互素时, 明文字母表与密文字母表才是一一对应的. 若 q 为素数, 则有 $q-2$ 个可用密钥. 否则就只有 $\varphi(q) - 1$ 个可用密钥. 这里 $\varphi(q)$是欧拉函数, 它表示小于 q 且与 q 互素的正整数的个数.

例 2.3 英文字母表 $q = 26$, 选 $k = 9$, 则有乘法代替密码的明文、密文字母对应(表 2.4).

表 2.4

明文	a	b	c	d	e	f	g	h	i	j	k	l	m	n	o	p	q	r	s	t	u	v	w	x	y	z
密文	A	J	S	B	K	T	C	L	U	D	M	V	E	N	W	F	O	X	G	P	Y	H	Q	Z	I	R

若明文

$$m = \text{multiplicative cipher}$$

则有密文

$$c = \text{EYVPUFVUSAPUHK SUFLKX} \tag{2.5}$$

设 $\gcd(k, q) = 1$，则以 k 为加密密钥的乘法代替密码的解密变换是以 $k \bmod q$ 的逆 k^{-1} 为加密密钥的乘法代替密码，即

$$D_k(j) = k^{-1} \cdot j \equiv i \pmod q, \qquad 0 \leqslant j < q \tag{2.6}$$

例如，例 2.3 中乘法代替密码的解密变换为

$$D_3(j) = j \cdot 3 \equiv i \pmod{26}$$

故解密密表如表 2.5.

表 2.5

明文	a	b	c	d	e	f	g	h	i	j	k	l	m	n	o	p	q	r	s	t	u	v	w	x	y	z
密文	A	D	G	J	M	P	S	V	Y	B	E	H	K	N	Q	T	W	Z	C	F	I	L	O	R	U	X

2.2.3 仿射代替密码

将移位代替密码和乘法代替密码结合起来就构成仿射代替密码. 其加密变换为

$$E_k(i) = ik_1 + k_0 \equiv j \pmod q, \qquad k_0, k_1 \in Z_q \tag{2.7}$$

其中 $\gcd(k_1, q) = 1$，以 $[k_1, k_0]$ 表示仿射代替密码的密钥. 当 $k_0 = 0$ 时，就得到乘法代替密码；当 $k_1 = 1$ 时就得到移位代替密码. 当 $q = 26$ 时，可用的密钥数为 $26 \times 12 - 1 = 311$ 个.

因为 $\gcd(k_1, q) = 1$，所以存在 $k_1^{-1} \in Z_q$，使 $k_1 \cdot k_1^{-1} \equiv 1 \pmod q$，故仿射代替密码的解密变换为

$$D_k(j) \equiv (j - k_0) \cdot k_1^{-1} \pmod q \tag{2.8}$$

例 2.4 $k_1 = 5, k_0 = 3$ 的仿射代替密码的代替表如表 2.6.

表 2.6

明文	a	b	c	d	e	f	g	h	i	j	k	l	m	n	o	p	q	r	s	t	u	v	w	x	y	z
密文	D	I	N	S	X	C	H	M	R	W	B	G	L	Q	V	A	F	K	P	U	Z	E	J	O	T	Y

若明文为

$$m = \text{affine cipher}$$

则密文为

$$c = \text{DCCRQX NRAMXK}$$

2.2.4 密钥短语密码

可以通过下述方法对例 2.2 的加法代替密码进行改造，得到一种密钥可灵活变化的密码. 选一个英文短语，称其为密钥字 (key word) 或密钥短语 (key phrase)，如 HAPPY NEW YEAR，按顺序去掉重复字母得 HAPYNEWR. 将它依次写在明文字母表之下，而后再将明文字母表中未在短语中出现过的字母依次写在此短语之后，就可构造出一个代替表，如表 2.7 所示.

表 2.7

明文	a	b	c	d	e	f	g	h	i	j	k	l	m	n	o	p	q	r	s	t	u	v	w	x	y	z
密文	H	A	P	Z	N	E	W	R	B	C	D	F	G	I	J	K	L	M	O	Q	S	T	U	V	X	Y

这样，我们就得到了一种易于记忆而代替表又有多种可能选择的密码. 用不同的密钥字就可得到不同的代替表. 当 $q = 26$ 时，将可能有 $26! \approx 4\times10^{26}$ 种代替表. 除去一些不太有用的代替表外，绝大多数代替表都是可用的.

2.3 单表代替密码的分析

无论是单表代替密码，还是换位密码，明文字母集和密文字母集之间都存在一一对应关系. 而明文具有其独特的语言特性，即使是语言和图像，它们的数字描述也都有各自的统计特性. 为了研究古典密码的分析技术，首先要了解明文的统计特性.

单表代替密码的分析

2.3.1 语言的统计特性

假设所讨论的明文信息是某种语言的文字，那么加密就是对该语言的明文(由文字组成)进行一种变换，使其成为密文信息. 这种语言的明文可能是英文文字、计算机程序或数据等. 然而明文和密文都是由被称为字母表的有限字符集中的字符组成的. 设字母表为

$$X = \{x_0, x_1, \cdots, x_{m-1}\}$$

为了方便起见，也可用 $0 \sim (m-1)$内的数字 i 来表示，此时，可将字母表记为

$$Z_m = \{0, 1, \cdots, m-1\}$$

例如，明文信息为英文报文，可将其字母表分别记为 $X = \{\text{a, b, c}, \cdots, \text{x, y, z}\}$或 $Z_m=$

{0,1,2,⋯,24,25}, 其中 0 表示 a, 1 表示 b, ⋯, 25 表示 z. 如果给字母表中的字母之间规定一个结合规则, 便可以确定一种语言. 例如, 汇编语言、FORTRAN 语言及诸如英语之类的自然语言都是这样确定的. 明文是由 Z_m 中元素和固定的结合规则确定的, 因此, 它具有该语言的统计特性. 例如, 在汇编语言中, 指令数字通常在 70～80 行中出现; 在英语中, 字母 q 后面总是跟着字母 u; 等等.

对于自然语言, 如果取一本非专业书, 统计足够长的课文就会发现, 字母(或字符)出现的频率会反映出相应语言的统计特性. 统计大量的课文定会发现, 相应语言中每个字母出现的频率也是相对稳定的, 因此可以用每个字母出现的频率近似地代替该字母在相应语言中出现的概率. 于是便得到该语言字母表 X 上的一个概率分布

$$P = (p_0, p_1, \cdots, p_{m-1}) \tag{2.9}$$

我们也称(2.9)为该语言的一阶统计特性.

例 2.5 英文字母表 $X = \{a, b, c, \cdots, x, y, z\}$, 由独立试验产生明文单码, Beker 在 1982 年统计的样本总数为 100362[1], 得到单码的概率分布见表 2.8. 这就是英文语言的一阶统计特性. 根据表 2.8, 英文字母出现的概率按大小排列如下:

E T A O I N S H R D L C U M W F G Y P B V K J X Q Z

表 2.8 英文字母的概率分布

字母	概率	字母	概率	字母	概率
A	0.08167	J	0.00153	S	0.06327
B	0.01492	K	0.00772	T	0.09056
C	0.02782	L	0.04025	U	0.02758
D	0.04253	M	0.02406	V	0.00978
E	0.12702	N	0.06749	W	0.02360
F	0.02280	O	0.07567	X	0.00150
G	0.02015	P	0.01929	Y	0.01974
H	0.06094	Q	0.00095	Z	0.00074
I	0.06966	R	0.05497		

在表 2.8 中, 不少字母出现的概率近乎相等. 为了应用方便, 常将英文字母表按字母出现的概率大小分类, 分类情况见表 2.9.

表 2.9 英文字母分类表

1	极大概率字母表	E
2	大概率字母表	T, A, O
3	较大概率字母表	I, N, S, H, R

续表

4	平均概率字母表	D, L
5	较低概率字母表	C, M, W, F, G, Y, P, B, U
6	低概率字母表	V, K
7	极低概率字母表	J, X, Q, Z

其他语言和数据也有类似于英语语言的一阶统计特性. 如果我们随意统计一段足够长的英文课文, 只要内容不是太特殊, 其结果一定与表 2.8 和表 2.9 基本相同. 这表明英文的一篇文章中各个字母出现的概率是基本可预测的, 它将为密码分析提供一个方面的依据.

语言的一阶统计特性至少在以下两方面没有反映出英文语言的特征:

(1) 根据英文的一阶统计特性可以计算出双字母 QE 出现的概率为

$$P(\text{QE}) = 0.00095 \times 0.12702 \approx 1.21 \times 10^{-4}$$

这就是说, 在10^6个双字母组的抽样中, QE 出现的次数大约应为 121 次, 但这不符合英文课文的实际. 因为在英文课文中, QE 根本不出现.

(2) 四字母 SEND 和 SEDN 在一阶统计特性下出现的概率相等, 这也不符合英文的实际.

总之, 自然语言的一阶统计特性只反映了单字母出现的概率, 而没有反映该种语言文字的字母间的相关关系. 为了体现自然语言的双字母统计特性(又称二阶统计特性), 我们需要考察该语言的文字中相邻字母对出现的频数. 统计足够长(例如 N 长)的课文, 只要课文内容不是太特殊, 就得到双字母出现的频数

$$N(x_i, x_j), \qquad i, j = 0, 1, \cdots, m-1$$

而双字母 (x_i, x_j) 的概率 $P(x_i, x_j)$ 近似地用 $N(x_i, x_j) / (N-1)$表示.

例 2.6 由独立试验产生双字母. 表 2.10 根据 Beker 在 1982 年统计的英文双字母的频数给出了英文双字母的概率(表 2.10 中数字均应乘以10^{-6}). 根据表 2.10, 我们可以计算出四字母 SEND 和 SEDN 及双字母 QE 出现的概率为

$$P(\text{SEND}) = P(\text{SE}) \times P(\text{ND}) \approx 0.7919 \times 10^{-4}$$
$$P(\text{SEDN}) = P(\text{SE}) \times P(\text{DN}) \approx 0.08146 \times 10^{-4}$$
$$P(\text{QE}) = 0$$

这与根据英语语言的一阶统计特性计算出来的四字母 SEND 和 SEDN 及双字母 QE 的概率不同. 显然, 它更接近于英文的文字特点.

在表 2.10 中, 英文双字母的概率最大的 30 对字母按概率大小排列为

th	he	in	er	an	re	ed	on	es	st	en	at	to	nt	ha
nd	ou	ea	ng	as	or	ti	is	et	it	ar	te	se	hi	of

如果我们随意统计一段足够长的英文课文，只要内容不是太特殊，其结果一定和表2.10基本相同，这也表明双字母在英文课文中出现的概率是基本可预测的，它为密码分析提供了又一方面的依据.

类似地，我们还可以考察英文课文中三字母出现的频数 $N(x_i, x_j, x_k)$，其频率

$$N(x_i, x_j, x_k)/(N-2)$$

可以作为三字母出现的 (x_i, x_j, x_k) 的概率. 仍按 Beker 在 1982 年统计的结果(样本总数 100360)得到概率最大的 20 组三字母按概率大小排列为

the	ing	and	her	ere	ent	tha	nth	was	eth
for	dth	hat	she	ion	int	his	sth	ers	ver

特别地，the 出现的概率几乎为 ing 的三倍.

应当强调指出，在利用统计分析法时，密文量要足够大，否则，会加大密码攻击难度. 在实际通信中，除了字母外，还有诸如标点、数字等字符，它们的统计特性也必须考虑进去. 数据格式、报头信息对于密码体制的安全有重要意义，在密码分析中也起着重要的作用.

在分析或攻击一份密报时利用英文的下述统计特性很有帮助.

(1) 冠词 the 对英文的统计特性影响很大，它使 t, h, th, he 和 the 在单字母、双字母和三字母的统计中都为高概率的元素.

(2) 英文中大约有一半的词以 e, s, d 和 t 结尾.

(3) 英文中大约有一半的词以 t, a, s 和 w 开头.

表 2.10 的说明:

(1) 表 2.10 是根据 Beker 的《密码体制》一书附录 1 的 Sza 计算得出的，它取材于各种报纸和小说；字符数共有 132597 个，其中字母数为 100362，间隔数为 23922. 表2.10是把报纸中的文章和小说连在一起，去掉间隔后看成一个连续的字母串，然后对相邻两个字母进行统计而得到的双字母频数，再依据双字母频数计算双字母的概率.

(2) 为了方便读者阅读表 2.10，我们把双字母的第一个码字放在左边一列. 例如 AC 出现的概率为 3.796×10^{-3}，而 CA 出现概率为 3.926×10^{-3}.

表 2.10　双字母概率表(A)

	A	B	C	D	E	F	G	H	I	J	K	L	M
A	159	1853	3796	4603	249	1166	1963	428	4235	80	1096	6815	2461
B	1316	30	10	10	5291	10	0	0	508	70	0	1445	10
C	3926	30	588	40	4890	90	20	4026	1744	20	1385	1196	20
D	4305	2122	747	986	5411	1116	528	2162	4693	130	80	1076	837
E	9894	1943	5819	13003	4693	2979	1505	3447	4025	349	538	5639	4494

续表

	A	B	C	D	E	F	G	H	I	J	K	L	M
F	2003	159	329	129	2680	1395	139	608	2198	30	30	1166	309
G	2182	229	239	179	3029	530	279	2780	1614	60	0	757	369
H	10662	219	269	90	29932	109	99	548	7383	40	0	159	359
I	1684	538	4344	3318	2361	2053	1933	359	60	20	727	4115	2371
J	69	0	0	0	290	0	0	0	0	0	0	0	0
K	428	99	60	30	2690	89	69	138	1514	20	0	279	79
L	4135	438	310	3108	6417	667	199	338	5919	70	239	4872	388
M	4673	857	159	89	6317	109	30	249	2342	50	0	79	658
N	4344	887	3220	10363	5919	1126	9645	1206	3607	159	528	976	697
O	1036	1176	1405	1664	458	6915	807	927	1096	90	1315	2919	4942
P	2810	69	30	0	4006	40	10	956	1136	20	10	1783	80
Q	0	0	0	0	0	0	0	0	0	0	0	0	0
R	5669	727	1345	2282	13481	887	528	1176	5610	79	917	737	2033
S	6596	1395	1033	807	7642	1146	398	6128	5052	99	460	1056	1445
T	6257	937	1235	508	8021	757	249	30042	8878	60	209	1415	1096
U	827	518	1016	608	917	189	1455	159	1016	0	59	3109	677
V	837	0	10	0	6736	0	0	0	1704	0	10	0	0
W	630	69	39	189	3746	79	30	4364	3726	0	20	129	149
X	99	0	149	0	69	20	0	60	149	0	0	0	40
Y	1983	618	847	508	1694	717	259	827	1315	89	89	498	548
Z	149	0	0	10	159	0	0	0	140	0	0	30	0

	N	O	P	Q	R	S	T	U	V	W	X	Y	Z
A	14139	120	2381	30	824	9386	11130	1006	2033	1186	110	2770	239
B	10	1574	10	0	1026	299	149	1903	40	0	0	1206	0
C	10	559	0	30	798	269	2302	688	10	50	0	89	10
D	1066	3657	628	50	1405	2750	5151	1006	319	1644	0	658	0
E	11369	3378	3467	229	18533	11659	8479	737	2063	4723	1146	2839	70
F	60	3876	299	10	1783	438	3009	876	40	478	0	239	0
G	688	1853	189	20	1096	827	1853	797	30	418	0	110	10
H	269	5032	259	20	877	458	2411	877	40	438	0	309	0
I	18653	3487	697	50	3268	8549	8390	40	1724	568	179	20	149
J	0	737	0	0	0	0	0	518	0	0	0	0	0
K	568	378	60	0	20	460	448	30	0	169	0	79	0
L	149	3956	388	10	199	1425	1863	548	339	389	0	3876	0

续表

	N	O	P	Q	R	S	T	U	V	W	X	Y	Z
M	89	3049	1275	0	498	797	827	837	30	259	O	787	0
N	897	4683	518	90	399	3906	11010	438	369	1236	40	1186	30
O	11776	3238	2023	40	8988	3328	4713	10333	1674	3906	30	229	40
P	10	2601	1455	0	1973	608	837	628	10	109	0	109	0
Q	0	0	0	0	0	0	0	950	0	0	0	0	0
R	1495	5988	687	49	1664	4852	4813	847	538	1116	0	2312	39
S	857	4494	2122	240	548	4045	11429	2223	260	2441	0	540	0
T	349	11070	677	50	3208	3587	5112	2053	139	2660	0	1943	40
U	3826	79	1196	10	4773	3119	3816	0	20	169	0	10	10
V	0	428	10	0	0	10	10	0	0	10	0	19	0
W	917	2770	110	0	209	558	448	59	20	159	0	169	10
X	0	30	339	0	10	10	428	10	0	69	0	0	0
Y	289	2899	498	20	359	1923	1933	139	69	1405	0	199	10
Z	0	79	0	0	0	0	0	39	82	0	0	30	79

2.3.2 单表代替密码的分析

攻击单表代替密码首先要识别所破译的报文是不是单表代替密码加密的. 由 2.3.1 节可以看到, 单表代替密码是使用同一个代替表对明文进行代替作业, 或者说明文字母集和密文字母集之间存在一一对应. 因此, 其致命的弱点是 2.3.1 节中所描述的自然语言的各种基本特性都转移到密文之中. 如果我们统计密文中每个字母出现的频次, 算出独立抽样的单字母、双字母和三字母的概率分布, 其特性基本上同明文的单字母、双字母和三字母的统计特性相似, 所不同的只不过是作了一次固定的代替而已.

通常, 称攻击单表代替密码的方法为猜字法. 该方法的主要依据是: 每个密文字母在密文中出现的概率和自然语言的文字结合规律. 一般地, 攻击单表代替密码的步骤如下:

(1) 作出密文中每个字母出现的频次统计表, 算出每个密文字母出现的概率, 并与明文字母集的概率分布进行对照, 区分哪些是高概率字母, 哪些是低概率字母. 一般说来, 这仅仅提示出某些密文字母对应的明文字母可能属于表 2.9 中的哪一类, 还不能具体识别它确切地对应哪个明文字母.

(2) 用以上得到的信息和自然语言的文字结合规律, 即自然语言的双字母和三字母的统计特性, 推断出一些可能的明文、密文对应关系.

(3) 利用自然语言的文字结合规律验证上面推出的明密对应关系，同时还可能推断出一些新的明文、密文对应关系.

自然语言的文字结合规律主要有：

(i) 一些字母在词头频繁出现，另一些字母在词尾频繁出现. 例如，英文字母在词头频繁出现的十个字母按概率大小依次为

T, A, S, O, I, C, W, P, B, F

英文字母在词尾频繁出现的十个字母按概率大小依次为

E, S, D, N, T, R, Y, F, O, L

(ii) 辅音和元音的结合规律. 这主要靠研究双字母、三字母和四字母的密文组合. 这样的组合中一般必含有一个元音. 根据这些组合很可能确定出表示元音的那些密文字母.

(4) 利用模式字(pattern-word)或模式短语(pattern-phrase). 由于加密是单表代替，所以明文中经常出现的词，如 beginning, committee, people, tomorrow 等，在密文中也会以某种模式重复. 如果猜出一个或几个词，或一个短语，就会大大加速正确代替表的确定，这常常是攻击的关键. 这一技术在对付规格化的五字母为一组的密文时往往会遇到些困难，因为密文中无字长信息.

例 2.7 给定密文为

UZ QSO VUOHXMOPV GPOZPEVSG ZWSZ OPFPESX UDBMETSX AIZ VUEPHZ HMDZSHZO WSFP APPD TSVP QUZW YMXUZUHSX EPYEPOPDZSZUFPO MB ZWP FUPZ HMDJ UD TMOHMQ

攻击的第 1 步是作出密文字母出现的频次分布表(表 2.11).

表 2.11

字母	A	B	C	D	E	F	G	H	I	J	K	L	M	N	O	P	Q	R	S	T	U	V	W	X	Y	Z
频次	2	2	0	6	6	4	2	7	1	1	0	0	8	0	9	16	3	0	10	3	10	5	4	5	2	14

第 2 步是确定其加密密表类型. 由密文字母出现的频次分布表不难看出，此段密文是单表代替加密的可能性很大. 因为找不出有哪个位置能使密文字母的概率分布和明文字母的概率分布相匹配，也不能把这个未知的分布用抽样转换成正常分布，所以断定它不是移位代替密码和乘法代替密码，所以是混合型代替表加密的.

第 3 步是根据密文字母的频次统计，确定某些密文字母对应的明文字母可能属于表 2.9 中哪个类型或哪几个字母组成的集合. 此例中

密文字母集 → 对应的明文所属的类或字母集

P, Z → e, t

$$H, M, O, S, U \to a, I, n, o, r, s$$

$$A, B, I, J, Q, T, Y \to g, j, k, q, v, w, x, y, z$$

第 4 步是利用自然语言的文字结合规律进行猜测. Z 经常在词头或词尾出现, 故猜测它与 t 对应, 而 P 经常在词尾出现而未在词头出现, 所以猜测它与明文字母 E 对应.

由于低频次密文字母 Q 和 T 都是两个词的词头, 因此它们很可能是低频次的字母而且经常作词头的字母集{C, W, P, B, F}中的元素.

利用双字母、三字母统计特性及元音和辅音拼写知识, 我们猜测单词 MB 中必有一个元音字母, 而 B 出现的频次较低, 故 M 更可能为元音字母, 否则可能 B 与 Y 对应. 对于 UZ 和 UD, 要么 U 为元音, 要么 Z 和 D 都是元音而 U 为辅音. 若 U 为辅音, 则相应的明文可能为 me, my 或 be, by, 但 U 与 m 或 b 对应时, 都不大像, 因为 U 出现的频次较高. 所以可能 U 为元音, 而 Z 和 D 是辅音. 若 Z 为辅音, 则 ZWP 将暗示 W 或 P 为元音. 由 P 和 Z 出现的频次看, ZWP 中的 P 可能为元音.

假定选 U 为元音, Z 为辅音, 观察 ZWSZ 很像 that, 则 ZWP 可能为定冠词 the. 由此

WSFP APPD
h . . e . e e .

可能暗示出单词 have 和 been. 至此, 我们得到密文和明文对照为

UZ QSO VUOHXMOPV GPOZPEVSG ZWSZ OPFPESX
.t .a. ....e. .e.te..a. that .eve.a.
UDBMETSX AIZ VUEPHZ HMDZSHZO WSFP APPD
.n....a. b.t ...e.t ..nta.t. have been
TSVP QUZW YMXUZUHSX EPYEPOPDZSZUFPO MB
.a.e ..th ....t..a. .e..e.e.tat.ve. ..
ZWP FUPZ HMDJ UD TMOHMQ
the ..et ..n. .n ......

由此可见, UZ 可能为 at 或 it, 但 S→a, 所以 U→i. 而 QUZW 可能为 with, 即 Q→w. 因而 QSO 为 was, 即 O→s. 这与字母出现的频次关系一致. 至此, 我们猜测的结果为

it was .is...se. .este..a. that seve.a. in....a. b.t
.i.e.t ..nta.ts have been .a.e with ...iti.a. .e..es-
entatives .. the viet ..n. in ..s..w

由此不难猜出: GPOZPEVSG 是 yesterday, OPFPESX 是 several, EPYEPOPDZSZUFPO 是 representatives, 而 FUPZ HMDJ 是 viet cong(越共). 将这些代替关系用于密文, 再作进一步尝试就可确定 N, O, R 对应的明文字母. 经过整

理恢复的明文如下:

it was disclosed yesterday that several informal but direct contacts have been made with political representatives of the viet cong in moscow

由于密文中 J, K, Z, X 和 Q 未出现, 所以虽然破译了这份报文, 但还未找出明密文代替表. 为了攻击用同一代替表加密的其他密文, 可进一步作些分析工作. 列出现有的代替表如表 2.12.

表 2.12

明文	a	b	c	d	e	f	g	h	i	j	k	l	m	n	o	p	q	r	s	t	u	v	w	x	y	z
密文	S	A	H	V	P	B	J	W	U	·	·	X	T	D	M	Y	·	E	O	Z	I	F	Q	·	G	·

由表 2.12 可知字母 V, W, X, Y, Z 在密文代替表中以 4 为间距隔开, 将密文字母按列写成 4 行得

S P U T . I .
A B . D E F G
H J . M O Q .
V W X Y Z

显然, 字母 C 应该插在 B 和 D 之间, R 插在 Q 与 V 之间. 第一行为密钥字, 共有 7 个字母, 已知其中 5 个, 其中一个为 N, 另一个为 K 和 L 中的一个. 第 5 个字母为 N, 则第 7 个字母为 K. 从而确定出代替表是以 SPUTNIK 为密钥字, 由 4×7 矩阵构造的代替表.

2.4 多表代替密码

多表代替密码教学设计

2.3 节已经指出了怎样才能解开单表代替密码, 即使是字长被隐蔽并且代替表是随机的, 但是利用频率数据、重复字模式以及一些字母与另一些字母的结合方式就有可能找到它的解. 有可能找到这个解的主要依据是: 一个给定的明文字母总是用同一个密文字母来表示. 因此, 频率特性、文字结合规律等所有明文语言的特性都转移到密文中, 而我们就可以利用这些特性破开密码. 实际上, 除了字母的名称改变以外, 所有上述特性都没有改变.

这样看来似乎用多个代替表对消息加密是可以获得更高保密性能的一种方法. 这种体制是用若干个不同的代替表加密明文, 而且通信双方要约定好所用代替表的次序.

令明文字母表为 $Z_q, k=(\sigma_1,\sigma_2,\cdots)$ 为代替表序列，明文 $m=m_1,m_2,\cdots$，则相应的密文为

$$c=E_k(m)=\sigma_1(m_1),\sigma_2(m_2),\cdots \tag{2.10}$$

若 k 是非周期的无限序列，则相应的密码为非周期多表代替密码. 这类密码对每个明文字母都采用不同的代替表进行加密，称为一次一密密码(one-time pad cipher). 这是一种在理论上唯一不可破的密码. 这种密码对于明文的特点可实现完全隐蔽，但由于需要的密钥量和明文信息的长度相同而难以广泛使用.

为了减少密钥量，在实际应用中多采用周期多表代替密码，即代替表个数有限且重复地使用，此时代替表序列

$$k=(\sigma_1,\sigma_2,\cdots,\sigma_d,\sigma_1,\sigma_2,\cdots,\sigma_d,\sigma_1,\cdots) \tag{2.11}$$

相应于明文 m 的密文

$$c=\sigma_1(m_1)\sigma_2(m_2)\cdots\sigma_d(m_d)\sigma_1(m_{d+1})\cdots\sigma_d(m_{2d})\cdots \tag{2.12}$$

当 $d=1$ 时就退化为单表代替密码.

下面介绍几种周期多表代替密码.

2.4.1 维吉尼亚密码

历史上最有名的周期多表代替密码是由法国密码学家布莱斯·德·维吉尼亚(Blaise de Vigenere) 设计的. d 个移位代替表由 d 个字母构成的序列

$$k=(k_1,k_2,\cdots,k_d)\in Z_q^d \tag{2.13}$$

决定, $k_i\,(i=1,2,\cdots,d)$是确定加密明文第 $i+td$ 个字母(t 为大于等于零的整数)的代替表的移位数，即

$$c_{i+td}=E_{k_i}(m_{i+td})\equiv(m_{i+td}+k_i)(\mathrm{mod}\,q) \tag{2.14}$$

称 k 为用户密钥或密钥字，其周期的延伸就给出了整个明文加密所需的工作密钥. 维吉尼亚密码的解密变换为

$$m_{i+td}=D_{k_i}(c_{i+td})\equiv(c_{i+td}-k_i)(\mathrm{mod}\,q) \tag{2.15}$$

例 2.8 令 $q=26$, $m=$ polyalphabetic cipher, 密钥字 K = RADIO, 即周期 $d=5$, 则有

明文	$m=$ p o l y a l p h a b e t i c	c i p h e r
密钥	K = R A D I O R A D I O R A D I	O R A D I O
密文	$c=$ G O O G O C P K I P V T L K	Q Z P K M F

其中，同一明文字母 p 在不同的位置上被加密成不同的字母 G 和 P.

由于维吉尼亚密码是一种多表移位代替密码，即用 d 个凯撒密码代替表周期

地对明文字母加密，故可用表 2.3 进行加密、解密运算．当然，也可以用 d 个一般的字母代替表周期地重复对明文字母加密，而得到周期为 d 的多表代替密码.

2.4.2 博福特密码

博福特密码是按 mod q 减法运算的一种周期代替密码，即

$$c_{i+td} = \sigma_i(m_{i+td}) \equiv (k_i - m_{i+td})(\bmod q) \tag{2.16}$$

所以，它和维吉尼亚密码类似，以 k_i 为密钥的代替表是密文字母表为英文字母表逆序排列进行循环右移 k_i+1 次形成的．例如，若 $k_i=3$ (相当于字母 D)，则明文和密文的对应关系如下:

明文	a	b	c	d	e	f	g	h	i	j	k	l	m	n	o	p	q	r	s	t	u	v	w	x	y	z
密文	D	C	B	A	Z	Y	X	W	V	U	T	S	R	Q	P	O	N	M	L	K	J	I	H	G	F	E

显然，博福特密码的解密变换为

$$m_{i+td} \equiv \sigma_i(c_{i+td}) \equiv (k_i - c_{i+td})(\bmod q)$$

因此，博福特密码的解密变换与加密变换相同．按博福特密码，以密钥 k_i 加密相当于按下式的维吉尼亚密表加密:

$$c_{i+td} \equiv [(q-1) - m_{i+td} + (k_i+1)](\bmod q) \tag{2.17}$$

若按下式加密:

$$c_{i+td} \equiv (m_{i+td} - k_i)(\bmod q) \tag{2.18}$$

就得到变异的博福特密码，相应代替表是将明文字母表循环右移 k_i 次而成的．循环右移 k_i 次等于循环左移 $(q-k_i)$ 次，即(2.18)式等价于以 $(q-k_i)$ 为密钥的维吉尼亚密码．所以维吉尼亚密码和变异的博福特密码互为逆变换，若一个是加密运算，则另一个就是解密运算.

2.4.3 滚动密钥密码

对于周期多表代替密码，其保密性将随周期 d 加大而增加．当 d 的长度和明文一样长时就变成了滚动密钥密码．如果其中所采用的密钥不重复就是一次一密体制．一般地，密钥可取一本书或一篇报告作为密钥源，可由书名和章节号及标题来限定密钥起始位置.

2.4.4 弗纳姆密码

当字母表字母数 $q = 2$ 时的滚动密钥密码就变成弗纳姆密码．它将英文字母编成五单元波多电码．波多电码见表 2.5．选择随机二元数字序列作为密钥，以

$$k = k_1, k_2, \cdots, k_i, \cdots \quad (k_i \in F_2)$$

表示. 明文字母变成二元向量后也可以表示成二元序列

$$m = m_1, m_2, \cdots, m_i, \cdots \quad (m_i \in F_2)$$

k 和 m 都分别记录在穿孔纸带上. 加密变换就是将 k 和 m 的相应位逐位模 2 相加, 即

$$c_i = m_i \oplus k_i, \qquad i = 1, 2, \cdots \tag{2.19}$$

译码时, 用同样的密钥纸带对密文同步地逐位模 2 加, 便可恢复成明文的二元数字序列, 即

$$m_i = c_i \oplus k_i, \qquad i = 1, 2, \cdots \tag{2.20}$$

这种加密方式若使用电子器件实现, 就是一种序列密码. 若明文字母为 a, 相应密钥序列 $k = 10010$, 则有

$$m = 11000, \qquad k = 10010, \qquad c = 01010$$

显然有 $m = c \oplus k = (01010) \oplus (10010) = 11000$ (表 2.13).

表 2.13　波多电码

A	11000	B	10011	C	01110	D	10010	E	10000
F	10110	G	01011	H	00101	I	01100	J	11010
K	11110	L	01001	M	00111	N	00110	O	00011
P	01101	Q	11101	R	01010	S	10100	T	00001
U	11100	V	01111	W	11001	X	10111	Y	10101
Z	10001	α	01001	β	00010	γ	11111	δ	11011
ε	00100	η	00000						

注：α: 节间隔. β: 回车. γ: 数字→字母. δ: 字母→数字. ε: 空格行. η: 空格.

2.5　多表代替密码的分析

多表代替密码至少含有两个以上不同的代替表, 用密钥 $k = (k_1, k_2, \cdots)$ 表示. 如果要加密的明文是 $m = (m_1, m_2, \cdots)$, 则加密 m_i 用的密表为 k_i (i =1, 2, …). 如果所有这些 k_i (i =1, 2, …)两两不同, 则称这个多表代替密码是一次一密体制. 一次一密体制是很难实现的, 实践中多数采用周期多表代替密码. 历史上最有名的周期多表代替密码是由法国的维吉尼亚设计的. 周期多表代替密码的加密首先由通信双方约定采用相同的密钥 $k = (k_1, k_2, \cdots, k_d)$, 其中 k_i (i = 1, 2, …, d)是 d 个两两不同的代替表. 其次, 按下列规则对明文进行加密: 如果明文消息是 $m = (m_1, m_2, \cdots, m_n)$, 则用代替表 k_i 加密明文 m_{i+td} 得到密文 c_{i+td} ($i = 1, 2, \cdots, d$).

多表代替密码的分析

单表代替密码之所以容易被攻击，是因为每个密文字母都是用同一个代替密表加密而成的，相同的密文字母对应着相同的明文字母，从而每个密文字母出现的概率、重复字模式、字母的结合方式等统计特性，除了字母的名称改变，都没有发生变化. 所谓多表代替密码，是指其密文中每个字母将根据它在明文字母序列中的位置确定采用哪个密表. 这就是说，相同的明文字母也许加密成不同的密文字母，而相同的密文字母也许是不同的明文字母加密得到的. 这样，明文的统计特性通过多个表的作用而被隐蔽起来. 然而，对于周期多表代替密码,假如我们已知其密钥字长为 d，则可将密文 $c = c_1, c_2, c_3, \cdots$ 按列写成 d 行:

$$\begin{gathered} c_1, c_{d+1}, c_{2d+1}, \cdots \\ c_2, c_{d+2}, c_{2d+2}, \cdots \\ \cdots\cdots \\ c_d, c_{2d}, c_{3d}, \cdots \end{gathered} \tag{2.21}$$

这样，(2.21)中每一行又都是单表代替密码. 由于单表代替密码是可破译的，所以在具有一定量的密文的条件下，周期多表代替密码也是可破译的，其方法就是将周期多表代替密码转换成单表代替密码. 但是，经过这种转换后的单表代替密码的破译比破译一般的单表代替密码要难得多. 这是因为每一行虽然是由同一个代替表加密而成的，但其明文却不是有意义的明文，其文字规律被打乱了. 下面，我们首先要给出识别周期多表代替密码和确定密钥字长度 d (即确定密钥数)的方法.

2.5.1 识别周期多表代替密码的参数

统计一个周期多表代替密码加密的密文中各密文字母出现的频率就会发现，密文字母出现的频率分布的峰值和谷值(即最大的频率和最小的频率)没有明文字母的概率分布那样凸显，而且密钥字越长，分布就越平坦. 多表代替密码的密文字母出现的频率之所以有较平坦的分布是因为在 d 个代替表中，明文字母表中每个字母将根据它在明文字母序列中的位置而有 d 种不同的代替字母. 例如，以密钥字为 CIPHER 的维吉尼亚密码为例，任意一个给定的密文字母都可以有六个不同的明文字母来对应，这六个字母中哪一个是正确的则取决于给定的密文字母在消息中的位置. 这就是说，一个密文字母出现的频率将由与之对应的六个不同的明文字母的概率之和的均值来决定. 因此，所用密表的数量越大，密文字母的频率分布就越趋平坦. 如果把所有 26 个密表都用上，则可期望所有密文字母的频率近似于相等.

为了定量地分析周期多表代替密码的频率分布与单表代替密码的概率分布的区别，我们引进两个参数——粗糙度和重合指数.

1. 粗糙度(measure of roughness)

粗糙度也可简记为M. R, 定义它为每个密文字母出现的频率与均匀分布时每个字母出现的概率的离差的平方和.

若研究的对象是英文报文, 则 $q=26$. 在均匀分布下, 每个英文字母出现的概率为 1/26. 若各密文字母出现的频率记为 p_i, $i=0,1,2,\cdots,25$, 则

$$\sum_{i=0}^{25} p_i = 1 \tag{2.22}$$

于是

$$\text{M.R} = \sum_{i=0}^{25}\left(p_i - \frac{1}{26}\right)^2 \tag{2.23}$$

将上式展开并利用(2.22)式, 得到

$$\text{M.R} = \sum_{i=0}^{25} p_i^2 - \frac{1}{26} = \sum_{i=0}^{25} p_i^2 - 0.0385 \tag{2.24}$$

均匀分布是指对所有的 i, $p_i = 1/26$, 故其粗糙度为 0. 由表 2.8 可以算出

$$\sum_{i=0}^{25} p_i^2 = 0.0655$$

由此可知, 明文或单表代替密码的粗糙度为 0.027. 一般密文的粗糙度将在 0～0.027 内变化. 如果统计出密文字母的频率分布, 我们就可以计算出它的粗糙度, 并由此可以初步确定所研究的密文是单表代替密码还是多表代替密码, 但还不能确切地知道该多表代替密码所使用的密表的个数.

例 2.9 假定我们要破译的密文为

APWVC DKPAK BCECY WXBBK CYVSE FVTLV MXGRG KKGFD
LRLXK TFVKH SAGUK YEXSR SIQTW JXVFL LALUI KYABZ
XGRKL BAFSJ CCMJT ZDGST AHBJM MLGFZ RPZIJ XPVGU
OJXHL PUMVM CKYEX SRSIQ KCWMC KFLQJ FWJRH SWLOX
YPVKM HYCTA WEJVQ DPAVV KFLKG FDLRL ZKIWT IBSXG
RTPLL AMHFR OMEMV ZQZGK MSDFH ATXSE ELVWK OCJFQ
FLHRJ SMVMV IMBOZ HIKRO MUHIE RYG

(2.25)

密文的频率分布是

字母	0	1	2	3	4	5	6	7	8	9
频率	0.041	0.03	0.041	0.022	0.037	0.049	0.044	0.037	0.034	0.041
字母	10	11	12	13	14	15	16	17	18	19
频率	0.074	0.067	0.06	0	0.022	0.03	0.022	0.049	0.049	0.034
字母	20	21	22	23	24	25				
频率	0.018	0.06	0.034	0.041	0.03	0.034				

故这段密文的粗糙度为

$$\mathrm{M.R} \approx 0.044866 - 0.0385 = 0.006366$$

由此可以初步确定，密文段(2.25)是周期多表代替密码加密的密文.

2. 重合指数 (index of coincidence)

如果没有足够数量的密文，就不可能得到密文字母出现的频率的精确值，因而也就无法计算出(2.24)式中的

$$\sum_{i=0}^{25} p_i^2$$

从而无法确定密文的粗糙度. 可以通过下述方法给出它的近似估计.

设有一段长为 N 的密文 c，用 f_s 表示字母 s 在密文 c 中出现的频次，即字母 s 在密文 c 中占有 f_s 个位置. 从 N 个位置中任意选两个位置，抽到的这两个位置上均为第 s 个字母的概率为

$$\frac{\mathrm{C}_{f_s}^2}{\mathrm{C}_N^2} = \frac{f_s(f_s-1)}{N(N-1)} \approx p_s^2 \tag{2.26}$$

于是

$$\sum_{s=0}^{25} \frac{f_s(f_s-1)}{N(N-1)} \approx \sum_{s=0}^{25} p_s^2$$

定义

$$\sum_{s=0}^{25} \frac{f_s(f_s-1)}{N(N-1)} \tag{2.27}$$

为给定密文的重合指数，记作 I.C，并用它作为

$$\sum_{i=0}^{25} p_i^2$$

的近似值. (2.27)式表示在给定密文中两个字母相同的机会.

例 2.10 密文段(2.25)中各密文字母出现的频次为

字母	0	1	2	3	4	5	6	7	8	9	10	11	12
频次	11	8	11	6	10	13	12	10	9	11	20	18	16
字母	13	14	15	16	17	18	19	20	21	22	23	24	25
频次	0	6	8	6	13	13	9	5	16	9	11	8	9

则该段密文的重合指数 $\mathrm{I.C} \approx 0.0413$, 这和例 2.9 中计算的

$$\sum_{i=0}^{25} p_i^2 = 0.044866$$

比较接近.

知道了 I.C 值就可以提取密钥字长或密表数的近似值信息. 令密表数为 d, 密文长为 N, 将密文 c 排成 d 行, 当 $N \gg d$ 时, 每行中字母个数可近似为 N/d. 现用另一种方法来推导 I.C 值的表达式. 从密文 c 中随机地选一个字母, 有 C_N^1 种选法. 而后选第二个字母, 它有两种情况: 一种情况是第二个字母和第一个字母在同一行中, 有 $\mathrm{C}_{\frac{N-d}{d}}^1$ 种选法; 另一种情况是第二个字母与第一个字母不同行, 有 $\mathrm{C}_{N-\frac{N}{d}}^1$ 种选法, 故可提供的不同的位置对数分别为

$$\frac{N\left(\dfrac{N}{d}-1\right)}{2} \quad 和 \quad \frac{N\left(N-\dfrac{N}{d}\right)}{2}$$

第一种情况为单表代替, 其重合指数为 0.0655, 第二种情况为不同的表代替所为, 其重合指数可用均匀分布时的重合指数 0.0385 来近似, 因此重合指数的平均值为

$$\begin{aligned}\mathrm{I.C} &= \frac{1}{C_N^2}\left[N\left(\frac{N}{d}-1\right)\times 0.0655 + N\cdot\frac{N}{d}(d-1)\times 0.0385\right]\times\frac{1}{2}\\ &= \frac{1}{d}\times\frac{N-d}{N-1}\times 0.0655 + \frac{d-1}{d}\times\frac{N}{N-1}\times 0.0385\end{aligned} \tag{2.28}$$

或

$$d \approx \frac{0.027N}{\mathrm{I.C}\times(N-1) - 0.0385N + 0.0655} \tag{2.29}$$

这样, 知道了 I.C 的近似值就可得到这个多表代替密码所使用的密表数的近似值. 应当强调指出, 上式给出的 d 是由公式(2.29)右边的数取整得到的近似值, 要确切地定出 d 还需要进一步的工作. 在推导式(2.29)中, 我们假定密文数量 N 足够大, 且密钥字中无重复字母, 即将密文分为 d 行时, 各行都是采用不同的代替表得到的.

Sinkov 曾给出 d 和 I.C 值的关系如表 2.14 所示.

表 2.14

d	1	2	5	10	很大
I.C	0.0655	0.052	0.044	0.041	0.038

如果密码分析者截获到一份密文，对其来历一无所知，至少他能计算出密文的 I.C 值. 若 I.C 值与 0.0655 接近，则可试用单表代替密码的破译技术进行破译. 但若 I.C 值低到 0.043，则他就可以断定，这份密文不再是单表代替加密的了.

2.5.2 确定密表数的方法

算出密文的 I.C 值以后，由(2.29)式估计出的密表数 d 值可能有较大的偏差，可通过下述两种方法进行校正.

1. *移位法*

第一种方法是对密文进行移位并和原来的密文进行逐位比较以求重码数，根据重码数来确定密表数 d，简称为移位法(shift method).

假如我们收到密文 $c = c_1, c_2, \cdots, c_N$，那么,将密文右移一位再与 c 对应，即 c_1 对应 c_2, c_2 对应 c_3 ,⋯, c_N 对应 c_1. 如果 c_i 与 c_{i+1} 相同，则称 c_i 和 c_{i+1} 是一对重码. 计算密文 c 和 c 右移一位后的密文相应位置上的重码数 R_1. 然后将密文右移两位，计算密文 c 和 c 右移两位后的密文相应位置上的重码数 R_2，如此下去，算出重码数 R_1, R_2,⋯，如果密钥周期为 d，那么密文 c 与右移 j 位后的密文具有相同的加密密表序列当且仅当 j 是 d 的倍数. 这就是说，当右移的位数是 d 的倍数时，因为各列字母都是用同一个密表加密成的密文，所以相同字母对个数较多. 这是因为用同一密表加密时相同的明文加密成相同的密文. 但是，当右移的位数不是 d 的倍数时，各列的字母对中的两个字母都是用不同的密表加密得到的，此时，相同的明文加密成不同的密文，而不同的明文加密成相同的密文的可能性较小，因而相同字母对的个数较少. 因此我们根据具有较大重码数的右移位数的公因数可以较准确地确定密表数 d. 例如，假定我们的分析表明当移位数为 6, 33, 42, 57, 60, 81 时，字母重码数较大，则由上述整数的最大公因数 $d = 3$，可以较有把握地推断密表数为 3.

2. *重复字模式分析法*(Kasiski 检验)

第二种确定密表数的方法是普鲁士军官 Kasiski 在 1863 年提出的重复字模式分析法，又称为 Kasiski 检验. 其基本原理如下：如果有某个单词或字母序列在一则明文消息中重复出现，一般说来，它们是用不同的密表加密的，因而产生了不同的密文序列. 但是如果明文序列的位置能使每个序列的第一个字母用相同的密钥字加密，则它也可产生相同的密文序列. 因此，当收到密文后，我们可以找出密文中重复字模式，并计算它们之间的距离，那么，此距离很可能是密钥字长的倍数. 寻找重复字模式并计算它们之间的距离的过程称为 Kasiski 检验. 当然，并不排除相同的密文序列可由不同的明文经不同的密表产生，但出现这种情况毕竟是少的. 这就是说，如果我们将密文中重复字模式找出来，并找出此重复字模式之间距离的最大公因数，就可以提取出有关密表数的信息.

例 2.11 已知密文序列为

OOBQB PQAIU NEUSR TEKAS RUMNA RRMNR ROPYO DEEAD ERUNR QLJUG CZCCU NRTEU ARJPT MPAWU TNDOB GCCEM SOHKA RCMNB YUATM MDERD UQFWM DTFKI LROPY ARUOL FHYZS NUEQM NBFHG EILFE JXIEQ NAQEV QRREG PQARU NDXUC ZCCGP MZTFQ PMXIA UEQAF EAVCD NKQNR EYCEI RTAQZ RTQRF MDYOH PANGO LCD

密文总长 $N = 223$，其中各字母出现的频次分别为

A	B	C	D	E	F	G	H	I	J	L	K	M	N	O	P
16	5	12	10	18	9	6	4	6	3	4	5	12	14	10	9
Q	R	S	T	U	V	W	X	Y	Z						
14	20	4	9	15	2	2	3	6	5						

各字母均出现，且分布较平坦，因此它不像是单表代替密码. 利用(2.27)式可以计算出密文的 I.C = 0.0475，代入(2.29)式求得 $d \approx [2.973]+1 = 3$. 其中$[x]$表示 x 的整数部分. 由此可以推断该密文可能是三表代替加密的，但需进一步证实.

对密文作 Kasiski 检验. 从密文中找出长度为 3 以上的重复字模式，并列出其间的距离及距离的因数分解如下:

重复序列	距离	因数分解
PQA	150	2×5×5×3
RTE	42	2×7×3
ROPY	81	3×3×3×3
DER	57	19×3
RUN	117	13×3×3
CZCC	114	2×19×3
MNB	42	2×7×3
ARU	42	2×7×3
UEQ	54	2×3×3×3

由于距离的最大公因数为 3, 从而进一步证实了密表数为 3. 但在九个重码距离中还有 6 个可被 2 除尽, 3 个能被 7 除尽. 为了进一步证实密表数为 3, 我们将密文字母依次写成三行

O Q Q U U T A U A M R Y E D U Q U Z U T A P P U D G E O A
O B A N S E S M R N O O E E N L G C N E R T A T O C M H R
B P I E R K R N R R P D A R R J C C R U J M W N B C S K C

M Y T D D F D K R Y U F Z U M F E F X Q Q Q E Q U X Z G Z
N U M E U W T I O A O H S E N H I E I N E R G A N U C P T
B A M R Q M F L P R L Y N Q B G L J E A V R P R D C C M F

Q X U A A D Q E E T Z Q M O A O D
P I E F V N N Y I A R R D H N L
M A Q E C K R C R Q T F Y P G C

如果密表数确实为 3, 则各行均为同一个单表代替加密的密文. 计算各行的 I.C 值分别为 0.0717, 0.0637 和 0.0641, 都很接近单表代替下的 I.C 值, 这进一步表明加密此段密文使用的密表数为 3. 下一步试图求出每一行所对应的代替表.

2.5.3 密表的匹配

确定了密表数 d 后, 可将密文写成 d 行, 使同一行密文为同一代替表加密而成, 如能确定各行代替表就能恢复原明文. 由于将密文 c 分行写出后, 每一行字母数就远小于密文总数, 所以由各行计算出的频率特性与明文的统计特性相差可能很大, 因此我们希望每一行的密文字母数要足够大, 至少要比密钥字长得多, 否则攻击难度就很大. 此外, 由于密文按列写成 d 行后, 每一行相应的明文字母就不再连续了, 明文的双码、三码等统计特性都很难利用, 要确定各行的代替表比单表代替密码要难得多. 但是, 当各单表代替密码均为加法密码时, 只要找到其中一行密文的代替表, 就可以将所有行的代替表确定. 然而, 若每行采用的是一般的单表代替密码, 确定各代替表就要比加法密码困难得多.

以下假定上面的密文是以维吉尼亚密表(表 2.3)作为加密密表得到的.

确定多表代替密码的密表数是破译的一个重要步骤, 然而密码分析的最终目的是译解消息或确定密钥字. 为此, 我们介绍如何把多表代替密码加密的密文变成一个已知移位数的单表代替密码加密的密文. 这种方法在密码分析中称为密表匹配.

假设获得密文 $c=c_1,c_2,\cdots$,其密表数为 d. 于是密文 c 可以写成 d 行 $c_1^*,c_2^*,\cdots,c_d^*$,使得每行都是由同一个单表代替密码加密而成的. 只要注意到维吉尼亚方阵中每一行均是加法密码, 我们就可以把 $c_1^*,c_2^*,\cdots,c_d^*$ 都变成同一个密表加密的密文, 然后再采用单表代替密码的破译方法进行破译. 设 $k=(k_1,k_2,\cdots,k_d)$ 是加密密文 c 所用的密钥, 我们取出 c_1^* 和 c_i^* (对某个 $i=2, 3, \cdots, d$) 来进行研究. 设 $k_1-k_i\equiv k_{i1}\ (\text{mod}\ 26)$, 则由

$$
\begin{aligned}
c_{td+1} &\equiv (m_{td+1}+k_1)(\text{mod}\,26)\\
c_{td+i} &\equiv (m_{td+i}+k_i)(\text{mod}\,26)
\end{aligned}
$$

可得

$$
\begin{aligned}
c_{td+i}+k_{i1} &\equiv m_{td+i}+k_i+(k_1-k_i)\\
&\equiv m_{td+i}+k_1(\text{mod}\,26)
\end{aligned}
$$

这表明密文 $c_{td+i}+k_{i1}$ 与 c_{td+1} 是用同一个密钥 k_1 加密的密文. 因为 $0\leqslant k_1-k_i(\text{mod}\,26)\leqslant 25$ 且 $k_1\neq k_i$, 所以 $k_1-k_i\leqslant 25$. 因此, 只要我们用 $j=0,1,\cdots,25$ 这 26 种密钥再对第 i 行中密文加密, 便得到 26 份新的密文:

$$
c_i^*(j)=(c_i+j,c_{td+i}+j,\cdots),\quad j=0,1,\cdots,25 \tag{2.30}
$$

如果 c_i^* 中密文用密钥 k_i 加密, 则 $c_i^*(j)$中密文用密钥 k_i+j 加密, 因此这 26 个密文中有且仅有一个密文与 c_1^* 用了相同的加密密钥.

问题是如何从(2.30)式中找出与 c_1^* 使用相同密钥加密的密文. 由前面分析可知, 用同一个密表加密, 则重合指数就大, 否则重合指数就相应小. 因此, 可以通过将(2.30)式中每一个密文与 c_1^* 合并后再求重合指数来确定出这个与 c_1^* 用了相同密钥加密的密文. 一旦知道了这 26 个密文中哪一个与 c_1^* 用了相同的加密密钥, 就可以求出两个原始密文 c_1^* 和 c_i^* 所用的密表的移位之差.

设密文 c_1^*, c_i^* (j)的长分别为 N_1, N_i, c_1^* 中字母 s 出现的频次为 f_{1s}, c_i^* (j)中字母 s 出现的频次为 $f_{is}(j)$, 于是合并后的密文长为 N_1+N_i, 字母 s 出现的频次为 $f_{1s}+f_{is}(j)$. 这样, 合并后的密文的重合指数为

$$
\text{I.C}=\frac{\sum_{s=0}^{25}(f_{1s}+f_{is}(j))(f_{1s}+f_{is}(j)-1)}{(N_1+N_i)(N_1+N_i-1)}
$$

易见, 上述重合指数 I.C 大当且仅当

$$
\sum_{s=0}^{25} f_{1s}f_{is}(j)
$$

大. 因此, 寻找(2.30)式中与 c_1^* 用了相同的加密密钥的密文只要到

$$\sum_{s=0}^{25} f_{1s} f_{is}(j), \quad j=0,1,\cdots,25$$

这 26 个值中去找最大的值. 此时的 j 就是密钥 k_1 与 k_i 的差. 确定了 c_1^* 与 c_i^* $(i=2, 3, \cdots, d)$之间的密钥差后, 再考虑加密 c_2^* 与 c_i^* 的密钥, 直到加密 c_{d-1}^* 与 c_d^* 的密钥. 根据以上所求的密钥差(有时不必求出全部 C_d^2 个密钥差), 就可将密文 c_1^*, $c_2^*,\cdots$, c_d^* 合并为一个单表代替加密的密文.

例 2.12 我们已经求出例 2.11 中密文使用的密表数为 3, 将此密文写成 3 行如同例 2.11, 记之为 c_1^*, c_2^* 和 c_3^*. 将上述方法用于三行中任意两行(这样得到三对新密文), 表 2.15 列出了每种情况的

$$\sum_{s=0}^{25} f_{1s} f_{is}(j), \quad j=0,1,\cdots,25$$

表 2.15 两行合并后重合指数估计值

i	0	1	2	3	4	5	6	7	8	9	10	11	12
c_1^* 与 c_2^*	208	263	178	197	209	168	159	178	226	196	321	169	161
c_1^* 与 c_3^*	196	290	202	201	152	195	173	182	227	167	195	231	351
c_2^* 与 c_3^*	238	162	240	215	280	181	153	155	197	206	193	227	176

i	13	14	15	16	17	18	19	20	21	22	23	24	25
c_1^* 与 c_2^*	238	396	206	198	175	216	234	232	166	155	269	216	226
c_1^* 与 c_3^*	232	247	179	204	218	227	185	141	176	220	331	221	207
c_2^* 与 c_3^*	305	201	255	173	216	160	158	174	172	218	231	325	218

由表 2.15 可知, c_1^* 与 $c_2^*(14)$合并后的值

$$\sum_{s=0}^{25} f_{1s} f_{2s}(14) = 396$$

最大, 这就意味着 $k_1 - k_2 = 14$.

现在需要考虑加密密文 c_1^* 与 $c_2^*(14)$, $c_3^*(12)$所用的密钥 k_1. 在一般情况下, 我们只要按单表代替密码的破译方法来求 k_1 就可以了. 但是, 假如密码分析者认为通信双方采用英文单词作为密钥字的可能性较大, 那么, 由于 c_1^* 是由 26 种密钥中的一种加密而成的, 所以, 如果加密 c_1^* 所用的密钥字为 A, 则加密 c_2^* 的密钥字的编号应当是 $0-14 \pmod{26} \equiv 12$, 即密钥字为 M. 同理, 加密 c_3^* 的密钥字为 O. 按

此规则写出所有可能的密钥字，分别试译密文，根据是否出现有意义的明文确定密钥字.

2.6 转轮密码与 M-209

M-209 演示器和模拟器

周期多表代替密码是一种手工操作的密码体制，其周期一般都不大. 要设计大周期的多表代替密码，必须改变其手工操作方式. 第一次世界大战以后，人们开始研究用机械操作方式来设计极大周期的多表代替密码，这就是转轮密码(rotor cipher)体制.

转轮密码机(rotor machine)是由一组布线轮和转动轴组成的可以实现长周期的多表代替密码机. 它是机械密码时期最杰出的一种密码机，曾广泛应用于军事通信中，其中最有名的是德军的 Enigma 密码机和美军的 Hagelin 密码机(图 2.1). Enigma 密码机是由德国的 Arthur Scherbius 发明的. 第二次世界大战中希特勒曾用它装备德军，作为陆海空三军最高级密码来用. Hagelin 密码机是瑞典的 Boris Hagelin 发明的，在第二次世界大战中曾被盟军广泛地使用. Hagelin c-36 曾广泛装备法国军队，Hagelin c-48(即 M-209) 具有重量轻、体积小、结构紧凑等优点，曾装备美军师、营级. 此外在第二次世界大战期间，日军使用的“紫密”和“蓝密”也都是转轮密码机. 直到 20 世纪 70 年代，仍有很多国家和军队使用这种机械密码. 然而，随着电子技术的发展，这种机械式的转轮密码开始被新的所谓“电子转轮机”所取代，以适应信息高速传输的要求. 一些发达的国家则使用序列密码和分组密码来实现文字与数据的加密.

(a) Enigma密码机(德国)

(b) Hagelin c-48(M-209)(美军)

图 2.1 第二次世界大战时德军、美军的密码机

虽然转轮密码已很少使用了，但破译转轮密码的思想，至今仍被我们借鉴. 转轮密码由一组(N 个)串联起来的布线轮组成. 每个布线轮是一种用橡胶或胶木制成的绝缘的圆盘(wired code wheel)，沿着圆盘边缘在其两面分别均匀地布置着

m 个电触点(接点), 每个接点对应一个字母, 一根导线穿过绝缘体把圆盘两面的接点一对对相互连接起来 (按某种顺序排列). 从圆盘左边进来的电流通过导线从圆盘右边的某个接点传导出来. 因此, 一个圆盘是实现一次单表代替的物件. 假定从圆盘的左边输入一个明文字母, 例如A, 如果A通过导线与圆盘右边的接点d连接, 则输出密文字母 D.

用一根可以转动的轴把 N 个圆盘串接起来, 使得相邻两个圆盘上的接点能够接触就构成了一个简易的转轮密码机. 其中转动轴是可以转动的, 而且每个圆盘在转动轴上也是可以转动的. 有 N 个圆盘的转轮密码体制的密钥由下面两方面组成: ① N 个圆盘实现的代替表 p_i ($i=1, 2,\cdots, N$); ② 每个圆盘的起点 $k_i(0)$ ($i=1, 2, \cdots, N$). 如果一个转轮密码体制只由各圆盘的合成组成, 则此转轮密码体制只相当于单表代替密码体制

$$p = p_1 p_2 \cdots p_N$$

使转轮密码体制具有潜在吸引力的是在对一个明文加密后, 转动轴转动一次将使各圆盘的起点 $k_i(0)$发生变化, 从而使下一个明文字母的加密使用另一个代替表.

N 个起点的变化也不是规则的, 它是由某种因素控制决定的, 因体制不同而异. 假定加密开始之前每个圆盘所处的起点(位移)记为 $k_i(0)(i=1,2,\cdots,N)$, $k_i(j)$为第 i 个圆盘加密第 j 个明文字母的转动位移, 则

$$k_i: j \to k_i(j)\ , i=1,2,\cdots,N, \quad j=0,1,\cdots$$

称为该转轮密码的位移函数, 它是 N 个函数的一个集合. 位移函数因各转轮密码体制而异. 位移函数是计程器的一种形式, 类似于汽车上的计程表. 第 i 个转动位移相当于计程器中第 i 位十进制里程数字表的转动, 当 j 个字母加密后, 第 i 个圆盘就按逆时针方向移动 $k_i(j+1)-k_i(j)$个位置. 假如第 i 个圆盘的转动周期为 p_i ($i=1, 2, \cdots, N$), 且 p_i 两两互素, 则该转轮密码的周期为 $p_1 p_2 \cdots p_N$. 这也是该转轮密码实现的多表代替的周期.

本节主要介绍 M-209 的加密原理. 图 2.2 给出了 M-209 密码机的结构示意图, 它由六个可以转动的圆盘(图 2.2 的下方)、一个空心的鼓状滚筒(图 2.2 的上方)和一个输出的印字轮(图 2.2 的右侧)组成. 在 M-209 密码机上, 空心的鼓状滚筒在六个圆盘的后面. 每个圆盘的外缘上分别刻有 26, 25, 23, 21, 19, 17 个字母, 每个字母下面都有一根销钉(或称为针), 每个销钉可向圆盘的左侧或右侧凸出来, 向右凸出时为有效位置, 向左凸出时为无效位置. 这些圆盘装在同一根轴上可以各自独立地转动. 这样, 圆盘 1 上就标有 A 到 Z 共 26 个字母(每个字母与其一根销钉对应着), 圆盘 2 上标有 A 到 Y 共 25 个字母,⋯,圆盘 6 上标有 A 到 Q 共 17 个字母. 在使用密码机之前, 需要将各圆盘上的每根销钉置好位(向右或向左). 如果我们用0表示销钉置无效位, 用1表示销钉置有效位, 则第一个圆盘上的销钉位置可以

用长为 26 的 0, 1 序列表示, 第二个圆盘上的销钉位置可以用长为 25 的 0, 1 序列表示,…,第六个圆盘上的销钉位置可以用长为 17 的 0, 1 序列表示, 如表 2.16 所示.

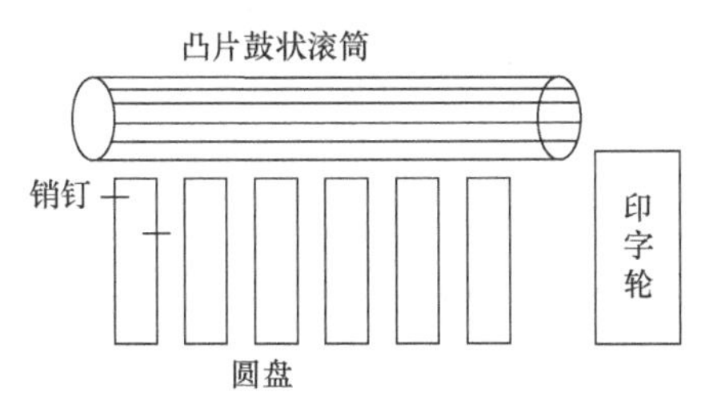

图 2.2　M-209 结构示意图

表 2.16　销钉置位的一个例子

位置		1	2	3	4	5	6	7	8	9	10	11	12	13	14	15	16	17	18	19	20	21	22	23	24	25	26
圆盘	1	0	0	1	1	1	1	0	1	0	1	1	0	0	0	1	1	0	0	1	0	1	0	0	1	1	1
	2	0	1	1	0	1	0	0	0	1	0	0	1	1	0	0	1	0	1	1	0	1	0	0	0	1	
	3	1	0	0	1	1	1	1	1	1	0	1	0	0	0	1	0	1	0	1	1	0	1	0			
	4	0	1	1	0	1	1	0	0	0	1	0	0	1	0	1	1	0	1	0	1	1					
	5	1	1	1	0	0	1	0	1	0	1	0	0	1	0	1	0	0	0	1							
	6	0	0	1	0	0	1	1	1	0	1	0	1	1	0	1	1	0									

在六个圆盘的后面有一个空心的鼓状滚筒, 常称为凸片鼓状滚筒, 鼓状滚筒上有 27 根与其轴平行的杆等间隔地配置在凸片鼓状滚筒的外圈上, 每根杆上有 8 个可能的位置, 其中六个位置与六个圆盘对准, 另两个位置不与任何圆盘对应. 在每根杆上面, 有两个可移动的凸片, 可以将其置于上述 8 个可能的位置(标为 1, 0, 2, 3, 4, 5, 0, 6)中的任何两个上. 如果凸片被置于与 0 对应的位置, 则它不起作用, 称其为凸片的无效位置, 否则称其为凸片的有效位置. 当凸片对应圆盘 i (i =1, 2, 3, 4, 5, 6)时, 凸片可以与圆盘 i 上的有效销钉接触. 我们可以用下述方式来描述凸片鼓状滚筒: 对应于六个圆盘中的每一个, 如果凸片鼓状滚筒上的某根杆上在此处安置有一个凸片, 则标上 1, 否则标上 0. 这样, 每根杆对应的六个圆盘中哪些安有凸片就可以用顶多含有两个 1 的二元 6 维向量表示. 表 2.17 就是凸片鼓状滚筒上的 27 根杆中的每一根对应六个圆盘上凸片的一种配置. 只有当凸片置于某一有效位置时, 它才与相应的圆盘对准, 并可以与该圆盘上的有效销钉接触, 此时, 转动凸片鼓状滚筒可以推动印字轮转动一步. 因为凸片鼓状滚筒上的杆与六个圆盘是平行的, 所以, 如果每个圆盘保持静止而转动凸片鼓状滚筒, 则每个圆盘上与凸片保持接触的销钉只有一根. 六个圆盘上与凸片保持接触的这六根销钉就称为基本销钉.

表 2.17 鼓状滚筒杆上凸片的一种配置

杆 \ 圆盘	1	2	3	4	5	6
1	0	0	0	0	0	0
2	1	0	0	0	0	0
3	1	1	0	0	0	0
4	1	0	0	1	0	0
5	1	0	0	0	0	1
6	0	1	0	0	0	0
7	0	1	0	0	0	0
8	0	1	0	0	0	0
9	0	1	0	0	0	0
10	0	1	0	0	0	1
11	0	1	0	0	0	1
12	0	1	0	0	0	1
13	0	1	0	0	0	1
14	0	1	0	0	0	1
15	0	0	1	1	0	0
16	0	0	0	1	0	1
17	0	0	0	0	1	0
18	0	0	0	0	1	0
19	0	0	0	0	1	0
20	0	0	0	0	1	0
21	0	0	0	0	1	1
22	0	0	0	0	1	1
23	0	0	0	0	1	1
24	0	0	0	0	1	1
25	0	0	0	0	1	1
26	0	0	0	0	0	1
27	0	0	0	0	0	1

使用机器时，首先，要把凸片鼓状滚筒的每根杆上的凸片配置好，例如表 2.17 所示.

其次，我们要把六个圆盘上的销钉位置安排好，使各个圆盘上的某些销钉是有效的. 表 2.16 是各圆盘上销钉置位的一个例子.

凸片鼓状滚筒的每根杆上的凸片的配置(表 2.17)和每个圆盘上销钉的配置(表 2.16) 称为 M-209(图 2.2)的基本密钥. 基本密钥在较长一段时间内(例如半年、

一年等)不会改变.

当接收方、发送方双方确定要进行保密通信时，双方按照共同约定的作为会话密钥的六个字母(例如 XTCPMB)把六个圆盘销钉旁边的字母拨到黄色指示线(在六个圆盘上方). 于是，加密第一个明文字母的基本销钉就是这六个字母旁的销钉. 这样，在转动凸片鼓状滚筒整个周期期间，六个圆盘保持不动. 在此过程中，每根有效销钉都会与相应位置上的每个凸片接触，每当一个凸片与一根有效销钉接触就称该杆被选中. 将销钉与凸片按基本销钉给定的位置配置好之后，凸片鼓状滚筒的一次完整的旋转就唯一地确定了被选中的杆数. 在整个一个周期中随着凸片鼓状滚筒的旋转，我们对基本销钉所选中的杆数进行计数 (如果一根杆被两根有效销钉选中，此时只算一根杆被选中). 例如，设选取表 2.16 中第一列作为基本销钉，由 001010 可知只有第三个圆盘和第五个圆盘销钉有效. 如果凸片鼓状滚筒杆上凸片的位置如表 2.17 所示，则转动凸片鼓状滚筒一周，圆盘 3 上的销钉选中第 15 根杆，圆盘 5 上的销钉选中第 17, 18, 19, 20, 21, 22, 23, 24, 25 根杆. 因此，基本销钉选中杆的总数为 10. 假定取基本销钉为 101100，则圆盘 1 选中第 2, 3, 4, 5 根杆，圆盘 3 选中第 15 根杆，圆盘 4 选中第 4,15,16 根杆. 由于圆盘 1 和圆盘 4 同时选中第 4 根杆，圆盘 3 和圆盘 4 同时选中第 15 根杆，所以这组基本销钉选中 6 根杆. 两个圆盘上有效销钉同时选中一根杆的数目称为双选中数或重叠数. 如果基本销钉选中杆数为 k，则印字轮就转动 k 格. 其效果相当于一个逆序字母表右移 k 位作为加密用的代替表. 正因为这样，我们也将基本销钉选中的杆数 k 称为移位. 比如基本销钉选中 3 根杆，则加密的代替表是

明文: a b c d ⋯ x y z

密文: C B A Z ⋯ F E D

因为鼓状滚筒上共有 27 根杆，所以选中的杆数共有 28 种可能. 将各种可能展开后便得到表 2.18，称它为博福特方阵(选中杆数 0 和 26 为第一行，选中杆数 1 和 27 为第二行).

表 2.18　博福特方阵

移位	明文																									
	a	b	c	d	e	f	g	h	i	j	k	l	m	n	o	p	q	r	s	t	u	v	w	x	y	z
a	Z	Y	X	W	V	U	T	S	R	Q	P	O	N	M	L	K	J	I	H	G	F	E	D	C	B	A
b	A	Z	Y	X	W	V	U	T	S	R	Q	P	O	N	M	L	K	J	I	H	G	F	E	D	C	B
c	B	A	Z	Y	X	W	V	U	T	S	R	Q	P	O	N	M	L	K	J	I	H	G	F	E	D	C
d	C	B	A	Z	Y	X	W	V	U	T	S	R	Q	P	O	N	M	L	K	J	I	H	G	F	E	D
e	D	C	B	A	Z	Y	X	W	V	U	T	S	R	Q	P	O	N	M	L	K	J	I	H	G	F	E
f	E	D	C	B	A	Z	Y	X	W	V	U	T	S	R	Q	P	O	N	M	L	K	J	I	H	G	F
g	F	E	D	C	B	A	Z	Y	X	W	V	U	T	S	R	Q	P	O	N	M	L	K	J	I	H	G

续表

移位	明文																								
	a	b	c	d	e	f	g	h	i	j	k	l	m	n	o	p	q	r	s	t	u	v	w	x	y	z
h	G	F	E	D	C	B	A	Z	Y	X	W	V	U	T	S	R	Q	P	O	N	M	L	K	J	I	H
i	H	G	F	E	D	C	B	A	Z	Y	X	W	V	U	T	S	R	Q	P	O	N	M	L	K	J	I
j	I	H	G	F	E	D	C	B	A	Z	Y	X	W	V	U	T	S	R	Q	P	O	N	M	L	K	J
k	J	I	H	G	F	E	D	C	B	A	Z	Y	X	W	V	U	T	S	R	Q	P	O	N	M	L	K
l	K	J	I	H	G	F	E	D	C	B	A	Z	Y	X	W	V	U	T	S	R	Q	P	O	N	M	L
m	L	K	J	I	H	G	F	E	D	C	B	A	Z	Y	X	W	V	U	T	S	R	Q	P	O	N	M
n	M	L	K	J	I	H	G	F	E	D	C	B	A	Z	Y	X	W	V	U	T	S	R	Q	P	O	N
o	N	M	L	K	J	I	H	G	F	E	D	C	B	A	Z	Y	X	W	V	U	T	S	R	Q	P	O
p	O	N	M	L	K	J	I	H	G	F	E	D	C	B	A	Z	Y	X	W	V	U	T	S	R	Q	P
q	P	O	N	M	L	K	J	I	H	G	F	E	D	C	B	A	Z	Y	X	W	V	U	T	S	R	Q
r	Q	P	O	N	M	L	K	J	I	H	G	F	E	D	C	B	A	Z	Y	X	W	V	U	T	S	R
s	R	Q	P	O	N	M	L	K	J	I	H	G	F	E	D	C	B	A	Z	Y	X	W	V	U	T	S
t	S	R	Q	P	O	N	M	L	K	J	I	H	G	F	E	D	C	B	A	Z	Y	X	W	V	U	T
u	T	S	R	Q	P	O	N	M	L	K	J	I	H	G	F	E	D	C	B	A	Z	Y	X	W	V	U
v	U	T	S	R	Q	P	O	N	M	L	K	J	I	H	G	F	E	D	C	B	A	Z	Y	X	W	V
w	V	U	T	S	R	Q	P	O	N	M	L	K	J	I	H	G	F	E	D	C	B	A	Z	Y	X	W
x	W	V	U	T	S	R	Q	P	O	N	M	L	K	J	I	H	G	F	E	D	C	B	A	Z	Y	X
y	X	W	V	U	T	S	R	Q	P	O	N	M	L	K	J	I	H	G	F	E	D	C	B	A	Z	Y
z	Y	X	W	V	U	T	S	R	Q	P	O	N	M	L	K	J	I	H	G	F	E	D	C	B	A	Z

设基本销钉选中的杆数为 k, 要加密的消息字母为 m, 加密后的密文为 c, 则 M-209 的功能可以用以下同余式表示:

$$c \equiv 25 + k - m \pmod{26} \tag{2.31}$$

上式也可以写成

$$m \equiv 25 + k - c \pmod{26} \tag{2.32}$$

故 M-209 的加密变换和解密变换是相同的.

M-209 上有一条明显的线, 称为消息指示线. 加密前, 事先取定六个字母, 称为起始字母. 将六个圆盘按这六个字母分别拨到指示线, 就确定了加密开始时所用的一组基本销钉. 操作者可以拨动圆盘, 以确保每份消息开始加密时所用的一组基本销钉不同(发送者必须将这组起始字母传给接收者). 加密时, 明文中的间隔自动插入字母 z, 然后加密, 并将密文分成五个字母一组再发送. 解密时, 字母 z 不打印.

设加密明文第一个字母使用表 2.16 的第一列作为基本销钉, 那么, 这一组基本销钉选中的杆数用于确定对明文第一个字母加密用的代替表. 一旦这个字母加密好, 六个圆盘就同时前进一步. 于是, 下一组基本销钉再重新选杆, 确定加密明文的第二个字母的代替表. 如此下去, 直到全部明文加密完毕.

机器左边的一个旋钮转动一个有 26 个明文字母的指示盘, 旋钮还转动同一根轴上一个把机器输出的字母印在纸带上的印字轮. 印字轮上刻有 26 个字母, 字母的顺序与指示盘上字母的顺序恰好相反, 即

指示盘上: a b c d ⋯ x y z

印字盘上: Z Y X W ⋯ C B A

例 2.13 设要加密的消息是

now is the time for all good men

将单词之间插入间隔 z 后为

nowzisztheztimezforzallzgoodzmen

用表 2.16 的第一列 001010 作开始加密的基本销钉, 此时选中的杆数为 10, 由(2.31)式可以得到

$$25 + 10 - 13 \equiv 22 \pmod{26}$$

即第一个明文字母 n 加密成 w. 在 n 加密好之后, 每个圆盘都转动一个位置. 这也相当于表 2.16 的每一列向左移动一位, 因而新的基本销钉位置为 010110, 此时选中的杆数为 22, 并把明文字母 o 加密成 h. 如此下去, 得到的密文如下:

WHDFC DPCDR FZQNR WVYFU XYESS RKHWJ BI

M-209 是一种周期多表代替密码. 因为 M-209 的六个圆盘上可能的位置数不同且两两互素, 所以 M-209 的最大周期为 $26\times25\times23\times21\times19\times17 = 101405850$. 这就是说, 最多在 101405850 个明文字母加密之后, 六个圆盘就会回到加密开始时的位置.

易见, M-209 的实际周期将依赖于销钉的位置. 例如, 当六个圆盘的销钉均取有效或无效时, 那么, 每次运转之后都得到相同的选中杆数, 此时退化成单表代替. 又如, 若选择圆盘 1 上销钉的位置为左右相同排列时, 因为 $p_1 = 26$ 为偶数, 所以凸片鼓状滚筒每转 2 圈, 圆盘 1 就回到初始位置了, 此时, 最大可能的周期仅为

$$2\times25\times23\times21\times19\times17=7800450$$

M-209 的密钥由对六个圆盘的 26+25+23+21+19+17=131 根销钉的位置及 27 根杆上的凸片排列位置给定. 每根销钉可能的位置为 2, 其可能的选取方式有

$$2^{131} = 2.72 \times 10^{39}$$

每根杆上有两个凸片，而在六个有效位置上可能的排列数为 $C_6^0+C_6^1+C_6^2=22$ 种方式. 每根杆可以在这 22 种方式中任意选取一种，可能的组合为

$$A_{27}^{22}=C_{27+22-1}^{27}=\frac{48!}{27!\times 21!}\approx 2.23\times 10^{13}$$

因此，可能的密钥选取数为 $2^{131}\times 2.23\times 10^{13}=6.071\times 10^{52}$. 当然，并非其中每一种都是可取的，可用的密钥数远小于它. 应当选择那些使代替表的周期足够大的密钥.

*2.7　M-209 的已知明文攻击

尽管 M-209 是一个用机械的方式实现的周期多表代替密码，但由于六个不同长度的圆盘的转动，这个周期多表代替密码的代替表序列的周期很大，因此，无法应用多表代替密码破译的技术和攻击方法.

本节介绍 M-209 的已知明文攻击. 假定我们已知一定数量的明文-密文对，根据加密算法 (2.31)可以求出用 M-209 加密每个明文字母所用的代替表的移位数 k. 但必须注意，根据明文-密文对(m, c)和(2.31)式求出的代替表的移位数 0 和 1 是不确定的，因为 0 可以表示选中的杆数为 0 或 26，而 1 可以表示选中的杆数为 1 或 27. 为此，我们用 0^* 和 1^* 表示移位数 0 和 1.

攻击 M-209 就是要求出 M-209 的基本密钥，即鼓状滚筒的每根杆上的凸片的位置(如同表 2.17)和每一个圆盘上销钉的位置(如同表 2.16).

首先，研究用 M-209 加密每个明文字母时所用的代替表的移位数与给定圆盘上的销钉位置(0 或 1)及凸片鼓状滚筒上有效凸片的数量之间的关系.

对 $i=1, 2, \cdots, 6$，我们设第 i 个圆盘上的销钉数为 s_i，$a_{ij}\in\{0,1\}$表示加密第 j 个明文字母时第 i 个圆盘的销钉位置 ($a_{ij}=1$ 表示销钉置有效位，$a_{ij}=0$ 表示销钉置无效位)，则二元序列$\{a_{ij}\}_{j=1}^{\infty}$ 刻画了加密明文时第 i 个圆盘的销钉置位情况. 可以把 a_{ij} 看成是具有均匀分布的二元随机变量. 因为第 i 个圆盘的销钉数为 s_i，所以，当 $j_1\equiv j_2 \pmod{s_i}$时，可设加密第 j_1 个明文字母时圆盘 i 使用第 t 根销钉，当第 i 个圆盘转动次数为 s_i 的倍数时，则加密第 j_2 个明文字母时圆盘 i 也都使用第 t 根销钉，而第 t 根销钉的位置是预置好了的，故 $a_{ij_1}=a_{ij_2}$. 再设 u_i 是表 2.17 中第 i 列中 “1” 的个数(即凸片鼓状滚筒旋转一周对应圆盘 i 的有效凸片的个数)，u_{rt} 表示表 2.17 中第 r 列和第 t 列都是 1 的行数，$1\leqslant r<t\leqslant 6$，则由加密规则可知，加密第 j 个明文字母所用的代替表的移位数为

$$k_j=\sum_{i=1}^{6}a_{ij}u_i-\sum_{1\leqslant r<t\leqslant 6}a_{rj}a_{tj}u_{rt} \tag{2.33}$$

取定 i，不妨设 $i=1$. 因为当 $j_1\equiv j_2 \pmod{26}$时，$a_{ij_1}=a_{ij_2}$，所以能够按此同余式把加

密明文的代替表的移位数按 mod 26 排列如下:

$$\begin{array}{l} k_1, k_{26+1}, k_{52+1}, \cdots, k_{26h+1}, \cdots \\ k_2, k_{26+2}, k_{52+2}, \cdots, k_{26h+2}, \cdots \\ \cdots\cdots \\ k_{26}, k_{52}, k_{78}, \cdots, k_{26h+26}, \cdots \end{array} \tag{2.34}$$

因为(2.34)式中第 j 行的 k_{26h+j} 的下标模 26 是同余的, 所以, 加密第 $26h+j$ 个明文字母时所取的 a_{1j} 是相同的, 换言之, (2.34)式中每一行对应同一个 a_{1j}. 于是, (2.34)式中第 j 行的值 k_{26h+j} 与 a_{1j} 的取值有关($j=1, 2, \cdots, 26$). 如果 $a_{ij_1}=0$, 则由(2.33)式知

$$k_{26h+j_1}=\sum_{i=2}^{6} a_{i,26h+j_1} u_i-\sum_{2 \leqslant r<t \leqslant 6} a_{r,26h+j_1} a_{t,26h+j_1} u_{rt}, \quad h=0,1,2,\cdots \tag{2.35}$$

如果 $a_{ij_2}=1$, 则

$$k_{26h+j_2}=u_1+\sum_{i=2}^{6} a_{i,26h+j_2} u_i-\sum_{2 \leqslant r<t \leqslant 6} a_{r,26h+j_2} a_{t,26h+j_2} u_{rt}-\sum_{t=2}^{6} a_{t,26h+j_2} u_{1t}$$
$$h=0,1,2,\cdots \tag{2.36}$$

因为 u_1 表示表 2.17 中第 1 列值为 1 的行数, u_{1t} 表示表 2.17 中第 1 列和第 t 列值均为 1 的行数, 所以

$$u_1 \geqslant \sum_{t=2}^{6} a_{t,26h+j_2} u_{1t}$$

这就是说

$$k_{26h+j_2} \geqslant \sum_{i=2}^{6} a_{i,26h+j_2} u_i-\sum_{2 \leqslant r<t \leqslant 6} a_{r,26h+j_2} a_{t,26h+j_2} u_{rt}$$

根据以上讨论, 当 $a_{ij_1}=0$ 时, (2.35)式中的 k_{26h+j_1} 与第一个圆盘无关, 其值只取决于第 2 至第 6 个圆盘上销钉的置位和凸片鼓状滚筒的相应位置上有效凸片的数量, 因此第一个圆盘对加密明文字母 $m_{j_1}, m_{26h+j_1}, \cdots$ 所用的代替表的移位数没有贡献. 同理, 若 $a_{ij_2}=1$, 由以上讨论, (2.36)式中的 k_{26h+j_2} 与第 1 个圆盘有关, 即第 1 个圆盘对加密明文字母 m_{26h+j_2} 所用代替表的移位数有贡献. 因为 a_{ij} 可以看成具有均匀分布的二元随机变量, 所以对某一对固定的(j_1, j_2) ($1 \leqslant j_1<j_2 \leqslant 26$), 若 $a_{ij_1}=0$, $a_{ij_2}=1$, 则(2.34)中第 j_2 行的数的平均值要大于第 j_1 行的数的平均值. 这就是 M-209 密码体制中 "熵漏" 的一种表现. 由于 $a_{ij_1}=0, a_{ij_2}=1$, 所以当 u_1 的值越大, (2.34)中第 j_1 行的数的平均值与第 j_2 行的数的平均值相差越大. 从另一个角度考虑, 如果 (2.34) 的第 j_1 行的平均值很小, 则 a_{1j_1} 取值为 0, 而(2.34)的第 j_2 行的平均值很大, 故 a_{ij_2} 的取值就为 1. 这就是我们用以区别 a_{ij_1} 和 a_{ij_2} 取值的依据.

现在, 假定我们根据明文-密文对和加密算法求出了加密每个明文字母的代

替表的移位数为

$$k_1, k_2, \cdots, k_n, \cdots \tag{2.37}$$

对 i=1, 2, ⋯, 6, 先按 (2.34) 模式将加密每个明文字母的密表的移位数排成 s_i 行, 制成表 2.19(i=1, 2, ⋯, 6), 并计算表 2.19(i=1, 2, ⋯, 6)每一行中数的平均值(因为 0^*和 1^*尚不确定, 故暂时把它们排除在外). 然后选择平均值基本上呈现一个高值区和一个低值区的那些表 2.19(i=1, 2, ⋯, 6), 根据表 2.19 (i=1, 2, ⋯, 6)中每一行的平均值推测 a_{ij} 的取值. 如果表 2.20(i)的第 j 行的平均值在高值区, 推测 a_{ij}=1; 如果表 2.19(i=1, 2, ⋯, 6) 的第 j 行的平均值在低值区, 推测 a_{ij}=0, 个别不能确定的 a_{ij} 先打上 "?". 这样, 我们可以确定某些圆盘上的多数销钉的置位.

为了完成这些圆盘上全部销钉的置位, 我们分析 0^*和 1^*在(2.37)中所处的位置及这些位置上多数圆盘销钉置位情况来确定 0^*和 1^*的具体的值. 例如, 如果 1^*表示移位数为 27, 则 27 根杆都被选中, 这些位置对应的基本销钉中 1 的个数应占多数; 否则 1^*表示移位数为 1. 对 0^*也可作同样的讨论.

确定了每个 0^*和 1^*所表示的移位数之后, 我们把表 2.19 (i=1, 2, ⋯, 6)中 0^*和 1^*换成相应的数 0 或 26, 1 或 27, 再计算表 2.19(i=1, 2, ⋯, 6)各行的平均值, 仍按前面的方法继续推测各未定的 a_{ij} 的值, 不确定的仍用 "?" 表示.

最后, 我们把各 a_{ij} 的值按 i=1, 2, ⋯, 6 分别排成六行, 作为加密每个明文字母的基本销钉, 并与加密每个明文字母的代替表的移位数一一对应, 观察一些特殊列完成对 "?" 的修改.

至此, 我们就确定了每个圆盘上 s_i 根销钉的置位情况.

表 2.19 (i = 1, 2, ⋯, 6) 按各圆盘周期数排列移位数

表 2.19 (1)圆盘 1																				平均值
10	25	20	12	25	16	3	16	22	1^*	15	24	19	16	15	13	3	22	24	9	16.26
22	11	15	20	0^*	16	10	22	20	20	25	25	20	0^*	10	1^*	24	13	0^*	25	18.63
0^*	22	15	18	6	13	21	18	22	22	21	6	6	15	22	24	24	22	0^*	13	17.22
5	22	4	13	22	0^*	22	22	0^*	23	5	4	22	15	13	22	22	15	18	6	15.28
15	6	22	18	22	22	17	13	15	5	18	24	15	25	0^*	14	0^*	15	4	18	16.00
22	22	22	0^*	22	15	24	15	18	4	22	17	22	23	18	15	6	18	17		17.89
15	14	23	0^*	3	11	21	3	12	25	20	22	24	9	19	15	16	14	25		16.17
22	24	15	15	22	13	4	22	22	4	0^*	15	6	22	18	18	21	25	13		16.72
11	0^*	15	13	10	20	20	22	18	19	19	19	21	14	16	20	13	3	22		16.39
22	6	15	22	22	4	22	15	14	22	18	22	17	21	14	23	15	0^*	24		17.67
5	22	0^*	15	22	24	15	0^*	25	18	21	18	14	6	15	22	13	13	18		16.82
19	20	14	3	20	16	21	21	16	21	12	10	9	24	10	22	23	16	13		16.32
25	12	12	24	18	24	20	16	10	12	3	16	22	3	21	19	1^*	19	9		15.83

续表

表 2.19 (1)圆盘 1																				平均值
0*	19	21	14	21	21	3	19	10	18	9	22	19	25	13	16	13	12	16		16.17
22	0*	21	22	14	5	24	17	6	15	22	17	14	22	5	24	22	22	22		17.56
22	18	15	15	15	0*	14	13	22	0*	15	21	15	6	0*	18	17	21	22		16.81
1*	11	13	18	13	3	20	16	13	16	11	11	19	23	20	18	20	22	12		15.50
13	25	10	20	19	18	12	23	3	13	21	20	21	16	18	1*	11	0*	16		16.41
23	6	21	22	6	18	13	5	22	25	22	0*	22	15	15	24	18	6	14		16.50
20	23	9	19	10	13	15	21	25	16	20	10	0*	0*	21	1*	3	25	25		17.19
24	18	6	6	22	17	25	0*	22	24	14	15	22	15	5	18	25	13	18		17.17
10	12	15	21	16	25	21	3	22	0*	15	1*	10	16	18	22	25	12	10		16.06
16	14	20	19	23	22	9	22	20	12	3	21	16	9	20	11	9	16	20		15.90
18	22	22	15	15	13	22	5	4	18	22	15	22	24	24	22	22	0*	18		18.00
25	14	23	23	22	23	15	18	18	14	22	4	14	0*	17	18	22	18	15		18.05
6	15	0*	6	14	17	17	5	0*	14	15	0*	0*	22	22	21	5	15	23		14.47

表 2.19 (2)圆盘 2																				平均值
10	6	14	22	19	16	17	15	5	3	16	15	17	19	3	10	22	15	3	13	13.00
22	25	15	23	15	23	25	25	21	22	13	11	21	14	25	21	22	13	0*	22	20.37
0*	11	20	0*	23	15	22	21	0*	25	25	21	11	15	22	13	19	23	13	24	19.00
5	22	15	12	6	22	13	9	3	22	16	22	20	19	6	5	16	1*	16	18	14.05
15	22	15	20	25	14	23	22	22	22	24	20	0*	21	23	0*	24	13	19	13	19.83
22	6	4	18	0*	16	17	15	5	20	0*	14	10	22	16	20	18	22	12	9	14.78
15	22	22	13	6	16	3	17	18	4	12	15	15	0*	15	18	18	17	22	16	14.95
22	14	22	18	22	13	10	16	5	18	18	3	1*	22	0*	15	1*	20	21	22	16.53
11	24	23	0*	22	0*	21	22	22	0*	14	22	21	10	15	21	24	11	22	22	19.24
22	0*	15	0*	22	22	22	18	20	1*	14	22	15	16	16	5	1*	18	0*	12	17.27
5	6	15	15	3	15	17	22	22	20	15	15	4	22	9	18	18	3	6	16	14.30
19	22	15	13	22	11	24	13	0*	22	25	24	0*	14	24	20	22	25	25	14	19.67
25	20	0*	22	10	13	21	15	15	23	21	25	19	0*	0*	24	11	25	13	25	19.23
0*	12	14	15	22	20	4	3	18	5	5	6	20	16	22	17	22	9	12	18	13.68
22	19	12	3	22	4	20	22	12	4	18	4	6	0*	15	22	18	22	16	10	14.26
22	0*	21	24	20	24	22	22	22	25	22	24	22	15	10	13	21	22	0*	20	20.61
1*	18	21	14	18	16	15	15	18	4	20	17	15	15	22	1*	3	5	18	18	15.11
13	11	15	22	21	24	21	0*	14	19	0*	22	22	25	13	24	24	22	15	15	19.00
23	25	13	15	14	21	20	21	25	22	19	15	24	23	0*	22	24	13	24	23	20.32
20	6	10	18	15	5	3	16	16	18	18	19	6	9	18	14	22	22	0*	9	13.89
24	23	21	20	13	0*	24	19	10	21	21	22	21	22	19	15	0*	15	0*	25	19.71

续表

表 2.19 (2)圆盘 2																				平均值
10	18	9	22	19	3	14	17	10	12	12	18	17	14	18	15	6	15	18	13	14.00
16	12	6	19	6	18	20	13	6	18	3	10	14	21	16	18	16	18	4	6	13.00
18	14	15	6	10	18	12	16	22	15	9	16	9	6	14	20	21	14	17	18	14.50
25	22	20	21	22	13	13	23	13	0*	22	22	22	24	15	23	13	25	25		20.17

表 2.19 (3)圆盘 3																						平均值
10	18	18	10	22	20	20	24	18	5	20	16	11	22	14	22	0*	1*	18	25	6	22	17.05
22	25	12	21	15	18	4	21	22	22	4	24	21	17	9	14	18	24	21	9	25	12	17.27
0*	6	14	9	18	21	24	4	13	20	18	0*	22	21	22	21	19	22	3	22	13	16	16.20
5	25	22	6	20	14	16	20	15	22	0*	12	20	11	10	6	18	14	24	22	12	14	15.62
15	11	14	15	22	15	24	22	3	0*	1*	18	14	20	14	24	16	15	24	5	16	25	16.60
22	22	15	20	19	13	21	15	22	15	20	14	15	0*	15	3	14	15	22	22	0*	18	17.10
15	22	20	22	6	19	5	21	22	18	22	14	3	10	19	25	15	18	0*	13	18	10	16.05
22	6	15	23	21	6	0*	20	15	12	23	15	22	15	21	22	10	20	6	22	15	20	16.71
11	22	15	0*	19	10	3	3	0*	22	5	25	22	1*	22	6	21	23	16	15	24	18	15.89
22	14	4	12	15	22	18	24	21	18	4	21	15	21	0*	23	13	22	21	15	0*	15	17.00
5	24	22	20	23	16	18	14	16	14	25	5	24	15	22	16	5	22	13	18	0*	23	17.14
19	0*	22	18	6	23	13	20	19	25	4	18	25	4	10	15	0*	19	15	14	18	9	15.80
25	6	23	13	25	15	17	12	17	16	19	22	6	0*	16	0*	20	16	13	25	4	25	16.75
0*	22	15	18	0*	22	25	13	13	10	22	20	4	19	22	15	18	24	23	3	17	13	16.90
22	20	15	0*	6	14	22	15	16	10	18	0*	24	20	14	16	15	18	1*	0*	25	6	16.44
22	12	15	0*	22	16	13	25	23	6	21	19	17	6	0*	9	21	18	13	13	13	18	16.10
1*	19	0*	15	22	16	23	21	5	22	12	18	22	22	16	24	5	1*	22	16	22		17.89
13	0*	14	13	22	13	17	9	21	13	18	21	15	15	0*	0*	18	24	17	19	24		17.00
23	18	12	22	3	0*	3	22	0*	3	15	12	19	22	15	22	20	1*	20	12	18		15.61
20	11	21	15	22	22	10	15	3	22	0*	3	22	24	15	15	24	18	11	22	13		16.40
24	25	21	3	10	15	21	17	22	25	16	9	18	6	25	10	17	22	18	21	9		16.86
10	6	15	24	22	11	22	16	5	22	13	22	10	21	23	22	22	11	3	22	16		16.10
16	23	13	14	22	13	17	22	18	22	25	15	16	17	9	13	13	22	25	0*	22		17.50

表 2.19 (4)圆盘 4																								平均值
10	10	11	14	0*	0*	23	18	20	22	22	4	25	9	19	22	14	0*	5	23	0*	5	13	22	15.55
22	16	25	12	15	6	15	18	3	22	0*	18	16	22	22	15	0*	15	0*	22	6	22	12	12	16.00
0*	18	6	21	13	22	22	13	24	15	15	0*	24	15	18	22	16	16	20	22	16	13	16	16	17.64
5	25	23	21	22	22	14	17	14	0*	18	1*	0*	11	10	24	0*	9	18	19	21	22	0*	14	17.32
15	6	18	15	15	22	16	25	20	21	12	20	12	21	16	6	15	24	15	16	13	15	18	25	16.71
22	25	12	13	3	3	16	22	12	16	22	22	18	22	22	21	15	0*	21	24	15	15	15	18	17.13

续表

表 2.19 (4)圆盘 4																								平均值
15	11	14	10	24	22	13	13	13	19	18	23	14	20	17	17	25	22	5	18	13	18	24	10	16.60
22	22	22	21	14	10	0*	23	15	17	14	5	14	14	21	14	23	15	18	18	23	14	0*	20	17.23
11	22	14	9	22	22	22	17	25	13	25	4	15	15	11	9	9	10	20	1*	1*	25	0*	18	16.10
22	6	15	6	15	22	15	3	21	16	16	25	25	3	20	22	22	22	24	24	13	3	18	15	16.38
5	22	20	15	18	20	11	10	9	23	10	4	21	22	0*	19	14	13	17	1*	22	0*	4	23	15.33
19	14	15	20	20	18	13	21	22	5	10	19	5	22	10	14	21	0*	22	18	17	13	17	9	15.83
25	24	15	22	22	21	20	22	15	21	6	22	18	15	15	15	6	18	13	22	20	16	25	25	18.46
0*	0*	4	23	19	14	4	17	17	0*	22	18	22	24	1*	19	24	19	1*	11	11	19	13	13	16.47
22	6	22	0*	6	15	24	24	16	3	13	21	20	25	21	21	3	18	24	22	18	12	22	6	16.70
22	22	22	12	21	13	16	21	22	22	3	12	0*	6	15	22	25	16	22	18	3	22	24	18	17.35
1*	20	23	20	19	19	24	4	18	5	22	18	19	4	4	0*	22	14	14	21	25	21	18		16.86
13	12	15	18	15	6	21	20	22	18	25	15	18	24	0*	22	6	15	15	3	25	22	13		16.95
23	19	15	13	23	10	5	22	13	5	22	0*	21	17	19	10	23	10	15	24	9	0*	9		15.57
20	0*	15	18	6	22	0*	15	15	22	22	16	12	22	20	16	16	21	18	24	22	6	16		17.33
24	18	0*	0*	25	16	3	21	3	20	20	13	3	15	6	22	15	13	20	22	22	25	22		16.57

表 2.19 (5)圆盘 5																											平均值
10	20	12	22	23	20	22	0*	22	14	22	20	22	18	20	15	0*	9	25	24	20	23	24	25	22	13	9	19.04
22	24	19	23	0*	22	20	22	13	20	15	22	22	15	0*	24	10	22	23	0*	18	22	22	9	21	22	25	19.88
0*	10	0*	15	12	19	18	15	23	12	0*	0*	20	0*	19	25	15	19	9	22	15	22	0*	22	22	24	13	17.67
5	16	18	15	20	6	21	11	17	13	21	15	4	16	18	6	1*	14	22	15	21	19	6	22	0*	18	6	14.60
15	18	11	15	18	21	14	13	3	15	16	18	18	13	21	4	21	15	14	10	5	16	16	5	6	13	18	13.96
22	25	25	0*	13	19	15	20	10	25	19	12	0*	25	12	24	15	19	21	22	18	24	21	22	25	9		19.25
15	6	6	14	18	15	13	4	21	21	17	22	1*	16	3	17	4	21	6	13	20	18	13	13	13	16		13.80
22	25	23	12	0*	23	19	24	22	9	13	18	20	24	9	22	0*	22	24	0*	24	18	15	22	12	22		19.30
11	11	18	21	0*	6	6	16	17	22	16	14	22	0*	22	15	19	0*	3	18	17	1*	13	15	16	22		15.45
22	22	12	21	15	25	10	24	24	15	23	25	23	12	15	19	20	22	25	19	22	24	23	15	0*	12		19.56
5	22	14	15	13	0*	22	21	21	17	5	16	5	18	11	22	6	10	22	18	13	1*	1*	18	18	16		14.50
19	6	22	13	22	6	16	5	4	16	21	10	4	14	21	18	22	16	6	16	1*	18	13	14	15	14		14.04
25	22	14	10	15	22	23	0*	20	22	0*	10	25	14	22	10	15	22	23	14	24	22	22	25	24	25		19.58
0*	14	15	21	3	22	15	3	22	18	3	6	4	15	20	16	22	14	16	15	22	11	17	3	0*	18		13.96
22	24	20	9	24	22	22	18	15	22	22	22	19	25	14	22	24	0*	15	10	14	22	20	0*	0*	10		19.00
22	0*	15	6	14	3	14	18	21	13	5	13	22	21	15	17	6	16	0*	21	15	18	11	13	18	20		14.87
1*	6	15	15	22	22	16	13	20	15	18	3	18	5	3	21	21	0*	15	13	15	21	18	16	4	18		14.75
13	22	4	20	15	10	16	17	3	3	5	22	21	18	22	11	17	15	16	5	18	3	3	19	17	15		13.46
23	20	22	22	18	22	13	25	24	22	22	25	12	22	22	20	14	15	9	0*	20	24	25	12	25	23		20.04

续表

表 2.19 (6)圆盘 6	平均值
10 13 0* 15 13 15 23 15 11 13 24 15 22 10 5 0* 3 4 15 9 15 0* 15 1* 24 15 22 0* 22 23	14.85
22 23 6 20 10 13 6 13 13 23 14 3 5 6 4 12 9 24 1* 22 15 15 10 24 1* 13 13 6 24 9	13.46
0* 20 22 15 21 22 25 19 20 17 20 22 18 22 25 18 22 17 21 19 25 16 21 22 18 23 22 25 18 25	20.69
5 24 20 15 9 15 0* 6 4 3 12 22 5 13 4 14 15 22 15 14 23 9 13 14 22 1* 15 13 13 13	13.29
15 10 12 4 6 3 6 10 24 10 13 15 22 3 19 14 11 15 4 15 9 24 5 15 11 13 15 12 9 6	11.67
22 16 19 22 15 24 22 22 16 21 15 0* 20 22 22 15 21 19 0* 19 22 0* 0* 15 22 22 18 16 16 18	19.27
15 18 0* 22 20 14 22 16 24 22 25 21 22 25 18 25 22 22 19 21 14 22 20 18 18 17 14 0* 22	19.93
22 25 18 23 22 22 22 23 21 17 21 16 0* 22 21 21 20 18 20 22 21 15 18 20 21 20 25 18 22	20.57
11 6 11 15 23 15 3 15 5 24 9 19 15 22 12 5 14 10 6 0* 6 10 15 23 3 11 3 15 12	12.07
22 25 25 15 0* 18 22 22 0* 21 22 17 18 20 18 18 15 16 22 22 24 22 21 22 24 18 0* 24 16	20.35
5 11 6 15 12 20 10 14 3 4 15 13 12 4 15 22 3 22 15 10 3 13 5 22 24 3 13 0* 14	11.71
19 22 23 0* 20 22 22 16 18 20 17 16 22 18 0* 20 22 17 22 16 25 0* 18 19 22 25 16 0* 25	20.08
25 22 18 14 18 19 22 16 18 22 16 23 18 0* 16 0* 22 21 24 22 22 18 20 16 0* 25 19 18 18	19.69
0* 6 12 12 13 6 20 13 13 15 22 5 14 1* 13 19 15 11 6 14 6 19 24 24 6 9 12 4 10	12.70
22 22 14 21 18 21 18 0* 17 21 18 21 25 20 25 18 24 20 21 0* 23 18 17 18 16 22 22 17 20	19.96
22 14 22 21 0* 19 21 22 25 20 22 0* 16 22 16 21 25 0* 17 16 16 16 22 18 21 22 21 25 18	20.00
1* 24 14 15 0* 15 14 15 22 3 13 3 10 23 24 12 6 10 14 0* 15 14 13 1* 13 5 22 13 15	13.48

例 2.14 设从一份 M-209 加密的密报中得到 499 对连续的明文-密文字母对，并由(2.31)式求得的加密各明文字母的代替表的移位数见表 2.20. 求出各圆盘上所有销钉置位和凸片鼓状滚筒的每根杆上凸片的置位.

表 2.20 例 2.14 中已知的移位数

10	22	0*	5	15	22	15	22	11	22	5	19	25	0*	22	22	1*	13	23
20	24	10	16	18	25	6	25	11	22	22	6	22	14	24	0*	6	22	20
12	19	0*	18	11	25	6	23	18	12	14	22	14	15	20	15	15	4	22
22	23	15	15	15	0*	14	12	21	21	15	13	10	21	9	6	15	20	22
23	0*	12	20	18	13	18	26	0*	15	13	22	15	3	24	14	22	15	18
20	22	19	6	21	19	15	23	6	25	0*	6	22	22	22	3	22	10	22
22	20	18	21	14	15	13	19	6	10	22	16	23	15	22	14	16	16	13
0*	22	15	11	13	20	4	24	16	24	21	5	0*	3	18	18	13	17	25
22	13	23	17	3	10	21	22	17	24	21	4	20	22	15	21	20	3	24
14	20	12	13	15	25	21	9	22	15	17	16	22	18	22	13	15	3	22
22	15	0*	21	16	19	17	13	16	23	5	21	0*	3	22	5	18	5	22
20	22	0*	15	18	12	22	18	14	25	16	10	10	6	22	13	3	22	25

续表

22	22	20	4	18	0^*	1^*	20	22	23	5	4	25	4	19	22	18	21	12
18	15	0^*	16	13	25	16	24	0^*	12	18	14	14	15	25	21	5	18	22
20	0^*	19	18	21	12	3	9	22	15	11	21	22	20	14	15	3	22	22
15	24	25	6	4	24	17	22	15	19	22	18	10	16	22	17	21	11	20
0^*	10	15	1^*	21	15	4	0^*	19	20	6	22	15	22	24	6	21	17	14
9	22	19	14	15	19	21	22	0^*	22	10	16	22	14	0^*	16	0^*	15	15
25	23	9	22	14	21	6	24	3	25	22	6	23	16	15	0^*	15	16	9
24	0^*	22	15	10	22	13	0^*	18	19	18	16	14	15	10	21	13	5	0^*
20	18	15	21	5	18	20	24	17	22	13	1^*	24	22	14	15	15	18	20
23	22	22	19	16	24	18	18	1^*	24	1^*	18	22	11	22	18	21	3	24
24	22	0^*	6	16	21	13	15	13	23	1^*	13	22	17	20	11	18	3	25
25	9	22	22	5	22	13	22	15	15	18	14	25	3	0^*	13	16	19	12
22	21	22	0^*	6	25	13	12	16	0^*	18	15	24	0^*	0^*	18	4	17	25
13	22	24	18	13	9	16	22	22	12	16	14	25	18	10	20	18	15	23
9	25	13	6	18														

首先对 i=1, 2, ⋯, 6, 作表 2.19 (i=1, 2, ⋯, 6). 然后观察表 2.19 (i=1, 2, ⋯, 6), 从中选出行平均值大体上呈现一个高值区和一个低值区的表, 开始推测 a_{ij} 的值.

例如表 2.19 (6)中行平均值按递增顺序排列为

11.67　11.71　12.07　12.70　13.29　13.46　13.48　14.85　19.27　19.69　19.93
19.96　20.00　20.08　20.35　20.57　20.69

由于在 14.85 和 19.27 之间没有任何值, 故可推测: 如果表 2.19 (6)中第 j 行的平均值大于等于 19.27, 则 $a_{6j}=1$, 而当第 j 行的平均值小于等于 14.85 时, $a_{6j}=0$. 这样得到

$$a_{6j}=00100111010110110 \tag{2.38}$$

同理, 由于表 2.19 (5)和表 2.19 (2)中的平均值按大小排列分别是

13.46　13.80　13.96　13.96　14.04　14.50　14.60　14.75　14.87　15.45　17.67
19.00　19.04　19.25　19.30　19.56　19.58　19.88　20.04

和

13.00　13.00　13.68　13.89　14.00　14.05　14.26　14.30　14.50　14.78　14.95
15.11　16.53　17.27　19.00　19.00　19.23　19.24　19.67　19.71　19.83　20.17
20.32　20.37　20.61

我们得到

$$
\begin{aligned}
a_{2j} &= 0110100?1?011001011010001 \\
a_{5j} &= 11?0010101001010001
\end{aligned}
\tag{2.39}
$$

再按(2.38)和(2.39)把序列 a_{2j}, a_{5j} 和 a_{6j} 列表如下

$$
\begin{aligned}
&\quad\ \ *(4) \qquad\qquad *(17) \qquad\qquad\qquad\qquad *(35)\ *(42) \\
a_{2j} &= 0110100?1?0110010110100010110100?1?011001011 \\
a_{5j} &= 11?0010101001010001111?0010101001010001111?001 \\
a_{6j} &= 0010011101011011000100111010110110001001110 1
\end{aligned}
$$

并把 0^*和 1^*对应的位置标上记号 “*”, 统计 7 个 1^*对应的位置如下:

$$
\begin{array}{cccccccc}
j & 17 & 235 & 308 & 392 & 408 & 410 & 429 \\
a_{2j} = & 0 & ? & ? & 0 & ? & ? & 0 \\
a_{5j} = & 0 & 0 & 0 & 0 & 0 & 0 & 0 \\
a_{6j} = & 0 & 0 & 0 & 0 & 0 & 0 & 0
\end{array}
\tag{2.40}
$$

如果 1^*表示数 27, 则 27 根杆均被选中, 这就要求上述位置上的 6 根销钉绝大多数都置有效位, 但由(2.40)式可看到 1^*对应的位置上第 5 个圆盘和第 6 个圆盘销钉均取无效位, 故取 27 根杆的可能很小. 因而, 由(2.40)式可知, a_{2j} 中?处取值为 “0” 的可能性最大. 把 a_{2j} 中?全部改为 0, 得到 a_{2j} = 0110100010011001011010 01. 统计 0 对应的位置如下:

位置	63	78	84	134	146	203	234	268	305	312	338	363	369	380	452	466
圆盘 2	1	1	1	1	1	1	1	1	1	1	1	1	1	1	1	1
圆盘 5	1	1	1	1	1	1	1	1	1	1	1	1	1	1	1	1
圆盘 6	1	1	1	1	1	1	1	1	1	1	1	1	1	1	1	1

位置	3	41	193	212	250	421	14	35	85	106	256	332	340	358	460	470
圆盘 2	1	1	1	1	1	1	0	0	0	0	0	0	0	0	0	0
圆盘 5	?	?	?	?	?	?	0	0	0	0	0	0	0	0	0	0
圆盘 6	1	1	1	1	1	1	0	0	0	0	0	0	0	0	0	0

根据与上相同的理由, 可以假定上面最后 10 个位置上的 0^*表示 0, 其余位置上的 0^*表示 26, 则 a_{5j} 中?处应取值 1. 于是得到 a_{5j} = 1110010101001010001 把表 2.19 ($i = 1, 2, \cdots, 6$) 中的 0^*改为 0 或 26, 1^*改为 1, 重新计算表 2.19 ($i = 1, 2, \cdots, 6$) 每行平均值如表 2.21($i = 1, 2, \cdots, 6$).

表 2.21　(i =1, ⋯, 6) 重新计算表 2.19 后每行平均值

表 2.21(1)	15.50	14.95	18.10	16.35	17.00	18.32	15.31	17.21	15.47	18.11
	17.78	16.32	15.05	15.32	18.01	18.26	14.55	14.74	17.00	14.53
	17.63	14.42	15.90	18.42	18.46	16.90				
表 2.21(2)	13.00	20.65	20.05	13.40	20.45	13.30	14.20	14.19	20.25	13.05
	14.30	20.30	20.30	13.06	13.67	21.15	13.70	19.70	20.60	13.20
	20.65	14.00	13.00	14.50	20.48					
表 2.21(3)	16.72	17.27	16.10	16.09	16.32	17.00	16.50	17.13	16.13	15.45
	17.44	15.54	16.49	15.36	17.04	15.81	16.67	17.00	15.91	16.86
	16.86	16.10	17.00							
表 2.21(4)	14.04	17.25	18.34	15.50	16.71	17.50	16.60	16.88	15.25	16.38
	15.62	16.20	18.46	14.21	17.09	17.71	15.40	17.34	15.35	
	18.68	16.26								
表 2.21(5)	19.63	20.56	19.49	13.56	13.96	19.77	13.31	20.07	13.12	19.80
	13.46	13.54	20.07	12.88	19.81	13.73	13.62	13.46	20.27	
表 2.21(6)	12.40	12.63	20.87	12.43	11.67	20.17	20.34	20.76	12.55	20.93
	12.20	20.56	20.34	12.70	20.38	20.62	13.06			

如果表 2.21 中当平均值 ⩾17.0 时取值 1, 当平均值⩽16.0 时取值为 0, 则第一圆盘仅三根销钉位置不能确定, 假定这三根销钉中平均值为 16.9 时取值为 1, 其余取值 0, 那么第一个圆盘的销钉位置就完全确定. 将表 2.21 (3) 和表 2.21 (4) 中可以确定的位置写出, 不确定的用?标记得

第一圆盘: 00111 10101 10001 10010 10011 1

第三圆盘: ????? ????0 ?0?0? 0??00 ???

第四圆盘: 0110? 1??0? 0?10? 10101 ?

将这三个圆盘的销钉置位和前面三个圆盘的销钉置位都依次排出 499 个分量如下:

$$
\begin{array}{ll}
1 & 00111\ 10101\ 10001\ 10010\ 10011\ 10011\ \cdots \\
2 & 01101\ 00010\ 01100\ 10110\ 10001\ 01101\ \cdots \\
3 & ?????\ ????0\ ?0?0?\ 0??00\ ?????\ ?????\ \cdots \\
4 & 0110?\ 1??0?\ 0?10?\ 10101\ ?0110\ ?1??0\ \cdots \\
5 & 11100\ 10101\ 00101\ 00011\ 11001\ 01010\ \cdots \\
6 & 00100\ 11101\ 01101\ 10001\ 00111\ 01011\ \cdots
\end{array}
\tag{2.41}
$$

为了确定(2.41)中 “?” 处的值, 我们先观察代替表移位数 1 在表 2.19 中所处的位置 17, 235, 308, 392, 408, 410, 429 对应(2.41)中相应位置上的各圆盘上销钉的置位

情况. 将这些数分别 mod 26, mod 25, mod 21, mod 19, mod 17 得到如下结果:

位置	17	235	308	392	408	410	429
mod 26	17	1	22	2	18	20	13
mod 25	17	10	8	17	8	10	4
mod 21	17	4	14	14	9	11	9
mod 19	17	7	4	12	9	11	11
mod 17	17	14	2	1	17	2	4

上述 7 个位置中的每一个位置上第 1, 2, 4, 5, 6 个圆盘上销钉均置无效位, 所以这些位置上第三个圆盘上的销钉均置为有效位(即销钉置位 1), 同时也说明了表 2.17 中第三列只有一个 1. 因为 17, 235, ⋯, 429(mod 23) 分别同余 17, 5, 9, 1, 17, 19, 15, 所以可以把(2.41)中第三行前 23 个分量改为

1???1 ???10 ?0?01 01?1? ???

其中第 19 个分量原设为 0, 现应改为 1. 把这个改好的结果填入 (2.41)的第三行.

为了给出第三、四圆盘上尚未确定的销钉的位置, 我们先给出如下定理.

定理 2.1 若记

$$v_i = \sum_{\substack{k=1 \\ k \neq i}}^{6} u_{ik}$$

则有

(1) $u_i \geqslant v_i$, $i = 1, 2, \cdots, 6$.

(2) $\sum_{i=1}^{6} u_i - \frac{1}{2}\sum_{j=1}^{6} v_j \leqslant 27$.

(3) 当且仅当表 2.17 中有全 "0" 行时

$$\sum_{i=1}^{6} u_i - \frac{1}{2}\sum_{j=1}^{6} v_j < 27$$

证明 由 u_i 和 v_j 的定义, (1) 显然成立. 因为我们假定每个圆盘上至少含有一根有效销钉(如果圆盘 i 上的销钉均置无效位, 则加密任何一个明文字母都与圆盘 i 无关), 所以, 基本销钉 "111111" 一定在加密某字母时出现, 此基本销钉选中的杆数是

$$\sum_{i=1}^{6} u_i - (\text{双选中数}) = \sum_{i=1}^{6} u_i - \frac{1}{2}\sum_{j=1}^{6} v_j$$

而凸片鼓状滚筒上总杆数为 27, 故(2)的结论成立. 因为基本销钉 "111111" 选中的杆数是所有基本销钉选中的杆数中的最大者, 所以, 表 2.17 中有全 "0" 行当且仅当

$$\sum_{i=1}^{6}u_i-\frac{1}{2}\sum_{j=1}^{6}v_j<27$$

定理 2.2 对任意 $i, i=1,2,\cdots,6$.

(1) 如果用 r 表示第 i 个圆盘上第 h 根销钉有效时的全部(i, h)-位置上最小选中杆数(相当于表 2.20 (i)中的第 h 行中的最小的数), 则 $r \geqslant u_i$.

(2) 如果用 s 表示第 i 个圆盘上第 h 根销钉无效时的全部(i, h)-位置上最大选中杆数(相当于表 2.20(i)中的第 h 行中的最大的数), 则 $u_i - v_i \leqslant 27 - s$.

证明 若第 i 个圆盘的第 h 根销钉有效, 则这根销钉将选中 u_i 根杆, 而每个(i, h)-位置上选中的杆数还可能包括其他圆盘上有效销钉选中的杆数, 故由 r 的假定即得(1). 若第 h 根销钉无效, 则对于每个(i, h)-位置, 对应于圆盘 i 的只有一个有效凸片的每根杆 (当然, 这个有效凸片对应着圆盘 i) 在凸片鼓状滚筒转动一周中都不会被选中, 而这样的杆共有 $u_i - v_i$ 根. 由 s 的假定知, 这 $u_i - v_i$ 根杆与这 s 根杆不同, 故 $u_i - v_i \leqslant 27 - s$.

由于本例中从未选中过 27 根杆, 故由定理 2.1 的(3), 表 2.17 中有一行全 0. 再观察表 2.21 (6), 销钉置位 1 (即行平均值高) 的那些行中数的最小值为 14, 因此, 根据定理 2.2 的(1), $u_6 \leqslant 14$. 同理, $u_2 \leqslant 10, u_5 \leqslant 9, u_1 \leqslant 4$. 再观察表 2.21 (6)中销钉置位 0 的那些行, 利用定理 2.2 的(2)得到

$$u_6 - v_6 = u_6 - \sum_{m=1}^{5} u_{m6} \leqslant 27 - s = 27 - 24 = 3$$

因我们已假定有一行全 0, 故 $u_6 - v_6 \leqslant 2$. $u_6 \leqslant 14$ 及 $u_6 - v_6 \leqslant 2$ 表明在表 2.17 中第 6 列最多有 14 个 1, 并且这 14 个 1 所在的行中最多有两行只有 1 个 1. 同理, 我们可以得到

$$u_2 - v_2 \leqslant 4$$
$$u_5 - v_5 \leqslant 4$$
$$u_1 - v_1 \leqslant 1$$

把表 2.21 (1), (2), (5), (6)中销钉置位 1 的那些行中数分别为 4,10, 9 和 14 的位置与(2.41)式中相应列对应起来, 它们是

56	140	164	232	240	242	290	311	473	113	221	334	366	72	179	244
1	1	1	1	1	1	1	1	1	0	0	0	0	0	0	1
0	0	0	0	0	0	0	0	0	1	1	1	1	0	0	1
0	?	?	?	0	0	0	0	?	?	0	0	?	?	?	0
0	0	0	0	0	0	0	0	0	?	0	0	0	0	0	1
0	0	0	0	0	0	0	0	0	0	0	0	0	1	1	0
0	0	0	0	0	0	0	0	0	0	0	0	0	0	0	1

274	324	345	361	439	481	495	33	49	64	89	347	452
0	0	0	0	0	0	0	0	0	0	1	0	0
0	0	0	0	0	0	0	0	0	0	0	0	0
?	?	?	0	?	?	0	0	?	?	?	?	0
0	0	0	0	0	0	?	?	?	0	?	0	?
1	1	1	1	1	1	1	0	0	0	1	0	0
0	0	0	0	0	0	0	1	1	1	0	1	1

分析上述位置和销钉置位可知表 2.17 中第 1, 2, 5, 6 列 “1” 的个数恰分别为 4, 10, 9 和 14, 且除 89 列外上述各列中同号处均可改为 0, 把上面的第三个分量出现?的列的位置号模 23 得到(2.41)式的第 3 行的前 23 个分量为

$$100?11??1010?010101?0?0 \tag{2.42}$$

同理, 把上面的第 4 个分量中出现?号的列的位置号模 21, 得到(2.41)式第 4 行的前 21 个分量为

$$0110?1000?0010110?011 \tag{2.43}$$

用(2.42)式和(2.43)式重新改写(2.41)式后, 继续作类似分析即可得到第三个圆盘和第四个圆盘上销钉的置位情况

第三个圆盘: 10011 11110 10001 01011 010

第四个圆盘: 01101 10001 00101 10101 1 (2.44)

至此, 六个圆盘上的销钉位置全部确定, 并得到了类似于表 2.16 的销钉位置情况表.

把(2.41)式中各列与移位数一一对应, 并选出移位数 4, 10, 1, 3, 9, 14 对应的列且这些列呈单位向量, 据此我们可以得到

$$u_1 = 4, \quad u_2 = 10, \quad u_3 = 1, \quad u_4 = 3, \quad u_5 = 9, \quad u_6 = 14$$

为了求出 u_{ij}, 如求 u_{34}, 我们可以按(2.44)式把(2.41)式中?全部改成 0 或 1, 并找出列为(001100)所对应位置上的移位数, 必然发现这些位置上的移位数均为 3, 因此 $u_3 + u_4 - u_{34} = 3$, 故 $u_{34} = 1$. 运用这种列方程的方法可以求得

$$\begin{aligned}
u_1 = 4,\ u_{12} = 1,\ u_{13} = 0,\ u_{14} = 1,\ u_{15} = 0,\ u_{16} = 1 \\
u_2 = 10,\ u_{23} = 0,\ u_{24} = 0,\ u_{25} = 0,\ u_{26} = 5 \\
u_3 = 1,\ u_{34} = 1,\ u_{35} = 0,\ u_{36} = 0 \\
u_4 = 3,\ u_{45} = 0,\ u_{46} = 1 \\
u_5 = 9,\ u_{56} = 5 \\
u_6 = 14
\end{aligned}$$

于是, 我们可以得到凸片鼓状滚筒上的配置情况. 由该例可以看到, 如果明文-密文对足够多, 则破译 M-209 加密的消息是比较容易的. 然而, 随着明文长度的减少, 密码分析的难度会显著增加.

小结与注释

本章对古典密码学中的主要密码体制及分析进行简要介绍, 包括单表代替密码、多表代替密码. 虽然, 这些密码体制现在都已不再实用, 但是, 有些基本运算仍在现代密码体制构造中经常使用, 它们都在一定的历史时期担当过其历史重任. 从对它们进行的密码分析过程中, 我们可以初次体会到破译密码体制的艰辛. 古典密码体制都存在它们的弱点, 都已被成功破译, 在对这些密码体制进行密码分析时, 不知同学们发现了什么? 其实, 我们总是在寻找 "区分". 例如, 分析单表代替密码时, 发现其密文具有一定的统计规律, 而不是随机分布; 又例如, 在分析多表代替密码时, 发现密文分布与随机分布之间的区分. 这就是我们进行密码分析的基本方向, 由于当今使用的密码体制大都不是无条件安全的密码体制, 因此, 其密文分布不是随机分布, 而我们的目标就是利用所有已知的信息和所有已知的技术手段来寻找这个 "区分", 从而最终破译密码体制.

习题 2

2.1 破译下列单表代替密码的密文:

GROX CMRYYVLYIC COXN COMBOD WOCCKQOC DY OKMR YDROB DROI YPDOX SXFOXD K MYNO LI VODDSXQ OKMR VODDOB YP DRO KVZRKLOB BOZBOCOXD KXYDROB YXO

该段密文中各字母出现的频次为

A	B	C	D	E	F	G	H	I	J	K	L	M	N	O	P	Q	R	S	T	U	V	W	X	Y	Z
0	7	8	13	0	1	1	0	3	0	7	3	5	2	23	2	2	9	2	0	0	4	1	9	10	2

2.2 设密钥 $k=5$, 分别用移位代替密码和乘法代替密码加密明文 cipher.

2.3 设密钥短语为 yesterday, 试用密钥短语密码加密明文 cipher.

2.4 设密钥字为 china, 试用维吉尼亚密码加密明文 polyalphabetic.

2.5 破译下列单表代替密码的密文并求出密钥字:

XTEIA DSL ASQA FKSF FKY IVYOPYUJQ NI PAY NI LNVRA TU SMYVTJSU UYLAESEYV YUCDTAK SUR FKYTV VSUG NVRYV SVY JDNAYDQ VYDSFYR

该段密文中各字母出现的频次为

A	B	C	D	E	F	G	H	I	J	K	L	M	N	O	P	Q	R	S	T	U	V	W	X	Y	Z
8	0	1	5	3	5	1	0	4	3	4	3	1	5	1	2	3	4	10	5	7	10	0	1	14	0

2.6 破译下列密钥词组密码的密文:

XNKWBMOW KWH JKXKRJKRZJ RA KWRJ ZWXCKHI XIH I HNRXYNH EBI THZRCWHIRAO DHJJXOHJ JHAK RA HAONRJW KWH IHXTHI NXAOMXOH XIH GMRKKH NRLHNU KB YH TREEHIHAK WBQHPHI HGMRPXNHAK JKXKRJKRZJ XIH XPXRNXYNH EBI BKWHI NXAOMXOHJ RE KWH ZIUCKXAXNUJK TBHJ ABK LABQ

KWH NXAOMXOH RA QWRZW KWH DHJJXOH QXJ QIRKKHA KWHA BAH BE WRJ ERIJK CIBYNHDJ RJ KB KIU KB THKHIDRAH RK KWRJ RJ X TREERZMNK CIBYNHD

该段密文中字母出现的频次为

A	B	C	D	E	F	G	H	I	J	K	L	M	N	O	P	Q	R	S	T	U	V	W	X	Y	Z
18	15	5	5	9	0	2	44	20	24	35	2	7	16	11	3	5	29	0	6	4	0	18	25	5	7

2.7 破译下列密文:

GJGNX BBWBJ LMGTX BGQCB ODBTL BXOGD VJGJB MWSUS LGXDO XGRLA SUUMC SQCXY UBTVY LRVXL CBIXB TBJLG JDUVL LBXDU SFBXG JOVWT BUBQL SVJTD TLBWL VOBLB XWSJB LCBVX OBXVR SJOYQ LSVJ

该段密文中各字母出现的频次为

A	B	C	D	E	F	G	H	I	J	K	L	M	N	O	P	Q	R	S	T	U	V	W	X	Y	Z
1	23	5	6	0	1	10	0	1	11	0	15	3	1	7	0	5	3	8	7	7	10	4	13	3	0

2.8 求下列密文的 I.C 值:

PLOGVAMOEMPJPLEKLXHOEOLEVPTALV
POMVOKBCILBWTUCLLGNYMMFJKVQMOI
VYCIAEGHPRZXMOIGPXVHRGVXULQGVE
EWLTIIMPGPLLTCIMVHXCMLLGBWLXYW
RZXXTWBUAAPGAHKBCIGJMIOIKAIQAP
XAXXYQTFVXWVXZIGAQHYIMOEGVRXWP
TPRMLBMSIMAIKZYVOEVPTALVLFWMLQ
BZGTSPXKTHSCTSTAHFXAMVWIKOEIZX
ALQHZXPPHXSCDUSPUSYALXTEGBEEWS
EFEEWLTIIMPGVPTALVLPWMOEMUEFLH
TMXXYXALJKLRVOGKFTMVKKHTALVOPK
XUIKL

该段密文中各字母出现的频次为

A	B	C	D	E	F	G	H	I	J	K	L	M	N	O	P	Q	R	S	T	U	V	W	X	Y	Z
19	8	8	1	18	7	16	12	20	4	14	29	22	1	15	22	7	6	8	18	7	22	12	24	8	7

2.9　用 Kasiski 试验判断第 2.8 题中密文的密钥长.

2.10　将第 2.8 题中密文按列写成三行 c_1^*，c_2^* 和 c_3^*，我们已经计算出任意两行的

$$\sum_{s=0}^{25} f_{is} f_{js}(l), \quad l = 0,1,\cdots,25$$

移位	0	1	2	3	4	5	6	7	8	9	10	11	12
c_1^*和 c_2^*	422	551	469	619	438	590	326	462	486	396	553	472	395
c_1^*和 c_3^*	548	340	496	363	456	386	365	616	391	582	355	826	357
c_2^*和 c_3^*	363	546	395	390	484	457	453	403	691	484	517	394	636
移位	13	14	15	16	17	18	19	20	21	22	23	24	25
c_1^*和 c_2^*	372	853	404	493	385	611	384	416	522	457	332	351	769
c_1^*和 c_3^*	524	301	574	386	398	539	462	482	373	722	453	616	332
c_2^*和 c_3^*	366	386	446	566	425	362	699	469	601	425	789	379	407

请对第 2.8 题的密文进行代替表匹配.

2.11　利用第 2.10 题代替表匹配的结果，给出第 2.8 题中密文使用的代替表并将其还原成明文.

2.12　给出 5 份密报的单字母的频次分布，计算其重合指数的值，确定哪几份密文是单表代替密码加密的. 再将其余的密文按加密所用的代替表个数递增的顺序进行排列.

(1) A B C D E F G H I J K L M N O P Q R S T U V W X Y Z
7 6 9 3 5 6 8 3 4 7 13 10 7 0 1 5 3 6 8 5 4 8 4 8 5 5

(2) A B C D E F G H I J K L M N O P Q R S T U V W X Y Z
5 3 10 0 1 4 9 0 0 9 3 10 5 2 0 6 5 10 4 2 0 0 1 0 8 0

(3) A B C D E F G H I J K L M N O P Q R S T U V W X Y Z
4 6 6 11 13 6 3 6 8 8 9 7 1 2 6 9 8 12 8 4 2 11 7 1 1 17

(4) A B C D E F G H I J K L M N O P Q R S T U V W X Y Z
3 0 3 6 17 1 0 1 5 1 8 6 2 7 0 4 1 5 0 1 4 1 13 1 0 9

(5) A B C D E F G H I J K L M N O P Q R S T U V W X Y Z
3 7 4 2 8 5 6 4 10 5 8 6 8 3 7 9 5 6 4 9 5 7 3 7 6 3

2.13　确定用于加密下列消息的代替表个数:

SBPRT　LNMWW　OAHHE　SCNQO　RWDPM　UVZKG　NDMAZ
AGENB　BBASH　YQEKU　HWTBR　XJOTI　IAJHV　PIWZK

FOHCQ PNHFP QQBAK ZJXWH RVCYG GOKES LNCEK
VFPHW GKDMT OMAGT ZPNUN TLCMZ KBSWO YDVGK
YFLGX NXLCQ OPRUU SLIMA BAFZI URTLO YYBBL
GFXPT NZWBP RIAJE CCZIQ BSBNZ LUEHC ECMFK
KBPLZ RJLCC ZDRGD GNDMA ZATTX ARIJS ENTBT
YVTYL RTABE CMBIW OYYMK VK

2.14 确定用于加密下列消息的代替表个数:

CNPWV BAGYW OFGWC YYBQZ DELTY AABAD AAGHL
DLPHD DNZYC KFPPU UPPJC HUPFC FPBQX AACUF
MPPNL OYPAL DNVAZ DDMWZ JPMXF JYDKC YPVNF
JLYKL TPLGY FBTAL FRIKK XUMYY JPMTB CPNWV
BAGYW OFGWC YIGNV MRDGD KFPKO ZARKK KAJGD
DNBQF QBVRL IQNQD MQGDF YPHHL DQGHQ MATGI
JPMAT JEUKB UUDRK KIVAC QACKN KIGIE FQKRK ZU

2.15 已知下列密文中有两个是用相同代替表序列加密的, 现给出它们各自的频次分布, 试找出这两个密文.

密文 1 TEKAS RUMNA RRMNR ROPYO DEEAD ERUNR
QLJUG CZCCU NRTEU ARJPT MPAWU TN

的频次分布为

A	B	C	D	E	F	G	H	I	J	K	L	M	N	O	P	Q	R	S	T	U	V	W	X	Y	Z
5	1	3	2	4	0	1	0	0	2	1	1	3	5	2	3	1	9	1	4	6	0	1	0	1	1

密文 2 KSKHK IQQEV IFLRK QUZVA EVFYZ RVFBX UKGBP
KYVVR QTAJK TBQOI SGHUC WIKX

的频次分布为

A	B	C	D	E	F	G	H	I	J	K	L	M	N	O	P	Q	R	S	T	U	V	W	X	Y	Z
2	1	1	0	2	3	2	2	4	1	8	1	0	0	1	1	5	3	2	2	3	6	1	2	2	2

密文 3 GCCEM SOHKA RCMNB YUATM MDERD UQFWM
DTFKI LROPY ARUOL FHYZS NUEQM NBFHG E

的频次分布为

A	B	C	D	E	F	G	H	I	J	K	L	M	N	O	P	Q	R	S	T	U	V	W	X	Y	Z
3	2	3	3	4	4	2	3	1	0	2	2	6	3	3	1	2	4	2	2	4	0	1	0	3	1

2.16 使用单钥体制的密码时，接收方和发送方使用同一个密钥进行加密和解密，这个密钥称为实际密钥(基本密钥). M-209 加密每个字母所用的密钥称为使用密钥. M-209 的实际密钥和使用密钥分别是什么?

2.17 已知 76 个连续的移位值为

22	23	13	0*	23	23	2	14	25	5	17	15	0*	13	15	7	23
15	21	12	15	24	19	3	9	23	12	24	11	19	11	10	14	25
15	1*	7	4	0*	0*	12	9	15	14	15	12	1*	7	3	12	23
25	23	7	15	15	24	14	11	22	9	19	12	20	15	12	6	19
25	22	12	16	18	24	7	7									

和各圆盘上的销钉置位为

圆盘 1: 00101 00001 01111 00001 11000 1

圆盘 2: 00100 01110 10010 01010 01010

圆盘 3: 11101 10001 11110 10111 111

圆盘 4: 01001 10110 01101 10010 1

圆盘 5: 11100 10110 01111 0100

圆盘 6: 11001 10010 10100 01

(1) 确定移位值中每个 0^* 和 1^* 所表示的值.

(2) 按表 2.17 方式给出凸片鼓状滚筒杆上的配置.

2.18 在 M-209 的已知明文破译中，如果我们求得

$$u_1=4, u_{12}=1,\ u_{13}=1,\ u_{14}=1,\ u_{15}=0,\ u_{16}=1$$
$$u_2=10, u_{23}=0,\ u_{24}=0,\ u_{25}=0,\ u_{26}=5$$
$$u_3=1,\ u_{34}=1,\ u_{35}=0,\ u_{36}=0$$
$$u_4=3,\ u_{45}=0,\ u_{46}=1$$
$$u_5=9,\ u_{56}=5$$
$$u_6=14$$

找出此表中的错误，并指出为什么错.

实践习题 2

2.1 编写一个针对英文内容文件的单表替换加密和解密程序，密钥以配置文件提供，配置文件内容为一个英文字母表的全排列(表示代换表)，对应密文和明文以文件输出.

2.2 分别编写对英文文本文件进行单字母、双字母和三字母频次统计工具.

2.3 编写一个部分密文替换程序，替换内容由配置文件提供，配置文件为两行对应每列表示一个替换关系的文本文件.

2.4 基于之前的工具，获取单表替换加密密文、进行词频统计、进行单表代替加密破译实践.

2.5 编写一个针对英文内容的多表加密和解密程序，提示键盘输入密钥，对应密文和明文以文件输出.

2.6 编写对英文内容文件计算重合指数的程序，并分别对单表代替密码和多表代替密码密文进行重合指数计算实践.

2.7 编写在英文文本文件中查找长度大于等于 3 字符串位置的程序，要求提示键盘输入查找字符串.

2.8 对多表代替密文进行查找字符串位置实践，运用 Kasiski 检验分析密钥长度.

2.9 编写对英文多表加密密文文本按照指定密钥长度计算各子串重合指数程序，要求提示键盘输入密钥长度.

2.10 编写对英文多表加密密文文本按照指定密钥长度计算所有互重合指数程序，要求提示键盘输入密钥长度.

2.11 基于上述工具进行多表加密密文密钥间相对位移分析实践.

2.12 编写基于一组相对位移关系穷举密钥进行多表代替破译的程序，关系通过配置文件描述，文件内容依次为第 2, 3, … 个密钥字符与第一个密钥字符的距离.

2.13 基于上述工具进行多表加密破译实践.

2.14 编写 M-209 模拟实现程序，参数基于配置文件描述、文件内容和格式合理设计.

2.15 设计编写一套工具程序，用于支持实现 M-209 已知明文破译.

参考文献 2

[1] Beker H, Piper F. Cipher Systems: The Protection of Communications. New York: John Wiley and Sons, 1982.

第 3 章

序列密码体制

作为密码学中的一个重要分支, 序列密码一直是密码学中关注和研究的重点, 它因为加解密速度快、安全强度高, 在军事、外交、政府以及商业的通信安全领域, 发挥着极为重要的作用. 比如, 移动通信加密用的 A5/1, SNOW3G 和 ZUC 算法, 蓝牙加密用的 E0 算法, 网络数据加密用的 RC4, Chacha 算法等都是序列密码算法.

序列密码的研究主要包含序列密码算法设计和序列密码算法分析两个方面. 序列密码算法设计思想是将一串非常短的密钥比特通过固定算法扩展成与明文或密文等长的密钥序列, 然后将密钥序列与明文或密文按比特异或进行加密或解密. 可以看出, 序列密码算法的安全性主要依赖于密钥序列的随机性质. 因此, 序列密码算法设计中的关键是将密钥扩展成随机性好的密钥序列. 序列密码算法分析的主要目的是通过寻找密钥序列的某些规律使之与随机序列区分, 甚至恢复密钥. 序列密码算法分析在评估序列密码算法的安全性中起着重要的作用, 并在序列密码算法设计思想的发展上起到了积极的推动作用.

序列密码算法的设计思想经历以下发展过程. 2000 年以前, 序列密码算法主要基于线性反馈移位寄存器(linear feedback shift register, LFSR)设计. 在这一阶段中, 序列密码算法主要采用非线性组合、前馈、钟控、记忆等非线性手段对线性序列进行改造的设计思想. 由于极大周期线性反馈序列 (即 m-序列) 完全满足 Golomb 提出的平衡性、游程分布、理想的自相关性等伪随机性质准则[1], m-序列成为当时的重要序列源. 例如, 全球移动通信系统(GSM)安全加密标准 A5/1 算法和蓝牙加密算法 E0 等都采用了这一设计思想. 为了促进序列密码算法设计思想的发展, 2004 年, ECRYPT(European Network of Excellent for Cryptology)启动了欧洲序列密码(eSTREAM)计划. 截至 2005 年 5 月, eSTREAM 计划共征集到了 34 个算法. 经过 3 轮的筛选, 4 个面向软件的算法和 4 个面向硬件的算法成为 eSTREAM 计划的推荐算法. 值得注意的是, 面向硬件的三个最终推荐算法 Trivium, Grain-v1 以及 MICKEY-v2 都是基于非线性反馈移位寄存器(nonlinear feedback shift register, NFSR)设计的. 这意味着序列密码算法的设计思想不再局限于对 LFSR 进行非线性改造.

在序列密码算法设计思想的发展过程中, 相关攻击的提出和快速发展起到了积极的推动作用. 对于基于 LFSR 设计的序列密码算法, 利用非线性改造很难彻底消除原线性序列和改造后序列之间的相关性. 基于此, Siegenthaler 于 1985 年提出了针对非线性组合生成的基本相关攻击. 随后, 相关攻击有了长足的发展: 快速相关攻击被提出并得到了一系列的改进. 这使得(快速)相关攻击可以应用于带记忆的组合生成器、前馈生成器以及钟控生成器, 从而对基于 LFSR 的序列密码算法构成了严重的威胁.

基于以上方面, 本章分别介绍了线性反馈移位寄存器序列、非线性组合序列、非线性前馈序列、钟控序列等序列. 并介绍了 A5 序列密码算法以及 ZUC 序列密码算法的基本性质与加解密流程, 考虑到近年来, 相关攻击与立方攻击对基于线性反馈移位寄存器的序列密码算法的安全构成严重威胁, 本章也简要介绍相关攻击和立方攻击的基本思想.

3.1 线性反馈移位寄存器序列

线性反馈移位寄存器是早期许多序列密码算法的重要组成部分. 这主要出于三个方面原因: 线性反馈移位寄存器特别适合硬件实现; 由它生成的 m 序列具有周期大、统计特性好的优点; 线性反馈移位寄存器序列具有较好的代数结构. 本节主要介绍线性反馈移位寄存器序列的基本性质、m 序列的统计特性, 以及序列的线性复杂度.

线性反馈移位寄存器

3.1.1 基本概念和性质

设 n 是正整数, 图 3.1 是以 $f(x) = x^n \oplus c_{n-1}x^{n-1} \oplus \cdots \oplus c_0$ 为特征多项式的 n 级线性反馈移位寄存器的模型图.

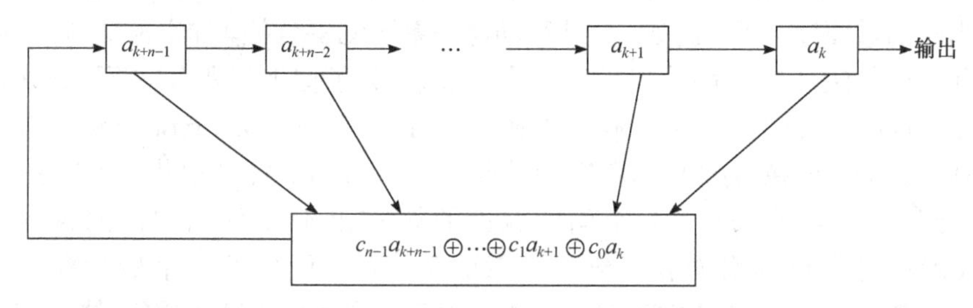

图 3.1 n 级线性反馈移位寄存器

其中 n 个寄存器中的比特组成的向量 $(a_{k+n-1}, a_{k+n-2}, \cdots, a_k)$ 称为线性反馈移位寄存器的第 k 个状态, 特别地, $(a_{n-1}, a_{n-2}, \cdots, a_0)$ 称为初始状态. 该线性反馈移位寄存器的状态转化原理如下, 对于 $k \geqslant 0$ 有

(1) 计算 $a_{k+n} = c_0a_k \oplus c_1a_{k+1} \oplus \cdots \oplus c_{n-1}a_{k+n-1}$;

(2) 寄存器中的比特依次右移并输出 a_k;

(3) 将 a_{k+n} 放入最左端的寄存器.

所产生的输出序列 $\boldsymbol{a} = (a_0, a_1, a_2, \cdots)$称为 n 级线性反馈移位寄存器序列, 简记为 LFSR 序列, $f(x) = x^n \oplus c_{n-1}x^{n-1} \oplus \cdots \oplus c_0$ 也称为序列 $\boldsymbol{a}$ 的特征多项式. 显然, 序列的特征多项式完全刻画了能够产生该序列的 LFSR.

LFSR 序列的特征多项式并不唯一, 但次数最小的特征多项式是唯一的, 称为序列的极小多项式. 极小多项式是研究 LFSR 序列性质的重要代数工具.

定义 3.1 设 $\boldsymbol{a}$ 是 LFSR 序列, 称 $\boldsymbol{a}$ 的次数最小的特征多项式为 $\boldsymbol{a}$ 的极小多项式.

定理 3.1 设 $\boldsymbol{a}$ 是 LFSR 序列, 则 $\boldsymbol{a}$ 的极小多项式是唯一的. 进一步, 设 $m_{\boldsymbol{a}}(x)$ 是 $\boldsymbol{a}$ 的极小多项式, 则 $f(x)$是 $\boldsymbol{a}$ 的一个特征多项式当且仅当 $m_{\boldsymbol{a}}(x) | f(x)$.

显然, LFSR 序列的极小多项式刻画了生成该序列的最短 LFSR, 而定理 3.1 进一步说明, 这样的最短 LFSR 是唯一的.

下面我们给出序列周期的严格定义.

定义 3.2 对于 F_2 上的序列 $\boldsymbol{a}$, 若存在非负整数 k 和正整数 T, 使得对任意 $i \geqslant k$, 都有 $a_{i+T} = a_i$, 则称 $\boldsymbol{a}$ 是准周期序列, 最小这样的 T 称为 $\boldsymbol{a}$ 的周期, 记为 $\mathrm{per}(\boldsymbol{a})$; 若 $k = 0$, 则称 $\boldsymbol{a}$ 是(严格)周期序列.

注 3.1 设 $\mathrm{per}(\boldsymbol{a}) = T$, R 是正整数, 若对任意 $i \geqslant k$, 有 $a_{i+R} = a_i$, 则 $T | R$.

显然, LFSR 是一种有限状态机, 因此, 由 LFSR 生成的序列必然是准周期的. 下面的定理表明反之也是成立的, 即所有的准周期序列都可用 LFSR 来生成.

定理 3.2 $\boldsymbol{a}$ 是准周期序列当且仅当 $\boldsymbol{a}$ 是 LFSR 序列.

证明 充分性显然. 必要性: 设 $\boldsymbol{a}$ 是准周期序列, 则存在非负整数 k 和正整数 T, 使得对任意 $i \geqslant k$, 都有 $a_{i+T} = a_i$. 从而 $x^{k+T} \oplus x^k$ 是序列 $\boldsymbol{a}$ 的特征多项式, 所以结论成立.

利用序列的极小多项式可以判断序列是否严格周期.

定理 3.3 设 $\boldsymbol{a}$ 是 LFSR 序列, $m_{\boldsymbol{a}}(x)$ 是 $\boldsymbol{a}$ 的极小多项式, 则 $\boldsymbol{a}$ 是周期序列当且仅当 $m_{\boldsymbol{a}}(0) \neq 0$.

证明 设 $\boldsymbol{a}$ 是周期序列, 则存在正整数 T, 使得对任意 $i \geqslant 0$, 都有 $a_{i+T} = a_i$. 从而 $x^T \oplus 1$ 是 $\boldsymbol{a}$ 的一个特征多项式, 而 $m_{\boldsymbol{a}}(x) | (x^T \oplus 1)$, 所以 $m_{\boldsymbol{a}}(0) \neq 0$. 反之, 设 $m_{\boldsymbol{a}}(0) \neq 0$, 并设 $\mathrm{per}(m_{\boldsymbol{a}}(x)) = T$, 则 $m_{\boldsymbol{a}}(x) | (x^T \oplus 1)$, 从而 $x^T \oplus 1$ 是 $\boldsymbol{a}$ 的特征多项式, 即对任意 $i \geqslant 0$, 都有 $a_{i+T} = a_i$, 所以 $\boldsymbol{a}$ 是周期序列.

进一步, 序列的周期由其极小多项式的周期完全确定.

定理 3.4 设 $\boldsymbol{a}$ 是周期序列, $f(x)$是它的极小多项式, 则 $\mathrm{per}(\boldsymbol{a}) = \mathrm{per}(f(x))$.

证明 设 $T = \mathrm{per}(\boldsymbol{a})$, $R = \mathrm{per}(f(x))$. 因为 $x^T \oplus 1$ 是 $\boldsymbol{a}$ 的特征多项式, 由定理 3.1,

$f(x)|(x^T \oplus 1)$, 所以 $R \mid T$. 另一方面, 因 $f(x)|(x^R \oplus 1)$, 故 $x^R \oplus 1$ 是 $\boldsymbol{a}$ 的特征多项式, 即 $a_{i+R}=a_i, i \geqslant 0$, 由注 3.1 知 $T|R$. 所以 $\mathrm{per}(\boldsymbol{a})=\mathrm{per}(f(x))$.

注 3.2 若 $\boldsymbol{a}$ 是非严格周期序列, 定理 3.4 也成立. 由于非周期序列总可以转化成周期序列, 并且实际中使用的序列也都是周期序列, 故后面的讨论仅针对周期序列.

推论 3.1 设 $f(x)$是 F_2 上的不可约多项式, 则以 $f(x)$为特征多项式的非零序列 $\boldsymbol{a}$ 有 $\mathrm{per}(\boldsymbol{a})=\mathrm{per}(f(x))$.

证明 因 $f(x)$是不可约多项式, 故由定理 3.1 知, 对于以 $f(x)$为特征多项式的非零序列 $\boldsymbol{a}$, $f(x)$就是 $\boldsymbol{a}$ 的极小多项式, 再由定理 3.4 知结论成立.

最后, 我们给出 LFSR 序列的根表示.

定理 3.5[2] 设 $f(x)\in F_2[x]$是 n 次无重因子多项式, $f(0)\neq 0$, F_{2^m} 是 $f(x)$的分裂域, $\alpha_1,\alpha_2,\cdots,\alpha_n\in F_{2^m}$ 是 $f(x)$ 的全部根, 则对任意以 $f(x)$ 为特征多项式的序列 $\boldsymbol{a}=(a_0,a_1,\cdots)$, 存在唯一一组 $\beta_1,\beta_2,\cdots,\beta_n\in F_{2^m}$, 使得

$$a_k=\beta_1 a_1^k+\beta_2 a_2^k+\cdots+\beta_n a_n^k, \quad k\geqslant 0$$

在 F_{2^m} 上成立. 反之, 设 $\beta_1,\beta_2,\cdots,\beta_n\in F_{2^m}$, 若二元序列 $\boldsymbol{a}=(a_0, a_1, \cdots)$满足 $a_k=\beta_1 a_1^k+\beta_2 a_2^k+\cdots+\beta_n a_n^k$ 在 F_{2^m} 上成立, $k\geqslant 0$, 则 $\boldsymbol{a}$ 是以 $f(x)$为特征多项式的序列, 且 $f(x)$是 $\boldsymbol{a}$ 的极小多项式当且仅当 $\beta_i\neq 0, 1\leqslant i\leqslant n$.

3.1.2 *m* 序列

注意到 LFSR 总是将 **0** 状态转化成 **0** 状态, 因此对于一个 n 级 LFSR, 输出序列的最大可能周期为 2^n-1.

m 序列及其安全性

定义 3.3 设 $\boldsymbol{a}$ 是 n 级 LFSR 序列, 若 $\mathrm{per}(\boldsymbol{a})=2^n-1$, 则称 $\boldsymbol{a}$ 为 n 级最大周期 LFSR 序列, 简称为 n 级 m 序列.

由定义显然有如下结论.

定理 3.6 设 $\boldsymbol{a}$ 是 n 级 LFSR 序列, 则 $\boldsymbol{a}$ 是 n 级 m 序列当且仅当 $\boldsymbol{a}$ 的极小多项式是 n 次本原多项式.

设 $\boldsymbol{a}$ 是二元序列, 记 $L^i\boldsymbol{a}=(a_i,a_{i+1},\cdots)$, $i\geqslant 0$. 若两条二元序列 $\boldsymbol{a}$ 和 $\boldsymbol{b}$ 满足 $\boldsymbol{a}=L^k\boldsymbol{b}$, $k\geqslant 0$, 则称 $\boldsymbol{a}$ 和 $\boldsymbol{b}$ 平移等价.

定理 3.7 若 $\boldsymbol{a}$ 是以 n 次本原多项式 $f(x)$为极小多项式的 m 序列, 则 $\boldsymbol{0}, \boldsymbol{a}, L\boldsymbol{a},\cdots, L^{2^n-2}\boldsymbol{a}$ 是以 $f(x)$为特征多项式的序列全体.

证明 一方面, 显然 $\boldsymbol{a}, L\boldsymbol{a},\cdots, L^{2^n-2}\boldsymbol{a}$ 都是以 $f(x)$为极小多项式的彼此不同的 m 序列; 另一方面, 以 $f(x)$为特征多项式的 LFSR 仅有 2^n-1 个不同的非零初始状态, 即以 $f(x)$为特征多项式的非零序列仅有 2^n-1 条, 故结论成立.

定理 3.7 说明, 由同一个本原多项式生成的两条 m 序列彼此平移等价. 由定理

3.7, 容易证明 m 序列满足以下平移可加性.

定理 3.8 设 $\boldsymbol{a}$ 是 n 级 m 序列, 则对于任意的非负整数 s 和 t, 有 $L^s\boldsymbol{a} \oplus L^t\boldsymbol{a} = L^k\boldsymbol{a}$ 或 $\boldsymbol{0}$, 其中 $0 \leqslant k \leqslant 2^n-2$.

证明 设本原多项式 $f(x)$ 是 $\boldsymbol{a}$ 的极小多项式, 注意到 $f(x)$ 也是 $L^s\boldsymbol{a} \oplus L^t\boldsymbol{a}$ 的特征多项式, 故由定理 3.7 知结论成立.

注 3.3 实际上, 定理 3.6 给出的平移可加性是 m 序列的特性, 即对于周期为 T 的序列 $\boldsymbol{a}$, 若对任意的非负整数 s 和 t, 有 $L^s\boldsymbol{a} \oplus L^t\boldsymbol{a} = L^k\boldsymbol{a}$ 或 $\boldsymbol{0}$, $0 \leqslant k \leqslant 2^n-2$, 则 $\boldsymbol{a}$ 是 m 序列.

m 序列是最重要的 LFSR 序列, 不仅是因为 m 序列的周期可达到最大, 而且因为 m 序列的统计特性完全满足 Golomb 提出的三条随机性假设.

1) 元素分布.

设 $\boldsymbol{a}$ 是周期为 T 的序列, 将 $\boldsymbol{a}$ 的一个周期依次排列在一个圆周上, 并且使得 a_0 和 a_{T-1} 相邻, 我们称这样的圆为 $\boldsymbol{a}$ 的周期圆.

引理 3.1 设 $\boldsymbol{a}$ 是 n 级 m 序列, 整数 $0 < k \leqslant n$, 则 F_2 上任意一个 k 维向量 $(b_1, b_2, \cdots, b_k)$ 在 $\boldsymbol{a}$ 的一个周期圆中出现的次数 $N(b_1, b_2, \cdots, b_k)$ 为

$$N(b_1, b_2, \cdots, b_k) = \begin{cases} 2^{n-k}, & 若 (b_1, b_2, \cdots, b_k) \neq (0,0,\cdots,0) \\ 2^{n-k}-1, & 其他 \end{cases}$$

证明 一方面, 由于 n 级 m 序列的周期为 2^n-1, 故除去 $\boldsymbol{0}$ 向量外, 其余 2^n-1 个 n 维向量都必在 $\boldsymbol{a}$ 的周期圆中出现且仅出现一次; 另一方面, F_2 上任意的 k 维向量 $(b_1, b_2, \cdots, b_k)$ 都可以扩充为 F_2 上的 n 维向量 $(b_1, b_2, \cdots, b_k, b_{k+1}, \cdots, b_n)$. 若 $(b_1, b_2, \cdots, b_k) \neq (0,0,\cdots,0)$, 则扩充成非零 n 维向量的方式共 2^{n-k} 种, 所以在 $\boldsymbol{a}$ 的一个周期圆中, 这样的 k 维向量出现 2^{n-k} 次. 若 $(b_1, b_2, \cdots, b_k) = (0,0,\cdots,0)$, 则扩充成非零 n 维向量的方式只有 $2^{n-k}-1$ 种, 所以在 $\boldsymbol{a}$ 的一个周期圆中, 这样的 k 维向量出现 $2^{n-k}-1$ 次.

特别地, 取引理 3.1 中 $k=1$ 有如下推论.

推论 3.2 在 n 级 m 序列的一个周期中 1 出现 2^{n-1} 次, 0 出现 $2^{n-1}-1$ 次.

2) 游程分布.

设 $\boldsymbol{a}$ 是周期序列, $\boldsymbol{a}$ 在一个周期圆中形如

$$1\underbrace{0\cdots0}_{全为0}1 \quad 和 \quad 0\underbrace{1\cdots1}_{全为1}0$$

的一串比特分别叫做 $\boldsymbol{a}$ 的 0 游程和 1 游程. 而 0 游程中连续 0 的个数及 1 游程中连续 1 的个数称为游程长度.

定理 3.9 设整数 $0 < k \leqslant n-2$, 在 n 级 m 序列的一个周期圆中, 长度为 k 的 0 游程和 1 游程各出现 2^{n-k-2} 次; 长度大于 n 的游程不出现; 长度为 n 的 1 游程和长度为 $n-1$ 的 0 游程各出现一次; 长度为 n 的 0 游程和长度为 $n-1$ 的 1 游程不出

现; 游程总数为 2^{n-1}.

证明 设 $\boldsymbol{a}$ 是 n 级 m 序列. 对于 $0<k\leqslant n-2$, 由引理 3.1, $k+2$ 维向量

$$(1\underbrace{0\cdots0}_{k\text{个}0}1) \text{ 和 } (0\underbrace{1\cdots1}_{k\text{个}1}0)$$

在 $\boldsymbol{a}$ 的一个周期圆中各出现 2^{n-k-2} 次, 即长度为 k 的 0 游程和长度为 k 的 1 游程各出现 2^{n-k-2} 次.

根据引理 3.1, 由于 $\boldsymbol{a}$ 的一个周期圆中不存在 n 维 $\mathbf{0}$ 向量, 故 $\boldsymbol{a}$ 中不存在长度大于等于 n 的 0 游程, 并且 n 维向量(10⋯0)之后一定为 1, 而 n 维向量(10⋯0)仅出现一次, 故长度为 n–1 的 0 游程出现 1 次.

又由于 $\boldsymbol{a}$ 的一个周期圆中 n 维 $\mathbf{1}$ 向量仅出现 1 次, 故长度大于 n 的 1 游程不出现, 并且 n 维向量(11⋯1)之后与之前必是 0, 即 n+2 维向量(011⋯10)出现且仅出现 1 次, 故长度为 n 的 1 游程出现 1 次; 又 $\boldsymbol{a}$ 的一个周期圆中 n 维向量(011⋯1)和 n 维向量(11⋯10)仅出现一次, 且恰好出现在上述 n+2 维向量(011⋯10)中, 故不存在长度等于 n–1 的 1 游程.

由此可见, 在 n 级 m 序列的一个周期圆中, 0 游程和 1 游程的总数是 $2(2^{n-3}+2^{n-4}+\cdots+2^0)+2=2^{n-1}$.

3) 自相关函数.

m-序列的自相关函数满足二值性, 即

定理 3.10 设 $\boldsymbol{a}$ 是 n 级 m 序列, 则

$$C_a(t)=\sum_{k=0}^{T-1}(-1)^{a_k\oplus a_{k+t}}=\begin{cases}-1, & t\not\equiv 0\ (\operatorname{mod} 2^n-1)\\ 2^n-1, & t\equiv 0\ (\operatorname{mod} 2^n-1)\end{cases}$$

证明 当 $t\equiv 0\ (\operatorname{mod} 2^n-1)$时, 结论显然. 下面证明 $t\not\equiv 0\ (\operatorname{mod} 2^n-1)$的情形.

由定理 3.8 知, 对任意的非负整数 $t\not\equiv 0\ (\operatorname{mod} 2^n-1)$, $\boldsymbol{a}\oplus L^t\boldsymbol{a}$ 也是 n 级 m 序列, 所以, 由推论 3.2 知 $\boldsymbol{a}\oplus L^t\boldsymbol{a}$ 的一个周期中 1 出现 2^{n-1} 次, 0 出现 $2^{n-1}-1$ 次, 故 $C_{\boldsymbol{a}}(t)=2^{n-1}-1-2^{n-1}=-1$.

3.1.3 线性复杂度与 Berlekamp-Massey 算法

线性复杂度的概念是针对 LFSR 结构提出的, 它衡量了用 LFSR 来生成给定序列的最小代价. 由于特征多项式完全刻画了生成序列的 LFSR, 故自然有以下定义.

定义 3.4 设 $\boldsymbol{a}$ 是周期序列, 称序列 $\boldsymbol{a}$ 的极小多项式的次数为 $\boldsymbol{a}$ 的线性复杂度, 记为 LC($\boldsymbol{a}$).

注 3.4 对于周期序列 $\boldsymbol{a}$, 显然有 LC($\boldsymbol{a}$) ⩽ per($\boldsymbol{a}$).

根据定理 3.5 序列的根表示易知, 序列的线性复杂度有以下两个基本性质.

性质 3.1 设 $\boldsymbol{a}$ 和 $\boldsymbol{b}$ 是两条周期序列, 则 LC $(\boldsymbol{a}\oplus\boldsymbol{b}) \leqslant$ LC $(\boldsymbol{a})$ + LC$(\boldsymbol{b})$. 若 $\boldsymbol{a}$ 和 $\boldsymbol{b}$ 的极小多项式是互素的, 则 LC $(\boldsymbol{a}\oplus\boldsymbol{b})$ = LC $(\boldsymbol{a})$ + LC $(\boldsymbol{b})$.

性质 3.2 设 $\boldsymbol{a}$ 和 $\boldsymbol{b}$ 是两条周期序列, 则 LC $(\boldsymbol{ab}) \leqslant$ LC $(\boldsymbol{a})\cdot$ LC $(\boldsymbol{b})$.

1969 年提出的 Berlekamp-Massey 算法[3]解决了求序列极小 LFSR 的问题. 对于线性复杂度为 L 的序列 $\boldsymbol{a}$, 该算法在已知 $\boldsymbol{a}$ 的连续 $2L$ 比特的前提下即可还原出整条序列, 计算时间复杂度仅为 $O(L^2)$. 因此, 好的伪随机序列必须具有高的线性复杂度. 对于 3.1.2 节介绍的 n 级 m 序列, 其周期为 2^n-1, 是 n 级 LFSR 能输出的最大周期序列, 但 n 级 m 序列的极小多项式是 n 次本原多项式, 这意味着 n 级 m 序列的线性复杂度等于 n, 则在已知 $2n$ 比特的条件下, 利用 Berlekamp-Massey 算法可还原出长为 2^n-1 的原序列. 可见, n 级 m 序列本身不能独立作为密钥流使用.

3.2 基于 LFSR 的序列生成器

在 3.1.3 节中已经指出, 由于 m 序列的线性复杂度太低, 而不能独立作为密钥流使用. 考虑到 m 序列具有许多理想的统计特性(如 3.1.2 节中所述), 早期的序列密码算法都选择 m 序列作为序列源, 通过对 m 序列进行非线性改造来得到密钥流. 非线性组合、非线性过滤和钟控是三种对 m 序列进行非线性改造的经典方式. 在本节中, 将依次介绍这三类序列生成器的原理以及输出序列的伪随机性质.

基于 LFSR 的序列生成器

3.2.1 非线性组合生成器

非线性组合生成器的思想是将多条 m 序列通过非线性的方式合并成一条密钥流. 图 3.2 是非线性组合生成器的简单模型图, 其中 $a_1, a_2, \cdots, a_n$ 是 n 条输入序列, 称为驱动序列, $F = F(x_1, x_2, \cdots, x_n)$是一个 n 元布尔函数, 称作组合函数, 该生成器输出密钥流 $z = (z_0, z_1, \cdots) = f(a_1, a_2, \cdots, a_n)$, 即 $z_t = f(a_{1,t}, a_{2,t}, \cdots, a_{n,t})$, $t \geqslant 0$.

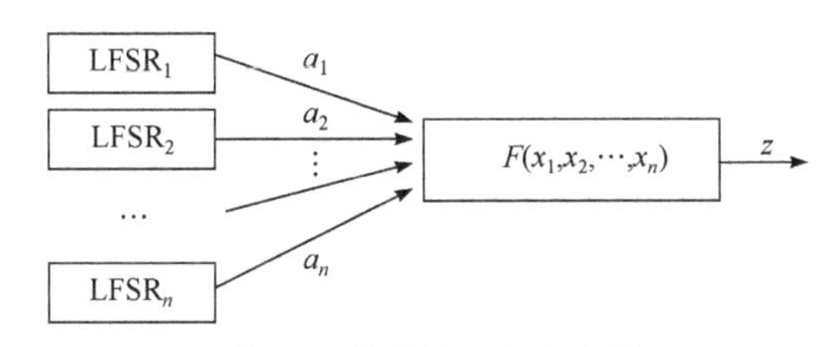

图 3.2 非线性组合生成器

设序列 $\boldsymbol{a}$ 的线性复杂度为 L, 序列 $\boldsymbol{b}$ 的线性复杂度为 M, 已知 $\boldsymbol{a}\oplus\boldsymbol{b}$ 的线性复杂度不超过 L+M, $\boldsymbol{ab}$ 的线性复杂度不超过 LM. 可见, 对于以布尔函数 $F(x_1, x_2,\cdots,$

$x_n) = c_0 \oplus \sum c_i x_i \oplus \sum c_{ij} x_i x_j \oplus \cdots \oplus c_{12\cdots n} x_1 x_2 \cdots x_n$ 为组合函数的组合生成器，$F(\mathrm{LC}(a_1),\mathrm{LC}(a_2), \cdots, \mathrm{LC}(a_n))$(其中加法和乘法为整数环 Z 上运算)是输出密钥流能达到的最大线性复杂度，其中 a_i 是该非线性组合生成器的驱动序列，$1 \leqslant i \leqslant n$. 下面的定理给出了驱动序列为 m 序列时，非线性组合序列线性复杂度达到最大的充分条件.

定理 3.11[4] 设 a_i 是以本原多项式 $f_i(x)$ 为极小多项式的 m 序列，$\deg f_i = m_i > 2$，$1 \leqslant i \leqslant n$，$F(x_1, x_2, \cdots, x_n)$ 是 n 元布尔函数. 若 $m_1, m_2, \cdots, m_n$ 互不相同，则组合序列 $F(a_1, a_2, \cdots, a_n)$ 的线性复杂度为 $F(m_1, m_2, \cdots, m_n)$.

显然，定理 3.11 给出了构造非线性组合生成器应选用驱动序列的准则. 该结果还表明，密钥流的线性复杂度主要由非线性组合函数的代数次数决定，所以，非线性组合函数的代数次数不能低. 此外，随着序列密码攻击的发展，对组合函数的要求也越来越高，组合函数必须满足一系列基本的密码准则，如严格雪崩准则、扩散准则、相关免疫、代数免疫等.

3.2.2 非线性过滤生成器

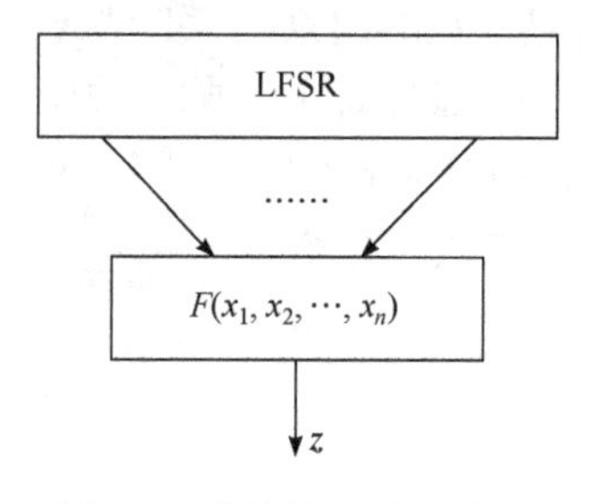

图 3.3 非线性过滤生成器

非线性过滤生成器的思想是对单条 m 序列进行非线性运算得到密钥流. 图 3.3 是非线性过滤生成器的简单模型图，其中 LFSR 的输出序列为 $\boldsymbol{a}$，$F= F(x_1, x_2, \cdots, x_n)$ 是一个 n 元布尔函数，称为过滤函数，密钥流 $\boldsymbol{z} = (z_0, z_1, \cdots) = F(\boldsymbol{a}, L\boldsymbol{a}, \cdots, L^{n-1}\boldsymbol{a})$，即 $z_t = f(a_t, a_{t+1}, \cdots, a_{t+n-1})$，$t \geqslant 0$.

设 n 是正整数，记 $V_n = \{$二元周期序列 $\boldsymbol{b} \mid \mathrm{per}(\boldsymbol{b})$ 整除 $2^n-1\}$，则有以下定理.

定理 3.12[4] 设 $\boldsymbol{a}$ 是 n 级 m 序列，则

$$V_n = \{f(\boldsymbol{a}, L\boldsymbol{a}, \cdots, L^{n-1}\boldsymbol{a}) \mid f(x_1, x_2, \cdots, x_n) \text{ 是 } n \text{ 元布尔函数}\}$$

定理 3.12 说明，通过选择不同的过滤函数，可以构造出任意的周期整除 2^n-1 的周期序列. 尽管如此，给定过滤函数，过滤序列线性复杂度的研究困难很大，目前对其下界的最好估计结果也是针对特殊的前馈函数.

首先，对于一般的非线性过滤序列，有以下线性复杂度的上界.

定理 3.13[4] 设非线性过滤生成器的输入序列是 n 级 m 序列 $\boldsymbol{a}$，n 元过滤函数 $F = F(x_1, x_2, \cdots, x_n)$ 的最高代数次数为 k，则过滤序列 $F(\boldsymbol{a},L\boldsymbol{a},\cdots,L^{n-1}\boldsymbol{a})$ 的线性复杂度小于等于 $\sum_{i=1}^{k}\binom{n}{i}$.

其次，对于一类特殊的布尔函数有以下结论.

定理 3.14[4] 设非线性过滤生成器的输入序列是 n 级 m 序列 $\boldsymbol{a}$，过滤函数

$$F(x_1, x_2,\cdots, x_n) = x_i x_{i+\delta}\cdots x_{i+(k-1)\cdot\delta} \oplus G(x_1, x_2, \cdots, x_n)$$

其中 $\gcd(\delta, 2^n-1)=1$, $G(x_1, x_2,\cdots, x_n)$的最高代数次数小于 k, 则过滤序列 $F(\boldsymbol{a}, L\boldsymbol{a}, \cdots, L^{n-1}\boldsymbol{a})$的线性复杂度大于等于$\binom{n}{k}$.

对于实际应用, 定理 3.14 给出的线性复杂度下界已经足够大, 但定理 3.14 的下界与定理 3.13 的上界还是相距很远的. 最后, 对于级数是素数的 m 序列, 下面的定理给出了使得过滤序列达到最大线性复杂度的布尔函数的比例.

定理 3.15[4] 设非线性过滤生成器的输入序列是 n 级 m 序列 $\boldsymbol{a}$, 其中 n 是素数, 则最高代数次数为 k 的全体 n 元布尔函数 $F(x_1, x_2, \cdots, x_n)$中, 使得过滤序列 $F(\boldsymbol{a}, L\boldsymbol{a}, \cdots, L^{n-1}\boldsymbol{a})$达到最大线性复杂度 $L_k = \sum_{i=1}^{k}\binom{n}{i}$ 的函数所占比例为 $\left(1-\frac{1}{2^n}\right)^{\frac{L_k}{n}} \approx \mathrm{e}^{-\left(\frac{L_k}{n\cdot 2^n}\right)} > \mathrm{e}^{-\frac{1}{n}}$.

在定理 3.15 条件下, 当级数 n 足够大时, 大多数的过滤序列的线性复杂度都能达到上界.

3.2.3 钟控生成器

不论是基于多个 LFSR 的非线性组合生成器还是基于单个 LFSR 的非线性过滤生成器, 它们的 LFSR 装置的状态转化和输出都是由统一时钟控制的. 本节介绍的钟控生成器的基本设计思想就是通过一个 LFSR 来控制另一个或多个 LFSR 的运行时钟, 使得受控 LFSR 在不规则的时钟控制下进行状态转化或输出, 以此来破坏原有 LFSR 序列的线性性质.

(1) 停走生成器[5]. 由两个线性反馈移位寄存器组成, 其中一个 LFSR 控制另一个 LFSR 的状态转化. 图 3.4 是停走生成器的模型图.

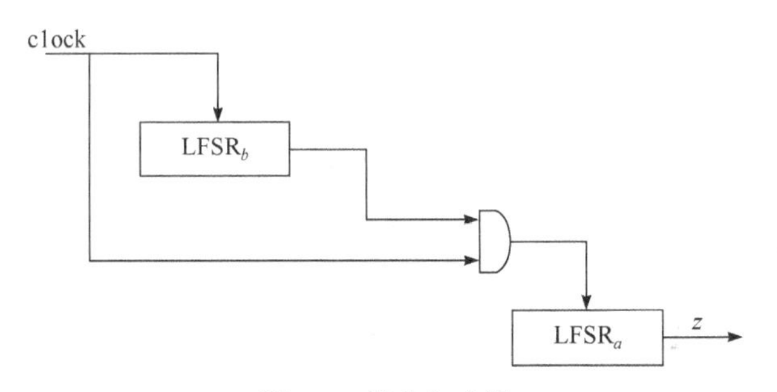

图 3.4 停走生成器

图 3.4 中 LFSR$_b$ 是控制 LFSR, 它在规则时钟控制下进行状态转化和输出; LFSR$_a$ 是受控 LFSR, 它的状态转化受 LFSR$_b$ 输出的控制. 若 LFSR$_b$ 在当前时钟输出 0, 则 LFSR$_a$ 在当前时钟不进行状态转化, 重复输出上一时钟的输出比特; 若

LFSR_b在当前时钟输出 1, 则LFSR_a进行状态转化后输出. 停走序列的严格定义如下.

定义 3.5 设$\boldsymbol{a}=(a_0,a_1,\cdots)$和$\boldsymbol{b}=(b_0,b_1,\cdots)$是二元序列, $s(t)=\sum_{i=0}^{t}b_i$, 令$z_k=a_{s(k)}$, $k\geqslant 0$, 称$\boldsymbol{z}$为$\boldsymbol{a}$受$\boldsymbol{b}$控制的停走序列.

下面的定理给出了停走序列达到最大可能周期的充要条件.

定理 3.16[5] 设序列$\boldsymbol{a}$和$\boldsymbol{b}$的周期分别为T_1和T_2, 且$T_1>1$, $\boldsymbol{z}$为$\boldsymbol{a}$受$\boldsymbol{b}$控制的停走序列. 令$w=s(T_2-1)=\sum_{i=0}^{T_2-1}b_i$, 则$\text{per}(\boldsymbol{z})=T_1\cdot T_2$当且仅当$\gcd(w,T_1)=1$.

一般地, 停走序列的线性复杂度有以下上界.

定理 3.17[6] 设序列$\boldsymbol{a}$以n次不可约多项式$f(x)$为极小多项式, 序列$\boldsymbol{b}$的周期为T, 则$\boldsymbol{a}$受$\boldsymbol{b}$控制的停走序列$\boldsymbol{z}$的线性复杂度小于等于Tn.

当控制序列和受控序列都是m序列时, 不难构造线性复杂度达到最大的停走序列.

定理 3.18[6] 设$\boldsymbol{a}$和$\boldsymbol{b}$分别为n级和l级m序列, 若$l\mid n$, 则$\boldsymbol{a}$受$\boldsymbol{b}$控制的停走序列$\boldsymbol{z}$的线性复杂度为$(2^l-1)\cdot n$.

(2) 变步生成器[7]. 停走序列虽具有周期大、线性复杂度高的特点, 但即使以m序列作为控制和受控序列, 它的统计特性仍不是很理想. 这主要是因为停走生成器的工作原理总是会拉长序列的游程. 变步生成器是对停走生成器的改进, 它实质上是两条停走序列的模 2 组合. 图 3.5 是变步生成器的模型图.

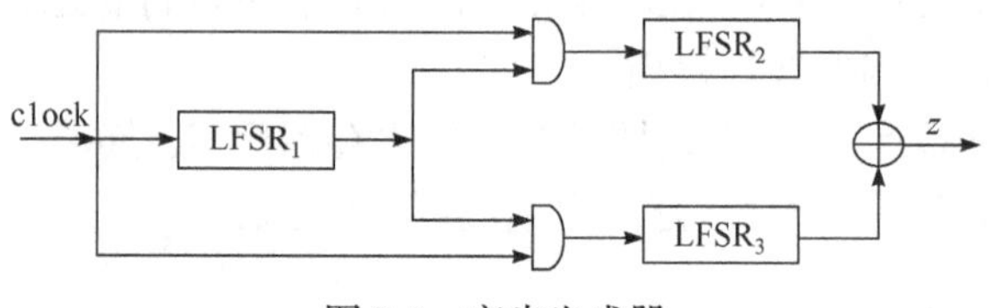

图 3.5 变步生成器

图 3.5 所示变步生成器的具体工作方式如下:

(i) LFSR_1受规则时钟控制, 它的输出比特控制LFSR_2和LFSR_3的输出;

(ii) 若当前时钟LFSR_1输出 1, 则LFSR_2进行状态转化后输出, LFSR_3不进行状态转化, 重复输出前一时钟的输出比特;

(iii) 若当前时钟LFSR_1输出 0, 则LFSR_3进行状态转化后输出, LFSR_2不进行状态转化, 重复输出前一时钟的输出比特;

(iv) 生成器每一时钟的输出为LFSR_2和LFSR_3的输出比特的模 2 加.

变步序列的严格定义如下.

定义 3.6 设$\boldsymbol{a}=(a_0,a_1,\cdots)$, $\boldsymbol{b}=(b_0,b_1,\cdots)$, $\boldsymbol{c}=(c_0,c_1,\cdots)$分别是二元序列,

$s(k)=\sum_{i=0}^{k} a_i,\ k \geqslant 0$. 令 $z_k = b_{s(k)} \oplus c_{k+1-s(k)},\ k \geqslant 0$, 则称序列 $\boldsymbol{z}=(z_0, z_1, \cdots)$为由 $\boldsymbol{a}$ 控制 $\boldsymbol{b}$ 和 $\boldsymbol{c}$ 得到的变步序列.

当图 3.5 中 LFSR_1, LFSR_2 和 LFSR_3 输出序列为 m 序列时, 变步序列的密码性质并不容易证明. 但若 LFSR_1 序列可以用下面定义的 de Bruijn 序列代替时, 就可以严格证明变步序列也具有大周期和高线性复杂度.

定义 3.7 由 n 级移位寄存器产生的周期等于 2^n 的序列称为最大周期 n 级移位寄存器序列, 简称为 n 级 de Bruijn 序列.

注 3.5 n 级线性反馈移位寄存器序列的最大周期为 2^n-1, 故这里的移位寄存器指的是非线性反馈移位寄存器. 事实上, n 级 m 序列在其最长 0 游程处添加一个 0 即可构成一条 n 级 de Bruijn 序列.

定理 3.19[7] 设 $\boldsymbol{a}$ 是 L_1 级 de Bruijn 序列, $\boldsymbol{b}$ 和 $\boldsymbol{c}$ 分别是 L_2 级和 L_3 级 m 序列, 若 $\gcd(L_2, L_3)=1$, 则由 $\boldsymbol{a}$ 控制 $\boldsymbol{b}$ 和 $\boldsymbol{c}$ 得到的变步序列 $\boldsymbol{z}$ 的周期达到 $2^{L_1}\cdot(2^{L_2}-1)\cdot(2^{L_3}-1)$, 线性复杂度 $\mathrm{LC}(\boldsymbol{z})$满足

$$(L_2+L_3)\cdot 2^{L_1-1} < \mathrm{LC}(\boldsymbol{z}) \leqslant (L_2+L_3)\cdot 2^{L_1}.$$

(3) 收缩和自收缩生成器. 收缩生成器[8]由两个 LFSR 组成, 记为 LFSR_1 和 LFSR_2, LFSR_1 在规则时钟控制下进行状态转化, 若在当前时钟, LFSR_1 的输出为 1, 则 LFSR_2 进行状态转化, 并输出; 否则, LFSR_2 仅进行状态转化, 当前时钟收缩生成器不输出. 易见, 收缩生成器的输出序列是被控序列的子序列. 下面给出收缩序列的严格定义.

定义 3.8 设 $\boldsymbol{a}=(a_0, a_1, \cdots)$和 $\boldsymbol{b}=(b_0, b_1, \cdots)$是两个二元序列, 记 k_i 为 $\boldsymbol{b}$ 中第 i 个 1 的位置, $i \geqslant 1$. 令 $z_t = a_{k_{t+1}},\ t \geqslant 0$, 则称 $\boldsymbol{z}$ 为 $\boldsymbol{a}$ 受 $\boldsymbol{b}$ 控制的收缩序列.

注 3.6 若 $b_0=1$, 则 $k_1=0$; 否则, 对于 $0 \leqslant t < k_1$ 有 $b_t=0$, 且对于 $i \geqslant 1$, $k_i < t < k_{i+1}$ 有 $b_t=0$.

设 $\boldsymbol{a}=(a_0, a_1, \cdots)$和 $\boldsymbol{b}=(b_0, b_1, \cdots)$分别是 $\mathrm{LFSR}_{\boldsymbol{a}}$ 和 $\mathrm{LFSR}_{\boldsymbol{b}}$ 的输出序列, $\boldsymbol{z}$ 为 $\boldsymbol{a}$ 受 $\boldsymbol{b}$ 控制的收缩序列, 记 $\mathrm{wt}(\boldsymbol{b})$为序列 $\boldsymbol{b}$ 一个周期中 1 的个数. 由于当 $\mathrm{LFSR}_{\boldsymbol{b}}$ 恰输出 $\boldsymbol{b}$ 的一个周期比特时, 收缩序列 $\boldsymbol{z}$ 只选择输出了 $\boldsymbol{a}$ 中 $\mathrm{wt}(\boldsymbol{b})$个比特, 故经过 $\mathrm{per}(\boldsymbol{a})\cdot\mathrm{per}(\boldsymbol{b})$ 拍规则时钟后, $\boldsymbol{z}$ 输出了 $\mathrm{per}(\boldsymbol{a})\cdot\mathrm{wt}(\boldsymbol{b})$个比特, 而此时, $\mathrm{LFSR}_{\boldsymbol{a}}$ 和 $\mathrm{LFSR}_{\boldsymbol{b}}$ 必然同时回到初始状态. 所以, $\mathrm{per}(\boldsymbol{a})\cdot\mathrm{wt}(\boldsymbol{b})$是收缩序列能达到的最大周期. 根据以下两个定理, 当 $\mathrm{LFSR}_{\boldsymbol{a}}$ 和 $\mathrm{LFSR}_{\boldsymbol{b}}$ 的特征多项式选为本原多项式时, 也即 $\boldsymbol{a}$ 和 $\boldsymbol{b}$ 是 m 序列时, 容易保证收缩序列的周期达到最大, 且同时具有较高的线性复杂度.

定理 3.20[8] 设 $\boldsymbol{a}$ 和 $\boldsymbol{b}$ 分别是 n 级和 l 级 m 序列, $l < 2^n-1$. 若 $\gcd(n, l)=1$, 则 $\boldsymbol{a}$ 受 $\boldsymbol{b}$ 控制的收缩序列 $\boldsymbol{z}$ 的周期等于 $(2^n-1)\cdot 2^{l-1}$.

定理 3.21[8] 在上一定理的条件假设下, $\boldsymbol{z}$ 的线性复杂度满足 $n\cdot 2^{l-2} < \mathrm{LC}(\boldsymbol{z}) \leqslant n\cdot 2^{l-1}$.

自收缩生成器[9]和收缩生成器的设计原理相同，只不过在自收缩生成器中控制 LFSR 和受控 LFSR 是同一个.

定义 3.9 设 $\boldsymbol{a}=(a_0, a_1, \cdots)$是二元序列，对于 $i \geqslant 0$，若 $a_{2i}=1$，则输出 a_{2i+1}，所得输出序列 $\boldsymbol{z}$ 称为 $\boldsymbol{a}$ 的自收缩序列.

自收缩生成器也可以由收缩生成器来实现. 对于二元序列 $\boldsymbol{a}=(a_0,a_1, \cdots)$，设 $\boldsymbol{a}'=(a_{2t-1})_{t\geqslant 1}=(a_1,a_3,a_5,\cdots)$，$\boldsymbol{b}=(a_{2t})_{t\geqslant 0}=(a_0,a_2,a_4,\cdots)$，则 $\boldsymbol{a}'$受 $\boldsymbol{b}$ 控制的收缩序列就是 $\boldsymbol{a}$ 的自收缩序列. 反之，收缩生成器也可以由自收缩生成器来实现，设 $\boldsymbol{a}=(a_0,a_1,\cdots)$ 和 $\boldsymbol{b}=(b_0,b_1,\cdots)$是两条二元序列，取 $\boldsymbol{a}'=(b_0,a_0,b_1,a_1,b_2,a_2,\cdots)$，则 $\boldsymbol{a}'$ 的自收缩序列就是 $\boldsymbol{a}$ 受 $\boldsymbol{b}$ 控制的收缩序列.

自收缩序列的周期达到最大的充分条件不像收缩序列那么清楚. 基于 m 序列的自收缩序列，有以下周期和线性复杂度的下界.

定理 3.22[9] 设 $\boldsymbol{a}$ 是 n 级 m 序列，$\boldsymbol{z}$ 是由 $\boldsymbol{a}$ 导出的自收缩序列，则 $\boldsymbol{z}$ 是周期能整除 2^{n-1} 的平衡序列并且周期大于等于 $2^{\lfloor n/2 \rfloor}$，线性复杂度大于 $2^{\lfloor n/2 \rfloor -1}$.

3.3 A5 算法

A5 算法是一种用于全球移动通信系统(GSM)中蜂窝通信的序列密码算法，用于用户的手机到基站之间的通信加密，通信内容到基站先脱密变为明文，然后再进行基站到基站之间，以及基站到用户手机之间的信息加密，以完成通信内容在通信过程的加密保护. A5 算法包括很多种，主要为 A5/1 和 A5/2. 其中, A5/1 为强加密算法，适用于欧洲地区; A5/2 为弱加密算法，适用于欧洲以外的地区. 通常所说的 A5 算法指的是 A5/1 算法. A5 算法是一种典型的基于线性反馈寄存器的序列密码，它由 3 个线性反馈移位寄存器 (LFSR) L1, L2, L3 组成, 3 个寄存器的长度分别为 19，22 和 23. 这 3 个反馈移位寄存器是受时钟控制的，每次移位或者不移位是遵循少数服从多数的选择，即每次分别从 3 个移位寄存器中取出 1 位，如果是 1 的个数多于是 0 的个数，那么所有是 1 的寄存器移动一位: 如果 0 的个数多于 1 的个数，那么所有是0的寄存器移动一位. 这种机制保证了每次至少有2个寄存器被移动.

对 A5 算法最早的攻击方法是 Anderson[10]提出的，其基本思想是猜测较短的两个寄存器和第三个寄存器的一半比特位，再通过对比生成密钥流数据的方式进行回溯穷尽，最终来确定所有的寄存器状态. 此算法的时间复杂度在当时很难对 A5 算法产生威胁. 在之后的时间里，很多学者采用现场可编程门阵列(FPGA)硬件平台对其进行改进，但都不甚理想. Golic 分别于 1997 年[11]和 2000 年提出了使用猜定方式对 A5 算法进行攻击，由于算法计算量过大，同样也未对 A5 算法形成有效的攻击. Golic 在提出猜定算法的同时，还提出了对 A5 算法的时空折中攻击算法，这一算法引起了众多学者的关注，通过对时空折中算法模型的不断演变过程[12,13]，使得攻击方法朝着实时攻击[14]的方向不断迈进. 在 2009 年，Nohl 在黑帽大会上发布了利用彩虹表进行攻击的方法[15]，该算法可以在 5s 内完成攻击，并且破解率可以达到 90%，这对 GSM 产生了实质性的威胁. 由于 Nohl 并未公布具体参数的选择依据，从而还需要对其进行继续深入的研究.

3.3.1 A5 加密算法

A5 序列密码算法用于蜂窝式移动电话系统中的语音加密，A5 算法的输入为 22bit 长的帧序号 F_n 和 64bit 长的密钥 K_c，输出为 228bit 的流密钥序列. 算法由 3 个 m 序列 LFSR 构成，这 3 个 LFSR 的级数分别为 19，22，23. 其特征多项式分别为

$$\mathrm{LFSR}_1 : g_1(x) = x^{19} + x^{18} + x^{17} + x^{14} + 1$$
$$\mathrm{LFSR}_2 : g_2(x) = x^{22} + x^{21} + x^{17} + x^{13} + 1$$
$$\mathrm{LFSR}_3 : g_3(x) = x^{23} + x^{22} + x^{19} + x^{18} + 1$$

A5 算法流密钥序列的产生包含初始化和不规则动作两个阶段.

1. 初始化

首先将 3 个 LFSR 的初始状态全设为 0.

然后在 64bit 密钥 K_c 的作用下，3 个 LFSR 分别移位 64 次. 每次(假设第 i 次)移位时，反馈函数计算的结果需要先与 K_c 的第 i 位进行异或，然后才作为反馈结果填充到每个 LFSR 的最末端.

之后在 22bit 帧序号 F_n 的作用下，3 个 LFSR 分别移位 22 次. 每次(假设第 i 次)移位时，反馈函数计算的结果需要先与 F_n 的第 i 位进行异或，然后才作为反馈结果填充到每个 LFSR 的最末端.

初始化阶段的目的是给 3 个 LFSR 提供随机性良好的非全零的初始状态，为后面产生流密钥做准备.

2. 不规则动作

接下来的阶段中，需要时钟脉冲来控制 3 个 LFSR 进行移位输出.

所谓不规则动作，就是指 3 个 LFSR 的移位是不规则的. A5 算法采取的方法是，分别从 LFSR_1, LFSR_2, LFSR_3 中选取第 9 位、第 11 位、第 11 位作为检测位(分别记为 x, y, z)，进行钟控移位. 移位规则是：多数移位，少数不移位. 假如 x, y, z 中至少有 2 个为“1”，则为“1”的 LFSR 移位一次，为“0”的不移位；假如 x, y, z 中至少有 2 个为“0”，则为“0”的 LFSR 移位一次，为“1”的不移位. 这

种机制保证了每次时钟脉冲到来时，至少有 2 个 LFSR 移位.

采取这种移位方法, A5 算法的不规则动作阶段的具体流程为

(1) 在时钟脉冲的作用下，3 个 LFSR 采取上述移位方式，动作 100 次，但不输出.

(2) 在时钟脉冲的作用下, 3 个 LFSR 采取上述移位方式，动作 114 次，产生输出. 每次动作后，先对产生的 3 个输出进行异或，然后作为流密钥序列的一位.

(3) 在时钟脉冲的作用下, 3 个 LFSR 采取上述移位方式，再次动作 100 次，不输出.

(4) 在时钟脉冲的作用下, 3 个 LFSR 采取上述移位方式，再次动作 114 次，产生输出. 每次动作后，先对产生的 3 个输出进行异或，然后作为流密钥序列的一位. A5 算法产生流密钥的方法如图 3.6 所示.

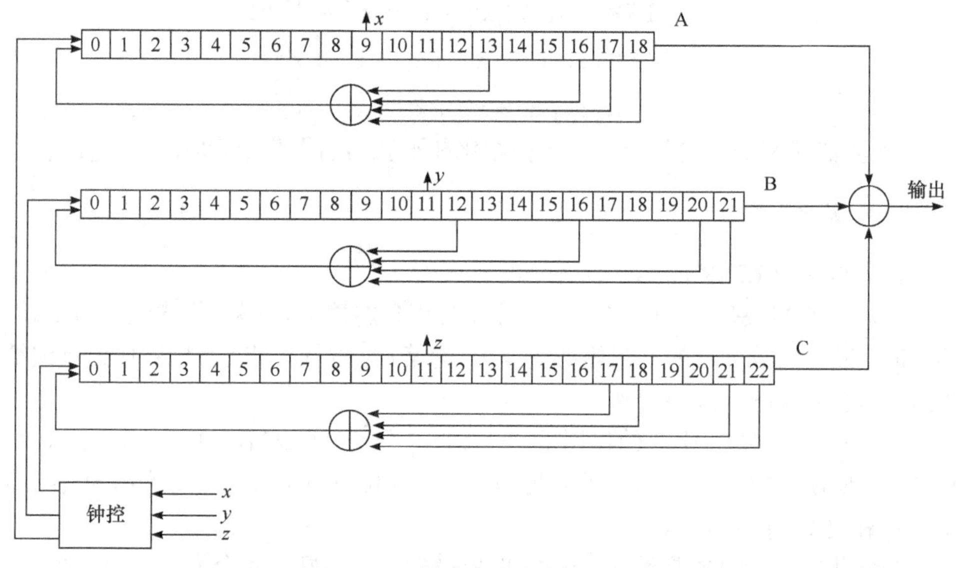

图 3.6　A5 算法产生流密钥的方法

3.3.2　A5 算法的加解密方式

同其他序列密码加密方式相同, A5 算法也是直接将明文与产生的密钥序列进行按位异或，得到密文. 密文与密钥序列异或后，也可得到明文.

GSM 消息通常使用 A5 算法对每个会话分别加密，其每个会话的长度为 224bit，与 A5 算法密钥序列长度相同，因此加密方式就是简单的异或. 如图 3.7 所示，对于每帧会话, A5 算法的输入 F_n 是有变化的.

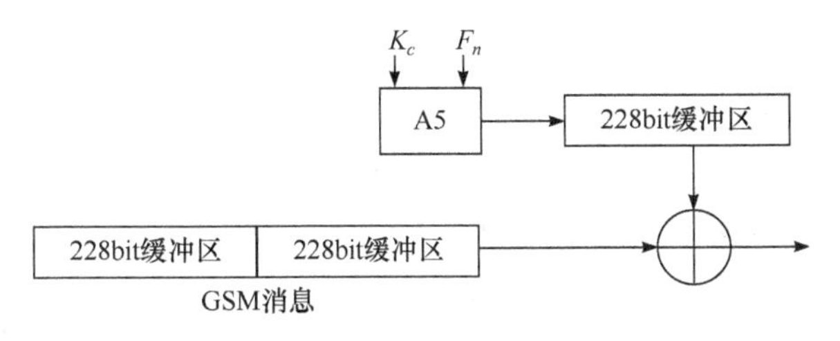

图 3.7　GSM 使用 A5 算法加解密

3.4　ZUC 算法

2004 年, 3GPP(3rd Generation Partnership Project)启动长期演进计划(LTE)的研究, 即 4G 国际通信标准. 由我国自主设计的加密算法 128-EEA3 和完整性算法 128-EIA3 也参与了 LTE 通信加密标准的申报工作. 上述两个算法的核心是祖冲之算法(ZUC), ZUC 算法由中国科学院数据保护和通信安全研究中心(DACAS)研制, 被 3GPP 初步确定为 LTE 国际标准. 现已被正式通过成为国际标准, 这是第一个成为国际标准的我国自主研制的密码算法.

ZUC 算法标志着我国在通信安全领域取得的重大突破, 体现了“网络强国”精神的实质成果, 彰显了国人智慧和中国实力. 这一成就符合习近平总书记提出的“网络强国”战略, 强调了信息安全在国家安全体系中的重要性, 为我国按照国际惯例掌握通信产业的主动权奠定了坚实基础.

对 ZUC 算法主要的分析结果有: 2012 年的亚洲密码学会(ASIACRYPT)上, Wu 等 [16]给出了对 ZUC 的差分攻击; 同年, Tang 等[17]提出了对于 ZUC 算法的差分能量分析; 2013 年, 文献[18] 将 ZUC 算法中的非线性函数由原来的 32bit 字转变成 16bit 半字, 并针对转变后的非线性函数, 进行了猜测决定攻击. 由于 ZUC 算法刚出现不久, 比较新颖, 虽然关于 ZUC 算法的安全性分析虽也取得了一些进展, 但到目前为止, 对 ZUC 算法进行真正有效攻击的方法还没出现.

3.4.1　ZUC 算法结构

ZUC 算法是一个基于字设计的同步序列密码算法, 算法结构分为三层: 第一层是线性反馈移位寄存器层 (LFSR) , 第二层是比特重组层 (BR) , 第三层是一个非线性函数 (F) . 它采用 128bit 的种子密钥 (SK) 和一个 128bit 的初始向量 (IV) 作为输入, 并输出关于字的密钥流序列(从而每 32bit 被称为一个密钥字)用于信息的加密. ZUC 算法采用过滤生成器结构设计, 在线性驱动部分首次采用素域 $GF(2^{31}-1)$ 上的 m 序列作为源序列, 具有周期大、随机统计特性好等特点, 且在二元域上是非线性的, 可以提高抵抗二元域上密码分析的能力. 过滤部分采用有限状态机设计，内部包含记忆单元，使用分组密码中扩散和混淆特性好的线性变换与 S 盒，可提供高的非线性性.

其整体结构如图3.8所描述，分为三个组成部分，分别是线性反馈移位寄存器(LFSR)、比特重组(BR)和非线性函数 F. 线性反馈移位寄存器由 16 个 31bit 的寄存器组成；比特重组是一个过渡层，它的主要工作是从线性反馈移位寄存器的 8 个寄存器单元抽取 128bit 内容组成 4 个 32bit 的字，以供下层非线性函数 F 和密钥输出使用；非线性函数 F 是一个输入输出都为 32bit 的功能函数.

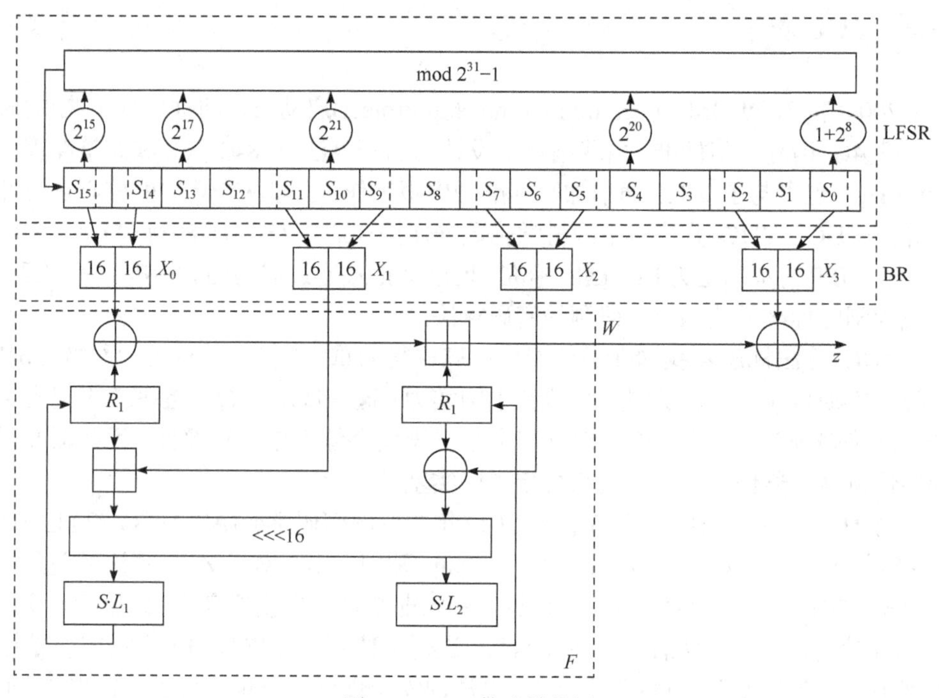

图 3.8　ZUC 算法结构图

1. LFSR

LFSR 由 16 个 31bit 的字单元变量 $s_i(0\leqslant i\leqslant 15)$ 构成，定义在素域 $\mathrm{GF}(2^{31}-1)$ 上，其特征多项式

$$f(x)=x^{16}-(2^{15}x^{15}+2^{17}x^{13}+2^{21}x^{10}+2^{20}x^4+(2^8+1))$$

为素域 $\mathrm{GF}(2^{31}-1)$ 上的本原多项式.

设 $\{a_t\}_{t\geqslant 0}$ 为 LFSR 生成的序列，则对任意 $t\geqslant 0$，有

(1) $a_{16+t}=2^{15}a_{15+t}+2^{17}a_{13+t}+2^{21}a_{10+t}+2^{20}a_{4+t}+(1+2^8)a_t \mod (2^{31}-1)$;

(2) 如果 $a_{16+t}=0$，则 $a_{16+t}=2^{31}-1$.

2. 比特重组 BR

比特重组 BR 为中间过渡层，其从 LFSR 的寄存器单元变量 $s_0,s_2,s_5,s_7,s_9,s_{11},s_{14},s_{15}$ 中抽取 128bit 组成 4 个 32bit 的字 X_0,X_1,X_2,X_3, 以供下层非线性函数 F 和密钥导出函数使用. BR 的具体计算过程如下:

(1) $X_0 = s_{15\mathrm{H}} \| s_{14\mathrm{L}}$;

(2) $X_1 = s_{11\mathrm{L}} \| s_{9\mathrm{H}}$;

(3) $X_2 = s_{7\mathrm{L}} \| s_{5\mathrm{H}}$;

(4) $X_3 = s_{2\mathrm{L}} \| s_{0\mathrm{H}}$,

这里 $s_{i\mathrm{H}}$ 和 $s_{i\mathrm{L}}$ 分别表示记忆单元变量 s_i 的高 16bit 和低 16bit 取值，$0 \leqslant i \leqslant 15$, $\|$ 为字符串连接符.

3. 非线性函数 F

非线性函数 F 包含两个 32bit 的记忆单元变量 R_1 和 R_2, 其输入为比特重组 BR 输出的 3 个 32bit 的字 X_0,X_1,X_2,X_3, 输出为 1 个 32bit 字 W. F 的计算过程如下:

(1) $W = (X_0 \oplus R_1) \boxplus R_2$;

(2) $W_1 = R_1 \boxplus X_1$;

(3) $W_2 = R_2 \oplus X_2$;

(4) $R_1 = S(L_1(W_{1\mathrm{L}} \| W_{2\mathrm{H}}))$;

(5) $R_2 = S(L_2(W_{2\mathrm{L}} \| W_{1\mathrm{H}}))$,

其中 S 为 32bit 的 S 盒变换，S 盒由 4 个小的 8×8 的 S 盒并置而成，即 $S = (S_0,S_1,S_2,S_3)$, 其中 $S_0 = S_2, S_1 = S_3$. S_0 和 S_1 的十六进制表示如表 3.1 和表 3.2 所示；L_1 和 L_2 为 32bit 的线性变换，定义如下:

$$L_1(X) = X \oplus (X \lll 2) \oplus (X \lll 10) \oplus (X \lll 18) \oplus (X \lll 24)$$

$$L_2(X) = X \oplus (X \lll 8) \oplus (X \lll 14) \oplus (X \lll 22) \oplus (X \lll 30)$$

这里 $\lll$ 表示长度为 32bit 的字的左循环移位计算.

表 3.1　ZUC 算法中的 S_0 盒

	0	1	2	3	4	5	6	7	8	9	a	b	c	d	e	f
0	3e	72	5b	47	ca	e0	00	33	04	d1	54	98	09	b9	6d	cb
1	7b	1b	f9	32	af	9d	6a	a5	b8	2d	fc	1d	08	53	03	90
2	4d	4e	84	99	e4	ce	d9	91	dd	b6	85	48	8b	29	6e	ac
3	cd	c1	f8	1e	73	43	69	c6	b5	bd	fd	39	63	20	d4	38
4	76	7d	b2	a7	cf	ed	57	c5	f3	2c	bb	14	21	06	55	9b
5	c3	ef	5e	31	4f	7f	5a	a4	0d	82	51	49	5f	ba	58	1c
6	4a	16	d5	17	a8	92	24	1f	8c	ff	d8	ae	2e	01	d3	ad
7	3b	4b	da	46	eb	c9	de	9a	8f	87	d7	3a	80	6f	2f	c8

续表

	0	1	2	3	4	5	6	7	8	9	a	b	c	d	e	f
8	b1	b4	37	f7	0a	22	13	28	7c	cc	3c	89	c7	c3	96	56
9	07	bf	7e	f0	0b	2b	97	52	35	41	79	61	a6	4c	10	fe
a	bc	26	95	88	8a	b0	a3	fb	c0	18	94	f2	e1	e5	e9	5d
b	d0	dc	11	66	64	5c	ec	59	42	75	12	f5	74	9c	aa	23
c	0e	86	ab	be	2a	02	e7	67	e6	44	a2	6c	c2	93	9f	f1
d	f6	fa	36	d2	50	68	9e	62	71	15	3d	d6	40	c4	e2	0f
e	8e	83	77	6b	25	05	3f	0c	30	ea	70	b7	a1	e8	a9	65
f	8d	27	1a	db	81	b3	a0	f4	45	7a	19	df	ee	78	34	60

表 3.2　ZUC 算法中的 S_1 盒

	0	1	2	3	4	5	6	7	8	9	a	b	c	d	e	f
0	55	c2	63	71	3b	c8	47	86	9f	3c	da	5b	29	aa	fd	77
1	8c	c5	94	0c	a6	1a	13	00	e3	a8	16	72	40	f9	f8	42
2	44	26	68	96	81	d9	45	3e	10	76	c6	a7	8b	39	43	e1
3	3a	b5	56	2a	c0	6d	b3	05	22	66	bf	dc	0b	fa	62	48
4	dd	20	11	06	36	c9	c1	cf	f6	27	52	bb	69	f5	d4	87
5	7f	84	4c	d2	9c	57	a4	bc	4f	91	df	fe	d6	8d	7a	eb
6	2b	53	d8	5c	a1	14	17	fb	23	d5	7d	30	67	73	08	09
7	ee	b7	70	3f	61	b2	19	8e	4e	e5	4b	93	8f	5d	db	a9
8	ad	f1	ae	2e	cb	0d	fc	f4	2d	46	6e	1d	97	e8	d1	e9
9	4d	37	a5	75	5e	83	9e	ab	82	9d	b9	1c	e0	cd	49	89
a	01	b6	bd	58	24	a2	5f	38	78	99	15	90	50	b8	95	e4
b	d0	91	c7	ce	ed	0f	b4	6f	a0	cc	f0	02	4a	79	c3	de
c	a3	ef	ea	51	e6	6b	18	ec	1b	2c	80	f7	74	e7	ff	21
d	5a	6a	54	1e	41	31	92	35	c4	33	07	0a	ba	7e	0e	34
e	88	b1	98	7c	f3	3d	60	6c	7b	ca	d3	1f	32	65	04	28
f	64	be	85	9b	2f	59	8a	d7	b0	25	ac	af	12	03	e2	f2

3.4.2　ZUC 算法密钥载入及设计原理

ZUC 算法的种子密钥 SK 和初始向量 IV 长度均为 128bit. 密钥载入过程首先将种子密钥 SK 和初始向量 IV 输入到 LFSR 的记忆单元变量 $s_0,s_1,\cdots,s_{15}$ 中作为其初始状态. 记为

$$\mathrm{SK}=\mathrm{SK}_0\,\|\,\mathrm{SK}_1\,\|\cdots\|\,\mathrm{SK}_{15}$$

和

$$\text{IV} = \text{IV}_0 \parallel \text{IV}_1 \parallel \cdots \parallel \text{IV}_{15}$$

这里SK_i和IV_i均为 8bit 的位串，$0 \leqslant i \leqslant 15$．于是有

$$s_i = \text{SK}_i \parallel d_i \parallel \text{IV}_i$$

这里$d_i(0 \leqslant i \leqslant 15)$为 15bit 的常数，取值分别为

$$d_0 = 100010011010111$$
$$d_1 = 010011010111100$$
$$d_2 = 110001001101011$$
$$d_3 = 001001101011110$$
$$d_4 = 101011110001001$$
$$d_5 = 011010111100010$$
$$d_6 = 111000100110101$$
$$d_7 = 000100110101111$$
$$d_8 = 100110101111000$$
$$d_9 = 010111100010011$$
$$d_{10} = 110101111000100$$
$$d_{11} = 001101011110001$$
$$d_{12} = 101111000100110$$
$$d_{13} = 011110001001101$$
$$d_{14} = 111100010011010$$
$$d_{15} = 100011110101100$$

其次，令非线性函数 F 的 2 个记忆单元变量 R_1 和 R_2 为 0.

最后，运行初始化迭代过程 32 次，完成密钥载入过程. 其中每次初始化迭代过程将依次执行比特重组、非线性函数 F 计算和 LFSR 状态更新三个子步骤. 在 LFSR 状态更新过程中，非线性函数 F 的输出 W 需要向右移 1 位 (即舍弃最末 1 位) 参与到 LFSR 的反馈计算.

祖冲之算法设计以高安全性作为优先目标，同时兼顾高的软硬件实现性能，在整体结构上可以分为上中下 3 层，其中:

上层为 LFSR，采用素域$\text{GF}(2^{31}-1)$上的本原序列，主要提供周期大、统计特性好的源序列. 由于素域$\text{GF}(2^{31}-1)$上的加法在二元域上是非线性的，所以素域$\text{GF}(2^{31}-1)$上的本原序列可视作二元域上的非线性序列，其具有权位序列平移等价、大的线性复杂度和好的随机统计特性等特点，并在一定程度上提供好的抵抗现有的基于二元域的密码分析的能力，譬如，二元域上的代数攻击、相关攻击和区分分析等.

下层为非线性函数 F，其主要借鉴了分组密码的设计思想，采用具有最优差

分/线性分支数的线性变换和密码学性质优良的 S 盒来提供好的扩散性和高的非线性性. 此外, 非线性函数 F 基于 32bit 的字设计, 采用异或、循环移位、模 2^{32} 加、S 盒等不同代数结构上的运算, 彻底打破源序列在素域 $GF(2^{31}-1)$ 上的线性代数结构, 进一步提高算法抵抗素域 $GF(2^{31}-1)$ 上的密码分析的能力.

通过上述三层的有效结合, ZUC 算法能够抵抗各种已知序列密码分析方法.

3.5 序列密码分析方法

对序列密码的攻击一般是指在已知明文条件假设下的攻击. 由于密钥流是明文字符流和密文字符流的异或, 可以认为已知一定量的密钥流序列.

按照攻击强度分, 序列密码攻击方法可分为区分攻击和密钥恢复攻击两大类. 区分攻击的目的是将密钥流序列和一条真正的随机序列区分开. 目前, 已经有不少著名的序列密码被证明是不能抵抗区分攻击的, 比如 SNOW, SOBER 等. 密钥恢复攻击的目的是恢复出私钥或初始化状态, 是密码分析的最终目标. 通常的攻击方法有相关攻击、代数攻击、立方攻击、时空折中、猜测确定攻击等. 本部分主要介绍序列密码的相关攻击和立方攻击.

相关攻击和立方攻击是序列密码领域两种重要的密钥恢复攻击方法. 相关攻击利用密钥流序列和 LFSR 序列的相关性, 建立密钥序列和寄存器初态之间的线性关系, 然后利用恰当的译码算法恢复初态.

2009 年密码技术理论与应用国际会议(简称欧密会)上, Dinur 和 Shamir[19]将代数攻击与高阶差分攻击技术相结合, 提出了针对黑盒多项式的立方攻击的一般模型, 并给出了对初始化轮数为 672, 735 和 767 的减轮 Trivium 算法的立方攻击. 随后密码学者给出了对更高轮数的 Trivium 算法和 Grain 系列算法的立方攻击.

3.5.1 序列密码的相关攻击

相关攻击是最重要的密钥恢复攻击之一, 最初由 Siegenthaler[20]在 1985 年针对 LFSR 的非线性组合生成器提出. 假设攻击者能找到一个非线性组合生成器的某条 LFSR 序列和密钥流序列的相关性(符合率大于 0.5), 那么他就可以由已知的密钥流序列, 利用该相关性独立地恢复出该 LFSR 的初态而无须考虑其他 LFSR. 同理, 如果攻击者分别找到其他 LFSR 序列和密钥流序列的相关性, 就可以分别独立地恢复出这些 LFSR 的初态. 设组合生成器各 LFSR 的级数分别为 $l_i, 1 \leqslant i \leqslant n$, 直接穷举所有初态的计算复杂度为 $\prod_{j=1}^{n}(2^{l_j}-1)$, 而利用相关性进行分割攻击的复杂度将降为 $\sum_{j=1}^{n}(2^{l_j}-1)$.

在 Siegenthaler 的相关攻击过程中, 需要对相关的 LFSR 的初态进行穷尽搜索找出真正的初态. 对此, Meier 和 Staffelbach 进行了改进, 利用线性码译码方法, 提出了快速相关攻击算法[21], 该算法对反馈多项式是低重多项式的 LFSR 的非线性改造模型比较有效. 快速相关攻击的实现过程可分为两步. 首先, 建立奇偶校验方程, 然后, 利用一个快速译码算法恢复出所传输的码字, 也就恢复了 LFSR 的初态. 相关攻击和快速相关攻击自20世纪80年代中期出现后, 一直是密码分析领域研究的热点. 本节主要介绍基本相关攻击、快速相关攻击的基本原理和方法.

1. 基本相关攻击

考虑对非线性组合生成器模型(参见图 3.9)的基本相关攻击. 设 $\underline{a}_1$, $\underline{a}_2,\cdots,\underline{a}_n$ 分别是 n 个线性反馈移位寄存器 $\mathrm{LFSR}_1,\mathrm{LFSR}_2,\cdots,\mathrm{LFSR}_n$ 的输出序列, 它们经非线性组合函数 $g(x_1,x_2,\cdots,x_n)$ 输出密钥流序列 $\underline{z}=g(\underline{a}_1,\underline{a}_2,\cdots,\underline{a}_n)$.

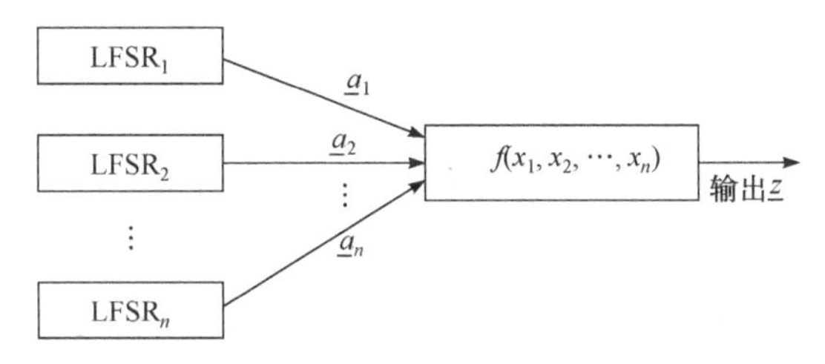

图 3.9　非线性组合生成器模型

已知各寄存器的特征多项式 $g_i(x)$, 非线性组合函数 $f(x_1,x_2,\cdots,x_n)$ 和该生成器的前 N 比特输出 $z_0,z_1,\cdots,z_{n-1}$, 攻击者的目标是求取各寄存器的初态.

不妨假设输出序列 $\underline{z}$ 与某条 LFSR 序列 $\underline{u}=\underline{a}_i$ 具有相关性, 并且 $\underline{z}$ 和 $\underline{u}$ 之间的相关概率 $p=\Pr(z_t=u_t)>0.5$. 并且设 $\underline{u}$ 是一条 l 级 LFSR 序列, 特征多项式为 $g(x)$, 攻击者的目标是求取序列 $\underline{u}$ 的初态. 例如, 对如图 3.10 所示的 Geffe 生成器, 由非线性组合函数 $f(x_1,x_2,x_3)=x_1x_2\oplus x_2x_3\oplus x_3$ 直接计算知, $\Pr(f(x_1,x_2,x_3)=x_1)=3/4$, 故有 $\Pr(z_t=a_t)=3/4$, 即序列 $\underline{z}$ 和 $\underline{a}$ 的相关概率 $p=3/4$.

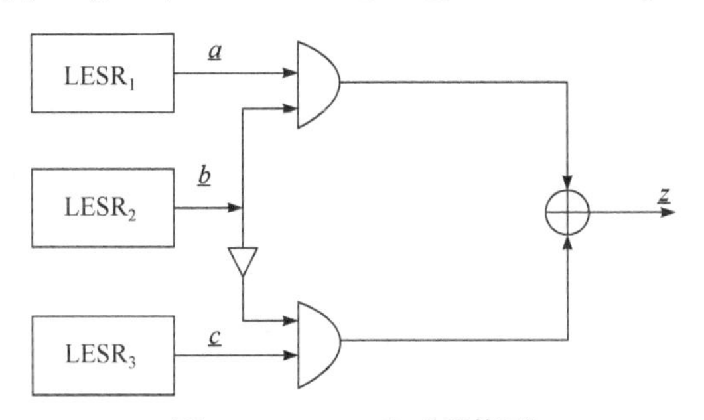

图 3.10　Geffe 生成器模型

对于前述非线性组合生成器模型, 若输出序列 $\underline{z}$ 与某条 LFSR 序列 $\underline{u}$ 之间的相关概率 p=$\Pr(z_t=u_t)>0.5$, 则针对该目标 LFSR 的相关攻击的基本原理和方法如下:

(1) 穷举 $\underline{u}$ 的所有可能初态 $(\hat{u}_{l-1},\cdots,\hat{u}_1,\hat{u}_0)$, 由它产生 N 长序列段 $\underline{\hat{u}}=(\hat{u}_0,\hat{u}_1,\cdots,\hat{u}_{N-1})$, 并统计序列段 $\underline{\hat{u}}$ 和 $\underline{z}$ 对应比特相同的个数 β.

(2) 由于密钥流序列 $\underline{z}$ 和目标 LFSR 序列 $\underline{\hat{u}}$ 之间具有相关性, 当 $(\hat{u}_{l-1},\cdots,\hat{u}_1,\hat{u}_0)$, 为正确初态时, 序列段 $\underline{z}$ 和 $\underline{\hat{u}}$ 对应比特相同的概率为 p, 从而 β 服从均值为 Np, 方差为 $Np(1-p)$ 的二项分布 $B(p,1-p)$; 而当 $(\hat{u}_{l-1},\cdots,\hat{u}_1,\hat{u}_0)$, 为错误初态时, 序列段 $\underline{z}$ 和 $\underline{\hat{u}}$ 对应比特相同的概率为 1/2, 从而 β 服从均值为 $N/2$, 方差为 $N/4$ 的二项分布 $B(1/2,1/2)$. 因此可以给出基本相关攻击的一般步骤如下:

第一步 选定显著性水平 α, 计算实数 $k(\alpha)<0$, 使得

$$\Pr\left(\frac{\beta-m_1}{\sigma_1}<k(\alpha)\middle|H_1\right)\leqslant\alpha$$

并计算门限值 $\beta_{\text{thr}}=Np+k(\alpha)\sqrt{Np(1-p)}$.

第二步 穷举 $\underline{u}$ 的 2^l 个可能的初态 $(\hat{u}_{l-1},\cdots,\hat{u}_1,\hat{u}_0)$, 对由每个初态产生的 N 长序列 $\underline{\hat{u}}=(\hat{u}_0,\hat{u}_1,\cdots,\hat{u}_{N-1})$, 计算 $\hat{\beta}=N-\sum_{i=0}^{N-1}(\hat{u}_i\oplus z_i)$. 若 $\hat{\beta}\geqslant\beta_{\text{thr}}$, 则接受 $(\hat{u}_{l-1},\cdots,\hat{u}_1,\hat{u}_0)$; 否则, 拒绝 $(\hat{u}_{l-1},\cdots,\hat{u}_1,\hat{u}_0)$.

2. 快速相关攻击

在 Siegenthaler 的相关攻击过程中, 需要对目标 LFSR 的初态进行穷尽搜索找出真正的初态, 这样的攻击对非线性过滤生成器模型目标 LFSR 级数较大的非线性组合生成器模型失效. 对此, Meier 和 Staffelbach 提出了两个快速相关攻击算法.

同上, 假定输出密钥流序列 $\underline{z}$ 与某条 LFSR 序列 $\underline{u}$ 之间存在相关性, 即概率

$$p=\Pr(z_t=u_t)>0.5$$

设该 LFSR 的特征多项式为 $g(x)$, 次数为 l, 假定攻击者已知 N 长的密钥流序列 $(z_0,z_1,\cdots,z_{N-1})$, 目标是恢复该 LFSR 的初态.

Meier 和 Staffelbach 的快速相关攻击方法应用了由 LFSR 的特征多项式 $g(x)$, 及其 2^k 次幂产生的某些特定的奇偶校验方程. 快速相关攻击的奇偶校验方程产生步骤如下:

第一步 利用 LFSR 的特征多项式直接产生校验方程.

设 $g(x)$ 的汉明 (Hamming) 重量为 $t+1$, 即

$$g(x)=1+x^{j_1}+x^{j_2}+\cdots+x^{j_t}$$

其中 $1\leqslant j_1<j_2<\cdots<j_t=l$, 则 LFSR 的输出序列 $\underline{u}$ 满足递推关系

$$u_i \oplus u_{i+j_1} \oplus \cdots \oplus u_{i+j_{t-1}} \oplus u_{i+j_t} = 0, \quad i \geqslant 0$$

由此可见，序列 $\underline{u}$ 的每个比特 u_i 都可以表示为其他 t 个比特的线性和，并且根据 u_i 所在位置的不同，有 $t+1$ 种不同的表示方法：

$$\begin{cases} u_i \oplus u_{i+j_1} \oplus \cdots \oplus u_{i+j_{t-1}} \oplus u_{i+j_t} = 0, \\ u_{i-j_1} \oplus u_i \oplus \cdots \oplus u_{i+j_{t-1}-j_1} \oplus u_{i+j_t-j_1} = 0, \\ \qquad\qquad \cdots\cdots \\ u_{i-j_t} \oplus u_{i+j_1-j_t} \oplus \cdots \oplus u_{i+j_{t-1}-j_t} \oplus u_i = 0 \end{cases}$$

上述方程称为 u_i 的奇偶校验方程.

从上面的分析可以看出，对于序列 $\underline{u}$ 的每个特征多项式 $g(x)$，近似可以得到关于 u_i 的 $W_H(g)$ 个奇偶校验方程.

第二步 利用 LFSR 的特征多项式的 2^k 次幂产生校验方程.

再考虑 $g(x)$ 的形如 $g(x)^{2^k}$ 的倍式. 由于

$$g(x)^{2^k} = g(x^{2^k}) = 1 + x^{2^k j_1} + x^{2^k j_2} + \cdots + x^{2^k j_t}$$

其重量仍然等于 $W_H(g) = t+1$. 类似于上面的方法，对每个 $k \geqslant 0$，可以建立如下关于 u_i 的校验方程

$$\begin{cases} u_i \oplus u_{i+2^k j_1} \oplus \cdots \oplus u_{i+2^k j_{t-1}} \oplus u_{i+2^k j_t} = 0 \\ u_{i-2^k j_1} \oplus u_i \oplus \cdots \oplus u_{i+2^k j_1 - 2^k j_{t-1}} \oplus u_{i+2^k j_t - 2^k j_1} = 0 \\ \qquad\qquad \cdots\cdots \\ u_{i-2^k j_t} \oplus u_{i+2^k j_1 - 2^k j_t} \oplus \cdots \oplus u_{i+2^k j_{t-1} - 2^k j_t} \oplus u_i = 0 \end{cases}$$

下面简要估计平均每个信息比特满足的奇偶校验方程的个数.

考虑 $\underline{u}$ 的前 N 个比特 $(u_0, u_1, \cdots, u_{N-1})$，则由 $x^i g(x)^{2^k}$ $(0 \leqslant i < N - 2^k l)$ 可以得到序列 $\underline{u}$ 的

$$T = \sum_{k=0}^{\log_2(N/l)} (N - 2^k l) = \log_2\left(\frac{N}{2l}\right) \cdot N + l$$

个次数小于 N 的特征多项式. 由于每个 $t+1$ 重的特征多项式可以建立关于某个信息比特 u_i 的 $t+1$ 个校验方程，故平均每个信息比特满足的奇偶校验方程的个数 m 约为

$$m = (t+1) \cdot \frac{T}{N} = (t+1) \cdot \left(\log_2\left(\frac{N}{2l}\right) - \frac{l}{N} \right) \approx (t+1) \cdot \log_2\left(\frac{N}{2l}\right)$$

注 3.7 当 u_i 处于 $(u_0, u_1, \cdots, u_{N-1})$，两端时，它实际所满足的校验方程相对少；当 u_i 处于 $(u_0, u_1, \cdots, u_{N-1})$，中间时，它所满足的检验方程相对较多. 以下为简化计算，不妨设它们都满足 m 个奇偶校验方程.

取定 u_i，设关于它的 m 个奇偶校验方程分别为

$$\begin{cases} u_i \oplus b_1 = 0 \\ u_i \oplus b_2 = 0 \\ \quad \cdots\cdots \\ u_i \oplus b_m = 0 \end{cases}$$

其中$b_j = \bigoplus_{k=1}^{t} b_{jk}$是 LFSR 输出序列$\underline{u}$的$t$个不同比特$b_{jk}$的异或，$1 \leqslant j \leqslant m$.

上式中用已知的密钥流比特z_k替代相应的u_k，可以得到

$$\begin{cases} z_i \oplus y_1 = L_1 \\ z_i \oplus y_2 = L_2 \\ \quad \cdots\cdots \\ z_i \oplus y_m = L_m \end{cases} \tag{3.1}$$

其中$y_j = \bigoplus_{k=1}^{t} y_{jk}$是密钥流序列$\underline{z}$的$t$个不同比特的异或，它们通过将$b_{jk}$用$\underline{z}$的相应比特$y_{jk}$替代而得，$L_j \in F_2, 1 \leqslant j \leqslant m$.

当用z_k替代u_k后，式(3.1)中有些L_j等于0，有些L_j不等于0. 若L_j等于0，称z_i满足相应的方程，或者简单称相应的方程满足.

若$z_i = u_i$，则它满足较多方程的可能性大；若$z_i \neq u_i$，则它满足较多方程的可能性小. 反之，若z_i满足较多方程，则以较大概率$u_i = z_i$；而若z_i满足较少方程，则以较大概率$u_i = z_i + 1$，Meier 和 Staffelbach 提出的译码算法关注z_i满足较多方程的情况，将z_i作为u_i的估计值.

Meier 和 Staffelbach 提出的快速相关攻击译码算法的基本步骤为

第一步 计算z_i满足的平均校验方程数$m = m(N,l,t) \approx (t+1)\log_2\left(\dfrac{N}{2l}\right)$.

第二步 求满足$Q(p,m,h) \cdot N \geqslant l$的最大正整数$h$.

第三步 寻找z的至少满足式(3.1)中h个方程的比特，以此作为$\underline{u}$相应比特的估计值，将这些u_i的集合记为I_0.

第四步 利用I_0中u_i的估计值建立线性方程组求解 LFSR 的初态u_0^*.

第五步 由得到的初态u_0^*产生N长输出序列$\underline{u}^*$，计算它与$\underline{z}$的相关值，判断它与已知相关值是否相符. 若不符合，改变I_0中某些比特重新计算初态再加以比较.

注 3.8 第三步得到的I_0中平均错误的比特数为$\bar{r} = (1 - T(p,m,h)) \cdot Q(p,m,h) \cdot N$. 若错误比特数较小，例如当$\bar{r} \ll 1$时，第五步是冗余的.

3.5.2 序列密码的立方攻击

立方攻击是代数攻击和差分分析的结合，它利用不同 IV(多维立方集)下密钥

流序列的差分得到关于密钥的一些线性方程，并由此恢复出密钥. 立方攻击作为一种新兴的密码分析技术，不仅可以用于序列密码算法的分析，而且可以用于分组密码算法和 Hash 算法的分析.

设某序列密码算法的输出密钥流比特 z 可以表示成关于密钥变元 $\boldsymbol{x}=(x_0,x_1,\cdots,x_{n-1})$ 和 IV 变元 $\boldsymbol{v}=(v_0,v_1,\cdots,v_{m-1})$ 的多项式 f，即 $z=f(\boldsymbol{x},\boldsymbol{v})$. 令 $I=\{v_{i_1},v_{i_2},\cdots,v_{i_d}\}$ 是IV 变元集 $\{v_0,v_1,\cdots,v_{m-1}\}$ 的一个子集，那么多项式 f 可以写成

$$f(\boldsymbol{x},\boldsymbol{v})=t_I\cdot p_I(\boldsymbol{x},\boldsymbol{v})\oplus q_I(\boldsymbol{x},\boldsymbol{v})$$

其中 $t_I=\prod_{v\in I}v$，$p_I(\boldsymbol{x},\boldsymbol{v})$ 中不包含 I 中任意变元，且 $q_I(\boldsymbol{x},\boldsymbol{v})$ 中的任意单项式不能被 t_I 整除.

通过对 I 中 d 个 IV 变元赋值，由 f 可以得到 2^d 个不同的多项式. 可以发现这 2^d 个不同的多项式之和等于 $p_I(\boldsymbol{x},\boldsymbol{v})$，即有

$$\bigoplus_{(v_{i_1},v_{i_2},\cdots,v_{i_d})\in F_2^d}f(\boldsymbol{x},\boldsymbol{v})=p_I(\boldsymbol{x},\boldsymbol{v})$$

在立方攻击中，I 中变元称为**立方变元**，剩余的 IV 变元称为**非立方变元**，包含 d 个立方变元的所有 2^d 个取值(非立方变元固定成常值)的集合 C_I 称为**立方集**，多项式 $p_I(\boldsymbol{x},\boldsymbol{v})$ 称为 C_I 在 $f(\boldsymbol{x},\boldsymbol{v})$ 中的**超多项式**. 为叙述方便，简记 p_I 为 I 在 $f(\boldsymbol{x},\boldsymbol{v})$ 中的超多项式. 若无特殊说明，默认将非立方变元设置成常值 0.

例如，设

$$f(x_1,x_2,x_3,x_4,x_5)=x_1x_2x_3\oplus x_1x_2x_4\oplus x_2x_4x_5\oplus x_1x_2\oplus x_3x_5\oplus x_2\oplus x_5\oplus 1$$

选择 $I=\{1,2\},t_i=x_1x_2$，则可以得到

$$f(x_1,x_2,x_3,x_4,x_5)=x_1x_2(x_3\oplus x_4\oplus 1)\oplus x_2x_4x_5\oplus x_3x_5\oplus x_2\oplus x_5\oplus 1$$

容易验证

$$\bigoplus_{x_1,x_2\in F_2}f(x_1,x_2,x_3,x_4,x_5)=x_3\oplus x_4\oplus 1$$

超多项式 $p_I=x_3\oplus x_4\oplus 1$ 为线性多项式.

立方攻击主要包含预处理和在线攻击两个阶段.

(1) **预处理阶段** 随机选择立方变元集 I，计算出相应的超级多项式 p_I 并进行线性多项式测试. 保留通过线性多项式测试的立方变元集. 该阶段的目的是得到关于密钥的线性方程组. (为得到关于密钥的更多方程，也可以寻找具有低次超多项式的立方变元集.)

(2) **在线攻击阶段** 对预处理阶段中获得的立方变元集，通过查询加密预言机计算其超多项式在真实密钥下的取值，从而建立关于密钥变元的线性方程组. 具体地，对于立方变元集 I，需要进行 $2^{|I|}$ 次查询才能建立方程. 最后，通过求解方程获得密钥信息.

上述攻击过程中，预处理阶段假定攻击者可以获得任意密钥和 IV 对应的密

钥流序列，在线阶段假定攻击者可以获得真实密钥和任意选择 IV 对应的密钥流序列. 由于函数 $f(\boldsymbol{x},\boldsymbol{v})$ 的形式未知，所以需要选择合适的立方变元集，通过查询加密预言机计算相应的超多项式，并判断超多项式是否为线性多项式. 攻击中包含如下几个关键步骤:

1) 立方变元集 I 的选择.

具体攻击模型中，希望选择特定的 IV 集合求和，使得对应的超多项式 p_I 为线性函数. 当多项式 $f(\boldsymbol{x},\boldsymbol{v})$ 具体形式未知时，通常随机选择指标集 I，计算出 p_I 并进行线性多项式测试. 若 p_I 为常数值，说明指标集 I 太大，需要删去变元. 若 p_I 为非线性多项式，说明指标集 I 太小，需要增加变元. 上述选择立方变元集的过程可以离线完成. 立方集的维数越大，能够找到的线性多项式越多，计算复杂度也越大，目前只能对 40 维左右的立方集进行实际检测.

2) 线性多项式测试.

攻击过程中需要测试超多项式 p_I 是否为线性多项式，其中 $p_I(\boldsymbol{x},\boldsymbol{v})=\oplus_{v\in C_I} f(\boldsymbol{x},\boldsymbol{v})$ 为多项式 $f(\boldsymbol{x},\boldsymbol{v})$ 在某个立方集 C_I 上的和，它是关于其他非立方变元的布尔函数，通过查询加密预言机可以计算出 p_I 在某些点的取值.

下面以一般 n 元布尔函数 $f(X)=f(x_1,x_2,\cdots,x_n)$ 为例介绍线性多项式的测试方法. 随机取两组输入 X_1 和 X_2，查询函数值 $f(0),f(X_1),f(X_2),f(X_1\oplus X_2)$，并判断等式

$$f(0)\oplus f(X_1)\oplus f(X_2)=f(X_1\oplus X_2)$$

是否成立. 若等式不成立，则 f 不是线性函数. 随机选择 10 组输入对 (X_1,X_2)，若它们都能通过上述线性多项式测试，则断言 $f(X)$ 为线性多项式. 之后再如下确定线性多项式 $f(X)$ 的系数.

3) 确定线性函数 $f(X)$ 的代数正规型.

设 $E_i=(0,\cdots,0,1,0,\cdots,0)$ 是 n 维向量且仅第 i 分量等于 1，$i=1,2,\cdots,n$. 查询函数值 $f(0)=c_0,f(E_1)=c_1,\cdots,f(E_n)=c_n$，则线性函数 $f(x_1,x_2,\cdots,x_n)$ 的代数正规型为

$$f(x_1,x_2,\cdots,x_n)=(c_n\oplus c_0)x_n\oplus(c_{n-1}\oplus c_0)x_{n-1}\oplus\cdots\oplus(c_1\oplus c_0)x_1\oplus c_0$$

4) 二次多项式检测.

为了得到更多的关于密钥的低次方程，有时也需要寻找二次超多项式. 二次多项式的检测方法与线性多项式检测类似. 随机取三组输入 X_1,X_2,X_3，查询函数值 $f(0),f(X_1),f(X_2),f(X_3),f(X_1\oplus X_2),f(X_1\oplus X_3),f(X_2\oplus X_3),f(X_1\oplus X_2\oplus X_3)$，并判断

$$\begin{aligned}&f(X_1\oplus X_2\oplus X_3)\\&=f(0)\oplus f(X_1)\oplus f(X_2)\oplus f(X_3)\oplus f(X_1\oplus X_2)\oplus f(X_1\oplus X_3)\oplus f(X_2\oplus X_3)\end{aligned}$$

是否成立. 随机选择 10 组输入对 (X_1,X_2,X_3)，若它们都能通过上述线性多项式

测试, 则断言 $f(X)$ 为二次多项式. 类似确定 $f(X)$ 的代数表达式.

小结与注释

在序列密码的发展过程中, LFSR 序列在很长一段时间都占据着重要地位. 因此, 本章首先较详细地给出了 LFSR 序列的基础理论, 介绍了 LFSR 的基本概念与性质, 描述了 m 序列的定义并介绍了线性复杂度与 Berlekamp-Massey 算法的相关概念. 本章介绍的非线性组合、非线性过滤和钟控是三类对 m 序列进行非线性改造的经典方式. 用于 GSM 系统的序列密码算法——A5 算法就采用了这一设计思想. 此后, 随着相关攻击和代数攻击的发展, 基于 LFSR 的序列密码算法受到严重的威胁. 本章简要介绍了相关攻击的基本思想. 为了推进序列密码的发展, 欧洲启动了序列密码计划, 基于非线性反馈移位寄存器设计的序列密码成为研究的热点. 由我国设计的 4G 无线通信标准 ZUC 算法就利用了非线性反馈移位寄存器的方式. 立方攻击作为一种新兴的密码分析技术, 不仅可以用于序列密码算法的分析, 而且可以用于分组密码算法和 Hash 算法的分析. 本章也简要介绍了立方攻击的基本思想.

1967 年, Berlekamp 给出了 BCH 码的一个迭代解码算法[22]. 两年后, Massey 成功地将这个算法用于解决 LFSR 序列的综合问题[3], 之后称为 Berlekamp-Massey 算法. 该算法是求生成一段给定的有限序列的最小规模 LFSR, 有限序列的线性复杂度概念以及 Berlakamp-Massey 算法的具体过程可参考文献[3]. 线性复杂度大的序列未必是伪随机性好的序列, 不断发展和丰富的线性复杂度的稳定性理论就是研究如何用线性复杂度来更好地刻画序列的伪随机性. 有关线性复杂度的稳定性理论可参考文献[4]的第四章和文献[23]. 这两篇文献都是较早研究线性复杂度稳定性的重要著作.

非线性组合、非线性过滤和钟控是基于 LFSR 的经典序列密码模型. 有关非线性组合序列达到极大线性复杂度充分条件的证明见文献[4]. 为了解决组合生成器的非线性组合函数最大代数次数和相关免疫阶之间的矛盾, 1986 年, Rueppel[24] 提出带记忆的组合生成器, 即求和生成器. 目前, 用于蓝牙技术的序列密码体制 E0[25]是求和生成器的一种改进.

A5 算法是用于 GSM 的序列密码算法, 由法国人开发, 用于对电话到基站连接的加密, 由于其实现简单、运算速度快, 适合在硬件上高效实现, 因此被广泛使用. ZUC 算法是国密算法的一种, 它是一种同步序列密码, 主要应用于无线通信领域. 该算法的核心是 16 级线性反馈移位寄存器, 其输出具有良好的随机性. ZUC 算法已被国际组织 3GPP 推荐为 4G 无线通信的第三套国际加密和完整性标准的候选算法.

习题 3

3.1 设 $\boldsymbol{a}=(1,1,0,0,0,0,\cdots)$是以 $x^6\oplus x^4\oplus 1$ 为特征多项式生成的序列，求 $\boldsymbol{a}$ 的极小多项式.

3.2 设 $\boldsymbol{a}$ 是 LFSR 序列，证明 $\boldsymbol{a}, L\boldsymbol{a}, \cdots, L^{n-1}\boldsymbol{a}$ 线性无关当且仅当 $\boldsymbol{a}$ 的极小多项式的次数大于等于 n.

3.3 设 $f(x)\in F_2[x]$是次数大于零的多项式. 证明以 $f(x)$为特征多项式的每条非零序列的极小多项式等于$f(x)$当且仅当 $f(x)$是不可约多项式.

3.4 设周期序列 $\boldsymbol{a}$ 和 $\boldsymbol{b}$ 的极小多项式分别为 $f(x)$和 $g(x)$. 若 $\gcd(f(x), g(x))=1$，证明序列 $\boldsymbol{a}\oplus\boldsymbol{b}$ 的极小多项式为 $f(x)g(x)$.

3.5 设 $\boldsymbol{a}$ 是周期为 2^n 的序列，求 $\boldsymbol{a}$ 的线性复杂度下界.

3.6 设 $\boldsymbol{a}$ 是以 $f(x)=x^4\oplus x\oplus 1$ 为特征多项式和(0001)为初态生成的序列，求$\beta\in F_{2^4}$使得 $\boldsymbol{a}=(\mathrm{Tr}(\beta), \mathrm{Tr}(\beta\alpha), \cdots)$. (其中 Tr 为 F_{2^4} 到 F_2 的迹函数)

3.7 设$f(x)$是 F_2 上 n 次不可约多项式，LFSR 序列 $\boldsymbol{a}=(a_0,a_1,\cdots)$以 $f(x)$为极小多项式. 对于任意正整数 s，称序列 $\boldsymbol{a}^{(s)}=(a_0,a_s,a_{2s},\cdots)$为序列 $\boldsymbol{a}$ 的 s-采样. 证明：若 $\boldsymbol{a}^{(s)}\neq\boldsymbol{0}$，则 $\mathrm{per}(\boldsymbol{a}^{(s)})=\mathrm{per}(\boldsymbol{a})/\gcd(s, \mathrm{per}(\boldsymbol{a}))$.

3.8 设 $\boldsymbol{a}=(a_0, a_1, \cdots)$, $\boldsymbol{b}=(b_0, b_1, \cdots)$均为 n 级 m 序列$(n\geqslant 1)$，证明 $\boldsymbol{ab}\neq\boldsymbol{0}$.

3.9 设$f(x)$是 F_2 上 n 次本原多项式，$\boldsymbol{a}$ 是以 $f(x)$为特征多项式的 n 级 m 序列. 若存在非负整数 $0\leqslant l_1<l_2<l_3$ 满足 $x^{l_1}\oplus x^{l_2}\oplus x^{l_3}\equiv 0 \bmod f(x)$，证明 $L^{l_1}\boldsymbol{a}\cdot L^{l_2}\boldsymbol{a}\cdot L^{l_3}\boldsymbol{a}=\boldsymbol{0}$.

3.10 设 $\boldsymbol{a}$ 是以 $q=p^e$ 为连接数的 l 序列，$T=\phi(q)=p^{e-1}\cdot(p-1)$，证明 $a_{i+T/2}+a_i=1$，$i\geqslant 0$.

3.11 设组合生成器 A 由 3 个 LFSR 和一个组合函数 F 组成，其中 3 个 LFSR 的特征多项式分别为

$$\mathrm{LFSR}_1: x^{10}\oplus x^9\oplus x^4\oplus x\oplus 1$$
$$\mathrm{LFSR}_2: x^{11}\oplus x^2\oplus 1$$
$$\mathrm{LFSR}_3: x^{12}\oplus x^8\oplus x^2\oplus x\oplus 1$$

组合函数为

$$F(x_1, x_2, x_3)=x_1x_2\oplus x_2x_3\oplus x_3$$

若 $\boldsymbol{a}_1, \boldsymbol{a}_2, \boldsymbol{a}_3$ 分别是 $\mathrm{LFSR}_1, \mathrm{LFSR}_2, \mathrm{LFSR}_3$ 的输出序列，则生成器 A 的输出序列为 $\boldsymbol{z}=F(\underline{a}_1, \underline{a}_2, \underline{a}_3)$. 已知生成器 A 的某条输出序列 $\boldsymbol{z}$ 的前 100 比特：$\underline{z}=[$1, 1, 1, 1, 0, 1, 1, 0, 0, 1, 0, 1, 0, 1, 1, 0, 1, 1, 0, 0, 0, 0, 0, 0, 0, 0, 0, 1, 0, 1, 0, 1, 0, 1, 0, 1, 0, 0, 0, 1, 1, 0, 0, 0, 1, 0, 1, 0, 1, 1, 1, 0, 1, 1, 1, 1, 0, 1, 0, 1, 0, 1, 1, 1, 0, 0, 1, 1, 1, 0, 1, 1, 0, 1, 1, 1, 0, 1, 0, 0, 1, 1, 0, 1, 0, 1, 0, 0, 1, 1, 0, 1, 1, 0, 1, 1,

1, 1, 0,⋯], 求此时生成器 A 的 3 个 LFSR 的初始状态.

3.12 简要描述 A5 算法产生密钥序列的过程.

3.13 具体描述 ZUC 算法的非线性函数 F 的计算过程.

3.14 描述 ZUC 算法的结构, 并对各层的安全性进行分析.

实践习题 3

3.1 编写LFSR程序，参数以配置文件提供，配置文件格式为：级数\n 抽头系数\n 初态\n 输出序列长度\n (合理约定级数上限，可简化为用一个字节表示 0 和 1，之后序列类程序同样).

3.2 编写 BM 快速算法程序，要求对序列文件操作，依次给出迭代过程中各步的结果. 基于该程序进行 LFSR 输出序列综合实践.

3.3 编写基于 LFSR 的非线性组合生成器程序，参数由配置文件提供，配置文件格式为：LFSR 个数\n $LFSR_1$ 级数\n $LFSR_1$ 抽头系数\n $LFSR_1$ 初态\n …\n $LFSR_n$ 级数\n $LFSR_n$ 抽头系数\n $LFSR_n$ 初态\n 非线性组合函数真值向量\n 产生序列长度\n.

3.4 编写程序实现 A5 算法.

3.5 编写程序实现 ZUC 算法.

参考文献 3

[1] Golomb S W. Shift Register Sequences. San Francisco: Holden-Day, 1967.

[2] Lidl R, Niederreiter H. Finite Fields. MA: Addison-Wesley, 1983.

[3] Massey J L. Shift-register synthesis and BCH decoding. IEEE Trans Inform Theory, 1969, 15(1): 122-127.

[4] Rueppel R A. Analysis and Design of Stream Ciphers. Berlin: Springer-Verlag, 1986.

[5] Beth T, Piper F C. The stop-and-go generator. Advances in Cryptology-EUROCRYPT' 1984, Lecture Notes in Computer Science. Berlin/Heidelberg: Springer-Verlag, 1985, 209: 88-92.

[6] Gollmann D, Chambers W G. Clock-controlled shift registers: A review. IEEE Journal on Selected Areas in Communications, 1989, 7(4): 525-533.

[7] Günther C G. Alternating step generators controlled by de Bruijn sequences. Advances in Cryptology-EUROCRYPT' 1987, Lecture Notes in Computer Science. Berlin, Heidelberg: Springer- Verlag, 1988, 304: 5-14.

[8] Coppersmith D, Krawczyk H, Mansour Y. The shrinking generator. Advances in Cryptology - CRYPTO' 1993, Lecture Notes in Computer Science. Berlin, Heidelberg: Springer-Verlag, 1994, 773: 22-39.

[9] Meier W, Staffelbach O. The self-shrinking generator. Advances in Cryptology- EU-ROCRYPT' 94, Lecture Notes in Computer Science. Berlin, Heidelberg: Springer-Verlag, 1995, 950: 205-214.

[10] Anderson R. A5(was: Hacking digital phones). Newsgroup Communication, 1994. http://yarchive. net/phone/gsmcipher. html.

[11] Golic J D. Cryptanalysis of Alleged A5 Stream Cipher. Proc. of Eurocrypt' 1997 Clncs., 1997, 1233: 239-255.

[12] Biryukov A, Shamir A. Real Time Cryptanalysis of the Alleged A5/1 on a PC. Diabetologia, 1999, 54(11): 2768-2770.

[13] Kumar S, Paar C, Pelzl J, et al. Breaking Ciphers with COPACOBANA-A Cost-Optimized Parallel Code Breaker. International Workshop on Cryptographic Hardwareand Embedded Systems. Berlin, Heidelberg: Springer, 2006.

[14] Hong J, Sarkar P. New Applications of Time Memory Data Tradeoffs. ASIACRYPT2005 (11th International Conference on the Theory and Application of Cryptology and Information Security). Berlin, Heidelberg: Springer, 2005.

[15] Nohl K, Paget C. Gsm: Srsly. 26th Chaos Communication Congress, 2009, 8: 11-17.

[16] Wu H, Huang T, Nguyen P H, et al. Differential Attacks against Stream Cipher ZUC. International Conference on the Theory & Application of Cryptology & Information Security. Berlin, Heidelberg; Springer, 2012.

[17] Tang M, Cheng P, Qiu Z. Differential power analysis on ZUC algorithm. 2012.

[18] 关杰, 丁林, 刘树凯. SNOW3G 与 ZUC 流密码的猜测决定攻击. 软件学报, 2013, 24(6): 1324-1333.

[19] Dinur I, Shamir A. Cube Attacks on Tweakable Black Box Polynomials//Joux A. ed. EUROCRYPT 2009, LNCS 5479, 2009: 278-299.

[20] Siegenthaler T. Decrypting a class of stream ciphers using ciphertext only. IEEE Trans. Computers, 1985, 34(1): 81-85.

[21] Meier W, Staffelbach O. Fast correlation attacks on stream ciphers. Advances in Cryptology–EUROCRYPT' 1988, LNCS 330, Springer-Verlag, 1988: 301-314.

[22] Berlekamp E R. Algebraic Coding Theory. New York: McGraw-Hill, 1968.

[23] Ding C, Xiao G, Shan W. The Stability Theory of Stream Ciphers. Lecture Notes in Computer Science. Berling: Springer-Verlag, 1991.

[24] Rueppel R A. Correlation immunity and the summation generator. Advances in Cryptology-CRYPTO' 1985, Lecture Notes in Computer Science. Berlin: Springer-Verlag, 1986, 218: 260-272.

[25] BluetoothT M. Bluetooth Specication(version 1.2). November, 2003: 903-948. Available at http://www.bluetooth.org.

第 4 章

分组密码体制

分组密码(block cipher)是许多密码系统的重要组成部分，它可以提供文件的机密性.作为一个基础的构件，分组密码的通用性还可以构成如随机数发生器、序列密码、消息认证码和 Hash 函数的组件. 分组密码在网络信息安全中有着广泛的应用，可以实现数据加密、消息认证和密钥管理，是保障网络空间安全的核心技术之一.

20 世纪 40 年代末，香农遵循 Kerckhoffs 原则，即使密码系统的任何细节已被人知悉，只要密钥未泄露，它也应是在安全的前提下，提出了设计密码系统的两个基本方法——扩散和混淆，目的是抵抗攻击者对密码系统的统计分析. 扩散是指将明文的统计特性散布到密文中去，实现方式是使得明文的每一位影响密文中多位的值，等价于密文中每一位均受明文中多位的影响. 混淆是使密文和密钥之间的统计关系变得尽可能复杂，使得攻击者无法得到密文和密钥之间的统计，从而攻击者无法得到密钥.

分组密码的公开研究始于 20 世纪 70 年代末 DES 算法的公布，美国数据加密标准(DES)[1-4]的颁布实施是现代密码学诞生的标志之一，揭开了商用密码研究的序幕. 随着计算能力的提升和网络的发展，DES 最初设计的 56bit 密钥长度已经不能满足安全的需求. 1999 年，Distributed. net 组织协同利用 10 万台普通计算机，通过分布式计算，成功在 1 天内穷举搜索得到了 DES 密钥. 此外，随着分组密码分析技术的发展，特别是差分分析[5]和线性分析[6]相继提出，DES 的时代落幕. 1997 年，美国国家标准与技术研究所(NIST)向全球发起了高级数据加密标准 AES 竞赛[7]. 历经三年，经过三轮筛选，从 15 个候选算法中确定 Rijndael 算法[8]成为最终的获胜者，取代 DES 算法成为美国的数据加密标准算法. 近年来，经济的发展和生活的需要催生出新的应用环境和数据保护需求. 计算和通信功能开始在物联网硬件平台，如射频识别 RFID 标签和无线传感器网络等硬件资源严格限制，计算和存储能力有限的设备中应用. 为了给这类受限设备和环境提供数据保护，轻量级分组密码应运而生. 在这些轻量级密码中，仅由模加运算(addition)、循环移位运算(rotation)与异或运算(Xor)构成的 ARX 算法，因其具有较高的安全性、易于软件和硬件高效实现而备受瞩目.

目前对分组密码安全性的讨论主要包括差分密码分析、线性密码分析等. 从理论上讲, 差分密码分析和线性密码分析是目前攻击分组密码的最有效的方法. 到目前为止, 已有大量文献讨论各种分组密码的安全性, 同时推出了相关密钥攻击、代数攻击、非线性密码分析、侧信道分析等多种分析方法.

本章介绍分组密码的基本概念、设计原理和工作模式, 并着重介绍数据加密标准(DES)和高级数据加密标准(AES)[5]; 随后介绍国产分组密码标准 SM4 算法和适用于资源受限环境的轻量级 ARX 型分组密码, 最后介绍分组密码的两种典型分析方法和分组密码的工作模式.

4.1 分组密码的基本概念

将明文消息数据 $m=m_0,m_1,\cdots$ 按 n 比特长分组, 对各明文组逐组进行加密称为分组密码. 分组密码的模型如图 4.1 所示.

分组密码的基本概念

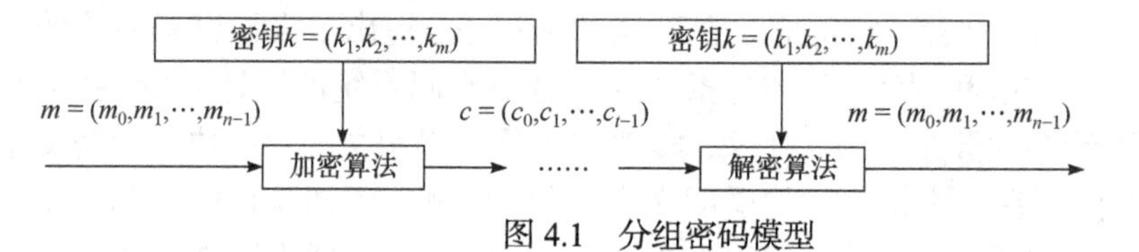

图 4.1 分组密码模型

假设第 i 个明文组为

$$m^i=(m_{(i-1)n},m_{(i-1)n+1},\cdots,m_{in-1})$$

加密变换 E_k 随着密钥 k 的确定而完全确定, 它把第 i 组明文加密成密文

$$c^i=(c_{(i-1)t},c_{(i-1)t+1},\cdots,c_{it-1})=E_k(m^i)$$

当 $i\neq j$ 时, 如果由 $m^i=m^j$ 可得 $c^i=c^j$, 则称该分组密码为非时变的, 此时称其加密器为无记忆逻辑电路. 为了保证这种分组密码的安全性, 必须使 n 充分大. 如果每加密一组明文后, 即改变一次密钥, 则称此分组密码是时变的, 称其加密器为记忆逻辑电路. 若 $t>n$, 则称上述分组密码为有数据扩展的分组密码; 若 $t<n$, 则称上述分组密码为有数据压缩的分组密码. 以下我们总假定 $t=n$, 且只考虑加密二元数据的分组密码算法.

在这种分组密码中, 每一个明文组 m 或密文组 c 均可以看成二元 n 维向量, 设

$$m=(a_0,a_1,\cdots,a_{n-1})\in F_{2^n}$$

则 $m^+=a_{n-1}2^{n-1}+a_{n-2}2^{n-2}+\cdots+a_1 2+a_0$ 是小于 2^n 的整数. 同理, c^+ 也是小于 2^n

的整数. 因此, 分组密码的加密过程相当于文字集 $\Omega = \{0,1,\cdots,2^n-1\}$ 上的一个置换(permutation) π, 即

$$c = \pi(m) \tag{4.1}$$

Ω 上所有置换构成 $2^n!$ 阶对称群, 记为 $\mathrm{SYM}(2^n)$. 这就是说, 从明文字符组 m 变换成密文字符组 c 的可能的加密方式共有 $2^n!$ 种. 设计者要在密钥 k 的控制下, 从一个足够大的且置换结构足够好的子集中简单而迅速地选出一个置换, 用来对当前输入的明文组进行加密. 因此, 设计分组密码应满足以下要求:

(1) 分组长度 n 要足够大, 以防止使用明文穷举攻击.

(2) 密钥量要足够大(即用来加密的置换子集中元素要足够多), 以防止密钥穷举攻击. 密钥也不能过长, 以利于密钥管理. 同时要尽量消除弱密钥, 使各个密钥以相等的概率出现.

(3) 由密钥 k 确定的加密算法要足够复杂, 充分实现明文和密文的“混淆”和“扩散”, 使破译者除了使用穷举攻击外, 很难应用其他攻击方法.

为了达到上述要求, 密码设计者需要设计一个尽可能复杂, 且能满足上述要求的置换网络 S, 它以明文 n 长字母组作为输入, 其输出 n 长字母组作为密文; 同时还要设计一个可逆置换网络 S^{-1}, 它以 n 长密文作为输入, 输出的 n 长字符为恢复的明文. 置换网络是由许多基本置换通过恰当的连接构成的. 当今大多数的分组密码都是乘积密码. 乘积密码通常伴随一系列置换与代换操作, 常见的乘积密码是迭代密码. 下面是一个典型的迭代密码定义: 这种密码明确定义了一个轮函数和一个密钥编排方案, 一个明文的加密将经过 Nr 轮类似的过程.

设 K 是一个确定长度的随机二元密钥, 用 K 来生成 r 个轮密钥. $K_1, K_2, \cdots, K_r$ 轮密钥的列表 $(K_1, K_2, \cdots, K_r)$ 就是密钥编排方案. 密钥编排方案通过一个固定的、公开的算法生成. 轮函数 F 以轮密钥 (K_i) 和当前状态 Y_{i-1} 作为它的两个输入. 下一个状态定义为 $Y^i = F(Y^{i-1}, K_i)$. 初态 Y^0 被定义成明文 X, 密文 Z 定义为经过所有 r 轮后的状态. 迭代型分组密码整个加密操作过程如下(图 4.2):

$$\begin{aligned}
&Y_0 \leftarrow X \\
&Y_1 \leftarrow g(Y_0, K_1) \\
&Y_2 \leftarrow g(Y_1, K_2) \\
&\qquad \vdots \\
&Y_{r-1} \leftarrow F(Y_{r-2}, K_{r-1}) \\
&Y_r \leftarrow F(Y_{r-1}, K_r) \\
&Z \leftarrow Y_r
\end{aligned}$$

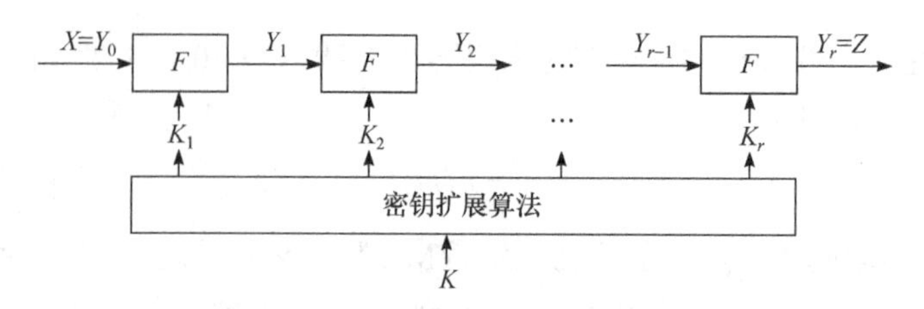

图 4.2 迭代分组密码的加密流程

4.2 数据加密标准

计算机通信网的发展对信息的安全保密的要求日益增长，未来的数据传输和存储都要求有密码保护，为了实现同一水平的安全性和兼容性，提出了数据加密标准化. 1973 年 5 月 15 日，美国国家标准局在联邦记录中公开征集密码体制，这一举措最终导致了数据加密标准(DES)的产生，它曾经成为世界上最广泛使用的密码体制. DES 由 IBM 开发，它是对早期被称为 Lucifer 体制[6]的改进. DES 在 1975 年 3 月 17 日首次在联邦记录中公布，在经过大量的公开讨论后，1977 年 1 月 15 日 DES 被采纳作为“非密级”应用的一个标准. 最初预期 DES 作为一个标准只能使用 10～15 年. 然而，事实证明 DES 要长寿得多. 在其被采用后，大约每隔 5 年被评估一次. DES 的最后一次评估在 1999 年 1 月，在当时，一个 DES 的替代品，高级加密标准(Advanced Encryption Standard, AES)已经开始使用了. 但是，DES 是迄今为止得到最广泛应用的一种算法，是一种具有代表性的分组密码体制. 因此，研究这一算法的原理、设计思想、安全性分析、破译方法及其实际应用中的有关问题，对于掌握分组密码的理论和分析分组密码的基本方法都是很有意义的.

4.2.1 DES 的描述

DES 的描述

1977 年 1 月 15 日的联邦信息处理标准版 46 中(FIPS PUB46)给出了 DES 的完整描述. DES[7]是一种特殊类型的迭代密码，叫做 Feistel 型分组密码. Feistel 网络(又称 Feistel 结构)把任何函数(通常称为 F 函数，又称轮函数)转化为一个置换，它是由 Horst Feistel 在设计 Lucifer 分组密码时设计发明的，并因 DES 的使用而流行. Feistel 结构如图 4.3 所示.

图 4.3 Feistel 结构

Feistel 结构本身具有加解密相似性，因而不要求轮函数可逆. 但是 Feistel 结构每轮只有一半的输入值改变，扩散速度较慢，一般需要更多的迭代轮数保证算法的安全性. 许多国家和行业标准算法都采用了 Feistel 结构，如欧洲分组密码标准算法 Camellia、美国国家安全局 NSA 提出的 Simon 算法和俄罗斯加密标准 Gost 算法等.

1. 整体 DES 结构

如图 4.4 所示. DES 是一个 16 轮的 Feistel 型密码, 它的分组长度为 64 比特, 用一个 56 比特的密钥来加密一个 64 比特的明文串, 并获得一个 64 比特的密文串. 在进行 16 轮加密之前, 先对明文作一个固定的初始置换 IP(initial permutation), 记作 $\mathrm{IP}(x)=L^0R^0$. 在 16 轮加密之后, 对比特串 $R^{16}L^{16}$ 作逆置换 IP^{-1} 来给出密文 y, 即 $y=\mathrm{IP}^{-1}\left(R^{16}L^{16}\right)$. 在加密的最后一轮, 为了使算法同时用于加密和解密, 略去"左右交换".

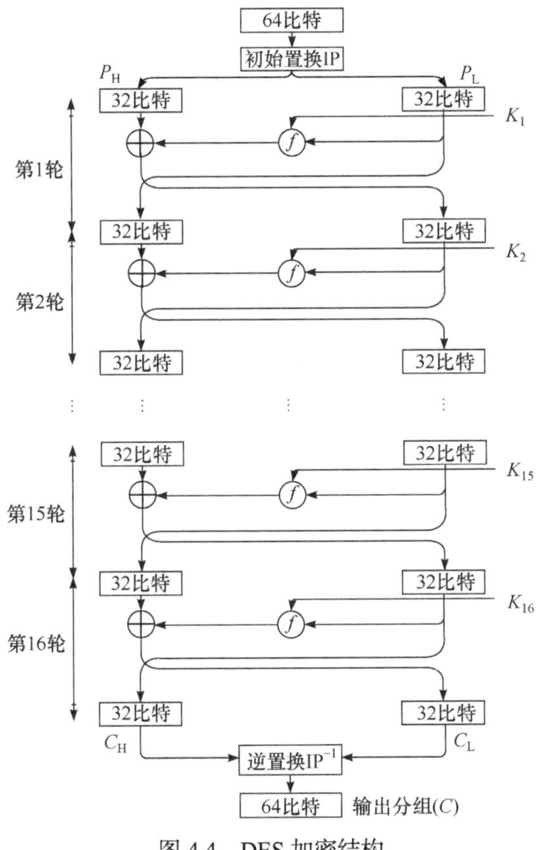

图 4.4 DES 加密结构

初始置换 IP 利用基本置换中的坐标变换将 64 比特明文数据的比特位置进行了一次置换, 得到了一个错乱的 64 比特明文组, 然后, 将这个错乱的 64 比特明文组分成左右两段, 每段 32 比特, 以 L_0 和 R_0 表示, 即

$$\mathrm{IP}(m)=\mathrm{IP}(m_1,m_2,\cdots,m_{64})=(L_0,R_0)$$

如果用明文组的坐标1, 2,⋯, 64 依次表示 64 比特明文组数据 $m_1,m_2,\cdots,m_{64}$，则 L_0 和 R_0 的坐标分别为

$$L_0=(58, 50, 42, 34, 26, 18, 10, 2, 60, 52, 44, 36, 28, 20, 12, 4,\\ 62, 54, 46, 38, 30, 22, 14, 6, 64, 56, 48, 40, 32, 24, 16, 8)$$

$$R_0=(57, 49, 41, 33, 25, 17, 9, 1, 59, 51, 43, 35, 27, 19, 11, 3,\\ 61, 53, 45, 37, 29, 21, 13, 5, 63, 55, 47, 39, 31, 23, 15, 7)$$

逆初始置换 IP^{-1} 也是公开的. 利用基本置换中的坐标变换将 16 轮迭代后输出数据的 64 比特的比特位置进行置换, 就得到输出的密文.

设 $r=(r_1,r_2,\cdots,r_{64})$ 是明文数据经过初始置换 IP 和 16 轮迭代后的 64 比特数据, 则

$$\mathrm{IP}^{-1}(r)=\mathrm{IP}^{-1}(r_1,r_2,\cdots,r_{64})=(c_1,c_2,\cdots,c_{64})$$

就是 m 经过 DES 加密后的密文 c. 如果用坐标1,2,⋯,64 依次表示 64 比特的数据 $r_1,r_2,\cdots,r_{64}$，则密文 c 的坐标依次为

40, 8, 48, 16, 56, 24, 64, 32, 39, 7, 47, 15, 55, 23, 63, 31
38, 6, 46, 14, 54, 22, 62, 30, 37, 5, 45, 13, 53, 21, 61, 29
36, 4, 44, 12, 52, 20, 60, 28, 35, 3, 43, 11, 51, 19, 59, 27
34, 2, 42, 10, 50, 18, 58, 26, 33, 1, 41, 9, 49, 17, 57, 25

IP 和 IP^{-1} 的使用并没有任何密码学上的意义, 所以在讨论 DES 的安全性时常常忽略它们.

2. DES 轮函数

DES 轮函数

在一个 Feistel 型密码中, 每一个状态 u_i 被分成相同长度的两部分: L_i 和 R_i. 轮函数 g 具有以下形式

$$g(L_{i-1},R_{i-1},K_i)=(L_i,R_i)$$

其中

$$L_i=R_{i-1},\quad R_i=L_{i-1}\oplus f(R_{i-1},K_i)$$

我们注意到, 函数 f 并不需要满足任何单射条件, 这是因为一个 Feistel 型轮函数肯定是可逆的, 给定轮密钥, 就有

$$L_{i-1}=R_i\oplus f(R_{i-1},K_i),\quad R_{i-1}=L_i$$

DES 的一轮加密如图 4.5 所示.

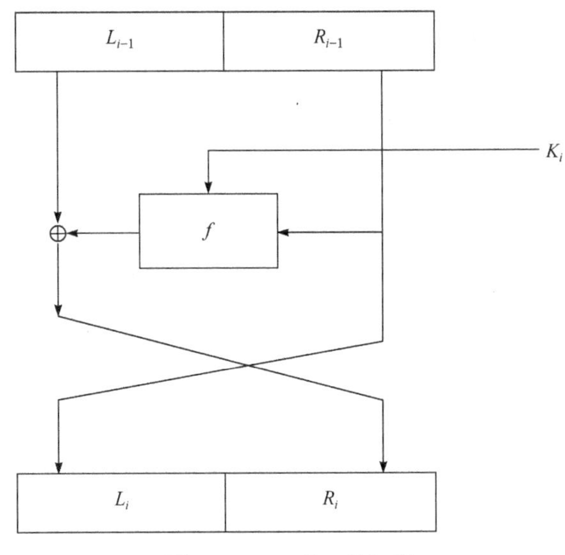

图 4.5　DES 的一轮加密

每一个 L_i 和 R_i 都是 32 比特长. 函数 $f:\{0,1\}^{32}\times\{0,1\}^{48}\rightarrow\{0,1\}^{32}$ 的输入是一个 32 比特的串(当前状态的右半部)和轮密钥. 密钥编排方案 $(K_1,K_2,\cdots,K_{16})$ 由 16 个 48 比特的轮密钥组成, 这些密钥由 56 比特的种子密钥 K 导出. 每个 K_i 都是由 K 置换选择而来的. 图 4.6 给出了函数 f, 它主要包含一个应用 S 盒的代换以及其后跟随的一个固定置换 P.

设 f 的第一个自变量是 X_i, 第二个自变量是 K_i, 计算 $f(X_i,K_i)$ 的过程如下:

(1) 根据一个固定的扩展函数 E, 将 X_i 扩展成一个长度为 48 比特的串.

(2) 计算 $E(X_i)\oplus K_i$, 并将结果写成 8 个 6 比特串的并联 $B=B_1B_2B_3B_4B_5B_6B_7B_8$.

(3) 使用 8 个 S 盒 $S_1,S_2,S_3,S_4,S_5,S_6,S_7,S_8$, 每个 S 盒

$$S_i:\{0,1\}^6\rightarrow\{0,1\}^4$$

(4) 根据置换 P, 对 32 比特的串 $C=C_1C_2C_3C_4C_5C_6C_7C_8$ 作置换, 所得结果 $P(C)$ 就是 $f(X_i,K_i)$.

选择扩展运算 E: 将输入的 32 比特数据扩展成 48 比特. 令 s 表示 E 的输入比特下标, 则 E 的输出比特下标是原比特下标 $s\equiv 0$ 或 $1 \pmod 4$ 的各比特重复一次得到的, 即对原数据比特下标为 32, 1, 4, 5, 8, 9, 12, 13, 16, 17, 20, 21, 24, 25, 28, 29 的各位都重复一次实现数据扩展. 设 $x=(x_1,x_2,\cdots,x_{32})$ 是 R_{i-1} 表示的 32 维 2 元向量, 则 $E(x)$ 表示的 48 维 2 元向量 $(x_{32},x_1,x_2,\cdots,x_{31},x_{32},x_1)$ 的下标依次是 32, 1, 2, 3, 4, 5, 4, 5, 6, 7, 8, 9, 8, 9, 10, 11, 12, 13, 12, 13, 14, 15, 16, 17, 16, 17, 18, 19, 20, 21, 20, 21,

22, 23, 24, 25, 24, 25, 26, 27, 28, 29, 28, 29, 30, 31, 32, 1.

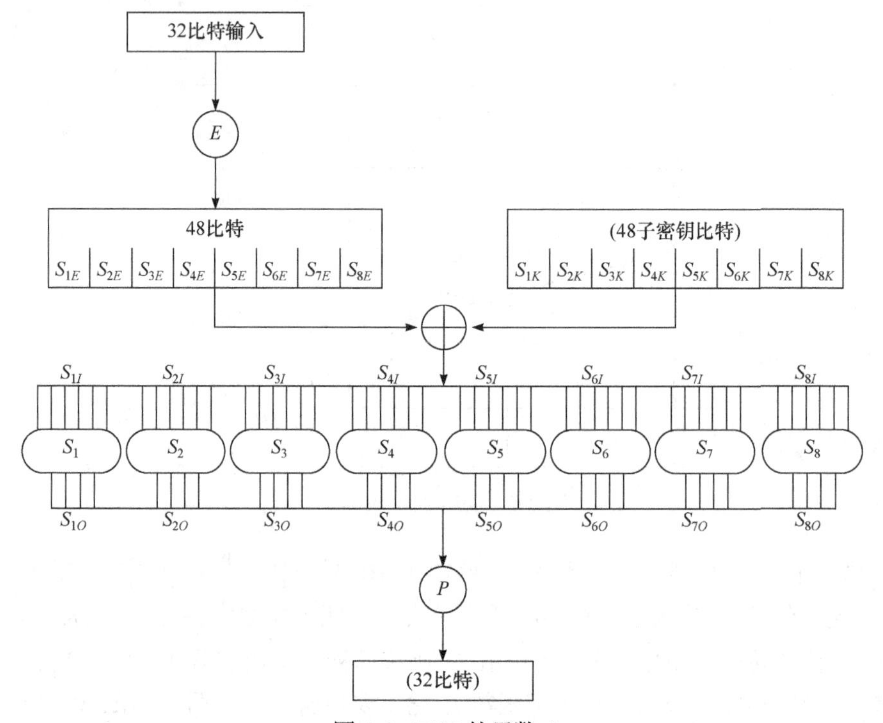

图 4.6　DES 的函数 f

选择压缩运算 S: 将 $E(R_{i-1})\oplus K_i$ 的 48 比特数据自左至右分成 8 组, 每组为 6 比特. 而后并行送入 8 个 S 盒, 每个 S 盒是一个非线性代换网络(或函数), 它有 4 个输出. S_1 盒至 S_8 盒的选择函数关系(输入输出关系)见表 4.1.

在使用表 4.1 时, 如果 S_i 的输入 6 比特为 $z_0z_1z_2z_3z_4z_5$, 则 z_0z_5 的十进制数为表 S_i 的行数 m, $z_1z_2z_3z_4$ 的十进制数为表 S_i 的列数 n. 如果表 S_i 的 m 行 n 列交叉处为 t, 则 t 的二进制数(4 比特)是 S_i 盒的输入为 $z_0z_1z_2z_3z_4z_5$ 时的输出.

例 4.1　设 S_1 盒的输入为 101101, 则 $m=3$, $n=6$. 由表 4.1 中查询得第 3 行第 6 列处数字为 1, 故 S_1 盒的输入为 101101 时的输出为 0001.

置换运算 P:

它对 S_1 盒至 S_8 盒输出的 32 比特数据按基本置换中坐标变换进行一次置换. 设 $y=(y_1,y_2,\cdots,y_{32})$ 是 8 个 S 盒的输出(按顺序排列). 如果我们用 $1,2,\cdots,32$ 表示 $y_1,y_2,\cdots,y_{32}$, 则 $P(y)$ 的坐标为

16, 7, 20, 21, 29, 12, 28, 17, 1, 15, 23, 26, 5, 18, 31, 10

2, 8, 24, 14, 32, 27, 3, 9, 19, 13, 30, 6, 22, 11, 4, 25

至此, 我们已将 DES 的基本构成作了介绍, 为清楚起见, 我们将加密过程表

示如下:

(1) 作 $\mathrm{IP}(m)$;

(2) $(L_0,R_0)\leftarrow \mathrm{IP}(m)$;

(3) 对 $i=1,2,\cdots,16$, 作 $L_i\leftarrow R_{i-1}, R_i\leftarrow L_{i-1}\oplus P(S(E(R_{i-1})\oplus K_i))$;

(4) 作 $\mathrm{IP}^{-1}(R_{16},L_{16})$.

表 4.1　DES 的选择压缩函数表

	0	1	2	3	4	5	6	7	8	9	10	11	12	13	14	15	
0	14	4	13	1	2	15	11	8	3	10	6	12	5	9	0	7	S_1
1	0	15	7	4	14	2	13	1	10	6	12	11	9	5	3	8	
2	4	1	14	8	13	6	2	11	15	12	9	7	3	10	5	0	
3	15	12	8	2	4	9	1	7	5	11	3	14	10	0	6	13	
0	15	1	8	14	6	11	3	4	9	7	2	13	12	0	5	10	S_2
1	3	13	4	7	15	2	8	14	12	0	1	10	6	9	11	5	
2	0	14	7	11	10	4	13	1	5	8	12	6	9	3	2	15	
3	13	8	10	1	3	15	4	2	11	6	7	12	0	5	14	9	
0	10	0	9	14	6	3	15	5	1	13	12	7	11	4	2	8	S_3
1	13	7	0	9	3	4	6	10	2	8	5	14	12	11	15	1	
2	13	6	4	9	8	15	3	0	11	1	2	12	5	10	14	7	
3	1	10	13	0	6	9	8	7	4	15	14	3	11	5	2	12	
0	7	13	14	3	0	6	9	10	1	2	8	5	11	12	4	15	S_4
1	13	8	11	5	6	15	0	3	4	7	2	12	1	10	14	9	
2	10	6	9	0	12	11	7	13	15	1	3	14	5	2	8	4	
3	3	15	0	6	10	1	13	8	9	4	5	11	12	7	2	14	
0	2	12	4	1	7	10	11	6	8	5	3	15	13	0	14	9	S_5
1	14	11	2	12	4	7	13	1	5	0	15	10	3	9	8	6	
2	4	2	1	11	10	13	7	8	15	9	12	5	6	3	0	14	
3	11	8	12	7	1	14	2	13	6	15	0	9	10	4	5	3	
0	12	1	10	15	9	2	6	8	0	13	3	4	14	7	5	11	S_6
1	10	15	4	2	7	12	9	5	6	1	13	14	0	11	3	8	
2	9	14	15	5	2	8	12	3	7	0	4	10	1	13	11	6	
3	4	3	2	12	9	5	15	10	11	14	1	7	6	0	8	13	
0	4	11	2	14	15	0	8	13	3	12	9	7	5	10	6	1	S_7
1	13	0	11	7	4	9	1	10	14	3	5	12	2	15	8	6	
2	1	4	11	13	12	3	7	14	10	15	6	8	0	5	9	2	
3	6	11	13	8	1	4	10	7	9	5	0	15	14	2	3	12	
0	13	2	8	4	6	15	11	1	10	9	3	14	5	0	12	7	S_8
1	1	15	13	8	10	3	7	4	12	5	6	11	0	14	9	2	
2	7	11	4	1	9	12	14	2	0	6	10	13	15	3	5	8	
3	2	1	14	7	4	10	8	13	15	12	9	0	3	5	6	11	

我们不难给出 DES 的解密过程如下:

(1) 作 $\mathrm{IP}(c)$;

(2) $(R_{16},L_{16})\leftarrow \mathrm{IP}(c)$;

(3) 对 $i=16,15,\cdots,1$，作 $R_{i-1}\leftarrow L_i$，$L_{i-1}\leftarrow R_i\oplus P(S(E(R_{i-1})\oplus K_i))$；

(4) 作 $\mathrm{IP}^{-1}(R_0,L_0)$.

3. 密钥扩展描述

DES 共有 16 轮迭代，每轮迭代要使用一个子密钥 $K_i(1\leqslant i\leqslant 16)$. DES 将初始密钥 K 中第 8, 16, 24, 32, 40, 48, 56, 64 比特 (作为校验位) 去掉后，经过置换选择 PC−1，左循环移位置换和置换选择 PC−2 给出每轮迭代加密用的子密钥 K_i. 每个子密钥 $K_i(1\leqslant i\leqslant 16)$ 的产生过程是一样的，不同之处是左循环移位数不相同. 设初始密钥 K 的坐标依次为 $1,2,\cdots,64$，将去掉第 $8,16,\cdots,64$ 位后的 56 比特有效位送入置换选择 PC−1，经过置换选择 PC−1 置换后的 56 比特分为左右两组，每组 28 比特，分别送入 C 寄存器和 D 寄存器中，C 寄存器和 D 寄存器分别将存数按表 4.2 给出的数字依次进行左循环移位. 每次移位后的 56 比特送入置换选择 PC−2，置换选择 PC−2 再将 C 中第 9, 18, 22, 25 位和 D 中第 7, 9, 15, 26 位删除(目的是增加破译难度)，并将其余 48 比特数据作为第 i 轮迭代时所用的子密钥 K_i.

由初始密钥 K 产生子密钥 K_i 的过程如下：作 $\mathrm{PC}-1(K)$; $C_0D_0\leftarrow \mathrm{PC}-1(K)$；对 $i=1,2,\cdots,16$ 作

$$C_i\leftarrow L(t_i)C_{i-1}$$
$$D_i\leftarrow L(t_i)D_{i-1}$$
$$K_i\leftarrow \mathrm{PC}-2(C_i,D_i)$$

(1) 置换选择 PC−1：如果我们用初始密钥 K 的坐标 $1,2,\cdots,64$ 依次表示初始密钥 K 的 64 比特 $k_1,k_2,\cdots,k_{64}$，则

$$\mathrm{PC}-1(K)=(C_0,D_0)$$

其中 C_0 和 D_0 的坐标分别为

C_0: 57, 49, 41, 33, 25, 17, 9, 1, 58, 50, 42, 34, 26, 18, 10, 2, 59, 51, 43, 35, 27, 19, 11, 3, 60, 52, 44, 36;

D_0: 63, 55, 47, 39, 31, 23, 15, 7, 62, 54, 46, 38, 30, 22, 14, 6, 61, 53, 45, 37, 29, 21, 13, 5, 28, 20, 12, 4.

(2) 左循环移位：按表 4.2 第 1 列给出的移位数 t_1 对 C_0 和 D_0 进行左循环移位，得到 C_1 和 D_1 的 56 比特数据记为

$$h=(h_1,h_2,\cdots,h_{56})$$

表 4.2　移位次数表

第 i 次	1	2	3	4	5	6	8	9	10	11	12	13	14	15	16
移位数 t_i	1	1	2	2	2	2	2	1	2	2	2	2	2	2	1

(3) 置换选择 PC－2: $\text{PC}-2\left(h\right)=\left(a_1,b_1\right)$. 如果我们用 h 的坐标$1,2,\cdots,56$表示$h_1,h_2,\cdots,h_{56}$, 则a_1和b_1的坐标分别为

a_1: 14, 17, 11, 24, 1, 5, 3, 28, 15, 6, 21, 10, 23, 19, 12, 4, 26, 8, 16, 7, 27, 20, 13, 2;

b_1: 41, 52, 31, 37, 47, 55, 30, 40, 51, 45, 33, 48, 44, 49, 39, 56, 34, 53, 46, 42, 50, 36, 29, 32.

注意, h 共有 56 个分量, 而a_1和b_1共有 48 个分量. 这是因为在作 PC－2 变换时我们去掉了a_1的第 9, 18, 22, 25 位和b_1的第 7, 10 , 15, 26 位以提高攻击的难度. 将a_1和b_1连接起来就是子密钥K_1. 分别将C_1和D_1的 56 比特按表 4.2 中第 2 列中所示的移位数t_2进行左循环移位得到C_2和D_2. 再对C_2和D_2进行置换选择 PC－2 得到数据a_2和b_2, 分别去掉a_2和b_2的第 9, 18, 22, 25 位和第 7, 10, 15, 26 位合在一起就是子密钥K_2. 以下按产生K_2的方式依次产生其他子密钥.

例 4.2　设 DES 的初始密钥 K 为 0123456789ABCDEF(十六进制数), 则其二进制表示为

1	2	3	4	5	6	7	8	9	10	11	12	13	14	15	16	17	18	19	20	21	22	23	24	25	26	27	28
0	0	0	0	0	0	0	1	0	0	1	0	0	0	1	1	0	1	0	0	0	1	0	1	0	1	1	0

29	30	31	32	33	34	35	36	37	38	39	40	41	42	43	44	45	46	47	48	49	50	51	52	53
0	1	1	1	1	0	0	0	1	0	0	1	1	0	1	0	1	0	1	1	1	1	0	0	1

54	55	56	57	58	59	60	61	62	63	64
1	0	1	1	1	1	0	1	1	1	1

经过置换选择 PC－1 后得到C_0:

57	49	41	33	25	17	9	1	58	50	42	34	26	18	10	2	59	51	43	35	27	19	11
1	1	1	1	0	0	0	0	1	1	0	0	1	1	0	0	1	0	1	0	1	0	1

3	60	52	44	36
0	0	0	0	0

其 16 进制表示为 F0CCAA0. 同理D_0的 16 进制表示为 AACCF00. 再按表 4.2 左移$t_1=1$位得到C_1的 16 进制表示为 E199541, D_1的 16 进制表示为 5599E01. 将C_1和D_1的二进制表示作为置换选择 PC－2 的输入, 经置换选择 PC－2 得到子密钥K_1的 16 进制表示为 0B02679B49A5. 若将C_1和D_1分别左移$t_2=1$位, 分别得到C_2的 16 进制表示为 C332A83 和D_2的 16 进制表示为 AB33C02, 再经过置换选择

PC−2 便得 K_2 的 16 进制表示为 69A659256A26. 其余子密钥的产生方法与 K_2 的产生方法相同.

4.2.2 DES 的安全性分析

(1) **互补性** 如果记明文组 $m=(m_1,m_2,\cdots,m_{64})$, 那么对 m 的每一比特取反, 可以得到 $\overline{m}=(\overline{m}_1,\overline{m}_2,\cdots,\overline{m}_{64})$. 假设种子密钥按比特取反得到 $\overline{k}$. 如果

$$c=\mathrm{DES}_k(m) \tag{4.2}$$

则有

$$\overline{c}=\mathrm{DES}_{\overline{k}}(\overline{m}) \tag{4.3}$$

式中 $\overline{c}$ 是 c 的按比特取反. 称这个特性为 DES 的互补性. 这种互补性会使在选择明文攻击下所需的工作量减半. 因为我们给定了明文组 m, 密文组 $c_1=\mathrm{DES}_k(m)$, 由此容易得到 $c_2=\overline{c}_1=\mathrm{DES}_{\overline{k}}(\overline{m})$. 如果我们在明文空间搜索 m, 看 $\mathrm{DES}_k(m)$ 是否等于 c_1 或 $c_2=\overline{c}_1$, 则一次运算包含了采用明文 m 和 $\overline{m}$ 两种情况.

(2) **弱密钥** (weak key) DES 算法的每轮迭代都要使用一个子密钥 $k_i(1\leqslant i\leqslant 16)$. 如果给定的初始密钥 K 产生的 16 个子密钥相同, 即有

$$k_1=k_2=\cdots=k_{16} \tag{4.4}$$

则称此初始密钥 K 为弱密钥. 当 K 为弱密钥时, 我们有

$$\mathrm{DES}_k(\mathrm{DES}_k(m))=m \tag{4.5}$$

$$\mathrm{DES}^{-1}{}_k(\mathrm{DES}^{-1}{}_k(m))=m \tag{4.6}$$

即以密钥 K 用 DES 对 m 加密两次或解密两次都可以恢复明文. 这也表明使用弱密钥时加密运算和解密运算没有区别. 而使用一般密钥 K 只满足

$$\mathrm{DES}_k^{-1}(\mathrm{DES}_k(m))=\mathrm{DES}_k(\mathrm{DES}_k^{-1}(m))=m \tag{4.7}$$

这种弱密钥也使 DES 在选择明文攻击时的穷举量减半.

由初始密钥 K 产生子密钥的过程可以看到, 如果 C_0 的所有比特相同且 D_0 的所有比特也相同, 那么 $k_1=k_2=\cdots=k_{16}$. 这样的情况至少有四种可能. 是否还有其他情况有待进一步研究.

(3) **半弱密钥** (semi-weak key) 若存在初始密钥 $K'(K'\neq K)$, 使 $\mathrm{DES}_{K'}{}^{-1}(m)=\mathrm{DES}_k(m)$, 则称 K 是半弱密钥, 且称 K' 与 K 是对合的. 半弱密钥是成对出现的. 至少有 12 个半弱密钥. 它们是产生 $C_0=(1,0,1,0,\cdots,1,0)$ 和 $D_0=(0,0,0,\cdots,0,0)$ (或 $(1,1,1,\cdots,1,1)$ 或 $(1,0,1,0,\cdots,1,0)$ 或 $(0,1,0,1,\cdots,0,1)$) 的初始密钥 K' 与产生 $C_0=(0,1,0,1,\cdots,0,1)$ 和 $D_0=(0,0,0,0,\cdots,0,0)$ (或 $(1,1,1,1,\cdots,1,1)$ 或 $(0,1,0,1,\cdots,0,1)$ 或

(1,0,1,0,⋯,1,0))的初始密钥K, 且K与K'互为对合. 这里共有4对 (8个)半弱密钥.

半弱密钥的危险性在于它威胁多重加密. 在用 DES 进行多重加密时, 第二次加密会使第一次的加密复原.

在2^{56}个可能的初始密钥中, 弱密钥和半弱密钥所占比例极小, 只要我们稍加注意就可避开它们, 因此, 弱密钥和半弱密钥的存在不会危及 DES 的安全.

对 DES 而言密钥空间的规模2^{56}对实际而言确实是太小了. 1998 年电子先驱者基金会(Electronic Frontier Foundation)制造了一台耗资 250000 美元的密钥搜索机. 这台叫做 "DES 破译者" 的计算机包含 1536 个芯片, 并能每秒搜索 880 亿个密钥. 在 1998 年 7 月, 它成功地在 56 个小时里找到了 DES 密钥, 从而赢得了 RSA 实验室 "DES Challenge Ⅱ-2" 挑战赛的胜利. 在 1999 年 1 月, 在遍布全世界的 100000 台计算机(被称作分布式网络 distributed net)的协同工作下, "DES 破译者" 又获得了 RSA 实验室 "DES Challenge Ⅲ" 的优胜. 这次的协同工作在 22 小时 15 分钟里找到了 DES 密钥, 每秒实验超过 2450 亿个密钥.

除去穷尽密钥搜索, DES 的另外两种最重要的密码攻击是差分密码分析和线性密码分析(将在下面几节中介绍). 对 DES 而言, 线性攻击更有效. 在 1994 年, 一个实际的线性密码分析由其发明者 Matsui 提出. 这是一个使用2^{43}对明文-密文的已知明文攻击, 所有这些明-密文对都用同一个未知密钥加密. 他用了 40 天来产生这2^{43}对明文-密文, 又用了 10 天来找到密钥. 这个密码分析并未对 DES 的安全性产生实际影响, 由于这个攻击需要数目极大的明文-密文对, 在现实世界中一个敌手很难积攒下用同一密钥加密得如此众多的明文-密文对.

4.3 高级数据加密标准

1997 年 9 月 12 日, 为了替代即将退役的 DES[1], 美国国家标准与技术研究所(NIST)在《联邦纪事》上发表了征集 AES 算法的公告. 1999 年 3 月 22 日, 公布了 5 个候选算法: MARS, RC6, Rijndael, SERPENT, Twofish. 2000 年 10 月 2 日, 由比利时密码学家 Joan Daemen 和 Vincent Rijmen 提交的 Rijndael 算法被确定为 AES. 2001 年 11 月 26 日, AES 被采纳为一个标准, 并在 2001 年 12 月 4 日的联邦记录中作为 FIPS197 公布 (以下称 Rijndael[8]算法为 AES 算法). AES 的遴选过程以其公开性和国际性闻名. 三次候选算法大会和官方请求公众评审为候选算法意见的反馈、公众讨论与分析提供了足够的机会.

AES 的候选算法根据以下三条主要原则进行评判:

(1) 安全性;

(2) 代价;

(3) 算法与实现特性.

其中, 算法的安全性无疑是最重要的, 如果一个算法被发现是不安全的就不会再被考虑. 代价指的是各种实现的计算效率(速度和存储需求), 包括软件实现、硬件实现和智能卡实现. 算法与实现特性包括算法的灵活性、简洁性及其他因素. 最后, 五个入围最终决赛的算法都被认为是安全的. Rijndael 最后当选是由于它集安全性、性能、效率、可实现性及灵活性于一体, 被认为优于其他四个决赛者.

4.3.1 AES 算法描述

AES 分组加密算法的前身是 Square[9]分组加密算法, 轮变换结构与其基本相同. 为了应征 AES 候选算法, 对 Square 分组加密算法进行了改进. 由原来的密钥和分组长均为 128 比特改为密钥和分组长均可变, 可以满足不同的加密需求.

AES 算法描述

具体参数如下:

(1) 分组长度为 128 比特, 密钥长度支持 128, 192, 256 比特.

(2) 密钥长度可以独立改变, 并由此决定加密轮数.

1. 设计准则

AES 加密算法按照如下原则进行设计:

1) 抵抗所有已知的攻击;

2) 在多个平台上速度快且编码紧凑;

3) 设计简单.

2. 状态、密钥与轮数

定义: 状态(state), 中间密码结果称为状态.

为论述方便, 给出如下定义

N_b = 明文分组的 4 字节字数(32 比特)

N_k = 密钥的 4 字节字数(32 比特)

明文分组和密钥长度为 128 比特时, $N_b = N_k = 4$; 密钥长度为 192 比特时, $N_k = 6$; 密钥长度为 256 比特时, $N_k = 8$.

现以 $N_b = 4$ 和 $N_k = 4$ 为例进行图示说明(图 4.7).

输入明(密)文时按照列的顺序依次输入.

N_r 表示加密的层数(轮数), 由 N_b 和 N_k 的大小决定, 它们之间的关系如表 4.3 所示.

a_{00}	a_{01}	a_{02}	a_{03}
a_{10}	a_{11}	a_{12}	a_{13}
a_{20}	a_{21}	a_{22}	a_{23}
a_{30}	a_{31}	a_{32}	a_{33}

$N_b=4$时状态放置示意图

k_{00}	k_{01}	k_{02}	k_{03}
k_{10}	k_{11}	k_{12}	k_{13}
k_{20}	k_{21}	k_{22}	k_{23}
k_{30}	k_{31}	k_{32}	k_{33}

$N_k=4$时密钥放置示意图

图 4.7　AES 算法状态

表 4.3　分组长度与轮数的关系

N_r	$N_b=4$	$N_b=6$	$N_b=8$
$N_k=4$	10	12	14
$N_k=6$	12	12	14
$N_k=8$	14	14	14

3. 有限域上元素运算

在 AES 加密算法中，运算是面向 8 比特字节的，而面向字节的运算是将字节看作是有限域 F_{2^8} 中的元素进行的．下面讨论有限域上元素的运算．

取 $F_{2^8} \cong F_2[x]/(m(x))$，其中

$$m(x)=x^8+x^4+x^3+x+1$$

是 F_2 上不可约多项式．F_{2^8} 中的元素可表示为 $a(x)=a_7x^7+a_6x^6+\cdots+a_0$，$a_i \in F_2$，简记为 $a=(a_7,a_6,\cdots,a_0)$．

1) 加法和减法．

由于 F_{2^8} 的特征为 2，由此其元素的加法和减法等价于向量表示对应分位的模 2 加．$a\oplus b=(a_7\oplus b_7,a_6\oplus b_6,\cdots,a_0\oplus b_0)$．

例如

$$(x^6+x^4+x^2+x+1)+(x^7+x+1)=x^7+x^6+x^4+x^2$$

可以写成 $\{01010111\}\oplus\{10000011\}=\{11010100\}$，也可以写成 $\{57\}\oplus\{83\}=\{\text{d4}\}$．

2) 乘法．

乘法运算依赖于 $m(x)$ 的选择，令 $a(x)\cdot b(x)\equiv c(x)(\bmod m(x))$，$c(x)$ 的系数向量为 $c=(c_7,c_6,\cdots,c_0)$，则 $a\cdot b=c$．

例如，取 $m(x)=x^8+x^4+x^3+x+1$，计算 $\{57\}\cdot\{83\}$．因为

$$\begin{aligned}\{57\}\cdot\{83\}&=(x^6+x^4+x^2+x+1)\cdot(x^7+x+1)(\mathrm{mod}\,m(x))\\&=x^{13}+x^{11}+x^9+x^8+x^7+x^7+x^5+x^3+x^2+x+x^6+x^4+x^2+x+1(\mathrm{mod}\,m(x))\\&=x^{13}+x^{11}+x^9+x^8+x^6+x^5+x^4+x^3+1\,(\mathrm{mod}\,m(x))\end{aligned}$$

则 $x^{13}+x^{11}+x^9+x^8+x^6+x^5+x^4+x^3+1\,\mathrm{mod}(x^8+x^4+x^3+x+1)=x^7+x^6+1=\{c_1\}$.

3) 逆运算.

由于 $m(x)$ 不可约, 则对于任意 $b(x)=b_7x^7+b_6x^6+\cdots+b_0\in F_2[x]/(m(x))$，满足 $(m(x),b(x))=1$，即存在 $c(x)$，$d(x)\in F_2[x]$，满足 $b(x)c(x)+m(x)d(x)=1$. 从而有 $b^{-1}(x)\equiv c(x)(\mathrm{mod}\,m(x))$.

通常在软件实现时, 使用查表来完成求逆运算. 有限域上非零元素求逆运算是非线性变换, 在 AES 中充当 S 盒.

4) 系数在 F_{2^8} 中的多项式.

设 $a(x),b(x),c(x)\in F_{2^8}[x]$，其中

$$a(x)=a_3x^3+a_2x^2+a_1x+a_0,\quad a_i\in F_{2^8}$$
$$b(x)=b_3x^3+b_2x^2+b_1x+b_0,\quad b_i\in F_{2^8}$$

加法: $a(x)+b(x)=(a_3\oplus b_3)x^3+(a_2\oplus b_2)x^2+(a_1\oplus b_1)x+(a_0\oplus b_0)$;

乘法: $c(x)=a(x)\cdot b(x)=c_6x^6+c_5x^5+\cdots+c_0, c_i\in F_{2^8}$，

则有

$$\begin{aligned}&c_0=a_0b_0, && c_4=a_1b_3\oplus a_2b_2\oplus a_3b_1\\&c_1=a_0b_1\oplus a_1b_0, && c_5=a_2b_3\oplus a_3b_2\\&c_2=a_0b_2\oplus a_1b_1\oplus a_2b_0, && c_6=a_3b_3\\&c_3=a_0b_3\oplus a_1b_2\oplus a_2b_1\oplus a_3b_0\end{aligned}$$

取 $M(x)=x^4+1\in F_{2^8}[x]$，则有 $x^i\,\mathrm{mod}\left(x^4+1\right)=x^{i(\mathrm{mod}\,4)}$. 令 $d(x)\equiv c(x)\,\mathrm{mod}\,M(x)$ 定义 $d(x)=a(x)\otimes b(x)=a(x)\cdot b(x)\,\mathrm{mod}\,M(x)$，设 $d(x)=d_3x^3+d_2x^2+d_1x+d_0$，$d_i\in F_{2^8}$，

$$d_0=a_0b_0\oplus a_1b_3\oplus a_2b_2\oplus a_3b_1$$
$$d_1=a_0b_1\oplus a_1b_0\oplus a_2b_3\oplus a_3b_2$$
$$d_2=a_0b_2\oplus a_1b_1\oplus a_2b_0\oplus a_3b_3$$
$$d_3=a_0b_3\oplus a_1b_2\oplus a_2b_1\oplus a_3b_0$$

我们可以将其表示成矩阵乘法的形式

$$\begin{bmatrix} d_0 \\ d_1 \\ d_2 \\ d_3 \end{bmatrix} = \begin{bmatrix} a_0 & a_3 & a_2 & a_1 \\ a_1 & a_0 & a_3 & a_2 \\ a_2 & a_1 & a_0 & a_3 \\ a_3 & a_2 & a_1 & a_0 \end{bmatrix} \begin{bmatrix} b_0 \\ b_1 \\ b_2 \\ b_3 \end{bmatrix}$$

因此其运算可以看作 F_{2^8} 上的线性变换.

设 $a(x)=x$，则有

$$d(x)=a(x)\otimes b(x)=x\cdot b(x)=b_2x^3+b_1x^2+b_0x+b_3 \bmod (M(x)=x^4+1)$$

用矩阵乘法形式表示为

$$\begin{bmatrix} d_0 \\ d_1 \\ d_2 \\ d_3 \end{bmatrix} = \begin{bmatrix} 00 & 00 & 00 & 01 \\ 01 & 00 & 00 & 00 \\ 00 & 01 & 00 & 00 \\ 00 & 00 & 01 & 00 \end{bmatrix} \begin{bmatrix} b_0 \\ b_1 \\ b_2 \\ b_3 \end{bmatrix}$$

相当于向量的字节循环移位操作.

在 AES 中，取

$$a(x)=\{03\}x^3+\{01\}x^2+\{01\}x+\{02\}$$
$$a^{-1}(x)=\{0b\}x^3+\{0d\}x^2+\{09\}x+\{0e\}$$

4. 轮变换

AES 算法的轮变换由如下四部分构成:

```
Round(State, RoundKey)
{
        SubByte(State);
        ShiftRow(State);
        MixColumn(State);
        AddRoundKey(State, RoundKey);
}
```

其中最后一轮与其他轮略有不同:

```
FinalRound(State, RoundKey)
{
      SubByte(State);
      ShiftRow(State);
      AddRoundKey(State, RoundKey);
}
```

下面我们分别进行说明.

1) 字节代替变换(SubByte)是字节到字节的变换.

算法描述为 SubByte (State). 该变换共分两步:

(1) 取 F_{2^8} 上的乘法逆: $x \mapsto \begin{cases} x^{-1}, & x \neq 0, \\ 0, & x = 0. \end{cases}$

(2) 作 F_2 上的仿射变换 $c = (01100011)$,

$$\begin{bmatrix} y_0 \\ y_1 \\ y_2 \\ y_3 \\ y_4 \\ y_5 \\ y_6 \\ y_7 \end{bmatrix} = \begin{bmatrix} 10001111 \\ 11000111 \\ 11100011 \\ 11110001 \\ 11111000 \\ 01111100 \\ 00111110 \\ 00011111 \end{bmatrix} \begin{bmatrix} x_0 \\ x_1 \\ x_2 \\ x_3 \\ x_4 \\ x_5 \\ x_6 \\ x_7 \end{bmatrix} + \begin{bmatrix} 1 \\ 1 \\ 0 \\ 0 \\ 0 \\ 1 \\ 1 \\ 0 \end{bmatrix}$$

即

$$y_t = x_t \oplus x_{(t+4)\text{mod}8} \oplus x_{(t+5)\text{mod}8} \oplus x_{(t+6)\text{mod}8} \oplus x_{(t+7)\text{mod}8} \oplus c_t \pmod{2}$$

在 AES 算法中构造 F_{2^8} 使用的模不可约多项式为 $m(x) = x^8 + x^4 + x^3 + x + 1$.

设 FieldInv 表示求一个域元素的乘法逆; BinaryToField 把一个字节变换成一个域元素; FieldToBinary 表示相反的变换; FieldMult 表示域中元素乘, 将上述运算用伪码表示如下.

算法 4.1　SubByte($a_7a_6a_5a_4a_3a_2a_1a_0$)

External　FieldInv, BinaryToField, FieldToBinary

$z \leftarrow$ BinaryToField($a_7a_6a_5a_4a_3a_2a_1a_0$)

if $z \neq 0$

　　then　$z \leftarrow$ FieldInv(z)

　　$(a_7a_6a_5a_4a_3a_2a_1a_0) \leftarrow$ FieldToBinary(z)

　　$(c_7c_6c_5c_4c_3c_2c_1c_0) \leftarrow (01100011)$

Comment: 在下面的循环中, 所有下标都要经过模 8 约简

for $i \leftarrow 0$ to 7

　　do　$b_i \leftarrow (a_i + a_{i+4} + a_{i+5} + a_{i+6} + a_{i+7} + c_i) \bmod 2$

return　$(b_7b_6b_5b_4b_3b_2b_1b_0)$

SubByte 变换(单个字节变换, 通过可逆 S 盒, 具有高度非线性)如图 4.8 所示.

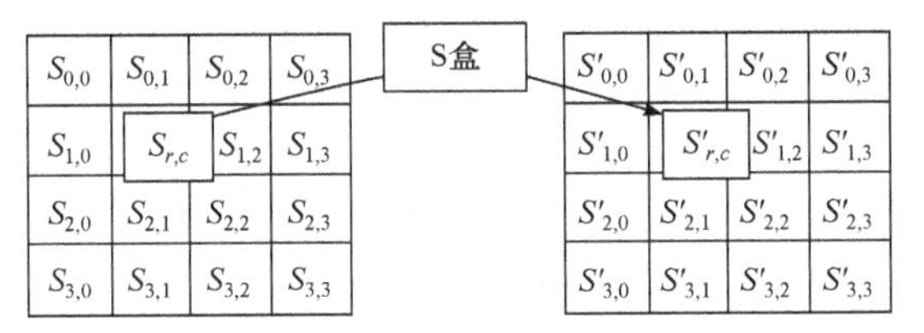

图 4.8　AES 字节代替变换示意图

2) 行移位变换(ShiftRow).

行移位变换是行到行的变换. 算法描述为 ShiftRow(State). 变换过程是对各状态行进行不同位移量的循环移位. 如果对各行位置从 0 计数. 则第 0 行保持不变, 第 1～3 行分别右循环移动 C_1～C_3 字节.

其中 C_1～C_3 的大小与 N_b 大小有关.

N_b	C_1	C_2	C_3
4	1	2	3
6	1	2	3
8	1	3	4

ShiftRow 变换(行变换、线性变换、行扩散性), 如图 4.9 所示.

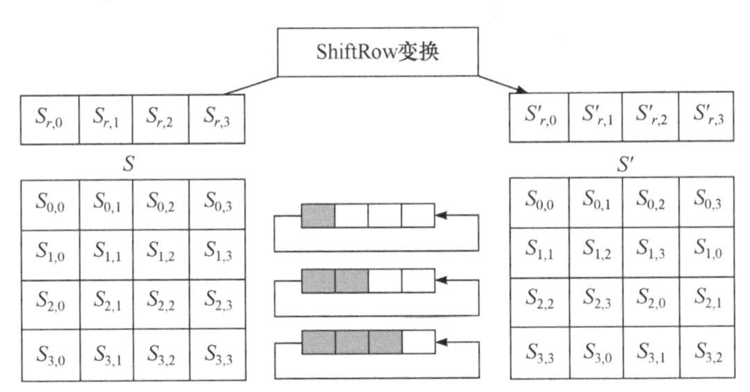

图 4.9　AES 行移位变换

3) 列混合变换(MixColumn).

通过线性变换将列变换到列.

算法描述 MixColumn(State):

作 F_{2^8} 上的多项式运算 $d(x)=a(x)\otimes b(x)$, 即作 $d(x)=a(x)\cdot b(x)\left(\bmod x^4+1\right)$,

其中 $a(x)=\{03\}x^3+\{01\}x^2+\{01\}x+\{02\}$.

相当于作 F_{2^8} 上的线性变换, 可用 F_{2^8} 上矩阵运算描述为

$$\begin{bmatrix} d_0 \\ d_1 \\ d_2 \\ d_3 \end{bmatrix} = \begin{bmatrix} 02 & 03 & 01 & 01 \\ 01 & 02 & 03 & 01 \\ 01 & 01 & 02 & 03 \\ 03 & 01 & 01 & 02 \end{bmatrix} \begin{bmatrix} b_0 \\ b_1 \\ b_2 \\ b_3 \end{bmatrix}$$

将上述算法用伪码表示如下:

算法 4.2　MixColumn(*c*)

External　FieldMult, BinaryToField, FieldToBinary

For　$i \leftarrow 0$ to 3

　do　$t_i \leftarrow \text{BinaryToField}\left(S_{i,c}\right)$

　$u_0 \leftarrow \text{FieldMult}(x,t_0) \oplus \text{FieldMult}(x+1,t_1) \oplus t_2 \oplus t_3$

　$u_1 \leftarrow \text{FieldMult}(x,t_1) \oplus \text{FieldMult}(x+1,t_2) \oplus t_3 \oplus t_0$

　$u_2 \leftarrow \text{FieldMult}(x,t_2) \oplus \text{FieldMult}(x+1,t_3) \oplus t_0 \oplus t_1$

　$u_3 \leftarrow \text{FieldMult}(x,t_3) \oplus \text{FieldMult}(x+1,t_0) \oplus t_1 \oplus t_2$

for　$i \leftarrow 0$ to 3

　do　$S_{i,c} \leftarrow \text{FieldToBinary}(u_i)$

MixColumn 变换 (列线性变换列间混合、基于纠错码理论), 如图 4.10.

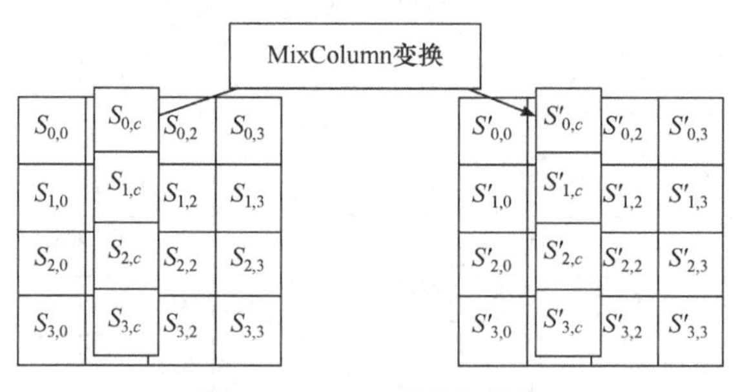

图 4.10　AES 列混合变换

4) 轮密钥加(AddRoundKey)

用简单的比特模 2 加将一个轮密钥作用到状态上. 算法描述为 AddRoundKey(State, RoundKey). 其中轮密钥是通过密钥扩展过程从密码密钥中获得的, 轮密钥长度等于分组长度 N_b.

AddRoundKey 变换(轮函数依密钥独立、运算简单、存储量小), 如图 4.11.

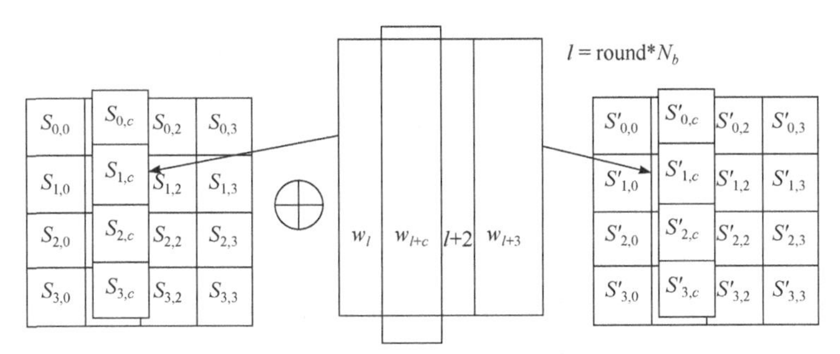

图 4.11　AES 加轮密钥变换

5. 密钥扩展算法

1) 密钥扩展算法的要求和原理.

密钥扩展算法

在密钥扩展时, 它要满足如下要求:

(1) 使用一个可逆变换;

(2) 在多种处理器上速度要快;

(3) 使用轮常数消除对称性;

(4) 密码密钥的差异要扩散到轮密钥中去;

(5) 已知部分密码密钥或部分轮密钥比特, 不能计算出许多其他轮密钥比特;

(6) 足够的非线性性, 防止只从密码密钥的差分就能完全决定所有的轮密钥差分.

具体原理如下:

(1) 密钥比特的总数等于分组长度乘轮数加 1;

(2) 将密码密钥扩展成一个扩展密钥;

(3) 轮密钥是按下述方式从扩展密钥中取出的:

第一个轮密钥由第一个 N_k 字组成, 第二个轮密钥由接下来的 N_k 组成, 由此继续下去.

2) 密钥扩展.

设将扩展密钥以 4 字节为单位放到数组 $W\left[N_b \times \left(N_r+1\right)\right]$ 中, 则第一 N_k 字包括密码密钥. 其他所有字则由较小脚标的字递归生成. 密钥扩展与 N_k 的取值有关, 分为 $N_k \leqslant 6$ 和 $N_k > 6$ 两个版本. 当 $N_k = N_b = 4$ 时, $N_r = 10$, 我们需要 11 个轮密钥, 每个轮密钥由 16 个字节 4 个字组成, 共需 44 个字.

$N_k \leqslant 6$ 时的密钥扩展算法如下:

$$\text{KeyExpansion}\left(\text{byte Key}\left[4 * N_k\right], \text{word} W\left[N_b^*\left(N_r+1\right)\right]\right)$$

$\{$

　for$\left(i=0; i<N_k; i++\right)$

$$W[i]=(\text{Key}[4*i],\ \text{Key}[4*i+1],\ \text{Key}[4*i+2],\ \text{Key}[4*i+3]);$$

```
    for(i = N_k; i < N_b*(N_r + 1); i++)
    {
        temp = W[i-1];
        if(i mod N_k == 0)
            temp = SubByte(RotByte(temp)) Xor Rcon[i / N_k];
        W[i] = W[i - N_k] Xor temp;
    }
}
```

SubByte 表示将 SubByte 作用于其输入的每个字节. RotByte 表示将一个 4 字节字左移循环一个字节.

$N_k > 6$ 的密钥扩展算法如下:

```
KeyExpansion(byte Key[4*N_k], word W[N_b*(Nr+1)])
{
    for(i = 0; i < N_k; i++)
        W[i] = (Key[4*i], Key[4*i+1], Key[4*i+2], Key[4*i+3]);
    for (i = N_k; i < N_b*(N_r + 1); i++)
    {
        temp = W[i-1];
        if(i mod N_k == 0)
            temp = SubByte(RotByte(temp)) Xor Rcon[i / N_k];
        else
            if (i mod N_k == 4)    temp = SubByte(temp);
        W[i] = W[i - N_k] Xor temp;
    }
```

3) 轮常数.

各轮使用独立的轮常数消除轮变换和轮之间的对称性. 轮常数与 N_k 无关,

$$\text{Rcon}[i]=(\text{RC}[i],\text{'00'},\text{'00'},\text{'00'})$$

其中 $\text{RC}[1]=1$(即 “01”), $\text{RC}[i]=x$(即 “02”), $(\text{RC}[i])=x^{i-1}$.

$\text{Rcon}[1]=01000000$, $\text{Rcon}[2]=02000000$, $\text{Rcon}[3]=04000000$

$\text{Rcon}[4]=08000000$, $\text{Rcon}[5]=10000000$, $\text{Rcon}[6]=20000000$, $\text{Rcon}[7]=40000000$

$\text{Rcon}[8]=80000000$, $\text{Rcon}[9]=1\text{B}000000$, $\text{Rcon}[10]=36000000$

4.3.2 AES 算法加解密相似性

AES 算法加解密相似性

AES 加密算法由以下三部分组成:

(1) 初始轮加密钥;

(2) N_r-1 轮;

(3) 结尾轮.

AES 加密算法如下:

AES $(\text{State, CipherKey})$

$\{$

  KeyExpansion$(\text{CipherKey, ExpandedKey})$;

  AddRoundKey$(\text{State, ExpandeKey})$;

  For$(i=1;i<N_r;i++)$ Round$(\text{State, ExpandedKey})$;

  FinalRound$(\text{State, ExpandedKey})$;

$\}$

注 4.1 如密钥已事先生成, KeyExpansion 可省略.

AES 解密算法首先考察各种基本变换的逆.

(1) SubByte 逆运算为 InvSubByte;

(2) ShiftRow 变换的逆是状态的最后三行分别左循环移位 N_b-C_i 字节, 或后三行分别右循环移位 C_i (图 4.12);

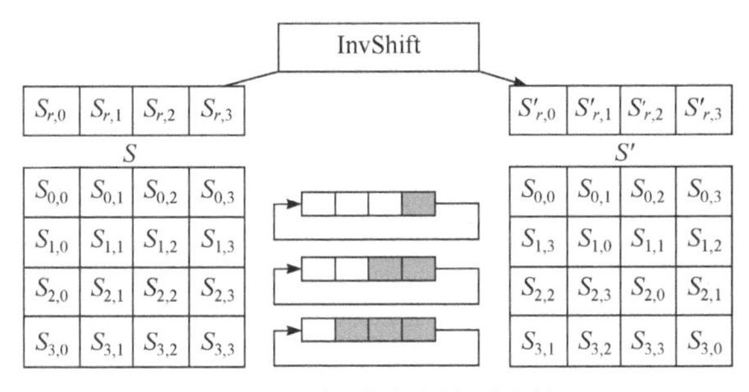

图 4.12 行移位变换逆变换

(3) MixColumn 变换的逆为

$$d(x)='0B'x^3+'0D'x^2+'09'x+'0E'=c^{-1}(x)$$

$$S'(x)=a^{-1}(x)\otimes S(x)$$

$$\begin{bmatrix} S'_{0,c} \\ S'_{1,c} \\ S'_{2,c} \\ S'_{3,c} \end{bmatrix}=\begin{bmatrix} 0e & 0b & 0d & 09 \\ 09 & 0e & 0b & 0d \\ 0d & 09 & 0e & 0b \\ 0b & 0d & 09 & 0e \end{bmatrix}\begin{bmatrix} S_{0,c} \\ S_{1,c} \\ S_{2,c} \\ S_{3,c} \end{bmatrix},\quad 0\leqslant c<Nb$$

(4) AddRoundKey 变换的逆变换是自身，因此一轮的逆可以描述如下:

```
InvRound(State, RoundKey)
{
    AddRoundKey(State, RoundKey);
    InvMixColumn(State);
    InvShiftRow(State);
    InvSubByte (State);
}
```

结尾轮的逆可以描述如下:

```
InvFinalRound(State, RoundKey)
{
    AddRoundKey(State, RoundKey);
    InvShiftRow(State);
    InvSubByte (State);
}
```

AES 算法具有下列代数性质:

(i) ShiftRow 和 SubByte 可以相互交换;

(ii) AddRoundKey(State, RoundKey) 和 InvMixColumn(State) 也可以替换为 InvMixColumn(State)和 AddRoundKey(State, InvRoundKey)，其中 InvRoundKey 表示通过 InvMixColumn 作用到相应的 RoundKey 上.

两轮半变体的逆:

后两轮半变体的逆可以描述为

```
AddRoundKey(State, ExpandedRoundKey);
InvShiftRow(State);
InvSubByte(State);
AddRoundKey(State, ExpandedRoundKey);
InvMixColumn(State);
InvShiftRow(State);
InvSubByte(State);
AddRoundKey(State, ExpandedRoundKey);
InvMixColumn(State);
```

根据代数性质可以转换成

```
AddRoundKey(State, ExpandedRoundKey);
```

```
InvSubByte (State);
InvShiftRow(State);
InvMixColumn(State);
AddRoundKey(State, InvMixcolumns(ExpandedRoundKey));
InvSubByte (State);
InvShiftRow(State);
InvMixColumn(State);
AddRoundKey(State, InvMixcolumns(ExpandedRoundKey));
```

根据上述性质, 我们可以得到等价的 AES 解密算法:

```
EqInvRijndael(State, CipherKey)
{
    InvKeyExpansion(CipherKey, InvExpandedKey);
    AddRoundKey(State, ExpandeKey);
    For(i = N_r - 1; i >= 0; i--)
        InvRound(State, InvExpandedKey);
    InvFinalRound(State, ExpandedKey);
}
```

不难看出, 其结构与 AES 加密算法结构完全相同. 这对于算法的硬件实现是极其有利的.

在 AES 密码的设计中, 采用了称为“宽轨迹策略”的方法, 保证在 AES 密码 4 轮变换中, 差分和线性轨迹中至少具有 25 个活动 S 盒, 可以抵抗差分分析和线性分析.

4.4 SM4 算法

SM4 算法

SM4[10]分组密码算法在 2006 年由中国政府发行公布, 被作为底层分组密码服务于 WAPI (WLAN 认证和隐私的基础设施) 的无线局域网的安全性. 随着我国密码算法标准化工作的开展, SM4 算法于 2012 年 3 月发布成为国家密码行业标准[11](标准号为 GM/T 0002-2012), 于 2016 年 8 月发布成为国家标准[12](标准号为 GB/T 32907-2016). 2021 年 6 月, SM4 分组密码算法被纳入 ISO/IEC 国际标准[13]. 算法中用于对消息进行处理的加解密部分以及用于获得轮密钥的密钥扩展部分均使用了 32 轮的 Feistel 非线性迭代结构进行设计, 加密过程的每一轮中涉及的运算包括异或运算、非线性变换 τ 和线性变换 L. 算法中的非线性变换 τ 调用了 4 个 8 比特输入、8 比特输出的置换 S 盒. SM4 解密算法与加密过程类似, 仅仅只需调换轮密钥的使用次序, 即用于加密过程的轮密钥顺序仅仅进行反转即可得到用于解密的轮密钥.

对 SM4 算法主要的分析结果有: 2007 年的 ACISP 上, Liu 等[14]给出了 13 轮 SM4 的代数攻击; 同年国际信息与通信安全会议上, Lu[15]提出了 14 轮的矩形攻击和 16 轮的不可能差分攻击; 2008 年 ACISP 上, Zhang 等[16]给出了对 16 轮和 21 轮的 SM4 矩形攻击和差分攻击结果. 迄今为止, 最好的差分攻击结果是在 2011 年, Su 等[17]给出的 23 轮差分攻击, 最好的线性攻击结果是 Liu 和 Chen[18]在 2014 年给出的 23 轮 SM4 算法的线性攻击.

4.4.1 SM4 加密算法

SM4 分组密码算法是一个迭代型分组加密算法, 由加解密算法和密钥拓展算法组成. 它采用非平衡 Feistel 结构, 分组长度为 128 比特, 密钥长度是 128 比特. 加密算法与密钥拓展算法均采用 32 轮非线性迭代结构. 加密运算与解密运算的算法结构相同, 解密运算的轮密钥的使用顺序与加密运算相反.

将 128 比特明文分为 4 个 32 比特字, 记为 $P=(X_0,X_1,X_2,X_3)\in(F_2^{32})^4$, 设 X_{i+4} 为 32 比特中间值, RK_i 为 32 比特轮密钥, $i=0,1,\cdots,31$. 密文也分为 4 个 32 比特字, 记为 $C=(Y_0,Y_1,Y_2,Y_3)\in(F_2^{32})^4$.

定义反序变换为 $R(X_0,X_1,X_2,X_3)=(X_3,X_2,X_1,X_0),X_i\in F_2^{32},i=0,1,2,3$, 则加密算法执行如下过程:

首先进行 32 轮迭代变换:

$$X_{i+4}=F(X_i,X_{i+1},X_{i+2},X_{i+3},RK_i)=X_i\oplus L(\tau(X_{i+1}\oplus X_{i+2}\oplus X_{i+3}\oplus RK_i)),\quad i=0,1,\cdots,31$$

其次执行反序变换: $(Y_0,Y_1,Y_2,Y_3)=R(X_{32},X_{33},X_{34},X_{35})=(X_{35},X_{34},X_{33},X_{32})$, 其中 F 为轮函数, L 是 F_2^{32} 上的线性变换, 非线性变换 τ 的输出值是线性变换 L 的输入值, $\oplus$ 表示异或运算. SM4 算法的第 i 轮轮函数如图 4.13 所示.

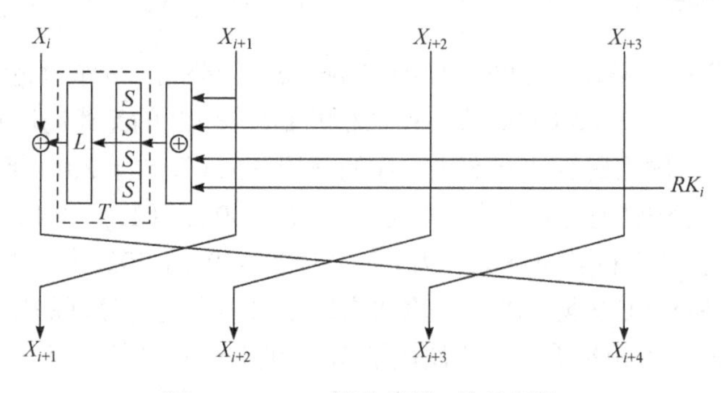

图 4.13　SM4 算法的第 i 轮轮函数

1. 线性变换 L

设 $X \in F_2^{32}$，线性变换 L 为

$$L(X) = X \oplus (X <<< 2) \oplus (X <<< 10) \oplus (X <<< 18) \oplus (X <<< 24)$$

线性变换 L 的逆变换 L^{-1} 为

$$L^{-1}(X) = X \oplus (X <<< 2) \oplus (X <<< 4) \oplus (X <<< 8) \oplus (X <<< 12) \oplus (X <<< 14) \\ \oplus (X <<< 16) \oplus (X <<< 18) \oplus (X <<< 22) \oplus (X <<< 24) \oplus (X <<< 30)$$

其中 $\oplus$ 表示异或运算, $<<<$表示左循环移位操作.

2. 非线性变换 τ

τ 是4个 8×8 的S盒构成的非线性变换，输入值记为 $A = (a_0, a_1, a_2, a_3) \in (F_2^8)^4$，输出值记为 $B = (b_0, b_1, b_2, b_3) \in (F_2^8)^4$，则

$$B = (b_0, b_1, b_2, b_3) = \tau(A) = (S(a_0), S(a_1), S(a_2), S(a_3))$$

S 盒采用 16 进制表示如表 4.4 所示. 例如，当 S 盒的输入为 a9，输出为表 4.4 中第 a 行第 9 列的值 29，即 $S(\text{a9}) = 29$.

表 4.4　SM4 算法中的 S 盒

	0	1	2	3	4	5	6	7	8	9	a	b	c	d	e	f
0	d6	90	e9	fe	cc	e1	3d	b7	16	b6	14	c2	28	fb	2c	05
1	2b	67	9a	76	2a	be	04	c3	aa	44	13	26	49	86	06	99
2	9c	42	50	f4	91	ef	98	7a	33	54	0b	43	ed	cf	ac	62
3	e4	b3	1c	a9	c9	08	e8	95	80	df	94	fa	75	8f	3f	a6
4	47	07	a7	fc	f3	73	17	ba	83	59	3c	19	e6	85	4f	a8
5	68	6b	81	b2	71	64	da	8b	f8	eb	0f	4b	70	56	9d	35
6	1e	24	0e	5e	63	58	d1	a2	25	22	7c	3b	01	21	78	87
7	d4	00	46	57	9f	d3	27	52	4c	36	02	e7	a0	c4	c8	9e
8	ea	bf	8a	d2	40	c7	38	b5	a3	f7	f2	ce	f9	61	15	a1
9	e0	ac	5d	a4	9b	34	1a	55	ad	93	32	30	f5	8c	b1	e3
a	1d	f6	e2	2e	82	66	ca	60	c0	29	23	ab	0d	53	4e	6f
b	d5	db	37	45	de	fd	8e	2f	03	ff	6a	72	6d	6c	5b	51
c	8d	1b	af	92	bb	dd	bc	7f	11	d9	5c	41	1f	10	5a	d8
d	0a	c1	31	88	a5	cd	7b	bd	2d	74	d0	12	b8	e5	b4	b0
e	89	69	97	4a	0c	96	77	7e	65	b9	f1	09	c5	6e	c6	84
f	18	f0	7d	ec	3a	dc	4d	20	79	ee	5f	3e	d7	cb	39	48

4.4.2 SM4 的密钥扩展算法

轮子密钥由主密钥通过密钥扩展算法生成. 128 比特主密钥先分为 4 个 32 比特字, 记为 $\mathrm{MK}=(\mathrm{MK}_0,\mathrm{MK}_1,\mathrm{MK}_2,\mathrm{MK}_3)\in(F_2^{32})^4$, 令 $K_i\in F_2^{32}$, $i=0,1,\cdots,35$. 那么轮密钥 RK_i 以以下方式生成:

(1) 先进行一次异或运算:

$$(K_0,K_1,K_2,K_3)=(\mathrm{MK}_0\oplus\mathrm{FK}_0,\mathrm{MK}_1\oplus\mathrm{FK}_1,\mathrm{MK}_2\oplus\mathrm{FK}_2,\mathrm{MK}_3\oplus\mathrm{FK}_3)$$

(2) 然后对 $i=0,1,\cdots,31$ 执行:

$$\mathrm{RK}_i=K_{i+4}=K_i\oplus L'(\tau(K_{i+1}\oplus K_{i+2}\oplus K_{i+3}\oplus\mathrm{CK}_i))$$

其中 $\oplus$ 表示异或运算, τ 是加密算法中所使用的非线性变换, L' 是 F_2^{32} 上的线性变换, 设 $X\in F_2^{32}$, 线性变换 L' 为

$$L'(X)=X\oplus(X<<<13)\oplus(X<<<23)$$

系统参数 FK 的取值采用 16 进制表示为

$\mathrm{FK}_0=(\mathrm{A3B1BAC6})$, $\mathrm{FK}_1=(\mathrm{56AA3350})$, $\mathrm{FK}_2=(\mathrm{677D9197})$, $\mathrm{FK}_3=(\mathrm{B27022DC})$

固定参数 CK 的取值为: 设 $\mathrm{ck}_{i,j}$ 为 CK_i 的第 j 个字节 $(i=0,1,\cdots,31;\ j=0,1,2,3)$, 即 $\mathrm{CK}_i=(\mathrm{ck}_{i,0},\mathrm{ck}_{i,1},\mathrm{ck}_{i,2},\mathrm{ck}_{i,3})\in(F_2^8)^4$, 则 $\mathrm{ck}_{i,j}=(4i+j)\times 7(\mathrm{mod}\,256)$. 32 个固定参数 CK_i 用 16 进制表示如下:

00070e15,	1c232a31,	383f464d,	545b6269
70777e85,	8c939aa1,	a8afb6bd,	c4cbd2d9
e0e7eef5,	fc030a11,	181f262d,	343b4249
50575e65,	6c737a81,	888f969d,	a4abb2b9
c0c7ced5,	dce3eaf1,	f8ff060d,	141b2229
30373e45,	4c535a61,	686f767d,	848b9299
a0a7aeb5,	bcc3cad1,	d8dfe6ed,	f4fb0209
10171e25,	2c333a41,	484f565d,	646b7279

4.5 轻量级及 ARX 型分组密码

随着物联网技术、无线互联网技术和人工智能的飞速发展, 计算和通信功能已经可以在更小、更低端的嵌入式设备中实现. 这类微型嵌入式设备的典型代表有智能卡、射频识别 RFID 标签、无线传感器等. 这些设备传输的数据, 多数涉及民生安全和社会稳定, 有些更是与国家机密相关, 所以都需要对传输数据进行加密保护, 但受计算能力和成本限制, 目前传统的优秀密码算法, 如 AES, IDEA 等

并不适用于上述设备. 轻量级密码算法就是为适应上述资源受限设备的需求, 提出的一个密码学概念, 是近年来密码研究的热点领域. 近几年来, 各国都相应制定了轻量级分组密码的标准, 这包括 ISO 国际加密标准算法 PRESENT[19]和行业标准算法 HIGHT[20]、美国国家安全局设计的轻量级分组密码标准 SIMON 和 SPECK[21]算法, 以及我国学者设计的 LBLOCK[22]、KLEIN[23]和 RECTANGLE[24]算法等. 轻量级密码算法不是一类新的密码算法, 而是在现有密码设计理论基础上, 针对资源受限设备(计算资源、处理能力、使用环境)需求, 提出轻量级优化和改进的设计方案和算法. 较之传统对称密码算法, 这些新算法能耗更低, 实现代价更小, 安全论证更困难.

ARX 分别表示模加运算、循环移位运算与异或运算, ARX 型分组密码表示仅仅由这三种基本的运算组合而成的密码算法. 其中, 模加运算提供了算法的非线性混淆, 循环移位运算则为该类算法提供了扩散性. 基于 ARX 结构的算法早在 20 世纪 80 年代就已被提出, 一些著名的经典的基于 ARX 结构设计的算法有分组密码 FEAL[25]算法、RC5 和 TEA[26]. ARX 结构的密码算法在计算资源有限的环境中, 无论是在软件还是硬件上都有很好的表现. 2013 年, 相继有分组算法 SPECK 和 LEA[27]等提出. 本节将以 SPECK 算法为例, 介绍轻量级 ARX 分组算法.

SPECK 系列密码算法是一种轻量级的分组密码算法, 在 2013 年由美国国家安全局的 Ray Beaulieu 等研究人员提出. 该算法包含了 10 种实例算法, 以 SPECK2*n*/*mn* 表示分组长度为 2*n* 比特、密钥长度为 *mn* 比特的一种 SPECK 实例算法. 而对于分组长度相同的 SPECK 实例算法, 虽然密钥长度会有所不同, 但轮函数的结构和参数设置是相同的, 因而以 SPECK2*n* 表示分组长度为 2*n* 比特的一类 SPECK 算法.

SPECK 算法是一种纯粹的 ARX 型密码、类 Feistel 结构, 在每一轮中左右两个分支都作了变化. 假设在 SPECK2*n* 算法中, $X_{r-1,\mathrm{L}}, X_{r-1,\mathrm{R}}$ 分别对应于第 r 轮加密输入分组的左半部分和右半部分, k_r 是作用于第 r 轮加密的子密钥, 长度均为 n 比特. 那么第 r 轮加密输出分组 $\left(X_{r,\mathrm{L}}, X_{r,\mathrm{R}}\right)$ 通过以下方式得到

$$X_{r,\mathrm{L}} = (X_{r-1,\mathrm{L}} >>> r_1)(X_{r-1,\mathrm{R}}) \oplus k_r$$

$$X_{r,\mathrm{R}} = (X_{r-1,\mathrm{R}} <<< r_2) \oplus X_{r,\mathrm{L}}$$

其中循环移位常数 r_1, r_2 规定如下: 对于分组长度为 32 比特的 SPECK32 类算法 $r_1 = 7, r_2 = 2$, 其他分组长度的算法 $r_1 = 8, r_2 = 3$. SPECK 算法的轮函数如图 4.14 所示.

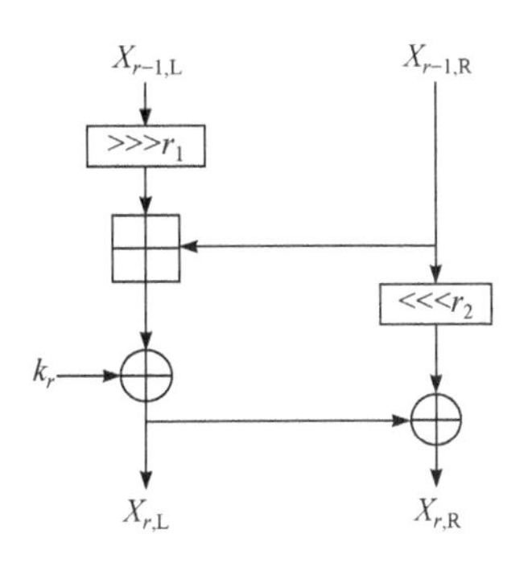

图 4.14 SPECK 算法的轮函数

SPECK 算法支持不同的密钥规模，并且密钥规模决定了算法加密的轮数. 算法在实际应用中，可根据具体的安全性要求、应用环境的计算性能等来选择合适的分组长度和密钥长度. SPECK 算法各个实例的参数设置如表 4.5 所示，其中 n 表示字长, m 表示主密钥的字数, r_1 和 r_2 表示循环移位的参数, T 表示轮数.

表 4.5　SPECK 系列算法的参数设置

分组长度 $2n$	密钥长度 mn	字长 n	主密钥的字数 m	轮数 T	右循环移位的参数 r_1	左循环移位的参数 r_2
32	64	16	4	22	7	2
48	72	24	3	22	8	3
	96		4	23	8	3
64	96	32	3	26	8	3
	128		4	27	8	3
96	96	48	2	28	8	3
	144		3	29	8	3
128	128	64	2	32	8	3
	192		3	33	8	3
	256		4	34	8	3

SPECK 算法利用轮函数生成所需的子密钥 $\left(k_0,k_1,\cdots,k_T\right)$，以此完成密钥扩展. 设 $K=(l_{m-2},\cdots,l_0,k_0)$ 是 SPECK2n 算法的 m 字长主密钥，子密钥 $k_{r+1}(r\geqslant 0)$ 的生成过程如下:

$$l_{r+m-1}=(k_r(l_r>>>r_1))\oplus r$$
$$k_{r+1}=(k_r<<<r_2)\oplus l_{r+m-1}$$

自公布以来, SPECK 算法受到了极大的关注, 并有了很多分析结果. 在 2014 年的 FSE 上, Abed 等学者对几乎所有 SPECK 的实例算法提出了差分和矩阵攻击[28]. 同时在 2014 年的 FSE 上, Biryukov 等[29]利用阈值搜索算法, 改进了原有的差分特征搜索结果, 分别将 SPECK32, SPECK48 和 SPECK64 算法分析结果提高至 9, 11 和 14 轮.

4.6　差分密码分析原理

差分密码分析原理

差分分析是 20 世纪 90 年代初为分析 DES 算法的安全性提出一种重要的分组密码分析方法，它们也是分组算法设计和分析过程中首要考虑的密码分析方法之一. 1990 年国际密码学会议，简称美密会, Biham 和 Shamir[30]首先给出了减轮 DES 算法的差分分析. 1992 年美密会上, Biham 和 Shamir[31]进一步给出了全轮 DES 算法的差分分析. 差分分析属于选择明文攻击，它通过研究特定的明文差分值在加密后得到密文差分的分布，将分组密码与随机置换区分开，并恢复某些密钥比特. 下面介绍分组密码差分分析的基本原理.

对于分组长度为 n 的 r 轮迭代分组密码算法 $E: F_2^n \times F_2^l \to F_2^n$，其中 n 为分组长度, l 为密钥长度, $E_k(\cdot)=E(\cdot,k)$ 是 F_2^n 上的置换, $F(\cdot,K_i)=F_{K_i}(\cdot)$ 是轮函数, $E_k(x)=F_{K_r}\circ F_{K_{r-1}}\circ\cdots\circ F_{K_1}$，如图 4.15 所示. 下面给出差分分析中涉及的一些基本概念.

定义 4.1 (差分) 设 $X,X^*\in F_2^n$，则 X 和 X^* 的**异或差分**(**差分值**)定义为 $\Delta X = X\oplus X^*$，一般地.

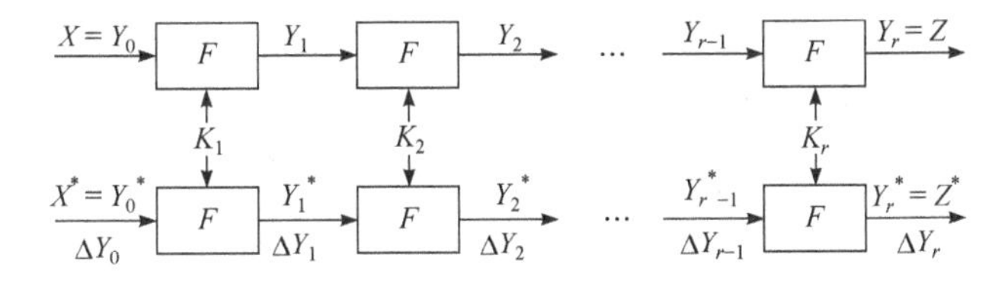

图 4.15 迭代分组密码算法的差分传播示意图

图 4.15 刻画了迭代分组密码算法的差分传播过程. 已知一对明文 (X,X^*)，它们经同样的密钥加密后得到密文对 (Z,Z^*)，第 i 轮输出的中间状态对为 (Y_i,Y_i^*)，其中 $Y_i=F(Y_{i-1},K_i)$，则算法的初始输入差分为 $\Delta Y_0=Y_0\oplus Y_0^*$，第一轮的输出差分为 $\Delta Y_1=Y_1\oplus Y_1^*$，第 i 轮的输出差分为 $\Delta Y_i=Y_i\oplus Y_i^*$，由此可以得到一条差分序列

$$\Delta Y_0,\Delta Y_1,\cdots,\Delta Y_r$$

记 $Y_i=F(Y_{i-1},K_i), Y_i^*=F(Y_{i-1}^*,K_i)$，若三元组 $(\Delta Y_{i-1},Y_i,Y_i^*)$ 的一个或多个值是已知的, 则确定子密钥 K_i 通常是容易的. 因此, 若密文对已知, 并且最后一轮输入对的差分能以某种方式得到, 则确定最后一轮的子密钥或其一部分通常是可行的. 在差分分析中, 选择具有特定差分值 β_0 的明文对 (Y_0,Y_0^*)，使得最后一轮的输入差分 ΔY_{r-1} 以很高的概率取特定值 β_{r-1} 来达到这一点.

定义 4.2 (差分特征) 迭代分组密码的一条 r 轮**差分特征** Ω 是一条差分序列: $\beta_0,\beta_1,\cdots,\beta_{r-1},\beta_r$，其中 β_0 是明文对 Y_0 和 Y_0^* 的差分, $\beta_i(1\leqslant i\leqslant r)$ 是第 i 轮的输出 Y_i 和 Y_i^* 的差分.

定义 4.3 (差分特征概率) r 轮**差分特征** $\Omega=(\beta_0,\beta_1,\cdots,\beta_{r-1},\beta_r)$ 的概率 $\mathrm{DP}(\Omega)$ 是指在明文 Y_0 和轮子密钥 $K_1,K_2,\cdots,K_r$ 取值独立且均匀分布时, 在明文对 Y_0 和 Y_0^* 的差分为 β_0 的条件下, 第 $i\,(1\leqslant i\leqslant r)$ 轮输出 Y_i 和 Y_i^* 的差分为 β_i 的概率.

定义 4.4 设 $\Omega^1=\alpha_0\alpha_1\cdots\alpha_m$ 和 $\Omega^2=\beta_0\beta_1\cdots\beta_l$ 分别是 m 轮特征和 l 轮特征. 若 $\alpha_m=\beta_0$，则 Ω^1 和 Ω^2 的级联定义为一个 $(m+l)$ 轮特征 $\Omega=\alpha_0\alpha_1\cdots\alpha_m\beta_1\cdots\beta_l$. 并

且 Ω 的概率为 Ω^1 和 Ω^2 的概率的乘积.

定义 4.5 对 r 轮特征 $\Omega=\alpha_0\alpha_1\cdots\alpha_r$，若 m 和 m^* 满足

(1) m 与 m^* 的差分为 α_0；

(2) 第 i 轮输出 $c(i)$ 与 $c^*(i)$ 的差分为 $a_i(1\leqslant i\leqslant r)$，

则称明文对 m 与 m^* 是一个正确的对(right pair)，否则，称为错误的对(wrong pair).

定理 4.1 假设每一轮子密钥是统计独立且是均匀分布的，则 r 轮特征 $\Omega=\alpha_0\alpha_1\cdots\alpha_r$ 的概率恰好是差分为 α_0 的明文对是正确对的概率.

证明 差分是 α_0 的明文对 m 与 m^* 是特征 $\Omega=\alpha_0\alpha_1\cdots\alpha_r$ 的正确对，当且仅当第 $i\,(1\leqslant i\leqslant r)$ 轮输出 $c(i)$ 和 $c^*(i)$ 的差分为 α_i. 因为第 i 轮的输入差为 α_{i-1}，输出差为 α_i 的概率与具体的输入无关，而且又假定每一轮迭代的子密钥统计独立且是均匀分布的，所以第 i 轮输入差为 α_{i-1}，输出差为 α_i 的概率与前面各轮的作用无关. 因此，差分是 α_0 的明文对是特征 Ω 的正确对的概率是每个单轮特征概率的乘积.

假如我们找到一个概率比较大的轮特征 $\Omega=\alpha_0\alpha_1\cdots\alpha_r$，那么可以随机地选择输入差为 α_0 的明文对，根据定义 4.5 和定理 4.1，这样的明文对是正确对的概率和特征 Ω 的概率相同.

有了轮特征的概念，那么研究轮的输入差和输出差，到底会给我们提供什么样的破译信息呢？下面我们先看两个例子.

例 4.3 在 DES 中，令 $m=L_0R_0, m^*=L_0^*R_0^*$. 如果 $R_0=R_0^*$，则明文差

$$\Delta m=L_0R_0\oplus L_0^*R_0^*=(L_0',0)=\alpha_0$$

其中 $L_0'=L_0\oplus L_0^*$. 假如DES只有一轮迭代，而不是16轮迭代，那么我们根据DES轮函数可以计算出

$$\left.\begin{aligned}L_1&=R_0\\L_1^*&=R_0^*\end{aligned}\right\}\rightarrow L_1\oplus L_1^*=0$$

$$\left.\begin{aligned}R_1&=L_0\oplus f(R_0,k_1)\\R_1^*&=L_0^*\oplus f(R_0^*,k_1)\end{aligned}\right\}\rightarrow R_1\oplus R_1^*=L_0'$$

于是

$$\alpha_1=L_1R_1\oplus L_1^*R_1^*=(0,L_0')$$

这样，$\Omega=\alpha_0\alpha_1$ 是一个一轮特征. 根据定义 4.3，这个一轮特征 $\Omega=\alpha_0\alpha_1$ 的概率是 1. 这表明，随机地选择一对输入差为 $(L_0',0)$ 的明文，经过 DES 的一轮迭代后的密文差为 $(0,L_0')$ 的概率为 1，因而不可能得到其他的密文差.

例 4.4 在 DES 中，令 $m = L_0R_0, m^* = L_0^*R_0^*$. 如果 $R_0 + R_0^* = (60000000)$ (以下均以 16 进制表示 32 比特数据)，则明文差为

$$\begin{aligned}\Delta m = m \oplus m^* &= (L_0 \oplus L_0^*, R_0 \oplus R_0^*) \\ &= (L_0', 60000000) = \alpha_0\end{aligned}$$

仍然假定 DES 只有一轮迭代，那么我们可以计算出

$$\begin{aligned}&L_1 = R_0,\ \ L_1^* = R_0^*,\ \ L_1 \oplus L_1^* = 60000000 \\ &R_1 = L_0 \oplus f(R_0, k^1),\ \ R_1^* = L_0^* \oplus f(R_0^*, k^1) \\ &R_1 \oplus R_1^* = (L_0 \oplus L_0^*) \oplus f(R_0, k^1) \oplus f(R_0^*, k^1) \\ &\qquad = (L_0 \oplus L_0^*) \oplus P(S(E(R_0) \oplus k^1)) \oplus P(S(E(R_0^*) \oplus k^1)) \\ &\qquad = L_0' \oplus P(S(E(R_0) \oplus k^1) \oplus S(E(R_0^*) \oplus k^1))\end{aligned}$$

因为 R_0 和 R_0^* 经过相同的扩展运算后分别与 k^1 模 2 相加，所以选择压缩运算 S 的输入差为

$$\begin{aligned}&E(R_0) \oplus k^1 \oplus E(R_0^*) \oplus k^1 \\ &= E(R_0) \oplus E(R_0^*) \\ &= E(R_0 \oplus R_0^*) \\ &= E(60000000) \\ &= (001100, 000000, 000000, 000000, 000000, 000000, 000000, 000000)\end{aligned}$$

因为 S_2 盒至 S_8 盒的输入差都是 000000，所以它们的输出差都是 0000 的概率为 1. 而 S_1 盒的输入差为 001100，其输出差为 1110 的概率是 $14/64$ (参见表 4.6). 于是，选择压缩运算 S 的输出差为 E0000000 的概率为 $14/64$. 再经过置换运算 P，它的输出差是 00808200，故

$$\alpha_1 = (60000000, L_0' \oplus 00808200),\ \ L_0' = L_0 \oplus L_0^*$$

这样的一轮迭代的特征是 $\Omega = \alpha_0\alpha_1$. 这表明，随机地选择一对输入差为 $(L_0', 60000000)$ 的明文，经过一轮迭代后的输出差为 $\alpha_1 = (60000000, L_0' \oplus 00808200)$ 的概率是 $14/64$，而得到其他形式的密文差是相当随机的且具有的概率都很小. 正是输入差和输出差的分布表的不均匀性，才导致了差分分析的可能性. 简单地说就是：某些输入差对应的输出差(进一步就是轮特征)，具有较大的概率，这就是我们需要的信息.

从上面的分析还可以得出这样的结论 在 DES 一轮的变换过程中，一轮迭代特征 $\Omega = \alpha_0\alpha_1$ 的概率实际是由 S 盒的输入输出的差分概率来决定的. 通常，对一般的分组密码而言，一轮迭代特征 $\Omega = \alpha_0\alpha_1$ 的概率是由非线性部分(一般是 S 盒)

的输入输出差分概率来决定的，而线性部分的输入输出差分概率是完全确定的. 所以在考察轮特征时，主要研究非线性运算 S 盒的轮特征.

定义 4.6 设 $\pi_s:\{0,1\}^m \to \{0,1\}^n$ 为一个 S 盒. 考虑长为 m 的有序比特串对 $\left(x,x^*\right)$，我们称 S 盒的输入异或为 $x\oplus x^*$，输出异或为 $\pi_s\left(x\right)\oplus\pi_s\left(x^*\right)$. 注意，输出异或是一个长为 n 的比特串. 对任何 $x'\in\{0,1\}^m$，定义集合 $\Delta(x')$ 为包含所有具有输入异或值 x' 的有序对 $\left(x,x^*\right)$.

易见，集合 $\Delta(x')$ 包含 2^m 对，并且

$$\Delta(x') = \{(x,x\oplus x'):x\in\{0,1\}^m\}$$

对集合 $\Delta(x')$ 中的每一对，我们都能计算它们关于 S 盒的输出异或，然后能将所有输出异或的值列成一张结果分布表(称为差分分布表)，一共有 2^m 个输出异或，它们的值分布在 2^n 个可能值之上. 一个非均匀的输出分布将会是一个成功的差分攻击的基础. 表 4.6 列出了 DES 算法中的 S_1 盒的部分差分分布表.

表 4.6　S_1 盒输入差和输出差之间的关系

输入差	输出差															
	0	1	2	3	4	5	6	7	8	9	A	B	C	D	E	F
0	64	0	0	0	0	0	0	0	0	0	0	0	0	0	0	0
1	0	0	0	6	0	2	4	4	0	10	12	4	10	6	2	4
2	0	0	0	8	0	4	4	4	0	6	8	6	12	6	4	2
3	14	4	2	2	10	6	4	2	6	4	4	0	2	2	2	0
4	0	0	0	6	0	10	10	6	0	4	6	4	2	8	6	2
5	4	8	6	2	2	4	4	2	0	4	4	0	12	2	4	6
6	0	4	2	4	8	2	6	2	8	4	4	2	4	2	0	12
7	2	4	10	4	0	4	8	4	2	4	8	2	2	2	4	4
8	0	0	0	12	0	8	8	4	0	6	2	8	8	2	2	4
9	10	2	4	0	2	4	6	0	2	2	8	0	10	0	2	12
A	0	8	6	2	2	8	6	0	6	4	6	0	4	0	2	10
B	2	4	0	10	2	2	4	0	2	6	2	6	6	4	2	12
C	0	0	0	8	0	6	6	0	0	6	6	4	6	6	14	2
⋮	⋮	⋮	⋮	⋮	⋮	⋮	⋮	⋮	⋮	⋮	⋮	⋮	⋮	⋮	⋮	⋮
30	0	4	6	0	12	6	2	2	8	2	4	4	6	2	2	4
31	4	8	2	10	2	2	2	2	6	6	0	2	2	4	10	8
32	4	2	6	4	4	2	2	4	6	6	4	8	2	2	8	0
33	4	4	6	2	10	8	4	2	4	0	2	2	4	6	2	4

续表

输入差	输出差															
	0	1	2	3	4	5	6	7	8	9	A	B	C	D	E	F
34	0	8	16	6	2	0	0	12	6	0	0	0	0	8	0	6
35	2	2	4	0	8	0	0	0	14	4	6	8	0	2	14	0
36	2	6	2	2	8	0	2	2	4	2	6	8	6	4	10	0
37	2	2	12	4	2	4	4	10	4	4	2	6	0	2	2	4
38	0	6	2	2	2	0	2	2	4	6	4	4	4	6	10	10
39	6	2	2	4	12	6	4	8	4	0	2	4	2	4	4	0
3A	6	4	6	4	6	8	0	6	2	2	6	2	2	6	4	0
3B	2	6	4	0	0	2	4	6	4	6	8	6	4	4	6	2
3C	0	10	4	0	12	0	4	2	6	0	4	12	4	4	2	0
3D	0	8	6	2	2	6	0	8	4	4	0	4	0	12	4	4
3E	4	8	2	2	2	4	4	14	4	2	0	2	0	8	4	4
3F	4	8	4	2	4	0	2	4	4	2	4	8	8	6	2	2

根据 S 盒的差分性质, 6×4 的 S 盒的各种输入输出差分对出现的平均个数约为 $2^{m-n}=2^{6-4}=4$ 个. 而表 4.6 中 $N_s(\alpha,\beta)$ 的最大值为 $N_s(34,2)=16$, 最小值为 0, 取值并不均匀, DES 算法的差分分析中就利用了 S 盒差分分布的不均匀性.

综上所述, 对 r 轮迭代密码的差分攻击的步骤如下:

(1) 找出一个 $(r-1)$ 轮特征 $\Omega=\alpha_0\alpha_1\cdots\alpha_{r-1}$, 要求它的概率达到最大或几乎最大.

(2) 均匀随机地选择明文 m $\left(\text{选择明文量约为}c\cdot\dfrac{1}{p},\text{其中}c\text{为固定常数},p\text{为差分特征的概率}\right)$, 并计算出 m^*, 使 $m\oplus m^*=\alpha_0$, 再找出 m 和 m^* 在实际密钥加密下所得的密文 $c(r)$ 和 $c^*(r)$.

(3) 若最后一轮的子密钥 k^r (或 k^r 的部分比特)有 2^m 个可能的值 $k_j^r(1\leqslant j\leqslant 2^m)$, 我们就设置 2^m 个相应的计数器 $\delta_j(1\leqslant j\leqslant 2^m)$, 用每一个可能的密钥解密 $c(r)$ 和 $c^*(r)$ 得到 $c(r-1)$ 和 $c^*(r-1)$. 若 $c(r-1)\oplus c^*(r-1)=\alpha_{r-1}$, 则给相应的计数器 δ_j 加 1.

(4) 重复第(2), (3)步, 直到有一个或几个计数器的值明显高于其他计数器的值, 输出它们所对应的子密钥(或部分比特).

差分分析的有效性和攻击所需的选择明文量与差分特征的概率有关. 差分特征的概率越高, 攻击需要的选择明文量越少.

4.7 线性密码分析原理

线性密码
分析原理

分组密码的线性分析最早由 Matsui[33]在 1993 年欧洲密码学国际会议(简称欧密会)上提出，同样用于分析 DES 算法，随后在 1994 年美密会上第一次用实验给出全轮 DES 算法的攻击[34]. 线性分析的优势在于攻击类型是已知明文攻击，主要通过利用明文的某些比特和对应的密文比特以及密钥之间偏差较大的线性关系恢复正确密钥. 线性分析同差分分析一样，已经成为分组密码最有效的分析方法之一和必须要考虑的重要安全准则. 基本线性分析利用高偏差的线性逼近进行正确密钥的筛选，在一般情况下，线性逼近的偏差越大，线性分析越有效. 在线性分析的基础上，基于线性分析的扩展方法层见叠出，对很多重要的分组密码算法构成了威胁. 下面介绍分组密码线性分析的基本原理.

定义 4.7 (线性逼近关系式)　设迭代分组密码的轮函数为 $F(X,K)$，给定一对线性掩码 (α,β)，称 $\alpha\cdot X\oplus\beta\cdot F(X,K)=0$ 为 $F(X,K)$ 的**线性逼近关系式**，此时也称 α 为输入掩码，β 为输出掩码，称 $\alpha\cdot X\oplus\beta\cdot E(X,K)=0$ 为分组密码 $E(X,K)$ 的线性逼近关系式.

为叙述方便，下面也常用线性掩码 (α,β) 来表示相应的线性逼近关系式. 记 $p(\alpha,\beta)=\Pr\limits_{X,K}\{\alpha\cdot X=\beta\cdot F(X,K)\}$ 表示线性逼近关系式 $\alpha\cdot X\oplus\beta\cdot F(X,K)=0$ 的概率. 在线性分析中，一般采用**偏差**或者**相关性**来描述线性逼近关系式的概率特征:

$$\text{偏差 } \varepsilon_F(\alpha,\beta)=p(\alpha,\beta)-\frac{1}{2}$$

$$\text{相关性 } \mathrm{Cor}_F(\alpha,\beta)=2p(\alpha,\beta)-1$$

定义 4.8 (线性特征)　迭代分组密码的一条 r 轮线性特征是指一条线性掩码序列

$$\Omega=(\beta_0,\beta_1,\cdots,\beta_r)$$

其中 β_0 是输入掩码，$\beta_i(1\leqslant i\leqslant r)$ 为第 i 轮输出的中间状态 Y_i 的掩码(参见图 4.16).

图 4.16　迭代分组密码的线性掩码示意图

图 4.16 中迭代分组密码 r 轮线性特征 Ω 对应的线性概率 $\mathrm{LP}(\Omega)$ 是指在输入

X，轮密钥 $K_1,K_2,\cdots,K_r$ 取值独立且均匀分布的情形下，当输入掩码为 β_0 时，在加密过程中，第 i 轮的输出 Y_i 的掩码值为 β_i 的线性概率，其中 $1\leqslant i\leqslant r$. 线性分析中还有线性壳(linear hull)的概念.

定义 4.9 (线性壳) 迭代分组密码的一条 r 轮线性壳是指一对掩码 (α,β)，其中 α 是输入掩码，β 是输出掩码.

r 轮线性特征 $(\beta_0,\beta_1,\cdots,\beta_r)$ 和 r 轮线性壳 (α,β) 对应的偏差和线性概率可以通过下面介绍的堆积引理计算得到.

4.7.1 堆积引理

设 $X_1,X_2,\cdots,X_k$ 是取值于集合 $\{0,1\}$ 的独立随机变量. 设 $p_1,p_2,\cdots$ 都是实数，且对所有的 $i,i=1,2,\cdots,k$ 有 $0\leqslant p_i\leqslant 1$，再设 $\Pr[X_i=0]=p_i$，则 $\Pr[X_i=1]=1-p_i$. 对取值于 $\{0,1\}$ 的随机变量，用分布偏差来表示它的概率分布. 随机变量 X_i 的偏差定义为

$$\varepsilon_i=p_i-\frac{1}{2}$$

引理 4.1 (堆积引理(piling-up lemma)) 设 $X_{i_1},X_{i_2},\cdots,X_{i_k}$ 是独立的随机变量，$\varepsilon_{i_1 i_2\cdots i_k}$ 表示随机变量 $X_{i_1}\oplus X_{i_2}\oplus\cdots\oplus X_{i_k}$ 的偏差，则

$$\varepsilon_{i_1 i_2\cdots i_k}=2^{k-1}\prod_{j=1}^{k}\varepsilon_{i_j}$$

推论 4.1 设 $X_{i_1},X_{i_2},\cdots,X_{i_k}$ 是独立的随机变量，$\varepsilon_{i_1 i_2\cdots i_k}$ 表示随机变量 $X_{i_1}\oplus X_{i_2}\oplus\cdots\oplus X_{i_k}$ 的偏差，若对某个 j 有 $\varepsilon_{i_j}=0$，则 $\varepsilon_{i_1 i_2\cdots i_k}=0$.

注 引理 4.1 只在相关随机变量是统计独立的情况下才成立.

由堆积引理可知，r 轮线性特征 $\Omega=(\beta_0,\beta_1,\cdots,\beta_r)$ 成立的偏差和线性概率分别为

$$\varepsilon(\Omega)=2^{r-1}\prod_{i=1}^{r}\varepsilon(\beta_{i-1},\beta_i),\quad \mathrm{LP}(\Omega)=\prod_{i=1}^{r}\mathrm{LP}(\beta_{i-1},\beta_i)$$

其中 $\varepsilon(\beta_{i-1},\beta_i)$ 和 $\mathrm{LP}(\beta_{i-1},\beta_i)$ 分别为第 i 轮轮函数的线性逼近关系式对应的偏差和线性概率. 利用堆积引理，我们可以将每轮变换中偏差最大的线性逼近式进行组合，组合后的所有轮变换的线性逼近式，也将拥有最佳的偏差，即寻找分组密码的最佳线性逼近式.

4.7.2 S 盒的线性逼近

由上述分析知道，分组密码的最佳线性逼近式的寻找，归结为每轮线性逼近

式的寻找，而每轮的变换中，除了非线性变换(即 S 盒)部分，线性部分是自然的线性关系，也就是说，每轮线性逼近式的寻找，只需寻求S盒部分的最佳线性逼近式.

考虑如下一个 S 盒 $\pi_s:\{0,1\}^m \to \{0,1\}^n$ (我们并未假定 π_s 是一个置换，甚至也未假定 $m=n$). m 重输入 $X=(x_1,x_2,\cdots,x_m)$ 均匀随机地从集合 $\{0,1\}^m$ 中选取，这就是说，每一个坐标 x_i 定义了一个随机变量 X_i，X_i 取值于 $\{0,1\}$，并且其偏差 $\varepsilon_i=0$ (即 $P(X_i=0)=P(X_i=1)=1/2$). 进一步，假设这 m 个随机变量相互独立，n 重输出 $Y=(y_1,y_2,\cdots,y_n)$ 中每一个坐标 y_i 定义了一个随机变量 Y_i，Y_i 取值于 $\{0,1\}$. 这 n 个随机变量一般来说不是相互独立的，与 X_i 也不相互独立.

现在考虑计算如下形式的随机变量的偏差值:

$$\left(\bigoplus_{i=1}^{m} a_i X_i\right)\oplus\left(\bigoplus_{j=1}^{n} b_j Y_j\right)$$

其中 $a=(a_1,a_2,\cdots,a_m)$ 和 $b=(b_1,b_2,\cdots,b_n)$ 分别为 m 和 n 维随机向量，a_i 和 b_j 为 0 或 1. 设 $N_L(a,b)$ 表示满足如下条件的二元 $m+n$ 组 $(x_1,x_2,\cdots,x_m,y_1,y_2,\cdots,y_n)$ 的个数:

$$(y_1,y_2,\cdots,y_n)=\pi_s(x_1,x_2,\cdots,x_m)\quad \text{(记为条件 B)}$$

及

$$\left(\bigoplus_{i=1}^{m} a_i X_i\right)\oplus\left(\bigoplus_{j=1}^{n} b_j Y_j\right)=0\quad \text{(记为条件 A)}$$

则

$$P(A/B)=P(A,B)/P(B)=\left(N_L(a,b)/2^{m+n}\right)/\left(2^m/2^{m+n}\right)=N_L(a,b)/2^m$$

对于一个具有输入 a 与输出 b 的随机变量 $\left(\bigoplus_{i=1}^{m} a_i X_i\right)\oplus\left(\bigoplus_{j=1}^{n} b_j Y_j\right)$ 的偏差计算公式为

$$\varepsilon(a,b)=N_L(a,b)/2^m-1/2$$

正是 S 盒的 $\varepsilon(a,b)$ 的不随机性，使得线性分析的实现成为可能.

利用找到的线性特征可以对分组密码进行密钥恢复攻击. r 轮迭代密码的线性密码分析的基本过程总结如下.

第一步 找到一条 $r-1$ 轮的线性特征，设偏差为 ε，使得偏差达到最大或者几乎最大.

第二步 攻击者猜测第 r 轮轮密钥 k_r (或其部分比特)，设猜测密钥量为 l，对每个可能的候选密钥 $\mathrm{gk}_i, 0\leqslant i\leqslant 2^l-1$，设置相应的 2^l 个计数器 λ_i，并且初始化清零.

第三步 均匀随机地选取明文 X, 找到 X 在实际密钥加密下所得的密文 Z .

第四步 用第 r 轮中每一个猜测的轮密钥 gk_i (或其部分比特)解密密文 Z , 得到 Y_{r-1} , 计算 $\alpha \cdot X \oplus \beta \cdot Y_{r-1}$ 是否 0, 若成立, 则给相应的计数器 λ_i 加 1.

第五步 将 2^l 个计数器中 $\left|\frac{\lambda_i}{m}-\frac{1}{2}\right|$ 最大值所对应的密钥 gk_i (或其部分比特)作为攻击获得的正确密钥值.

线性的有效性和攻击所需的明文量与线性特征的偏差有关. 差分特征偏差的绝对值越高, 攻击需要的明文量越少.

4.8 分组密码的工作模式

分组密码的工作模式是: 根据不同的数据格式和安全性要求, 以一个具体的分组密码算法为基础构造一个分组密码系统的方法. 分组密码的工作模式应当力求简单, 有效和易于实现. 1980 年 12 月, FIPS 81 标准化了为 DES 开发的四种工作模式. 这些工作模式适合任何分组密码. 我们仅以 DES 为例介绍分组密码主要的四种工作模式和一种强化模式.

分组密码的工作模式

1. 电码本(electronic code book, ECB)模式

直接使用 DES 算法对 64 比特的数据进行加密的工作模式就是 ECB 模式. 在这种工作模式下, 加密变换和解密变换分别为

$$c^i=\mathrm{DES}_k(m^i), \quad i=1,2,\cdots \tag{4.8}$$

$$m^i=\mathrm{DES}_k^{-1}(c^i), \quad i=1,2,\cdots \tag{4.9}$$

这里 k 是 DES 的种子密钥, m^i 和 c^i 分别是第 i 组明文和密文. 在给定密钥下, m^i 有 2^{64} 种可能的取值, c^i 也有 2^{64} 种可能的取值, 各 $\left(m^i,c^i\right)$ 彼此独立, 构成一个巨大的单表代替密码, 因而称其为电码本模式.

ECB 模式的缺点是: 如果 $m^{n+i}=m^i$, 则相应的密文 $c^{n+i}=c^i$, 即在给定密钥 k 下, 同一明文组总是产生同一密文组, 这会暴露明文组的数据格式. 某些明文的数据格式会使得明文组有大量的重复或较长的零串, 一些重要的数据常常会在同一位置出现, 特别是格式化的报头、作业号、发报时间、地点等特征都将被泄露到密文之中, 使攻击者可以利用这些特征.

该模式好的一面就是用同个密钥加密的单独消息, 其结果是没有错误传播.

实际上，每一个分组可被看成用同一个密钥加密的单独消息. 密文中数据出了错，解密时，会使得相对应的整个明文分组解密错误，但它不会影响其他明文. 然而，如果密文中偶尔丢失或添加一些数据位，那么整个密文序列将不能正确地解密. 除非有某帧结构能够重新排列分组的边界.

大多数消息并不是刚好分成 64-位(或者任意分组长)的加密分组，它们通常在尾部有一个短分组. ECB 要求是 64-位分组. 处理该问题的一个方法是填充(padding). 用一些规则的模式——0,1 或者 0,1 交替，把最后的分组填充成一个完整的分组.

2. 密码分组链接(cipher block chaining, CBC)模式

如上所述，ECB 模式存在一些显见的缺陷. 为了克服这些缺陷，我们应用分组密码链接技术来改变分组密码的工作模式.

CBC 模式是在密钥固定不变的情况下，改变每个明文组输入的链接技术. 在 CBC 模式下，每个明文组 m^i 在加密之前，先与反馈至输入端的前一组密文 c^{i-1} 逐比特模 2 相加后再加密. 假设待加密的明文分组为 $m = m^1, m^2, m^3, \cdots$，我们按如下方式加密各组明文 $m^i (i = 1, 2, \cdots)$：

(1) $c^0 = \mathrm{IV}$ (初始值(双方提前约定或发送方随密文发送));

(2) $m^i = \mathrm{DES}_k^{-1}\left(c^i\right) \oplus c^{i-1}, i = 1, 2, \cdots$.

这样，密文组 c^i 不仅与当前的明文组有关，而且通过反馈的作用还与以前的明文组 $m^1, m^2, \cdots, m^{i-1}$ 有关. 易见，使用 CBC 链接技术的分组密码的解密过程为:

(1) $c^0 = \mathrm{IV}$ (初始值);

(2) $m^i = \mathrm{DES}_k^{-1}\left(c^i\right) \oplus c^{i-1}$.

CBC 模式的优点为: ① 能隐蔽明文的数据模式. ② 在某种程度上能防止数据篡改，诸如明文组的重放、嵌入和删除等.

CBC 模式的不足是会出现错误传播. 密文中任一位发生变化会涉及后面一些密文组. 但 CBC 模式的错误传播不大，一个传输错误至多影响两个消息组的接收结果(思考).

3. 密文反馈(cipher feedback, CFB)模式

分组密码算法也可以用于同步序列密码，就是所谓的密码反馈模式. 在 CBC 模式下，整个数据分组在接收完之后才能进行加密. 对许多网络应用来说，这是个问题. 例如，在一个安全的网络环境中，当从某个终端输入时，它必须把每一个字符马上传输给主机. 当数据在字节大小的分组里进行处理时，CBC 模式就不能

做到了. 若待加密的消息必须按字符比特处理时, 可采用 CFB 模式, 如图 4.17 所示. 在 CFB 模式下, 每次加密 s 比特明文. 一般 $s=8$, $L=64/s$.

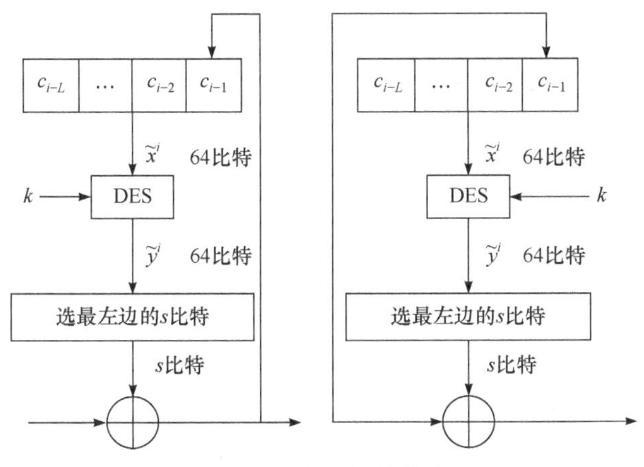

图 4.17　密文反馈模式

图 4.17 上端是一个开环移位寄存器. 加密之前, 先给该移位寄存器输入 64 比特的初始值 IV, 它就是 DES 的输入, 记为 x^0. DES 的输出 y^i 的最左边 s 比特和第 i 组明文 m^i 逐比特模 2 相加得密文 c^i. c^i 一方面作为第 i 组密文发出, 另一方面反馈至开环移位寄存器最右边的 s 个寄存器, 使下一组明文加密时 DES 的输入 64 比特依赖于密文 c^i.

CFB 模式与 CBC 模式的区别是反馈的密文不再是 64 比特, 而是 s 比特, 且不直接与明文相加, 而是反馈至密钥产生器中.

CFB 模式除了 CBC 模式的优点外, 其自身独特的优点是它特别适用于用户数据格式的需要. 在密码设计中, 应尽量避免更改现有系统的数据格式和规定, 这是重要的设计原则.

CFB 模式的缺点有两个: 一是对信道错误较敏感且会造成错误传播; 二是数据加密的速率降低. 但这种模式多用于数据网中较低层次, 其数据速率都不太高.

4. 输出反馈(output feedback, OFB)模式

OFB 模式是 CFB 模式的一种改进, 它将 DES 作为一个密钥流产生器, 其输出的 s 比特的密钥直接反馈至 DES 的输入寄存器中, 而把这 s 比特的密钥和输入的 s 比特的明文对应模 2 加(参见图 4.18).

OFB 模式克服了 CBC 模式和 CFB 模式的错误传播带来的问题, 但同时也带来了序列密码具有的缺点: 对密文被篡改难以进行检测. 由于 OFB 模式多在同步信道中运行, 对手难以知道消息的起始点而使这类主动攻击不易奏效. OFB 模式

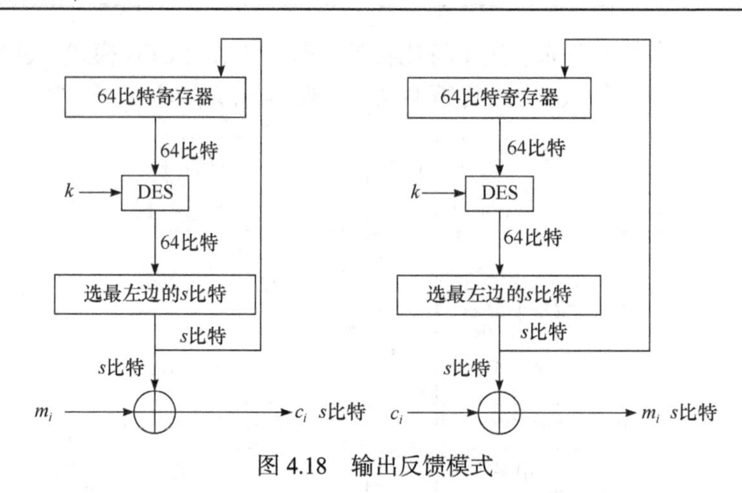

图 4.18 输出反馈模式

不具有自同步能力，要求系统保持严格的同步，否则难以解密．OFB 模式的初始向量 IV 无须保密，但各条消息必须选用不同的 IV.

5. 级联强化模式(又称多重加密)

为了增加算法的复杂度，对分组密码进行级联．在不同的密钥下连续多次对一个明文组进行加密，即

$$c^i = \mathrm{DES}_{k(n)}(\cdots(\mathrm{DES}_{k(2)}(\mathrm{DES}_{k(1)}(m^i)))\cdots)$$

上述介绍的模式各有特点和用途：ECB 模式适用于对字符加密，例如，密钥加密. OFB 模式常用于卫星通信中的加密．由于对 CBC 和 CFB 模式当改变一个明文分组 x_i，则 y_i 与其后所有密文分组都会受到影响，这一性质说明这两种模式都可用于认证系统．更明确地说，这些模式能被用来产生一个消息认证码，即 MAC 码．它能使消息接收方相信给定的明文序列的确来自合法发送者，而没有被篡改.

小结与注释

分组密码是密码技术标准化的第一种密码算法．至今为止，它是实现数据加密的最有效算法之一．分组密码现有的迭代结构是实现安全与效率的完美统一．实际上，在信息安全领域，分组密码还有更加广泛的应用背景．从分组密码的工作模式 OFB 中我们可以看到分组密码技术可以构成序列密码的密钥流；在后面有关 Hash 函数一章(第 6 章)中的 Hash 构造问题上，我们可以看到，使用分组密码算法的 CBC 运行模式，可以构成 Hash 的 MAC 应用；分组密码还可以构造数字签名体制．本章中我们讨论了分组密码算法的原理，介绍了几种分组加密算法．首先我们介绍了两个现代分组密码算法 DES 和 AES，介绍 DES 的历史地位和仍在使

用的它的 Feistel 密码设计结构的有效性；描述了作为最新建立的加密标准 AES，并详细解释了它的工作原理. 然后我们介绍了国产分组密码标准SM4和适用于资源受限环境的轻量级 ARX 算法. 随后介绍使用分组密码所用的各种标准的工作模式，讨论了两种对分组密码的攻击技术——差分分析和线性分析. 需要说明的是，在分组密码的差分和线性分析中，都需要假设条件"随机等价密钥"和"较大概率特征"，来简化路径差分概率和线性偏差概率的计算.

有关 DES 的描述和分析可见参考文献[30, 31, 35-37]，DES 的工作模式和使用 DES 进行认证可参见文献[1-4]. 有关 AES 的描述和分析可见参考文献[28, 29, 38, 39]. 差分分析技术和线性分析技术可参见文献[30-32, 40-46].有关更多的分组密码工作模式的内容可见参考文献[47-63].

习题 4

4.1 给定 DES 的初始密钥为 $k=(\text{FEDCBA9876543210})$（十六进制），试求出子密钥 k^1 和 k^2.

4.2 设 $\text{DES}_k(m)$ 表示明文 m 在密钥 k 下用 DES 密码体制加密. 如果 $c=\text{DES}_k(m)$ 且作 $\text{DES}_{\bar{k}}(\bar{m})$（$\bar{A}$ 表示 A 的变元逐比特取补），试证明 $\bar{c}=\text{DES}_{\bar{k}}(\bar{m})$. 这就是说，如果我们对密钥 k 和明文 m 逐比特取补，那么，所得的密文也是原密文 c 逐比特取补.

4.3 寻找 PC-1 和 PC-2 的变换规律，写出其代数表达式.

4.4 设 $F_{2^8}=F_2[x]/(f(x))$，对

(1) $f(x)=x^8+x^4+x^3+x+1$；　　(2) $f(x)=x^8+x^7+x^3+x+1$

分别计算 $a(x)=x^6+x^4+x+1$，$b(x)=x^7+x^6+x^3+1$ 的乘积 $a(x)b(x)$.

4.5 在有限域 $F_{2^8}=F_2[x]/(f(x))$ 中，计算下列元素的乘积，其中 $f(x)=x^8+x^4+x^3+x+1$:

(1) B7*F3; (2) 9D*57; (3) 11*FF; (4) DA*AD,

式中 BF= “10111111” $=x^7+x^5+x^4+x^3+x^2+x+1$, 11 = “00010001” $=x^4+1$, 3F, 9D, 57, FF, DA, AD 类似.

4.6 设 $A(x)=1\text{b}x^3+03x^2+\text{dd}x+\text{a}1$, $B(x)=\text{ac}x^3+f0\text{x}+2\text{d}$ 为系数在 F_{2^8} 中两个多项式，计算 $A(x)B(x)(\text{mod}\,x^4+1)$，其中 1b, ac 表示 $F_{2^8}=F_2[x]/(x^8+x^7+x^3+x+1)$ 中元 “00011011” $=x^4+x^3+x+1$，“10101100” $=x^7+x^5+x^3+x^2$.

4.7 给定 DES 的两个密钥 k_1 和 k_2，先用密钥 k_1 对明文 m 加密得密文 c_1，然后再用密钥 k_2 对密文 c_1 进行加密得密文 c_2，称这种加密方式为二重加密. 用

$$c_2=E_{k_2}(E_{k_1}(m))$$

表示二重加密过程.

如果加密函数 E_{k_2} 和解密函数 D_{k_1} 是相同的，那么，称 k_1 和 k_2 为对合密钥；如果一个密钥 k 是它自己的对合，就称这个密钥 k 是自对合密钥. 显然，如果 k_1 和 k_2 对合，则

$$c_2=E_{k_2}(E_{k_1}(m))=m$$

所以，对合密钥不能用于二重加密.

(1) 证明如果 DES 的初始密钥 k 生成子密钥的过程中的 C_0 是全 0 或全 1 且 D_0 也是全 0 或全 1, 那么 k 是自对合的.

(2) 证明下列密钥是自对合密钥(十六进制表示):

(a) FEFEFEFEFEFEFEFE;

(b) FEFEFEFE01010101;

(c) 00000000FEFEFEFE.

(3) 证明下列密钥是对合的:

(a) AA55AA5500000000 和 55AA55AA00000000;

(b) AA55AA55FFFFFFFF 和 55AA55AAFFFFFFFF;

(c) AA55AA55AA55AA55 和 55AA55AA55AA55AA.

4.8 设 $\alpha_0 =$ (00200008 00000400), $\alpha_1 =$ (00000400 00000000), $\alpha_2 =$ (00000000 00000400), $\alpha_3 =$ (00000400 00200008), 计算三轮特征 $\Omega = \alpha_0\alpha_1\alpha_2\alpha_3$ 的概率.

4.9 假设我们有 128 比特的 AES 密钥, 用十六进制表示为

2B7E151628AED2A6ABF7158809CF4F3C

由上述种子密钥构造一个完整的密钥编排方案.

4.10 使用上题中的 128 比特密钥, 在十轮 AES 下计算下列明文(以十六进制表示)的加密结果:

3243F6A8885A308D313198A2E0370734

4.11 设 X_1, X_2 和 X_3 是定义在集 $\{0, 1\}$ 上的独立离散随机变量. 用 ε_i 表示 X_i 的偏差, $i=1,2,3$. 证明 X_1+X_2 与 X_2+X_3 相互独立当且仅当 $\varepsilon_1=0, \varepsilon_3=0$ 或 $\varepsilon_2=\pm 1/2$.

4.12 设 $\pi_s:\{0,1\}^m \to \{0,1\}^n$ 是一个 S 盒. 证明下列函数 N_L 的事实:

(a) $N_L(0,0)=2^m$;

(b) 对任何满足 $0<a\leqslant 2^m-1$ 的整数 a, 有 $N_L(a,0)=2^{m-1}$;

(c) 对任何满足 $0\leqslant b\leqslant 2^n-1$ 的整数 b, 有

$$\sum_{a=0}^{2^m-1} N_L(a,b) = 2^{2m-1} \pm 2^{m-1}$$

(d) 下述关系式成立:

$$\sum_{a=0}^{2^m-1}\sum_{b=0}^{2^n-1} N_L(a,b) \in \{2^{n+2m-1}, 2^{n+2m-1}+2^{n+m-1}\}$$

4.13 我们说一个 S 盒 $\pi_s:\{0,1\}^m \to \{0,1\}^n$ 是平衡的, 如果对所有 $c\in\{0,1\}^n$, 则有

$$|\pi_s^{-1}(c)| = 2^{n-m}$$

证明下列平衡的 S 盒的 N_L 函数满足的事实:

对所有满足 $0 \leqslant b \leqslant 2^n - 1$ 的整数 b, 有 $N_L(0,b) = 2^m - 1$.

对任何满足 $0 \leqslant a \leqslant 2^m - 1$ 的整数 a, 下述关系式成立:

$$\sum_{b=0}^{2^n-1} N_L(a,b) = 2^{m+n-1} - 2^{m-1} + i2^n$$

这里的整数 i 满足 $0 \leqslant i \leqslant 2^{n-m}$.

4.14 阐述分组密码各种工作模式的特点.

4.15 设计分组密码应满足哪些基本要求?

4.16 定义 π_s 如下表, 试求 π_s 的线性偏差 $\varepsilon(8,3)$ 和 $\varepsilon(F,2)$, 并说明哪个偏差对应的线性式可用于线性分析.

z	0	1	2	3	4	5	6	7
$\pi_s(z)$	E	4	D	1	2	F	B	8
z	8	9	A	B	C	D	E	F
$\pi_s(z)$	3	A	6	C	5	9	0	7

4.17 定义 π_s 如下表, 试求 π_s 输入差分为 5, 输出差分概率最大为多少?

z	0	1	2	3	4	5	6	7
$\pi_s(z)$	4	3	1	5	2	6	7	0

实践习题 4

4.1 寻找一份 DES 源码进行代码解读，基于代码实现以某种模式加密文件工具的程序.

4.2 寻找一份 AES 源码进行代码解读，基于代码实现以某种模式加密文件工具的程序.

4.3 编写一个简单的 16 位 SPN 加密程序，采用 4 比特 S 盒，其中 S 盒、P 盒和轮数由配置文件提供，密钥提示键盘输入，密钥扩展方案采用简单重复初始密钥，配置文件格式为：以十六进制表示的代换\n 以整数表示的换位\n 轮数. 注意规范的 SPN 最后一轮不再换位，为简单起见，可以简单地以 1 个字节表示明文和密文的 1 个比特.

4.4 编写不高于 8 比特 S 盒差分分布表计算程序，S 盒由配置文件提供，文件格式为：输入比特数 输出比特数\n S 盒输出向量. 要求输出结果合理可视化表达.

4.5 编写不高于 8 比特 S 盒线性逼近表计算程序，S 盒由配置文件提供，文件格式为：比特数\n S 盒输出向量. 要求输出结果合理可视化表达.

教学课件 PPT

参考文献 4

[1] Data Encryption Standard (DES). Federal Information Proceeding Standard Publication 46, 1977.

[2] DES Modes of Operation. Federal Information Proceeding Standard Publication 81, 1980.

[3] Guidelines for Implementing and Using the NBS Data Encryption Standard. Federal Information Proceeding Standard Publication 74, 1981.

[4] Computer Data Authentication. Federal Information Proceeding Standard Publication113, 1985.

[5] Advanced Encryption Standard. Federal Information Proceeding Standard Publication 197, 2001.

[6] Feistel H. Cryptography and computer privacy. Scientific American, 1973, 228 (5): 15-23.

[7] Smid N P, Branstad D K. The data encryption standard: Past and future. Contemporary Cryptology. The Science of Information Integrity. IEEE Press, 1992: 43-64.

[8] Daemen J, Rijmen V. The block cipher Rijndael. Smart Card Research and Applications. Lecture Notes in Computer Science. Springer-Verlag, 2000, 1820: 288-296.

[9] Daemen J, Knudsen L, Rijmen V. The block cipher square. Fast Software Encryption' 1997. Lecture Notes in Computer Science. Springer-Verlag, 1997, 1267: 149-165.

[10] Specification of SMS4 block cipher for WLAN products-SMS4. Available: http: //www. oscca. gov. cn/sca/c100061/201611/1002423/files/330480f731f64e1ea75138211e a0dc27. Pdf.

[11] 国家密码管理局. SM4 分组密码算法: GM/T 0002-2012. 北京: 中国标准出版社, 2012. State Cryptography Administration Office of Security Commercial Code Administration. SM4 block cipher algorithm: GM/T 0002-2012. Beijing: China Standard Press, 2012(in Chinese).

[12] 国家密码管理局. 信息安全技术 SM4 分组密码算法: GB/T 32907-2016. 北京: 中国标准出版社, 2016. State Cryptography Administration Office of Security Commercial Code Administration. Information security technology-SM4 block cipher algorthm: GB/T 32907-2016. Beijing: China Standard Press, 2016(in Chinese).

[13] 我国 SM4 分组密码算法正式成为 ISO/IEC 国际标准. 信息技术与标准化, 2021, 440(8): 23.

[14] Liu F, Ji W, Hu L, et al. Analysis of the SMS4 block cipher. Information Security and Privacy, 12th Australasian Conference, ACISP 2007, Townsville, Australia, 2007, Proceedings. Berlin, Heidelberg: Springer, 2007.

[15] Lu J. Attacking Reduced-Round Versions of the SMS4 Block Cipher in the Chinese WAPI Standard. International Conference on Information & Communications Security. Berlin, Heidelberg: Springer, 2007.

[16] Zhang L, Zhang W, Wu W. Cryptanalysis of reduced-round SMS4 block cipher//Information Security and Privacy: 13th Australasian Conference, ACISP 2008, Wollongong, Australia, July 7-9, 2008. Proceedings 13. Berlin, Heidelberg: Springer, 2008: 216-229.

[17] Su B Z, Wu W L, Zhang W T. Security of the SMS4 block cipher against differential cryptanalysis. Journal of Computer Science and Technology, 2011, 26(1): 130-138.

[18] Liu M J, Chen J Z. Improved Linear Attacks on the Chinese Block Cipher Standard. Journal of Computer Science and Technology, 2014, 6(v.29): 197-207.

[19] Bogdanov A, Knudsen L R, Leander G, et al. PRESENT: An ultra-lightweight block cipher. Cryptographic Hardware and Embedded Systems-CHES 2007: 9th International Workshop, Vienna Proceedings 9. Berlin, Heidelberg: Springer, 2007: 450-466.
[20] Hong D, Sung J, Hong S, et al. HIGHT: A new block cipher suitable for low-resource device. Cryptographic Hardware and Embedded Systems-CHES 2006: 8th International Workshop, Yokohama. Proceedings 8. Berlin, Heidelberg: Springer, 2006: 46-59.
[21] Beaulieu R, Shors D, Smith J, et al. The SIMON and SPECK families of lightweight block ciphers. Cryptology Eprint Archive, 2013.
[22] Wu W, Zhang L. LBlock: a lightweight block cipher. Applied Cryptography and Network Security: 9th International Conference, ACNS 2011. Proceedings 9. Berlin, Heidelberg: Springer, 2011: 327-344.
[23] Gong Z, Nikova S, Law Y W. KLEIN: A new family of lightweight block ciphers. International Workshop on Radio Frequency Identification: Security and Privacy Issues. Berlin, Heidelberg: Springer, 2011: 1-18.
[24] Zhang W, Bao Z, Rijmen V, et al. A New Classification of 4-bit Optimal S-boxes and Its Application to PRESENT, RECTANGLE and SPONGENT. Fast Software Encryption: 22nd International Workshop, FSE 2015, Istanbul, Revised Selected Papers 22. Berlin, Heidelberg: Springer, 2015: 494-515.
[25] Shimizu A, Miyaguchi S. FEAL——Fast data encipherment algorithm. Systems and Computers in Japan, 1988, 19(7): 20-34.
[26] Wheeler D J, Needham R M. TEA, a tiny encryption algorithm//Fast Software Encryption: Second International Workshop Leuven. Proceedings 2. Berlin, Heidelberg: Springer, 1995: 363-366.
[27] Hong D, Lee J K, Kim D C, et al. LEA: A 128-bit block cipher for fast encryption on common processors. Information Security Applications: 14th International Workshop, WISA 2013, Jeju Island, Revised Selected Papers 14. Springer International Publishing, 2014: 3-27.
[28] Abed F, List E, Lucks S, et al. Differential cryptanalysis of round-reduced Simon and Speck. Fast Software Encryption: 21st International Workshop, FSE 2014, London, UK, March 3-5, 2014. Revised Selected Papers 21. Berlin, Heidelberg: Springer, 2015: 525-545.
[29] Biryukov A, Roy A, Velichkov V. Differential analysis of block ciphers SIMON and SPECK//Fast Software Encryption: 21st International Workshop, FSE 2014. Revised Selected Papers 21. Berlin, Heidelberg: Springer, 2015: 546-570.
[30] Biham E, Shamir A. Differential cryptanalysis of DES-like cryptosystems. Journal of Cryptology, 1991, 4: 3-72.
[31] Biham E, Shamir A. Differential Cryptanalysis of the Data Encryption Standard. Berlin, Heidelberg: Springer-Verlag, 1993.
[32] Biham E, Shamir A. Differential cryptanalysis of the full 16-round DES//Advances in Cryptology—CRYPTO' 1992: 12th Annual International Cryptology Conference Santa Barbara, 1992 Proceedings 12. Berlin, Heidelberg: Springer, 1993: 487-496.
[33] Matsui M. Linear cryptanalysis method for DES cipher. Workshop on the Theory and

Application of Cryptographic Techniques. Berlin, Heidelberg: Springer, 1993: 386-397.
[34] Matsui M. The first experimental cryptanalysis of the data encryption standard. Advances in Cryptology-CRYPTO' 1994, Lecture Notes in Computer Science. Springer-Verlag, 1994, 839: 1-11.
[35] Coppersmith D. The data encryption standard (DES) and its strength against attacks. IBM Journal of Research and Development, 1994, 38: 243-250.
[36] Landau S. Standing the test of time: The data encryption standard. Notices of the AMS, 2000, 47: 341-349.
[37] Knudsen L R. Contemporary block ciphers. Lectures on Data Security, Lecture Notes in Computer Science. Springer-Verlag, 1999, 1561: 105-126.
[38] Feistel N, Kelsey J, Lucks S, et al. Improved cryptanalysis of Rijndael. Fast Software Encryption 2000, Lecture Notes in Computer Science. Springer-Verlag, 2001, 1978: 1213-230.
[39] Ferguson N, Schroeppel R, Whiting D. A simple algebraic representation of Rijndael. Selected Areas in Crptography 2001, Lecture Notes in Computer Science. Springer-Verlag, 2001, 2259: 103-111.
[40] Lai X, Massey J L, Murphy S. Markov ciphers and differential cryptanalysis. Advances in Cryptology – EUROCRYPT' 1991, Lecture Notes in Computer Science. Springer-Verlag, 1992, 547: 17-38.
[41] Nyberg K. Linear approximation of block ciphers. In Advances in Cryptology-EUROCRYPT' 94, Lecture Notes in Computer Science. Springer-Verlag, 1995, 950: 439-444.
[42] Keliher L, Meijer H, Tavares S. New method for upper bounding the maximum average linear hull probability for SPNs. Advances in Cryptology – EUROCRYPT 2001, Lecture Notes in Computer Science. Springer-Verlag, 2001, 2045: 420-436.
[43] Keliher L, Meijer H, Tavares S. Improving the upper bound on the maximum average linear hull probability for Rijndael. Selected Areas in Cryptology 2001, Lecture Notes in Computer Science. Springer-Verlag, 2001, 2259: 112-128.
[44] Unod P. On the complexity of Matsui' s attack. Selected Areas in Cryptography 2001. Lecture Notes in Computer Science. Springer-Verlag, 2001, 2259: 199-211.
[45] Heys H M. A Tutorial on Linear and Differential Cryptanalysis. Technical report CORR 2001-17, Dept. of Combinatorics and Optimization, University of Waterloo, Canada, 2001.
[46] Heys H M, Tavares S E. Substitution-permutation networks resistant to differential and linear cryptanalysis. Journal of Cryptology, 1996, 9(1): 1-19.
[47] Bellare M, Kilian J, Rogaway P. The security of cipher block chaining. Annual International Cryptology Conference. Berlin, Heidelberg: Springer, 1994: 341-358.
[48] Jutla C S. Encryption modes with almost free message integrity. International Conference on the Theory and Applications of Cryptographic Techniques. Berlin, Heidelberg: Springer, 2001: 529-544.
[49] Gligor V D, Donescu P. Fast encryption and authentication: XCBC encryption and XECB authentication modes. International Workshop on Fast Software Encryption. Berlin, Heidelberg: Springer, 2001: 92-108.

[50] Joux A, Martinet G, Valette F. Blockwise-adaptive attackers revisiting the (in) security of some provably secure encryption modes: CBC, GEM, IACBC. Annual International Cryptology Conference. Berlin, Heidelberg: Springer, 2002: 17-30.

[51] Fouque P A, Martinet G, Poupard G. Practical symmetric on-line encryption//Fast Software Encryption: 10th International Workshop, FSE 2003, Lund, Sweden, February 24-26, 2003. Revised Papers 10. Berlin, Heidelberg: Springer, 2003: 362-375.

[52] Bellare M, Boldyreva A, Knudsen L, et al. Online ciphers and the hash-CBC construction[C]// Advances in Cryptology—CRYPTO 2001: 21st Annual International Cryptology Conference, Santa Barbara, California, USA, August 19-23, 2001 Proceedings 21. Berlin, Heidelberg: Springer, 2001: 292-309.

[53] Halevi S, Rogaway P. A tweakable enciphering mode. Annual International Cryptology Conference. Berlin, Heidelberg: Springer, 2003: 482-499.

[54] Alkassar A, Geraldy A, Pfitzmann B, et al. Optimized self-synchronizing mode of operation. Fast Software Encryption: 8th International Workshop, FSE 2001 Yokohama, 2001 Revised Papers 8. Berlin, Heidelberg: Springer, 2002: 78-91.

[55] Jung O, Ruland C. Encryption with statistical self-synchronization in synchronous broadband networks. Cryptographic Hardware and Embedded Systems: First InternationalWorkshop, CHES' 99 Worcester, MA, USA, August 12-13, 1999 Proceedings 1. Berlin, Heidelberg: Springer, 1999: 340-352.

[56] Diffie W, Hellman M E. Privacy and authentication: An introduction to cryptography. Proceedings of the IEEE, 1979, 67(3): 397-427.

[57] Whiting D, Housley R, Ferguson N. Counter with cbc-mac (ccm). 2003.

[58] Kohno T, Viega J, Whiting D. The CWC-AES dual-use mode. Submission to NIST Modes of Operation Process, 2003, 1.

[59] McGrew D, Viega J. The Galois/counter mode of operation (GCM). Submission to NIST Modes of Operation Process, 2004, 20: 0278-0070.

[60] Bellare M, Rogaway P, Wagner D. The EAX mode of operation. Fast Software Encryption: 11th International Workshop, FSE 2004, Delhi, India, February 5-7, 2004. Revised Papers 11. Berlin, Heidelberg: Springer, 2004: 389-407.

[61] Bellare M, Kilian J, Rogaway P. The security of cipher block chaining. Annual International Cryptology Conference. Berlin, Heidelberg: Springer, 1994: 341-358.

[62] Iwata T, Kurosawa K. On the correctness of security proofs for the 3GPP confidentiality and integrity algorithms. IMA International Conference on Cryptography and Coding. Berlin, Heidelberg: Springer, 2003: 306-318.

[63] Iwata T, Kohno T. New security proofs for the 3GPP confidentiality and integrity algorithms//Fast Software Encryption: 11th International Workshop, FSE 2004, Revised Papers 11. Berlin, Heidelberg: Springer, 2004: 427-445.

第 5 章

公钥密码体制

5.1 公钥密码体制概述

1976 年, Diffie 和 Hellman 在美国国家计算机会议上首先公布了公钥密码的概念[1]. 几个月后, 出版了开创性的论文 *New Directions in Cryptography*[2], 由此揭开了现代密码学的序幕. 公钥密码的概念为密码技术在计算机网络安全中的应用打开了新的窗口, 也为计算机网络的发展提供了更强大的安全保障.

随着网络的飞速发展, 网络空间安全关系到国家主权的安全、社会的稳定和个人隐私的安全, 已经成为信息化社会发展的重要保证. 经历这数十年的发展, 公钥密码加密和基于公钥密码体制衍生出的数字签名、身份认证等已经成为网络空间安全的重要基石. 本章将由公钥密码的概念入手, 给出公钥密码思想的产生和发展过程; 进一步, 将介绍公钥密码的代表体制——基于大整数分解和离散对数的公钥密码体制, 并介绍有关两种体制的安全性分析.

5.1.1 公钥密码产生的背景

对称密钥密码提供了很多加密技术中所需要的服务, 它能够安全地保护人们的秘密. 但是, 使用对称密钥密码进行保密通信, 仍然存在几个很难办的问题.

第一个问题是: 通信双方必须事先就密钥达成共识. 因为通信双方不能通过非保密方式达成密钥共识(否则, 就会被其他人窃听到你们的密钥), 所以通信双方只能进行私人会面以交换密钥. 如果需要发送消息给许多用户, 就需要建立许多新的密钥, 那么, 仅通过私人会面以达成密钥共识是不够的. 因此, 必须解决用对称密钥密码实行保密通信中的密钥传送问题(密钥管理问题).

第二个问题是: 在 A 向 B 进行了对称密钥密码的通信后, A 可能会否认向 B 发送过加密了的消息. 他可以说是 B 自己创建了这条消息, 然后使用他们共享的密钥加密. 由于用此密钥加密和解密的过程相同, 并且他们都可以访问它, 所以, 他们中的任何一个人都可以加密这条消息. 所以 B 希望 A 的消息带有数字签名, 这样 A 就无法否认了(消息认证问题).

在 20 世纪 70 年代中期, 斯坦福大学的研究生 Diffie 和教授 Hellman 一般性地研究了密码学, 特别研究了密钥分发问题. 他们两人首先提出了一个方案, 由此能够通过公开信息建立一个共享的秘密(共享的对称密钥). 这个方案称为 Diffie-Hellman 密钥交换协议, 或者 DH 协议. DH 协议解决了一个秘密协商的问题, 但不是加密.

Diffie 和 Hellman 在 1976 年发表了他们的结果, 那篇论文同时概述了公钥密码体制 (一个可公开的密钥用于加密, 另一个保密的密钥用于解密) 的思想. 文中指出, 作者还没有一个这样的算法, 但是描述了他们迄今为止所得的结果.

另外, 那篇革命性的论文还提出, 若存在加密和解密可以交换的公钥密码体制, 则可以非常简单地实现数字签名, 从而解决消息认证问题.

1977 年, Rivest、Shamir 和 Adleman 三人开发出了一个能够真正加密数据的公钥算法, 他们在 1978 年公开了这个算法[3], 这就是众所周知的 RSA 公钥密码体制. 由于 RSA 算法具备加密和解密可以交换的性质, 则完全实现了公钥加密和数字签名的功能.

5.1.2 公钥密码体制的思想

事实上, 现实生活中到处都体现出公钥密码体制的思想, 仅以一个例子来说明公钥密码体制的思想.

公钥密码
基本原理 1

例 5.1 保密信盒.

设 A, B 两个人要进行保密通信, 他们选择一个牢固的信盒.

(1) A 把需要发送的信件装入信盒, 用自己的锁锁上信盒, 钥匙自己保管好, 把信盒送给 B;

(2) B 收到信盒后, 由于没有钥匙, 当然不能打开信盒. 相反地, 他在信盒的另一个并排的锁环处又加上了自己的锁 (并列), 钥匙也自己保管起来, 把信盒又送回给 A;

(3) A 收到信盒后, 打开自己的锁, 把信盒再次送给 B;

(4) B 收到信盒, 用自己的钥匙打开信盒, 取出信件.

这样 A 和 B 就实现了一次保密通信.

可以看到以下结论.

(1) 这是一次无接触信息交换, 不需要密钥的传递过程.

(2) 这是一个两轮协议, 从而是一种非实时通信方式, 不便用于直接通信, 一般用来传递对称密钥, 所以这一协议称为密钥交换协议.

(3) 信盒的设计需要: 两把锁可以并列地锁上、打开, 互不影响.

(4) 交换信息的信道可以是非保密的.

1. Diffie-Hellman 密钥交换协议

1976年, Diffie 和 Hellman 提出公钥密码思想时利用模幂的方法实现了上述信盒的思想，给出了一种无接触密钥交换算法——Diffie-Hellman 密钥交换协议.

设 A, B 为通信的双方，他们共同选择一个循环群 G 和群 G 的一个生成元 $a\in G$.

(1) A 随机地选择一个整数 k_A，计算 $Q_A = a^{k_A} \in G$，将 k_A 保密，Q_A 公开.

(2) B 随机地选择一个整数 k_B，计算 $Q_B = a^{k_B} \in G$，将 k_B 保密，Q_B 公开.

(3) A 计算共享密钥：$k = Q_B^{k_A} = a^{k_A k_B}$.

(4) B 计算共享密钥：$k = Q_A^{k_B} = a^{k_A k_B}$.

2. 公钥密码的加解密方式

在公钥密码体制中，加密密钥叫做公开密钥(简称为公钥)；解密密钥叫做秘密密钥(简称为私钥). 用公钥 k 加密消息 m 可以表示为

$$E_k(m) = c \tag{5.1}$$

而用相应的私钥 k' 解密密文 c 可以表示为

$$D_{k'}(c) = m \tag{5.2}$$

设 $E_k, D_{k'}$ 表示某一用户 B 的加密变换与解密变换，那么设计公钥密码体制应遵循下列原则:

(1) 解密的唯一性，即对任意的 $m\in M, D_{k'}(E_k(m)) = m$. 这里 M 表示明文空间.

(2) 存在多项式时间的算法实现加密变换 E_k 和解密变换 $D_{k'}$.

(3) 任何用户要获得一对加密解密密钥是容易的.

3. 用公钥密码进行秘密通信过程

在 A, B 双方进行秘密通信时，A 首先得到 B 的公开密钥 pk_B 后，用其加密消息 m，得到密文 $c = E_{pk_B}(m)$，将其发送给 B; B 收到 c 后，用自己的私钥 sk_B 解密 c, $m = D_{sk_B}(c)$，得到消息 m. 在这个过程中，通信信道可以是公开的，且在此之前，不必秘密传送密钥信息.

5.1.3 公钥密码体制的设计原理

公钥密码
基本原理 2

公钥密码体制的设计原理与安全性主要取决于该体制所依赖的加密函数的单向性. 换言之，计算该加密函数的值是容易的，而求它的逆却是困难的.

设 $f(x)$是一个定义域为 A，值域为 B 的函数. 如果已知 x 很容易计算 $f(x)$，而已知 $f(x)$ 却难以计算 x，则称函数 $f(x)$ 为单向函数(one-way function). 这里，难以计算是指用目前的计算机从 $f(x)$ 计算 x 将要耗费若干年. 实

际上，很难证明一个函数 $f(x)$ 是不是一个单向函数，但有些函数看起来像单向函数，称这些函数为视在单向函数(apparent one-way function).

例 5.2 令 p 是一个大素数, $\alpha \in F_p^*$，则称

$$\beta = f(x) = \alpha^x \tag{5.3}$$

为有限域 F_p 中的指数函数，其中 $0 < x < p-1$．指数函数的逆是 F_p^* 中的对数函数

$$x = \log_\alpha \beta \tag{5.4}$$

显然，由 x 求 β 是容易的．当 $p-1$ 无大的素因子时, Pohlig 和 Hellman 给出了一种求对数(5.4)的快速算法．因此，在这种情况下，$f(x) = \alpha^x$ 就不能被认为是单向函数．当 $p-1$ 有大的素因子时, F_p 上的指数函数 $f(x) = \alpha^x$ 是一个视在单向函数.

例 5.3 给定有限域 F_p 上的一个多项式

$$y = f(x) = x^n + a_{n-1}x^{n-1} + \cdots + a_1 x + a_0 \tag{5.5}$$

当给定 $a_0, a_1, \cdots, a_{n-1}, p$ 及 x 时，易于求出 y．根据如下算法:

$$f(x) = (\cdots(((x + a_{n-1})x + a_{n-2})x + a_{n-3})x + \cdots + a_1)x + a_0$$

最多有 n 次乘法和 $n-1$ 次加法运算就可求出 $f(x)$．反之，已知 y, $a_0, a_1, \cdots, a_{n-1}$，要求解 x 则需要求高次方程 (5.5) 的根．当 n 和 p 很大时，这当然是困难的．因此，多项式函数可以认为是一个视在单向函数.

另一类单向函数称为单向陷门函数 (trapdoor one-way function)，此类单向函数是在不知道陷门信息的情况下求逆困难的函数，当知道陷门信息后，求这类单向函数的逆就容易实现了．因此，单向陷门函数实际上就不是单向函数，因为单向函数是在任何条件下求逆困难的函数.

如果一个函数是单向陷门函数，那么用陷门信息作解密密钥，求函数值的算法作为加密算法，就构成一个公开密钥密码体制.

5.1.4 公钥密码的发展

1976 年, Diffie 和 Hellman 首先引入公钥密码思想，开创了一个新的密码发展时代，极大地推动了公开领域密码设计与分析的发展．根据是否可抵抗已知量子计算算法的攻击，可将现有的公钥密码大致分为不能抵抗量子计算攻击的传统的经典公钥密码体制和能抵抗已知量子计算攻击的后量子密码体制.

传统的经典公钥密码体制经过几十年的发展演变，产生了很多基于不同数学难题构建的公钥密码体制，其中最主要的有三大类，即基于大整数分解问题构造的公钥密码、基于离散对数问题构造的公钥密码和基于椭圆曲线上困难问题构造的公钥密码. 1977 年, Rivest, Shamir 和 Adleman 设计了基于大整数分解问题的公

钥密码方案, 即 RSA 密码, 该密码经历了各种攻击的考验, 是最为著名的一种公钥密码体制, 也是目前应用最广泛的公钥密码之一. 1979 年, Rabin[4]在 RSA 密码基础上进行改进, 基于求合数的模平方根问题提出了 Rabin 密码体制, 该密码是第一个被证明安全性等价于整数分解问题的公钥密码. 随后, 学者还相继提出了其他一些 RSA 密码体制的变型方案, 比如 CRT-RSA, Dual RSA, Multi-Prime RSA 等[5]. 1985 年, ElGamal 提出了一种基于离散对数的公钥密码体制[6], 它与 Diffie-Hellman 密钥分配体制密切相关. ElGamal 密码是第一个基于离散对数问题的公钥密码体制, 也是离散对数类最著名的密码体制, 该密码已经被应用于一些技术标准中, 比如数字签名标准(DSS)和 S/MIME 电子邮件标准等. 1985 年, Koblitz 和 Miller 分别独立地提出了椭圆曲线密码系统(elliptic curve cryptography, ECC)[7, 8], 该体制可以看作是一种扩展的 ElGamal 密码体制, 其中有限循环群是椭圆曲线上的点构成的群, 底层数学问题是椭圆曲线上的离散对数问题. 2001 年, Boneh 和 Franklin[9]基于椭圆曲线上双线性对给出了一个安全的基于身份的公钥密码体制, 这也是较具有代表性的一种椭圆曲线公钥密码体制.

后量子密码, 也称抗量子密码, 是可以抵抗当前已知量子算法攻击的密码体制统称, 主要包括六类密码体制, 即基于格的密码、基于编码的密码、基于 Hash 函数的密码、基于多变量多项式的密码、基于同源曲线的密码、基于非交换群的密码. 2016 年, 美国国家标准与技术研究院发布后量子领域标准化方案征求稿, 在全球范围内公开征集后量子密码, 该活动对后量子密码的研究发展起到了进一步的促进作用. 经过征集和初步筛选, 第一轮标准中基于格的密码方案有 26 个, 基于编码的密码方案有 18 个、多变量密码方案有 9 个, 基于 Hash 的密码方案有 3 个, 其他类型密码方案有 7 个. 2022 年 7 月, NIST 公布了其中 4 个方案作为后量子密码标准.

5.2 RSA 公钥密码体制

5.2.1 RSA 算法加密过程

1978 年, Rivest, Shamir 和 Adlemen 发表了著名的论文 *A method for obtaining digital signatures and public key cryptosystems* [3](获得数字签名和公开密钥密码系统的一种方法), 继 M-H 背包公钥体制之后, 提出了第一个有效的公钥密码体制, 称为 RSA 公钥密码体制. 这是一个容易理解的公钥密码算法, 得到了广泛的应用, 先后被 ISO, ITU, SWIFT 等国际化标准组织采用作为标准.

RSA 公钥密码体制

使用 RSA 公钥体制的任一用户 (如用户 B) 构造密钥的过程如下:

(1) 随机选取两个大的素数 p 和 q, 并计算 $n=pq$, $\varphi(n)=(p-1)(q-1)$.

(2) 随机地选择 e, 使 $1<e<\varphi(n)$, $\gcd(e,\varphi(n))=1$.

(3) 利用扩展欧几里得算法求 e 模 $\varphi(n)$ 的逆元 $d\ (1<d<\varphi(n))$, 使

$$ed\equiv 1(\bmod\varphi(n)) \tag{5.6}$$

(4) 用户 B 的公开密钥是 n, e (加密指数), 私人密钥是 d (解密指数).

假设用户 A 要向用户 B 发送消息. A 首先要将消息分组, 分组长度 l 要保证 $2^l\leqslant n$. 用 m 表示某一组消息的十进制数, $0\leqslant m<n$, 那么, 由用户 A 和用户 B 分别实施的加密变换和解密变换如下:

加密变换:

$$c=E_B(m)\equiv m^e(\bmod n) \tag{5.7}$$

解密变换:

$$D_B(c)\equiv c^d(\bmod n)=m \tag{5.8}$$

容易证明

$$D_B(c)\equiv c^d(\bmod n)\equiv\left(m^e\right)^d(\bmod n)=m$$

例 5.4 设 $p=47$, $q=71$, $n=pq=3337$, 则 $\varphi(n)=3220$. 随机选取 $e=79$, 用扩展欧几里得算法计算: $d\equiv 79^{-1}(\bmod 3220)=1019$. 公开密钥为 n 和 e, 保密 d, p 和 q. 假定要加密的消息的十进制表示为 $m=6882326879666683$, 那么对 m 的分组是

$$m_1=688,\quad m_2=232,\quad m_3=687,\quad m_4=966,\quad m_5=668,\quad m_6=003$$

加密时要用公开密钥 e 对 m 的每个分组 m_i 进行加密, 例如 $c_1=688^{79}(\bmod 3337)=1570$. 同理可以求出 $c_2,c_3,\cdots,c_6$. 于是, $c=c_1c_2\cdots c_6=$ 1570 2756 2091 2276 2423 158. 解密 c 时, 要用私人密钥 d 对 c 的每个分组 c_i 进行解密, 例如 $m_1\equiv 1570^{1019}(\bmod 3337)=688$.

5.2.2 RSA 的参数选取和运算

为了建立 RSA 公钥体制, 用户需要完成以下工作:

(1) 产生两个大的素数 p 和 q.

(2) 选择 e, 使 $1<e<\varphi(n)$ 且 $\gcd(e,\varphi(n))=1$. 这只要随机地选择一个小于 $\varphi(n)$ 的整数 e, 用辗转相除法求出 e 与 $\varphi(n)$ 的最大公因数. 如果 $\gcd(e,\varphi(n))=1$, 则输出 e; 否则, 重新选择 e, 并重复以上步骤.

(3) 求 $e(\bmod \varphi(n))$ 的逆元 $d \equiv e^{-1}(\bmod \varphi(n))$. 因为 $\gcd(e,\varphi(n))=1$, 所以存在整数 u 和 v, 使 $ue+v\varphi(n)=1$. 求 u 和 v 的算法称为扩展欧几里得算法.

求两个正整数的最大公因数的算法称为欧几里得算法. 其理论依据是: 设 a, b 是两个正整数, 利用带余除法可以得到

$$\begin{cases} a = bq_1 + r_1, 0 < r_1 < b \\ b = r_1 q_2 + r_2, 0 < r_2 < r_1 \\ r_1 = r_2 q_3 + r_3, 0 < r_3 < r_2 \\ \quad\quad \cdots\cdots \\ r_{n-2} = r_{n-1} q_n + r_n, 0 < r_n < r_{n-1} \\ r_{n-1} = r_n q_{n+1} \end{cases} \tag{5.9}$$

于是 $\gcd(a,b)=\gcd(b,r_1)=\gcd(r_1,r_2)=\cdots=\gcd(r_{n-1},r_n)=r_n$. 同时

$$\begin{aligned} \gcd(a,b) = r_n &= r_{n-2} - r_{n-1}q_n = r_{n-2} - (r_{n-3} - r_{n-2}q_{n-1})q_n \\ &= (1+q_{n-1}q_n)r_{n-2} - r_{n-3}q_n = \cdots \end{aligned}$$

如此继续下去, 必然存在整数 u, v, 使

$$\gcd(a,b) = ua + vb \tag{5.10}$$

扩展欧几里得算法(求 $a \pmod m$ 的逆): 为了直观地展示这个算法, 给出如下例子.

例 5.5 求整数 8 模 35 的逆:

$$\begin{aligned} 35 &= 8\times 4+3 \\ 8 &= 3\times 2+2 \\ 3 &= 2\times 1+1 \\ 2 &= 1\times 2 \end{aligned}$$

于是, $(8, 35) = 1 = 3\times 35 - 13\times 8$. 整数 8 模 35 的逆为 $-13 \equiv -13+35 \equiv 22 \pmod{35}$.

(4) 模指数运算 $x^e(\bmod n)$. RSA 体制实用化的关键步骤是施行快速模指数运算. 令 $\beta \equiv \alpha^a (\bmod p), 0<a<p$, a 的二进制表示为

$$a = a_0 + a_1 2 + a_2 2^2 + \cdots + a_{r-1} 2^{r-1}$$

则有

$$\alpha^a = \alpha^{a_0} \cdot (\alpha^2)^{a_1} \cdot \cdots \cdot (\alpha^{2^{r-1}})^{a_{r-1}}$$

而

$$(\alpha^{2^i})^{a_i} = \begin{cases} 1, & a_i = 0 \\ \alpha^{2^i}, & a_i = 1 \end{cases}$$

先进行预计算

$$\left.\begin{aligned} \alpha^2 &= \alpha \cdot \alpha \pmod p \\ \alpha^4 &= \alpha^2 \cdot \alpha^2 \pmod p \\ &\cdots\cdots \\ \alpha^{2^{r-1}} &= \alpha^{2^{r-2}} \cdot \alpha^{2^{r-2}} \pmod p \end{aligned}\right\}$$

对于给定的 a, 先将 a 用二进制表示, 而后根据 $a_i = 1$ 取出相应的 α^{2^i}, 与其他项相乘, 这最多需要 $r-1$ 次乘法运算.

例 5.6 在 F_{1823} 中选取 $\alpha = 5$, 计算 α^{375}. 先进行预计算

$$\alpha = 5,\ \alpha^2 = 25,\ \alpha^4 = 625,\ \alpha^8 \equiv 503 \pmod{1823},\quad \alpha^{16} \equiv 1435 \pmod{1823}$$

$$\alpha^{32} \equiv 1058 \pmod{1823},\quad \alpha^{64} \equiv 42 \pmod{1823},\quad \alpha^{128} \equiv 1764 \pmod{1823}$$

$$\alpha^{256} \equiv 1658 \pmod{1823},\quad \alpha^{512} \equiv 1703 \pmod{1823},\quad \alpha^{1024} \equiv 1639 \pmod{1823}$$

因为

$$375 = 1 + 2 + 2^2 + 2^4 + 2^5 + 2^6 + 2^8$$

所以

$$5^{375} = ((((((5 \times 25) \times 625) \times 1435) \times 1058) \times 42) \times 1658) \pmod{1823}$$

在建立 RSA 密码体制的过程中, 生成大的 "随机素数" 是必要的. 实际应用中, 一般做法是先生成大的随机整数, 然后利用概率算法来检测随机数的素性. 下面介绍一种广泛使用的素性检测算法.

5.2.3 Miller-Rabin 素性检测算法

首先选择一个待测的随机数 n, 求 k 和 m, 使得 $n-1 = 2^k m$ 且 $2 \nmid m$, 其中 k 是 2 整除 $n-1$ 的次数 (即 2^k 是能整除 $n-1$ 的 2 的最大次幂).

(a) 选择一个随机数 a, 使得 $1 \leqslant a \leqslant n-1$.

(b) 计算 $b \equiv a^m \pmod n$.

(c) 如果 $b \equiv 1 \pmod n$, 那么回答 "n 是素数" 并退出.

(d) for $i = 0$ to $k-1$, do
如果 $b \equiv -1 \pmod n$, 那么回答 "n 是素数" 并退出;
否则 $b \leftarrow b^2 \pmod n$.

(e) 回答 "是", 此时 n 是合数.

上述算法是一个多项式时间的算法, 初步分析可知其时间复杂度为 $O((\log n)^3)$.

除了概率型素性检测算法. 确定型素性检测算法是RSA体制实用化研究的基础之一. 在用确定型素性检测算法检测一个大的随机数 n 是否为素数时, 只要回答“是”, n 必是素数. 目前这方面的研究成果很少. 但是, 1988 年澳大利亚的 Demytko 利用已知小素数, 通过迭代给出一个大素数. 这就是

定理 5.1 令 $p_{i+1}=h_ip_i+1$. 如果满足下列条件, 则 $p_{i+1}=h_ip_i+1$ 必为素数.

(a) p_i 为奇素数;

(b) $h_i<4(p_i+1)$, 其中 h_i 为偶数;

(c) $2^{h_ip_i}\equiv 1(\bmod p_{i+1})$;

(d) $2^{h_i}\not\equiv 1(\bmod p_{i+1})$.

根据定理5.1, 可由16-bit的素数 p_0 导出32-bit的素数p_1, 由p_1又可导出64-bit的素数p_2, …, 但如何能产生适于RSA体制的素数还未完全解决.

例 5.7 $p_0=3$ 为素数, $p_1=6p_0+1=19$ 为素数, $p_2=10p_1+1=191$ 为素数, ….

最后指出, 概率型素性检测的算法很多. 若要全面了解它, 需作专题介绍.

5.3 RSA 的安全性

RSA 的安全性极大地依赖于模数 n 的因数分解. 如果 n 分解成 p 与 q 的乘积, 那么就很容易计算出$\varphi(n)=(p-1)(q-1)$, 于是任何人都可以根据公开密钥 e 计算出私钥 d. 这就要求 $n=pq$ 必须足够大, 使得分解 n 在目前的计算机上是计算上不可行的. 本节首先简要介绍分解整数 n 的算法.

RSA 的安全性

5.3.1 大整数分解问题算法

大整数分解问题是指给定正整数 n 找到满足

$$n=\prod_{j=1}^{r}p_j^{e_j}$$

的素数 $p_j(1\leqslant j\leqslant r)$, 其中 $p_1<p_2<\cdots<p_j<\cdots<p_r$ 是素数. 下面介绍两种简单的大整数分解问题算法.

1. 试除法

试除法是整数分解方法中最简单和最容易理解的一种算法. 该方法可用所有小于等于 $\sqrt{n}$ 的正整数去除待分解的模数 n, 如果找到一个正整数能够恰好整除,

那么这个正整数就是n的因数.

试除法分解:

第一步 输入n并设$t \leftarrow 0$, $k \leftarrow 2$.

第二步 如果n=1, 则转到第五步. 否则运行第三步.

第三步 $q \leftarrow n/k$且$r \leftarrow n(\bmod k)$, 如果$r \neq 0$, 转到第四步. 否则$t \leftarrow t+1$, $p_t \leftarrow k$, $n \leftarrow q$, 转到第二步.

第四步 如果$q > k$, 则$k \leftarrow k+1$, 转到第三步. 否则$t \leftarrow t+1, p_t \leftarrow n$.

第五步 终止算法.

试除法还有一些变型算法, 不过总体来说, 所有试除法在N较大或者因数都较大的情况下, 效率是非常低的. 特别是对于分析 RSA 密码而言, 最坏情况的复杂度是$O(\sqrt{n})$且运行时间是指数级的, 因此该分解算法是不适用的.

2. *费马分解法*

费马分解法是由法国数学家费马在17世纪提出的, 算法思路是将一个合数分解成两个整数平方的差.

一般来说, 为了使模数n是难分解的或使 RSA 密码是难攻破的, 素数p和q应该选择具有相同比特大小的数. 然而, 如果p和q彼此太接近, 则利用费马分解法可以对模数N进行分解. 设模数$n = pq$, 其中$p \leqslant q$都是奇素数, 然后令$x = (p+q)/2$和$x = (p-q)/2$ (由于p,q都是奇素数, 因此x,y是整数且$p = x+y, q = x-y$), 找到$n = x^2 - y^2 = (x+y)(x-y)$或$y^2 = x^2 - n$, 即对模数$N$进行了分解.

简单地说, 利用费马分解法分解整数, 为了找到合适的x和y, 可由$x = \lceil \sqrt{n} \rceil$开始并逐次加 1, 直到找到满足$x^2 - n$是平方数的$x$.

例 5.8 分解模数$n = 14317$. 由于$\sqrt{n} \approx 119.7$, 设$x = 120$, 可得$x^2 - n = 83$, 但 83 不是一个平方数, 需要重新取$x = 121$, 此时$x^2 - n = 324 = 18^2$, 因此得到$x = 121, y = 18$, 即

$$n = (x+y)(x-y) = (121+18)(121-18) = 139 \cdot 103 = 14317$$

费马分解法描述如下.

第一步 输入n并设$k \leftarrow \lfloor \sqrt{n} \rfloor + 1, y \leftarrow k \cdot k - N, d \leftarrow 1$.

第二步 如果$\lfloor \sqrt{y} \rfloor = \sqrt{y}$, 则转到第四步, 否则$y \leftarrow y + 2 \cdot k + d$且$d \leftarrow d + 2$.

第三步 如果$\lfloor \sqrt{y} \rfloor < n/2$, 则转到第二步, 否则输出 "没有找到因数" 并返

回第五步.

第四步 $x \leftarrow \sqrt{N+y}, y \leftarrow \sqrt{y}$，输出$n$的非平凡因数$x-y$和$x+y$.

第五步 终止算法.

一般而言，费马分解法的运行时间复杂度是$O(\sqrt{n})$.

3. 二次筛法

二次筛法分解整数的思路是对于待分解模数N，若能找到两个不等的正整数满足

$$u^2 \equiv v^2 (\bmod N), \quad u+v \neq N$$

则$\gcd(u \pm v, N)$可能就是模数N的非平凡因数.

二次筛法的具体流程如下:

第一步 分解基$\mathrm{FB}=\{-1, p_1, p_2, \cdots, p_k \leqslant B\}$，其中$p_i$是较小的素数($N$是模$p_i$的二次剩余).

第二步 找到接近$\left[\sqrt{N}\right]$的整数$a_1, a_2, \cdots, a_k$，使得每个$Q_i = a_i^2 - N$是平滑的.

第三步 构造集合$Q_i \in S$，其中$Q_i = a_i^2 - N$是平方数. 设u是a_i乘积，则

$$u^2 \equiv \left(\prod_{i \in S} a_i\right)^2 \equiv \prod_{i \in S}(a_i^2 - N) \equiv \prod_{i \in S} Q_i \equiv v^2 (\bmod N)$$

第四步 计算$\gcd(u \pm v, N)$.

第五步 如果$\gcd(u \pm v, N)$，则输出$\gcd(u \pm v, N)$并转到第六步；否则，转到第三步寻找新的u和y. 如果需要，则转到第二步找到更多的a_i.

第六步 终止算法.

针对RSA密码的分析方法，除了基于大整数分解方法的攻击，还有针对RSA密码体制参数选取或体制结构本身的攻击. 下面考虑对RSA密码体制除了分解n以外其他的攻击方法.

5.3.2 非整数分解攻击方法

1. 猜测$\varphi(n)$攻击

假如能计算出$\varphi(n)$，则可以证明n能被有效地分解. 这就是说，计算$\varphi(n)$并不比分解n容易.

知道$\varphi(n)$后可以通过求解如下两个方程:

$$n = pq, \quad \varphi(n) = (p-1)(q-1)$$

可得到根是 p 和 q 的一元二次方程

$$x^2-(p+q)x+pq=0$$

利用一元二次方程求根公式可以获得方程的解 p 和 q.

2. RSA 算法的同态攻击

由 RSA 体制的加密知，若对一切 m_1，$m_2 \in Z_n$，有 $E_k(m_1\ m_2) \equiv E_k(m_1)\ E_k(m_2) \pmod n$，则称这个性质为 RSA 的同态性质. 根据这个性质，如果敌手 O 知道密文 c_1 和 c_2 的明文 m_1 和 m_2，他就知道 $c_1c_2 \pmod n$ 所对应的明文是 $m_1m_2 \pmod n$.

3. 选择密文攻击

敌手 O 对用户 A 和 B 的通信过程进行窃听，得到用户 B 的公开密钥 e 加密的消息 c. 为了解密 c，O 随机选择数 $r<n$，然后用 B 的公钥 e 计算

$$x \equiv r^e \pmod n;\quad y \equiv xc \pmod n;\quad t \equiv r^{-1} \pmod n$$

O 让 B 用他的私人密钥 d 对 y 签名，即计算 $u \equiv y^d \pmod n$；O 收到 u 后计算

$$tu \pmod n = r^{-1}y^d \equiv r^{-1}x^d c^d \pmod n \equiv r^{-1}rc^d \pmod n \equiv m \pmod n$$

这表明，使用 RSA 公钥体制时，绝对不能用自己的私人密钥 d 对一个陌生人提供给你的随机消息进行签名. 当然，利用一个单向 Hash 函数 (参见第 7 章) 对消息进行 Hash 运算后再签名，可以防止这种攻击.

4. 公共模攻击

有一个可能的 RSA 的实现，每个人具有相同的 n 值，但有不同的公开密钥 e 和私人密钥 d. 不幸的是这样做是不可行的. 最显而易见的是，假如用两个不同的公开密钥加密同一消息，且两个公开密钥 e_1 和 e_2 互素(它们在一般情况下会如此)，那么，无须任何私人密钥就可以恢复出明文.

设公共的模数为 n，m 是明文消息，分别用两个公开密钥 e_1 和 e_2 加密 m，得到的两个密文为

$$c_1 \equiv m^{e_1} \pmod n;\quad c_2 \equiv m^{e_2} \pmod n$$

密码分析者知道 n，e_1,e_2,c_1,c_2，则他可以如下恢复出 m: 由于 e_1 和 e_2 互素 (多数情况会如此)，所以由扩展欧几里得算法能找出 r 和 s，满足 $re_1+se_2=1$. 于是，有 $c_1^r \times c_2^s \equiv m^{re_1} \times m^{se_2} \equiv m \pmod n$. 因此，在使用 RSA 体制时，千万不要让一组用户共用模 n.

5. 循环攻击

设$c \equiv m^e (\bmod n)$是用RSA体制加密的密文，计算

$$c, c^e, c^{e^2}, \cdots, c^{e^k}, \cdots (\bmod n)$$

一旦出现$c^{e^k} \equiv c (\bmod n)$，则$c^{e^{k-1}} \equiv c^{e^{-1}} \equiv m (\bmod n)$. 称这种攻击为基本的循环攻击.

例 5.9 RSA体制的模数$n = 35$，公钥$e = 17$，$c \equiv m^{17} \equiv 3 (\bmod n)$是用该RSA体制加密明文$m$得到的密文，则$c = 3, c^{17} \equiv 33 (\bmod 35)$，$c^{17^2} \equiv 3 (\bmod 35)$，故$m = c^{17} \equiv 33 (\bmod 35)$.

一般的循环攻击，本质上可视为分解n的一个算法，而分解n被假定是不可行的，所以，循环攻击对RSA体制的安全性不构成威胁.

6. Wiener的低解密指数攻击[10]

假定$n = pq$，其中p和q均为素数，那么$\varphi(n) = (p-1)(q-1)$. 介绍Wiener提出的一种攻击，可以成功地计算出秘密的解密指数d，前提是满足如下条件:

$$3d < n^{1/4} \quad 且 \quad q < p < 2q \tag{5.11}$$

如果n的二进制表示为l比特，那么当d的二进制表示的位数小于$\frac{l}{4} - 1$，且p和q相距不太远时攻击有效.

人们可能试图选择较小的解密指数来加快解密过程. 如果他使用"平方-乘法"算法来计算$c^d (\bmod n)$，那么，当选择一个满足(5.11)式的d值时，解密的时间大约可以减少75%. 以上得到的结果说明，应该避免使用这种办法来减少解密时间.

另外，利用格攻击方法可以在$d < n^{0.2928}$且$q < p < 2q$时成功攻击RSA.

7. 小加密指数的相关消息攻击

1996年，Coppersmith等[11]给出了一种针对RSA密码使用小加密指数对相关消息加密的攻击方法.

小加密指数相关消息攻击的思路是在加密密钥较小的情况下，对于具有仿射关系的两个消息M_1, M_2，满足$M_2 = \alpha M_1 + \beta$，其中α, β是整数，加密后可以通过代数运算在不用知道解密密钥的情况下恢复出明文.

假设取加密密钥$e = 3$，模数是N，M_1, M_2加密后对应的密文分别是

$$C_1 \equiv M_1^3 (\bmod N)$$

$$C_2 \equiv M_2^3 (\bmod N)$$

则由

$$C_1, C_2, \alpha, \beta, N$$

可以通过下式计算出明文消息

$$\frac{\beta(C_2+2\alpha^3C_1-\beta^3)}{\alpha(C_2-\alpha^3C_1+2\beta^3)} \equiv \frac{3\alpha^3\beta M_1^3+3\alpha^2\beta^2M_1^2+3\alpha\beta^3M_1}{3\alpha^3\beta M_1^2+3\alpha^2\beta^2M_1+3\alpha\beta^3} \equiv M_1 (\bmod N)$$

特别是取 $\alpha=1, \beta=1$ 时，则更是显而易见有

$$\frac{C_2+2C_1-1}{C_2-C_1+2} \equiv \frac{3M_1^3+3M_1^2+3M_1}{3M_1^2+3M_1+3} \equiv M_1 (\bmod N)$$

5.4 ElGamal 密码体制

ElGamal 公钥体制的安全性依赖于计算有限域上离散对数(discrete logarithm)的困难性. 因为用该体制加密的密文依赖于明文和加密者选取的随机数，所以这种密码算法是非确定性的. 下面首先介绍离散对数问题. 以有限乘法(或加法)群$(G, \cdot)$为数学环境，n 阶循环群为工具.

ElGamal 公钥密码体制

实例 乘法群$(G, \cdot)$，一个 n 阶元素 $\alpha \in G$ 和元素 $\beta \in \langle \alpha \rangle$.

问题 5.1 找到唯一的整数 a, $0 \leqslant a \leqslant n-1$，满足

$$\alpha^a = \beta$$

将这个整数记为 $\log_\alpha \beta$. 在群$(G, \cdot)$的子群 $\langle \alpha \rangle$ 中定义离散对数问题. 在密码学中主要应用离散对数问题的如下性质：求解离散对数是困难的，而其逆运算指数运算可以应用“平方-乘法”算法有效计算. 换句话说，在相应的群 G 中，指数函数是单向函数.

5.4.1 ElGamal 密码体制

ElGamal 公钥密码体制是最著名的公钥密码体制之一. 在 ElGamal 密码体制中，加密运算是随机的，因为密文既依赖于明文 m，又依赖于 Alice 选择的随机数 x，所以，对于同一个明文，会有许多 ($p-1$ 个)可能的密文. ElGamal 密码体制的加密算法有数据扩展.

设 p 是一个素数，使得群$(Z_p^*, \cdot)$上的离散对数是难处理的. $\alpha \in Z_p^*$是 Z_p^*的一个本原元. 令 $M = Z_p^*$, $C = Z_p^* \times Z_p^*$. 定义

$$K = \{(p, \alpha, a, \beta) \mid \beta \equiv \alpha^a (\bmod p)\}$$

其中 $a < p-1$ 是随机选取的. 公开密钥为 p, α 和 β. α 和 p 可由一组用户共享. 私人密钥为 a. 如果用户 A 要对消息 m 进行加密，先将 m 按照模 p 进行分组，使每

组 m_i 都小于 p (以下仍将 m 视为其中的一组). 然后随机选取数 x ，计算

$$\begin{cases} y_1 \equiv \alpha^x (\mathrm{mod}\, p) \\ y_2 \equiv m \cdot \beta^x (\mathrm{mod}\, p) \end{cases} \tag{5.12}$$

则密文

$$c = E_k(m,x) = (y_1, y_2) \tag{5.13}$$

这里, 密文是 Z_p^*中元素对 (y_1,y_2) ，故密文长度的大小恰为明文的两倍.

当用户 B 收到用他的公钥加密的消息 (y_1,y_2) 时, 他用自己的私钥 $k' = a$ 计算

$$D_{k'}(y_1,y_2) \equiv y_2(y_1^a)^{-1} (\mathrm{mod}\, p) \tag{5.14}$$

因为

$$D_{k'}(E_k(m,x)) \equiv D_{k'}(y_1,y_2) \equiv m \cdot \beta^x (\alpha^{ax})^{-1} \equiv m (\mathrm{mod}\, p)$$

所以用户 B 可以有效地解密任何用户用他的公开密钥加密的消息.

很显然, 如果攻击者 O 可以计算 $a = \log_\alpha \beta$, 那么 ElGamal 公钥密码体制就是不安全的, 因为那时 O 可以像 B 一样解密用该体制加密的密文. 因此, ElGamal 公钥密码体制安全的一个必要条件为 Z_p^* 上的离散对数是难处理的.

例 5.10 假定 $p = 2579$, $\alpha = 2$, $a = 765$, 因此$\beta \equiv 2^{765}$ (mod 2579) = 949. 用户 A 欲发送消息 $m = 1229$ 给用户 B. A 随机选取 $x = 853$, 并计算 $y_1 \equiv 2^{853} (\mathrm{mod}\, 2579) = 435$. 再用 β^x 来隐蔽 m 产生 $y_2 \equiv 1229 \times 949^{853} (\mathrm{mod}\, 2579) = 2396$. A 将密文 $y = (435, 2396)$ 发送给用户 B. 用户 B 收到密文 y 后, 计算 $2396 \times (435^{765})^{-1} (\mathrm{mod}\, 2579) = 1299 = m$.

作为密码分析者, 他截获了用户 A 发送给用户 B 的密文 $y = (y_1, y_2)$ 后, 在他仅知道加密此消息的公开密钥α , β和 p 时, 他要求出 m, 必须求出 B 的私人密钥 a. 因为他知道 a 和α , β的关系: $\beta \equiv \alpha^a (\mathrm{mod}\, p)$, 所以他必须找唯一的指数 a, $0 < a < p - 1$ 使 $\beta \equiv \alpha^a (\mathrm{mod}\, p)$. 这就是求有限域上的离散对数问题. 当然, 可以用穷举法搜索 a. 但是, 当 p 很大时, 这种方法是不成功的. 为此, 介绍几种求有限域上的离散对数的非平凡的算法.

5.4.2 离散对数问题的算法

本节中, 假设$(G, \cdot)$是一个乘法群, $\alpha \in G$ 是一个 n 阶元素, $\beta \in \langle \alpha \rangle$.

1. *穷举法*

计算 $\alpha, \alpha^2, \alpha^3, \cdots$ 直到发现$\beta = \alpha^a$. 需要 $O(n)$的时间和 $O(1)$的空间穷举搜索.

2. 列表法

预先计算出所有可能的值α^i，并对有序对(i,α^i)以第二个坐标排序列表，然后，给定β对存储的列表实施一个二分搜索，直到找到a使得$\beta=\alpha^a$．这需要$O(1)$的时间、$O(n)$步预计算和$O(n)$存储空间解决.

3. Shanks 算法

Shanks 算法是第一个非平凡的时间——存储平衡算法，算法表述为

算法 5.3

(1) $m \leftarrow \lceil \sqrt{n} \rceil$;

(2) **for** $j=0$ **to** $m-1$ **do** $\alpha^{mj} \pmod p$;

(3) 对 m 个有序对$(j, \alpha^{mj} \pmod p)$按第二个坐标排序，获得表 L_1;

(4) **for** $i=0$ **to** $m-1$ **do** $\beta\alpha^{-i} \pmod p$;

(5) 对 m 个有序对$(i, \beta\alpha^{-i} \pmod p)$按第二个坐标排序，获得表 L_2;

(6) 找有序对$(j,y)\in L_1$和$(i,y)\in L_2$，即找第二个坐标相同的两个有序对;

(7) $\log_\alpha\beta \leftarrow (mj+i)(\bmod (p-1))$.

如果需要的话，第(2)、(3)步可以预先计算. 算法的正确性是显然的. 因为

$$y=\beta\alpha^{-i}\equiv\alpha^{mj} \pmod p$$

所以

$$\beta\equiv\alpha^{i+mj} \pmod p$$

故

$$a\equiv i+mj(\bmod (p-1))$$

反之，对任何β，可令 $\log_\alpha\beta \leftarrow (mj+i)(\bmod (p-1))$, $0\leqslant i,j\leqslant m-1$. 因此算法中的步骤 6 的搜索总是成功的. 其中 $\log_\alpha\beta\leqslant m(m-1)+m-1=m^2-1\leqslant n-1$，所以 m 取$\lceil \sqrt{n} \rceil$.

很容易实现这个算法，使其运行时间为 $O(m)$，存储空间为 $O(m)$ (忽略对数因子). 这里是几个细节: (2)可以先计算α^m，然后依次乘以α^m. 这步总的花费时间为 $O(m)$. 同样地，(4)花费的时间为 $O(m)$. (3)和(5)利用有效的排序算法，花费时间复杂度为 $O(m\log m)$. 最后，作一个对两个表 L_1 和 L_2 同时进行的遍历，完成(6)，这需要的时间为 $O(m)$.

例 5.11 假定$p=809$, $\alpha=3$, $\beta=525$，在有限域 Z_{809} 中求 $\log_\alpha\beta$. 令 $m=\lceil \sqrt{808} \rceil=29$，则$\alpha^{29}(\bmod 809)=99$.

计算有序对 $(j, 99^j(\text{mod}809))$, $0 \leqslant j \leqslant 28$, 并按第二个坐标排序得表 L_1:

$(0, 1)$, $(23, 15)$, $(12, 26)$, $(28, 81)$, $(2, 93)$, $(1, 99)$
$(13, 147)$, $(8, 207)$, $(6, 211)$, $(9, 268)$, $(19, 275)$, $(27, 295)$
$(3, 308)$, $(5, 329)$, $(17, 464)$, $(21, 496)$, $(20, 528)$, $(4, 559)$
$(22, 564)$, $(26, 575)$, $(25, 586)$, $(18, 632)$, $(10, 644)$, $(11, 654)$
$(7, 664)$, $(24, 676)$, $(15, 727)$, $(16, 781)$, $(14, 800)$

再计算有序对 $(i, 525 \times (3^i)^{-1}(\text{mod}809)), 0 \leqslant i \leqslant 28$, 并按第二个坐标排序得表 L_2:

$(6, 44)$, $(5, 132)$, $(17, 133)$, $(28, 163)$, $(1, 175)$, $(13, 256)$
$(24, 259)$, $(18, 314)$, $(2, 328)$, $(14, 355)$, $(25, 356)$, $(3, 379)$
$(15, 388)$, $(4, 396)$, $(16, 399)$, $(10, 440)$, $(27, 489)$, $(9, 511)$
$(21, 521)$, $(0, 525)$, $(7, 554)$, $(19, 644)$, $(26, 658)$, $(11, 686)$
$(22, 713)$, $(8, 724)$, $(20, 754)$, $(12, 768)$, $(23, 777)$

然后, 同时查表 L_1 和 L_2, 可找到 $(10, 644) \in L_1$, $(19, 644) \in L_2$. 因此, 能计算 $\log_3 525 = 29 \times 10 + 19 = 309$. 经过验证, $3^{309} \equiv 525(\text{mod}809)$.

4. Pohlig-Hellman 算法

假设 $n = \prod_{i=1}^{k} p_i^{c_i}$, 其中 p_i 是不同的素数. 值 $a = \log_\alpha \beta$ 是模 n 唯一确定的. 首先知道, 如果能够对每个 i, $1 \leqslant i \leqslant k$, 计算出 $a\ (\text{mod}\ p_i^{c_i})$, 就可以利用中国剩余定理计算出 $a \bmod n$.

(1) 假设 q 是素数, 先求 $a\ (\text{mod}\ q^c) \equiv \log_\alpha \beta\ (\text{mod}\ q^c) = \sum_{i=0}^{c-1} a_i q^i$, 其中 q 为素数,

$$n \equiv 0(\text{mod}\ q^c), \quad 且 \quad n \not\equiv 0(\text{mod}\ q^{c+1})$$

求解过程如下: 由等式

$$a = \sum_{i=0}^{c-1} a_i q^i + s q^c$$

可以证明

$$\beta^{n/q} = \alpha^{a_0 n/q} \tag{5.15}$$

所以当 β 已知时, 可以通过计算 $\gamma = \alpha^{n/q}, \gamma^2, \cdots$, 直到对于某个 $i \leqslant q-1$, 使得 $\gamma^i = \beta$

$^{n/q}$, 得到 $a_0=i$.

设 $\beta_0=\beta$, 定义对于 $1\leqslant j\leqslant c-1$,

$$\beta_{j+1}=\beta\alpha^{-\left(a_0+a_1q+\cdots+a_jq^j\right)}=\beta_j\alpha^{-a_jq^j}$$

可以证明类似 (5.15) 结论:

$$\beta_j^{n/q^{j+1}}=\alpha^{a_jn/q}$$

所以可以用与上面同样的方法, 由β_j求得 a_j.

这样就建立了一个计算链: $\beta=\beta_0\to a_0\to\beta_1\to a_1\to\cdots\to\beta_{c-1}\to a_{c-1}$. 从而完成

$$a(\bmod q^c)\equiv\log_\alpha\beta(\bmod q^c)=\sum_{i=0}^{c-1}a_iq^i$$

的求解.

(2) 再根据中国剩余定理求出 $a=\log_\alpha\beta(\bmod n)$.

算法的直接运算时间是 $O(cq)$, 元素$\alpha^{n/q}$的阶数是 q, 所以每个 i ($i=\log_{\alpha^{n/q}}\delta$) 可以用 $O(\sqrt{q})$ 时间计算, 这样算法的复杂性可以降到 $O(c\sqrt{q})$.

算法 5.4 (Pohlig-Hellman 算法)

$j\leftarrow 0$

$\beta_j\leftarrow\beta$

While $j\leqslant c-1$ do

$\delta\leftarrow\beta_j^{(p-1)/q^{j+1}}$

找到满足 $\delta=\alpha^{i(p-1)/q}$ 的 i

$b_j\leftarrow i$

$\beta_{j+1}\leftarrow\beta_j\alpha^{-b_jq^j}$

$j\leftarrow j+1$

return $(b_0,\cdots,b_{c-1})$

例 5.12 假定 $p=29$, 那么 $n=p-1=28=2^2\times7^1$. 取 $\alpha=2,\beta=18$ 是 Z_{29} 上的一个本原元, 现在来计算 $a=\log_2 18$.

先计算 $a(\bmod 4)$. 此时 $q=2,c=2$,

$$\gamma^1\equiv\alpha^{28/2}(\bmod 29)=28,\quad\beta^{28/2}(\bmod 29)\equiv18^{14}(\bmod 29)=28$$

因此 $b_0=1$. 计算 $\beta_1\equiv\beta_0\alpha^{-1}(\bmod 29)=9,\beta_1^{28/4}(\bmod 29)\equiv28$. 因为 $\gamma^1=28$, 所以 $b_1=1$. 因此 $a\equiv3(\bmod 4)$.

再计算 $a(\bmod 7)$．此时 $q=7, c=1$，

$$\beta^{28/7}(\bmod 29)=18^4(\bmod 29)=25,\quad \gamma^1=\alpha^{28/7}(\bmod 29)=16$$

通过计算可知，$\gamma^2=24, \gamma^3=7, \gamma^4=25$．因此，$b_0=4$，从而 $a\equiv 4(\bmod 7)$.

最后，由中国剩余定理求解同余方程组

$$\begin{cases} a\equiv 3(\bmod 4) \\ a\equiv 4(\bmod 7) \end{cases}$$

可得 $a\equiv 11(\bmod 28)$，即 $\log_2 18=11$．

在运用 Pohlig-Hellman 算法计算有限域上的离散对数 $\log_\alpha \beta$ 时，需要分解 $p-1$ 为素数幂的乘积. 这一分解运算比较困难，这就意味着用这种方法来求有限域上的离散对数实际上也是困难的. 这个算法的时间复杂度为 $O(c\sqrt{q})$.

*5.5 椭圆曲线上的密码体制[12-14]

椭圆曲线(elliptic curve)理论是一个古老而深奥的数学分支，一直作为一门纯理论学科被少数数学家掌握. 它被广大科技工作者了解，要归功于20世纪80年代的两件重要的工作.

(1) Wiles(怀尔斯)应用椭圆曲线理论证明了著名的费马大定理.

(2) Koblitz 和 Miller 把椭圆曲线群引入公钥密码理论中，提出了椭圆曲线公钥密码体制 (elliptic curve cryptosystem, ECC)，取得了公钥密码理论和应用的突破性进展.

20 世纪 90 年代，最通用的公钥密码体制是 RSA 公钥密码体制和 Diffie-Hellman 密钥交换算法. 其密钥长度 (安全参数长度) 一般为 512 比特. 1999 年 8 月 22 日 RSA-512 被攻破，所以，这些公钥不得不被加长. 为了达到对称密钥 128 比特的安全水平, NIST 推荐使用 1024 比特的 RSA 密钥. 显然，这种密钥长度的增长，对本来计算速度缓慢的 RSA 来说，无疑是雪上加霜.

ECC 的提出改变了这种状况，实现了密钥效率提升的重大突破. 因此，椭圆曲线公钥密码体制的研究很快引起人们的广泛关注，这是因为该公钥体制不仅在理论上有其独特的研究价值，而且它的密钥长度短，易于分配和储存，且所有用户都可选择同一个有限域 F 上不同的椭圆曲线，使所有用户使用同样的硬件来完成运算. 下面介绍 Z_p 上的椭圆曲线.

5.5.1 Z_p上的椭圆曲线

定义 5.1 设 $p>3$ 是素数. $a, b\in Z_p$ 且是满足 $4a^2+27b^3\not\equiv 0(\bmod p)$的常数. Z_p 上

的同余方程 $y^2 \equiv x^3+ax+b \pmod p$ 的所有解 $(x, y) \in Z_p \times Z_p$, 加上一个无穷远点 O, 共同构成一个 Z_p 上的非奇异椭圆曲线.

假设 E 是一个非奇异椭圆曲线. 可在 E 上定义一个点间的二元运算, 使其成为一个阿贝尔群. 这个二元运算通常用加法表示. 无穷远点 O 是一个单位元. 椭圆曲线可以定义在任意有限域上, 但感兴趣的 ECC 主要是基于 Z_p(其中 p 为素数)和特征为 2 的有限域 F_{2^m} ($m \geqslant 1$). 描述有限域 Z_p 上的椭圆曲线密码体制, 先从 Z_p 上的椭圆曲线开始.

定义 5.2 设 p 是一个大于 3 的素数, Z_p 上的椭圆曲线 $E(Z_p)$ 由同余式

$$y^2 \equiv x^3 + ax + b \pmod p \tag{5.16}$$

的解 $(x, y) \in Z_p \times Z_p$ 的集合和一个被称为无穷远的特殊点 O 组成. 其中 $a, b \in Z_p$ 是满足

$$4a^3 + 27b^2 \not\equiv 0 \pmod p$$

的常数.

在一条确定的椭圆曲线 $E(Z_p)$ 上定义加法运算(记为 "+")如下: 假设 $P = (x_1, y_1)$, $Q = (x_2, y_2) \in E(Z_p)$. 如果 $x_2 = x_1, y_2 = -y_1$, 则 $P+Q=O$; 否则 $P+Q=(x_3, y_3)$.

$$x_3 = \lambda^2 - x_1 - x_2, \quad y_3 = \lambda(x_1 - x_3) - y_1$$

其中 λ 满足当 $P \neq Q$ 时,

$$\lambda = (y_2 - y_1)(x_2 - x_1)^{-1}$$

当 $P = Q$ 时,

$$\lambda = (3x_1^2 + a)(2y_1)^{-1}$$

对所有的 $P \in E(Z_p)$, 定义 $P+O=O+P=P$.

$E(Z_p)$在上述定义的运算下形成一个阿贝尔群$(E, +)$, 单位元为无穷远点 O. 证明 $E(Z_p)$ 在上述定义下形成一个阿贝尔群除结合律的证明比较难以外, 阿贝尔群必须满足的其他条件都很容易直接验证. 由于群运算是加法, 群中任何元 $\alpha = (x, y)$ 的逆元应是 $-\alpha = (x, -y)$.

例 5.13 设 $E(Z_{11})$是 Z_{11} 上的椭圆曲线 $y^2 = x^3 + x + 6$. 为了确定 $E(Z_{11})$中点, 对每一个 $x \in Z_{11}$, 计算 $x^3 + x + 6$, 然后对 y 解方程 $y^2 = x^3 + x + 6$. 并不是对每个 $x \in Z_{11}$, $y^2 = x^3 + x + 6$ 都有解. 若(5.24)有解, 则用如下明显的公式计算模 p 的二次剩余的平方根

$$\pm x^{(11+1)/4} \pmod{11} \equiv \pm x^3 \pmod{11}$$

其计算结果如表 5.1.

表 5.1　例 5.13 中 Z_{11} 上的椭圆曲线上的点

x	$x^3+x+6 \pmod{11}$	$x^3+x+6 \in QR_{11}$?	y
0	6		
1	8		
2	5	是	4; 7
3	3	是	5; 6
4	8		
5	4	是	2; 9
6	8		
7	4	是	2; 9
8	9	是	3; 8
9	7		
10	4	是	2; 9

这样, $E(Z_{11})$上共有 13 个点, 即(2, 4), (2, 7), (3, 5), (3, 6), (5, 2), (5, 9), (7, 2), (7, 9), (8, 3), (8, 8), (10, 2), (10, 9)和无穷远点 O. 因为任意素数阶的群是循环群, 所以 E 同构于 Z_{13}, 且任何非无穷远点都是 E 的生成元.

假如取生成元 $\alpha=(2,7)$, 则可以计算出 $E(Z_{11})$ 中任何元素, 即 α 的"幂"(因为群的运算是加法, 可以写成 α 的数乘). 例如, 为了计算 $2\alpha=(x_3, y_3)$, 需要先计算

$$\begin{aligned}\lambda &= (3\times 2^2+1)(2\times 7)^{-1} \pmod{11} \\ &= 2\times 3^{-1} \pmod{11} = 2\times 4 = 8\end{aligned}$$

于是

$$\begin{aligned}x_3 &= (8^2-2-2) \pmod{11} = 5 \\ y_3 &= (8\times(2-5)-7) \pmod{11} = 2\end{aligned}$$

即 $2\alpha=(5, 2)$.

下一个乘积是 $3\alpha=2\alpha+\alpha=(5,2)+(2,7)=(x_3', y_3')$. 再次计算 λ 如下:

$$\begin{aligned}\lambda &= (7-2)(2-5)^{-1} \pmod{11} \\ &= 5\times 8^{-1} \pmod{11} \\ &= 5\times 7 \pmod{11} = 2\end{aligned}$$

于是

$$\begin{aligned}x_3' &= (2^2-5-2) \pmod{11} = 8 \\ y_3' &= (2\times(5-8)-2) \pmod{11} = 3\end{aligned}$$

即 $3\alpha=(8,3)$.

如此计算下去, 可以得到如下结果:

$$\begin{array}{lll}\alpha=(2,7), & 2\alpha=(5,2), & 3\alpha=(8,3)\\ 4\alpha=(10,2), & 5\alpha=(3,6), & 6\alpha=(7,9)\\ 7\alpha=(7,2), & 8\alpha=(3,5), & 9\alpha=(10,9)\\ 10\alpha=(8,8), & 11\alpha=(5,9), & 12\alpha=(2,4)\end{array}$$

所以, $\alpha=(2,7)$ 的确是本原元.

5.5.2 椭圆曲线上循环群的存在性和离散对数问题

定义在 Z_p (p 为素数, $p>3$) 上的一条椭圆曲线 $E(Z_p)$大约有 p 个点. 著名的 Hasse 定理说明, $E(Z_p)$上的点的个数 (记为 $E^{\#}(Z_p)$) 满足下列不等式

$$p+1-2\sqrt{p}\leqslant E^{\#}(Z_p)\leqslant p+1+2\sqrt{p}$$

计算 $E^{\#}(Z_p)$的精确值是比较困难的, 但有一个有效的算法计算它, 这个算法由 Scoof 发现 (这里有效的意思是算法的运行时间是 $\log p$ 的多项式). Scoof 算法可在 $O((\log_2 p)^8)$ 内计算出 $E^{\#}(Z_p)$ 的精确值. 现在, 假定能计算 $E^{\#}(Z_p)$, 想找到 $E(Z_p)$的一个循环子群 H, 使得 H 上的离散对数是难处理的. 为此, 必须知道 $E(Z_p)$的结构.

定理 5.2 设 $p>3$, p 是一个素数, $E(Z_p)$是定义在 Z_p 上的一条椭圆曲线, 则存在正整数 n_1 和 n_2, 使得 $E(Z_p)$ 同构于 $Z_{n_1}\times Z_{n_2}$, 而且 $n_2\mid n_1$, $n_2\mid(p-1)$.

注意, 在上述定理中 $n_2=1$ 是可能的. 事实上, 当且仅当 $E(Z_p)$是循环群时, $n_2=1$. 还有, 如果 $E^{\#}(Z_p)$ 或者是一个素数, 或者是两个不同素数的乘积, 则 $E(Z_p)$ 也必定是循环群.

因此, 如果 n_1 和 n_2 能计算出来, 则便找到 $E(Z_p)$的一个同构于 Z_{n_1} (或 Z_{n_2}) 的循环子群. 在这个循环子群上, 可以建立椭圆曲线公钥密码体制.

域 Z_p 上的椭圆曲线参数指定了椭圆曲线 $E(Z_p)$和 $E(Z_p)$上的基点 $\alpha=(x_p, y_p)$ (即循环群的生成元). 这对于确切定义基于椭圆曲线密码学的公钥体制是必要的. Z_p 上的椭圆曲线域参数是一个六元数组:

$$T=(p,d,e,\alpha,n,h)$$

其中 p 是定义 Z_p 的素数 p, 元素 d, $e\in Z_p$ 决定了由下面的方程定义的椭圆曲线 $E(Z_p)$,

$$y^2\equiv x^3+dx+e \pmod p$$

并且满足

$$4d^3+27e^2\not\equiv 0 \pmod p$$

α是$E(Z_p)$上的基点$\alpha=(x_p, y_p)$，素数n是点α的阶，整数h是余因子$h=E^{\#}(Z_p)/n$.

为了避免一些已知的对ECC的攻击，选取的p不应该等于椭圆曲线上所有点的个数，即$p \neq E^{\#}(Z_p)$，并且对于任意的$1 \leqslant m \leqslant 20$, $p^m \not\equiv 1 \pmod n$. 类似地，基点$\alpha = (x_p, y_p)$的选取应使其阶数n满足$h \leqslant 4$.

椭圆曲线密码学是基于求解椭圆曲线离散对数问题(ECDLP)的困难性. ECC可以用于任何一个公钥密码体制. 实际的加密方案依赖于它所应用的密码体制. 例如，将上例椭圆曲线应用于ElGamal公钥密码体制.

例 5.14 取例5. 11中$\alpha=(2, 7)$，按ElGamal公钥密码体制，用户A的私人密钥取$a=7$，计算$\beta=7$, $\alpha=(7, 2)$，则加密变换为

$$E_k(m, r)=(r\alpha, m+r\beta)=(c_1, c_2)$$

这里$m \in E(Z_{11})$, $0 \leqslant r \leqslant 12$. 解密变换为

$$D_k(c_1, c_2)=c_2-7c_1$$

如果消息$m=(10, 9) \in E(Z_{11})$是待加密的，则用户B选择随机数$r=3$即可计算

$$c_1=3(2, 7)=(8, 3)$$

$$c_2=(10, 9)+3(7, 2)=(10, 9)+(3, 5)=(10, 2)$$

故$c=((8, 3), (10, 2))$为加了密的消息. 解密时

$$m=(10, 2)-7(8, 3)=(10, 2)-(3, 5)=(10, 2)+(3, 6)=(10, 9)$$

这样，便完成了椭圆曲线$E(Z_p)$上的ElGamal公钥密码体制. 但是，这种体制存在如下两个问题:

(1) Z_p上ElGamal体制的消息扩展为2，而椭圆曲线$E(Z_p)$上的ElGamal体制的消息扩展为4. 这就是说，每个明文加密成密文要由4个元素组成.

(2) 在椭圆曲线$E(Z_p)$上的ElGamal体制中，明文消息为椭圆曲线$E(Z_p)$上的点，但又没有确定地产生$E(Z_p)$中点的方法或把一般明文转换成$E(Z_p)$中点的方法.

5.5.3 SM2公钥加密算法

SM2算法是中国国家密码管理局发布的椭圆曲线公钥密码算法[15]，包括数字签名算法、密钥交换协议、公钥加密算法三部分. SM2算法采用256位的椭圆曲线、安全度高、运算速度快，同时使用的椭圆曲线离散对数问题被认为是难以解决的数学困难问题，也提供了强大的安全性保障，因此其被广泛应用于电子政务、电子商务和国民经济等场景的身份认证与授权服务中. 截至目前，SM2算法已应用于华为区块链、FISCO-BCOS区块链等有影响力的区块链平台，以及其他的工业或金融应用. 由于SM2算法较高的安全性和性能表现，它已得到了国际密码学界的认可和关注. SM2公钥加密算法适用于国家商用密码应用中的消息加解密，消息发送者可

以利用接收者的公钥对消息进行加密, 接收者用对应的私钥进行解密, 获取消息.

1. 加密算法及流程

设需要发送的消息为比特串 M, klen 为 M 的比特长度.

为了对明文 M 进行加密, 作为加密者的用户 A 应进行如下运算:

A1: 用随机数发生器产生随机数 $k \in [1, n-1]$.

A2: 计算椭圆曲线点 $C_1 = [k]G = (x_1, y_1)$, 将 C_1 的数据类型转换为比特串.

A3: 计算椭圆曲线点 $S = [h]P_{\mathrm{B}}$, 若 S 是无穷远点, 则报错并退出.

A4: 计算椭圆曲线点 $[k]P_{\mathrm{B}} = (x_2, y_2)$, 将坐标 x_2, y_2 的数据类型转换为比特串.

A5: 计算 $t = \mathrm{KDF}(x_2 \| y_2, \mathrm{klen})$, 若 t 为全 0 比特串, 则返回 A1.

A6: 计算 $C_2 = M \oplus t$.

A7: 计算 $C_3 = \mathrm{Hash}(x_2 \| M \| y_2)$.

A8: 输出密文 $C = C_1 \| C_2 \| C_3$.

加密算法的流程如图 5.1 所示.

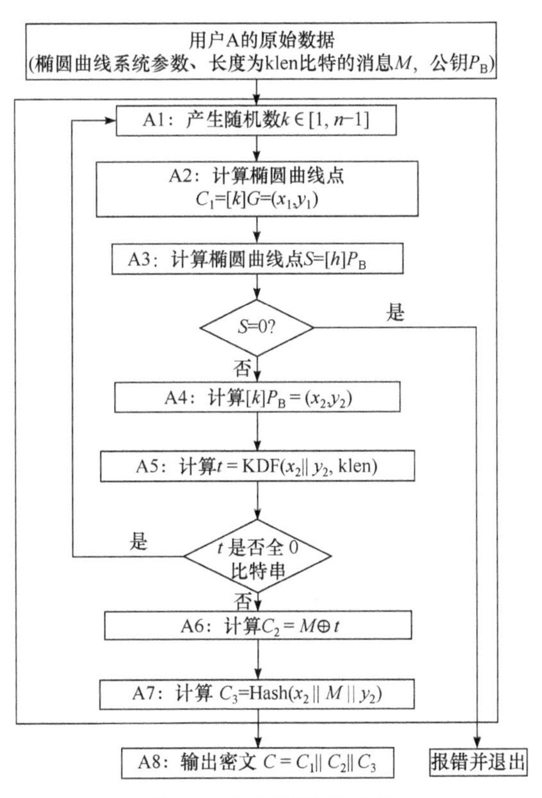

图 5.1 加密算法的流程

2. 解密算法及流程

设 klen 为密文中 C_2 的比特长度. 为了对密文 $C = C_1 \| C_2 \| C_3$ 进行解密, 作为解密者的用户 B 应完成以下运算步骤.

B1: 从 C 中取出比特串 C_1, 将 C_1 的数据类型转换为椭圆曲线上的点, 验证 C_1 是否满足椭圆曲线方程, 若不满足则报错并退出.

B2: 计算椭圆曲线点 $S = [h]C_1$, 若 S 是无穷远点, 则报错并退出.

B3: 计算 $[d_{\mathrm{B}}]C_1 = (x_2, y_2)$, 将坐标 x_2, y_2 的数据类型转换为比特串.

B4: 计算 $t = \mathrm{KDF}(x_2 \| y_2, \mathrm{klen})$, 若 t 为全 0 比特串, 则报错并退出.

B5: 从 C 中取出比特串 C_2, 计算 $M' = C_2 \oplus t$.

B6: 计算 $u = \mathrm{Hash}(x_2 \| M' \| y_2)$, 从 C 中取出比特串 C_3, 若 $u \neq C_3$, 则报错并退出.

B7: 输出明文 M'.

解密算法的流程如图 5.2 所示.

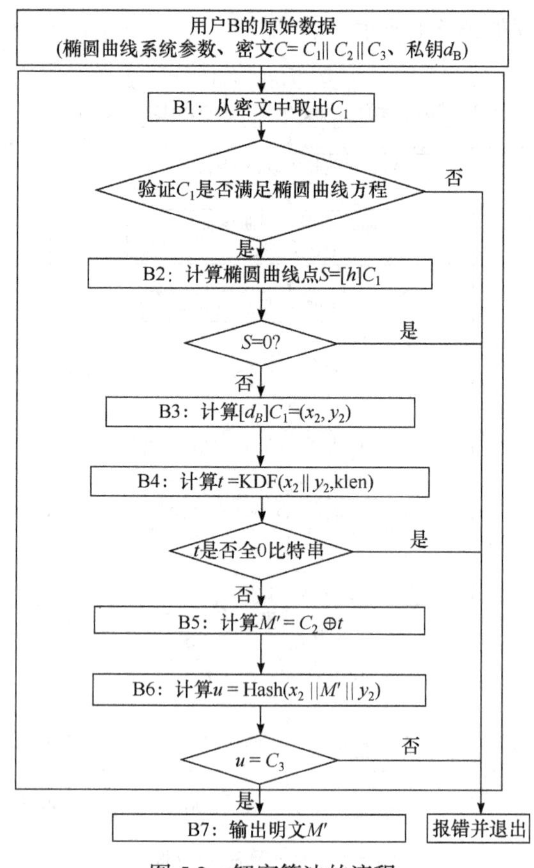

图 5.2　解密算法的流程

小结与注释

考虑香农理论关于加密的语义性质: 一个混合变换, 它把明文空间中有意义的消息均匀地分布到整个消息空间中去. 那么, 不必运用任何秘密便可以得到这样的随机分布. 1976 年 Diffie 和 Hellman[2]首先实现了这一点, 这就是公钥密码学, 公钥密码学是对密码学的一个全新的理解. 公钥密码的实现依赖于单向陷门函数的存在. 公钥密码的最重要的两个应用是数字签名和公开信道的密钥建立. 这两个应用给计算机网络的发展提供了更强大的安全保障. 本章围绕公钥密码的产生、发展, 公钥密码的代表体制进行讨论, 并分析了公钥密码体制的安全性. 随着量子计算的发展, 现代密码学中几大著名公钥体制——RSA, ElGamal 和 ECC 受到威胁, 因此, 人们越来越关注抗量子计算的密码体制, 它也将成为密码学的一个研究热点.

背包公钥密码体制

习题 5

5.1 给出对称密码体制与非对称密码体制在加密原理、密钥管理和应用环境的区别.

5.2 设 RSA 公钥体制中 $n = 143, e = 23$, 私人密钥 $d = 47$, 待加密明文 $m = 12$. 求密文 c.

5.3 利用扩展欧几里得算法计算下面的乘法逆.

(1) 17^{-1} (mod 101);

(2) 357^{-1} (mod 1234);

(3) 3125^{-1} (mod 9987)

5.4 设 ElGamal 公钥体制的公开密钥为 $p = 397$, $\alpha = 5, \beta = 82$. 试加密明文 $m = 111$ (选用随机数 $x = 5$).

5.5 用 Pohlig-Hellman 算法求 F_{397} 上的离散对数($\alpha = 5$ 是 F_{397} 的本原元):

$$a \equiv \log_5 100 \pmod{396}$$

为了计算上的方便给出 ($x = 100, y = 5$)

$$x^2 \equiv 75, x^{2^2} \equiv 67, x^{2^3} \equiv 122, x^{2^4} \equiv 195, x^{2^5} \equiv 310, x^{2^6} \equiv 26, x^{2^7} \equiv 279 \pmod{397}$$

$$y^2 \equiv 25, y^{2^2} \equiv 228, y^{2^3} \equiv 374, y^{2^4} \equiv 132, y^{2^5} \equiv 353, y^{2^6} \equiv 348, y^{2^7} \equiv 19 \pmod{397}$$

5.6 设 $p = 19, \alpha = 2, \beta = 14$ 为 ElGamal 公钥体制用户 B 的公开密钥. 若用户 A 选随机数 $x = 5$, 求 A 加密 $m =13$ 得到的密文 c. 用户 B 用自己的私钥 $a = 7$ 如何解密 A 发来的密文 c.

5.7 假定用户 B 由于粗心泄露了他的解密指数 $d = 14039$, 在这个 RSA 公钥密码体制中公开密钥为 $n = 36581, e = 4679$. 对于给定的信息, 实现一个随机算法来分解 n. 用随机选择 $w = 9983$ 和 $w =13461$ 来测试你的算法. 并写出所有的计算.

5. 8 设 $p = 541, \alpha = 357$ 是 Z_p^* 的生成元, 构造 ElGamal 公钥体制.

5. 9 设 $p = 2063, \alpha = 877$ 是 Z_p^* 的生成元, 私人密钥 $a = 37$, 选用随机数 $x = 747$, 构造 ElGamal 公钥体制, 并且加密消息 $m = 860$.

5.10 设 $p = 7309, \alpha = 877$ 是 Z_p^* 的生成元, 私人密钥 $a = 37$, 公开密钥 $\beta = 6689$, 构造 ElGamal 公钥体制, 并解密密文 $c = (3505, 4903)$.

5.11 设 $p = 127373, \alpha = 877$ 是 Z_p^* 的生成元, 私人密钥 $a = 711$, 公开密钥 $\beta = 77286$, 构造 ElGamal 公钥体制, 并解密密文 $c = (47805, 21057)$.

实践习题 5

5.1 基于标准操作系统支持数据大小(即不借助专业大数库), 编写小参数 RSA 算法, 对给定RSA参数, 基于实现 “平方-乘法” 快速模幂实现RSA加密和解密.

5.2 基于标准操作系统支持数据大小(即不借助专业大数库), 编写小参数 RSA 算法参数建立程序套件, 即依次实现随机数生成、Miller-Rabin 素性测试、互素判定和模下求逆, 从而进行小规模 RSA 参数建立实践.

5.3 基于标准操作系统支持数据大小(即不借助专业大数库), 编写小参数 ElGamal 加密算法, 对给定 ElGamal 参数, 实现 ElGamal 加密和解密.

5.4 基于标准操作系统支持数据大小(即不借助专业大数库), 编写小参数 ElGamal 算法参数建立程序套件.

5.5 基于标准操作系统支持数据大小(即不借助专业大数库), 编写小参数离散对数求解 Shanks 算法程序.

5.6 查阅选用某大数据库, 进行一定规模参数公钥密码算法实现实践.

参考文献 5

[1] Diffie W, Hellman M E. Multiuser cryptographic techniques. Federal Information Processing Standard Conference Proceedings, 1976, 45: 109-112.

[2] Diffie W, Hellman M E. New directions in cryptography. IEEE Trans. Inform. Theory, 1976, 22(6): 644-654.

[3] Rivest R L, Shamir A, Adleman L M. A method for obtaining digital signatures and public key cryptosystems. Communications of the ACM, 1978, 21: 120-126.

[4] Rabin M. Digitalized Signatures and Public-Key Functions as Intractable as Factorization. Technical Report MIT/LCS/TR-212, MIT Laboratory for Computer Science, 1979.

[5] Hinek M J. Cryptanalysis of RSA and Its Variants. Boca Raton: CRC Press, 2010.

[6] ElGamal T. A public key cryptosystem and a signature scheme based on discrete logarithms. IEEE Trans Inform Theory, 1985, 31(4): 469-472.

[7] Koblitz N. Elliptic curve cryptosystems. Mathematics of Computation, 1987, 48: 203-209.

[8] Miller V. Uses of Elliptic Curves in Cryptography. Advances in Cryptology-CRYPTO'1985, Lecture Notes in Computer Science, Springer-Verlag, 1986, 218: 417-426 .

[9] Boneh D, Franklin M. Identity-Based Encryption from the Weil Pairing. Proceedings of Advances in Cryptology-CRYPTO 2001, LNCS 2139, Springer-Verlag, 2001: 213-229.

[10] Wiener M J. Cryptanalysis of short RSA secret exponents. IEEE Transactions on Information Theory, 1990, 36(3): 553-558.

[11] Coppersmith D, Franklin M, Patarin J, et al. Low-Exponent RSA with Related Messages. Proceedings of Advances in Cryptology-EUROCRYPT' 1996, LNCS 1070, Springer-Verlag, 1996: 1-9.

[12] Koblitz N. Elliptic curve cryptosystems. Mathematics of Computation, 1987, 48: 203-209.

[13] Miller V. Uses of elliptic curves in cryptography. Advances in Cryptology-CRYPTO'1985, Lecture Notes in Computer Science, Springer-Verlag, 1986, 218: 417-426 .

[14] Koblitz N, Menezes A, Vanstone S. The state of elliptic curve cryptography. Designs, Codes and Cryptography, 2000, 19: 173-193.

[15] 中华人民共和国国家密码管理局. SM2 椭圆曲线公钥密码算法. 北京: 国家密码管理局, 2010.

第 6 章

消息认证码、Hash 函数与数字签名

在公开信道上传输秘密信息，不仅需要对消息本身进行加密保护，以防止秘密的泄露，而且，还需要确认所收到消息没有被篡改. 消息认证就是检查消息的完整性，它可以用来检查在消息传递过程中，其内容是否被更改过，不管更改的原因是来自意外还是蓄意攻击. 同时还要对通信主体进行认证，确认消息的来源，识别通信方的真实身份，防止假冒，实现消息来源的身份认证. 数字签名是实现消息来源身份认证的重要技术之一. Hash 函数[1]是一类确定的函数，它将任意长的比特串映射为固定长度比特串的 Hash 值. 在实际应用中，它们之间存在密切联系. 例如，数字签名中 Hash 函数可用来产生"消息摘要"或"消息指纹"，这给数字签名体制提供可证明安全性. 为了提高效率，将消息的加密和签名在一种密码计算中完成，就实现了签密体制. 它将同时完成对消息的秘密保护和完整性保护. 本章中，我们将对消息和消息源身份认证技术进行研究，首先给出消息认证码、Hash 函数和数字签名的概念，进一步对 Hash 函数的安全性、Hash 函数标准和数字签名的多种扩展与应用给予描述.

6.1 消息认证码

6.1.1 消息认证码概述

随着通信的广泛应用，威胁通信安全除了窃听等被动攻击外，还有**主动攻击**，包括伪造消息或篡改发送的消息，其中篡改包括添加、部分删除和部分替换等各种改变消息的方式. 为了抵抗主动攻击，需要保障消息(信息)的来源真实和内容完整，即真实性和完整性(integrity). 为此，提出了消息认证码(message authentication code, MAC).

消息认证码

MAC 产生于公钥密码提出之前，基于安全依赖于密钥的原则和对称密码体制的模式，消息认证如下进行：通信双方事先协商好 MAC 算法 A_k 并秘密商定使用的密钥 k，发方将消息 m 和消息认证码 $c = A_k(m)$一并发出，收方通过验证收到的消息 m' 和认证码 c' 是否满足 $c' = A_k(m')$ 来验证消息的真实性与完整性.

MAC 的基本安全要求如下：在不知道密钥 k 的情况下，对伪造或篡改的消息，攻击者将很难得到与消息一致的认证码. 通过 MAC 可以保护信息的真实性 (也称来源可鉴别或可鉴别性) 和完整性.

类比对称加密体制的形式定义，可以给出以下 MAC 的定义.

定义 6.1 一个 MAC 是满足下列条件的四元组(M, C, K, A)，其中 M 是所有消息的集合，C 是由所有的 MAC 组成的有限集，K 是密钥空间即所有密钥的有限集，对于每个 $k \in K$，对应一个 MAC 函数 $A_k \in A$，使得对任意 $m \in M$, $A_k(m) \in C$.

类比香农提出的加密体制的完善保密性，Simmons 定义并研究了理论无条件安全的 MAC. 类似一次一密，理论安全的 MAC 需要每次更换随机密钥. 虽然理论研究取得了很好的成果，但理论安全的算法并不实用.

实用 MAC 基于一个固定的密钥，基于密码安全性研究的思路，有以下安全性考虑.

首先，攻击者可能的攻击手段按攻击能力由弱到强主要分为以下三种.

(1) 已知消息攻击：攻击者拥有一些消息和对应的 MAC.

(2) 选择消息攻击：攻击者先选择一些消息，然后得到对应的 MAC.

(3) 动态(适应性)选择消息攻击：攻击者在获得一些消息及对应的认证码后，可以根据得到的信息选择新的合适消息并获得对应的 MAC.

攻击 MAC 的最终目的在于得到和消息一致的 MAC，也称伪造 MAC，根据伪造成功的程度，MAC 的安全级别按由低到高主要有以下三类.

(1) 密钥恢复：攻击者可以得到使用的密钥，则可以伪造任意消息的 MAC，即完全攻破.

(2) 选择性伪造：攻击者能以不可忽略的概率对事先选定的消息产生一个合法的 MAC.

(3) 存在性伪造：攻击者至少能够为某一条(新的)消息产生有效的 MAC.

安全的 MAC 要求能够抵抗动态选择消息攻击下的存在性伪造.

6.1.2 几种典型消息认证码

MAC 算法的设计主要分为两类：一是采用现有的密码技术通过合适的模式构造 MAC；二是设计专门的 MAC 算法.

对于第一类设计，目前实用 MAC 的构造方法主要有两类：一类是把密钥作为要被 Hash 函数处理的消息的一部分，从而在一个不带密钥的 Hash 函数中介入密钥，最后以 Hash 函数值作为 MAC；另一类是利用分组密码的 CBC 模式，以最后密文分组作为 MAC.

1. 基于 Hash 函数构造 MAC

从实用的角度, MAC 应有固定的相对较短的长度以便于处理. 为对任意长消息生成定长的 MAC, 一个自然的方法是首先将任意消息用 Hash 函数压缩到定长, 然后用一个“小”的 MAC 算法从定长的消息得到 MAC. 理论论证表明, 如果 Hash 函数和“小”的 MAC 满足对应安全要求, 则上述嵌套形式构造的 MAC 是安全的.

基于 Hash 函数构造 MAC 的典型实例是 HMAC, 这是一个被提议作为 FIPS 标准的 MAC 算法. 下面基于 SHA-1 来描述 HAMC, 这个版本的 HMAC 使用 512 比特的密钥, 记为 k, 记 x 是需要认证的消息, ipad = 3636⋯36 和 opad = 5C5C⋯5C 是两个 (十六进制表示的) 512 比特常数.

160 比特 HMAC 定义为

$$\mathrm{HMAC}_k(x) = \text{SHA-1}((k \oplus \mathrm{opad}) \,\|\, \text{SHA-1}((k \oplus \mathrm{ipad}) \,\|\, x))$$

其中 “‖” 表示消息的链接, 加入两个常数的目的是避免弱密钥.

2. 基于分组密码构造 MAC

分组密码的 CBC 应用模式由一个记作 IV 的初始向量开始, 定义 $y_0 = \mathrm{IV}$, 每个明文分组 x_i 在用密钥 k 加密之前, 与前一个密文分组 y_{i-1} 异或, 即

$$y_i = E_k(y_{i-1} \oplus x_i), \quad i \geqslant 1$$

假定 $(\boldsymbol{P}, \boldsymbol{C}, \boldsymbol{K}, \boldsymbol{E}, \boldsymbol{D})$ 是用于 CBC-MAC 的一个分组加密体制, 其中 $\boldsymbol{P} = \boldsymbol{C} = \{0,1\}^t$, t 为分组长度. CBC-MAC 中固定取 IV 为由 t 个 0 组成的比特串. 对认证消息需要通过适当的尾部填充使其长度是分组长的整数倍. 令

$$\boldsymbol{x} = x_1 \,\|\, x_2 \,\|\, \cdots \,\|\, x_n$$

是长度为 tn 的比特串, 其中每个 x_i 都是长度为 t 的比特串. 设 $k \in \boldsymbol{K}$ 为分组密码选定的密钥, 从而为 MAC 的密钥.

CBC-MAC$_k(x)$如下:

令 $\boldsymbol{x} = x_1 \,\|\, x_2 \,\|\, \cdots \,\|\, x_n$

$\mathrm{IV} \leftarrow 00\cdots0$

$y_0 \leftarrow \mathrm{IV}$

for $i \leftarrow 1$ to n

$y_i \leftarrow E_k(y_{i-1} \oplus x_i)$

return(y_n)

CBC-MAC 实质是使用分组密码的 CBC 模式加密, 将最后一块密文作为 MAC, 由于 CBC 模式的特点, 最后一块密文受所有明文块的影响, 所以适合用作 MAC. 理论证明, 当加密算法安全时, 对应的 CBC-MAC 是安全的.

3. 其他 MAC 算法

由于 Hash 函数和 MAC 的相似性, 基于 Hash 函数设计 MAC 是主流的方式, 提出过许多类似 HMAC 的基于 Hash 函数的 MAC 模式.

NESSIE 项目推荐的 MAC 算法除 HMAC 和 CBC-MAC 外, 还有 Two-Track-Mac 和 UMAC.

6.2 Hash 函数

Hash 函数 $H(M)$ 作用于一个任意长度的消息 M, 它返回一个固定长度的 Hash 值 h. 输入为任意长度且输出为固定长度的 Hash 函数有很多种, 但在密码学中的 Hash 函数具有能保障数据的完整性, 因此, 通常需要它还具有下列性质: ①有效性: 给定 M, 很容易计算 h; ②单向性: 给定 h, 根据 $H(M)=h$ 计算 M 很难; ③无碰撞性: 给定 M, 要找到另一消息 M' 并满足 $H(M)=H(M')$ 很难; ④混合性: 对于任意输入 x, 输出的 Hash 值 h 应当和区间 $[0, 2^{|h|}]$ 中均匀的二进制串在计算上是不可区分的.

Hash 函数在密码学中有着广泛的应用背景. 在数字签名中, Hash 函数可以用来产生消息摘要, 为数字签名提供更加可靠的安全性, 在具有实用安全性的公钥密码系统中, Hash 函数被广泛地用于实现密文正确性验证机制. 对于要获得可证安全的抵抗主动攻击的加密体制来说更是必不可少. 在需要随机数的密码学应用中, Hash 函数被广泛地用于产生实用的伪随机数.

单向 Hash 函数按其是否有密钥控制分为两大类: 一类有密钥控制, 称之为密码 Hash 函数, 用 $h(k, m)$ 表示, 此类函数具有身份验证功能. 带密钥的 Hash 函数通常用来作 MAC. 另一类 Hash 函数无密钥控制, 称为一般 Hash 函数, 用 $h(m)$ 表示, 一般用于检测接收数据的完整性. 不带密钥的 Hash 函数的消息摘要 $y=h(m)$, 需要保存在安全的地方, 而带密钥的 Hash 函数的消息摘要 $y=h(k, m)$, 可以在不安全信道上传输.

由于 Hash 函数应用的多样性和其本身的特点而有很多的名字, 其含义也有差别, 如压缩函数 (compression)、紧缩函数 (contraction)、数据认证码 (data authentication code)、消息摘要 (message digest)、数字指纹、数据完整性校验 (data integrality check)、密码检验和 (cryptographic check sum)、MAC、篡改检测码 (manipulation detection code, MDC) 等. 从这些应用背景中可以看到: 我们需要具有单向性、无碰撞的 Hash 函数. 下面我们来考察在密码应用中 Hash 函数应具有的安全性质.

6.2.1 Hash 函数的安全性

1. 三个问题和三个安全标准[1]

Hash 函数的安全性

我们由三个问题引出三个 Hash 函数的安全性标准.

定义 6.2 给定一个 Hash 函数 h, y 为一个消息摘要, 寻找出 x 使得 $y = h(x)$的问题称为原像问题. 给定一个 Hash 函数 h, y 为一个消息摘要, 若要找出 x 使得 $y = h(x)$ 在计算上不可行, 则称此 Hash 函数为单向的.

定义 6.3 如果有两个消息 $m_1, m_2, m_1 \neq m_2$, 使得 $h(m_1) = h(m_2)$, 我们就说这两个消息 m_1 和 m_2 是碰撞(collision)的消息.

定义 6.4 给定 Hash 函数 h 和任意给定的消息 m, 寻找一个 m', $m' \neq m$, 使得 $h(m') = h(m)$ 的问题称为第二原像问题. 给定Hash函数h和任意给定的消息m, 如果要找一个 m', $m' \neq m$, 使得 $h(m') = h(m)$在计算上不可行, 则称 h 是弱无碰撞的 Hash 函数(weak collision-free Hash function).

定义 6.5 给定一个 Hash 函数 h, 寻找到任意一对消息 $m_1, m_2, m_1 \neq m_2$, 使得 $h(m_1) = h(m_2)$的问题称为碰撞问题. 给定一个 Hash 函数 h, 如果要找到任意一对消息 $m_1, m_2, m_1 \neq m_2$, 使得 $h(m_1) = h(m_2)$在计算上不可行, 则称 h 是强无碰撞的 Hash 函数(strong collision-free Hash function).

2. 安全标准的比较

由定义可以看出, 弱无碰撞的 Hash 函数是在给定 m 下, 考察与这个特定 m 的无碰撞性; 而强无碰撞的 Hash 函数是考察输入集中任意两个元素的无碰撞性. 因此, 如果一个 Hash 函数是强无碰撞的, 则该函数一定是弱无碰撞的.

下面我们可以看到, 如果一个 Hash 函数是强无碰撞的, 则该函数一定是单向的. 假定 Hash 函数为 $h: X \to Y$, 其中 X 和 Y 均是有限集, 且$|X| \geqslant 2|Y|$. 这种假定是合理的. 这是因为: 如果我们考虑将X中的元素编码成长度为$\log_2 |X|$的比特串, Y中元素编码成长度为 $\log_2 |Y|$的比特串, 那么消息摘要长度至少比原消息短一半.

定理 6.1 假设 $h: X \to Y$是一个 Hash 函数, 其中定义域X和值域Y是有限集, 而且$|X| \geqslant 2|Y|$. 若存在 h 原像问题的一个(1, q)-算法, 则存在一个碰撞问题的概率 Las Vegas 算法(1/2, q+1), 它能找到 h 的一个碰撞的概率至少为 1/2.

证明 略.

定理6.1表明, 只要h是强无碰撞的, 那么h一定是单向的函数. 这就是说, 强无碰撞性不仅包含了弱无碰撞性, 而且也包含了单向性. 我们以后总将注意力限制在强无碰撞的 Hash 函数上.

易见, 强无碰撞的 Hash 函数比弱无碰撞的 Hash 函数的安全性要强. 因为弱无碰撞的 Hash 函数不能保证找不到一对消息 $m, m', m \neq m'$ 使得 $h(m') = h(m)$, 也许有消息 $m, m', m \neq m'$, 使得 $h(m') = h(m)$. 然而, 对随机选择的消息 m, 要故意地选择另一个消息 m', $m \neq m'$使得 $h(m') = h(m)$是计算上不可行的. 值得注意的是, 弱无碰撞的 Hash 函数随着重复使用次数的增加而安全性逐渐降低, 这是因为用同一个弱无碰撞的 Hash 函数的消息越多, 找到一个消息的 Hash 值等于先前消息的 Hash 值的机会就越大, 从而系统的总体安全性降低. 强无碰撞的 Hash 函数不会因其重复使用而降低安全性.

利用诸如离散对数问题、因子分解问题、背包问题等一些计算困难的数论问题可以构造出许多 Hash 函数. 用这种方法构造出来的 Hash 函数的安全性自然依赖于求解这些问题的困难性. 用这些方法构造 Hash 函数是一种理论上安全的 Hash 函数, 但在实际中, 这种方法往往不被采用, 原因是效率问题, 实现速度比较慢.

3. 随机预言模型

如果 Hash 函数 h 设计得好, 对给定的 m, 求出函数 h 在点 m 的值应当是得到 $h(x)$的唯一有效的方法. 甚至当其他的值 $h(m_1)$, $h(m_2)$,⋯ 已经计算出来, 这仍然应该是正确的. 在实际中, 要设计这样的 Hash 函数是一件不容易的事.

由 Bellare 和 Rogaway 引入的随机预言模型[2] (random oracle model) 提供了一个“理想的” Hash 函数的数学模型. 在这个模型中, 随机从 $F^{X,Y}$ 中选出一个 Hash 函数 $h: X \rightarrow Y$, 我们仅允许预言访问函数 h. 这意味着不会给出一个公式或算法来计算函数 h 的值. 因此, 计算 $h(x)$的唯一方法是询问预言.

随机预言模型是一个很强的函数, 它组合了以下三种性质, 即确定性、有效性和均匀输出. 这是 Hash 函数某种理想化的安全的模型. 这可以想象为在一个巨大的关于随机数的书中查询 $h(x)$的值, 对于每个 x, 有一个完全随机的值 $h(x)$与之对应. 它是一种虚构的函数, 因为现实中不存在如此强大的计算机或机器. 真实环境中的 Hash 函数仅仅以某种精度仿真随机预言模型的行为, 使它们之间的差异是一个可以忽略的量. 随机预言模型的提出对于要获得可证安全的抵抗主动攻击的加密体制来说是必不可少的. 它在公钥密码系统中有着广泛的应用.

4. 生日攻击

生日攻击不涉及 Hash 算法的结构, 可用于攻击任何 Hash 函数. 生日攻击源于生日问题.

生日问题之一: 在一个教室中至少有多少个学生才能使得有一个学生和另一个已确定的学生的生日相同的概率不小于 0.5?因为除已确定的学生外, 其他学生中任意一个与已确定学生同日生的概率为 1/365, 而不与已确定的学生同日生的概率为 364/365. 所以, 如果教室里有 t 个学生, 则 t–1 个学生都不与已确定学生同日生的概率为$(364/365)^{t-1}$. 因此, 这 t–1 个学生中至少有一个与已确定的学生同日生的概率为

$$p = 1 - \left(\frac{364}{365}\right)^{t-1}$$

要使 $p \geqslant 0.5$, 只要 $\left(\frac{364}{365}\right)^{t-1} \leqslant 0.5$. 不难计算, $t \geqslant 254$ 可使 $p \geqslant 0.5$.

生日问题之二: 在一个教室中至少应有多少学生才能使得有两个学生的生日在同一天的概率不小于 0.5? 我们知道, 第一个人在特定日生的概率为 1/365, 而第二个人不在该日生的概率为 1–1/365, 类似地, 第三个人与前两个人不同日生的概率为(1–2/365)⋯, 以此类推, t 个人都不同日生的概率为

$$\left(1-\frac{1}{365}\right)\left(1-\frac{2}{365}\right)\cdots\left(1-\frac{t-1}{365}\right)$$

因此, 至少有两个学生同日生的概率为

$$p = 1 - \prod_{i=1}^{t-1}\left(1-\frac{i}{365}\right)$$

当 x 是一个比较小的实数时, $1-x \cong \mathrm{e}^{-x}$, 而

$$\mathrm{e}^{-x} = 1 - x + \frac{x^2}{2!} - \frac{x^3}{3!} + \cdots$$

故

$$\prod_{i=1}^{t-1}\left(1-\frac{i}{365}\right) \cong \prod_{i=1}^{t-1}\mathrm{e}^{-\frac{i}{365}} = \mathrm{e}^{-\frac{t(t-1)}{2\times 365}}$$

由 $p = 1 - \mathrm{e}^{-\frac{t(t-1)}{2\times 365}}$ 可得 $\mathrm{e}^{\frac{t(t-1)}{365}} = \frac{1}{(1-p)^2}$, 两边取对数可得

$$t^2 - t = 365\ln\frac{1}{(1-p)^2}$$

去掉 t 这一项, 我们有 $t \cong \left(365\ln\frac{1}{(1-p)^2}\right)^{\frac{1}{2}}$. 取 $p = 0.5$, $t = 1.17\sqrt{365} \cong 22.3$. 因而在一个教室中至少有 23 名学生才能使得至少有两个学生生日在同一天的概率大于 0.5.

弱无碰撞的 Hash 函数正是基于类似于生日问题之一的攻击而定义的, 而强无碰撞的 Hash 函数则是基于类似于生日问题之二的攻击而定义的.

例 6.1 令 h 是一个 Hash 值为 80bit 的 Hash 函数, 并假定 2^{80} 个 Hash 值出现的概率相等, 在消息集中找一对消息 m 和 m', 使 $h(m') = h(m)$, 根据生日问题之二

所需的试验次数至少为 $1.17\times2^{40} < 2\times10^{12}$. 利用计算机, 至多用几天时间就能找到 m 和 m'. 由此可见, Hash 值仅为 80bit 的 Hash 函数不是强无碰撞的 Hash 函数.

在一般情况下, 假设往 M 个箱子中随机投 q 个球, 然后检查是否有一箱子装有至少两个球 (设 Hash 函数 $h: X\to Y$, 这 q 个球对应于 q 个随机的 x_i, 而 M 对应于 Y 中可能的元素个数, 即消息摘要集合的大小). 有结论: 在 X 中对超过 $1.17\sqrt{M}$ 个随机元素计算出的 Hash 函数值里面有至少 50% 的概率出现一个碰撞. 这种生日攻击意味着, 安全消息摘要的长度有一个下界 $1.17\sqrt{M}$. 目前, 在应用密码学中广泛使用的 Hash 函数是 SHA-1 和 RIPEMD-160, 它们的输出长度都是 160 比特, 抗击攻击的能力约为 2^{80} 的计算能力. 而对于最新公开征集的 SHA-3，它的输出长度至少是 224bit，抗攻击能力约为 2^{112} 的计算能力.

6.2.2 安全 Hash 函数算法

1. SHA-1

SHA-1[3]在 1995 年由 NIST 和 DSA 同时提议作为标准, 并且被采纳为 FIPS180-1. SHA-1 是 SHA 的小变形. 2001 年 5 月 30 日, NIST 宣布 FIPS 180-2[4] 的草案接受公众评审, 这次提议的标准包括 SHA-1 和 SHA-256、SHA-384、SHA-512. SHA(Secure Hash Algorithm) 是美国 NIST 和 NSA(国家安全局)共同设计的一种标准 Hash 算法, 它合并了各种各样的修正来增强安全性, 抵抗以前版本中已经发现的攻击. 例如, 在 MD4[5,6]中 “完全” Hash 函数以及 MD5[7,8]中压缩函数的碰撞被揭示出来. 它用于数字签名标准 (digital signature standard, DSS), 也可用于其他需要 Hash 算法的情况. SHA-1 算法具有较高的安全性.

SHA-1 算法

SHA-1 算法和 MD5 一样, 将消息填充成 512bit 的整数倍: 首先填充一个 1; 然后填充适当的 0, 使其长度正好为 512bit 的倍数减去 64; 最后 64bit 表示填充前的消息长度.

SHA-1 算法构造消息摘要可按以下步骤进行:

(1) 给出五个 32bit 变量 (A, B, C, D, E) 的初始值 (因为该算法要产生 160bit 的 Hash 值, 所以比 MD5 多一个 32bit 变量), 以十六进制表示为

$$A = 6\ 7\ 4\ 5\ 2\ 3\ 0\ 1$$

$$B = \mathrm{e\ f\ c\ d\ a\ b}\ 8\ 9$$

$$C = 9\ 8\ \mathrm{b\ a\ d\ c\ f\ e}$$

$$D = 1\ 0\ 3\ 2\ 5\ 4\ 7\ 6$$

$$E = \mathrm{c}\ 3\ \mathrm{d}\ 2\ \mathrm{e}\ 1\ \mathrm{f}\ 0$$

(2) 执行算法的主循环: 主循环次数是消息中 512bit 分组的数目. 每次主循环

处理 512bit 消息. 这 512bit 消息分成 16 个 32bit 字 $m_0 \sim m_{15}$，并将它们扩展变换成所需的 80 个 32bit 的字 $w_0 \sim w_{79}$，其变换方法如下:

$$w_t = m_t, \qquad t = 0, \cdots, 15$$

$$w_t = (m_{t-3} \oplus m_{t-8} \oplus m_{t-14} \oplus m_{t-16}) <<< 1, \qquad t = 16, \cdots, 79$$

SHA 算法同样用了四个常数:

$$k_t = 5a827999, \quad t = 0, \cdots, 19$$

$$k_t = 6ed9eba1, \quad t = 20, \cdots, 39$$

$$k_t = 8f1bbcdc, \quad t = 40, \cdots, 59$$

$$k_t = ca62c1d6, \quad t = 60, \cdots, 79$$

先将 A, B, C, D, E 置入五个寄存器: $A \to a, B \to b, C \to c, D \to d$ 和 $E \to e$. 主循环有四轮, 每轮 20 次操作(MD5 有四轮, 每轮有 16 次操作), 每次操作对 a,b,c,d 和 e 中的三个进行一次非线性运算, 然后进行与 MD5 类似的移位运算和加运算(图 6.1).

SHA-1 算法的非线性函数为

$$f_t(X, Y, Z) = (X \wedge Y) \vee ((\neg X) \wedge Z), \qquad t = 0, \cdots, 19$$

$$f_t(X, Y, Z) = X \oplus Y \oplus Z, \qquad t = 20, \cdots, 39$$

$$f_t(X, Y, Z) = (X \wedge Y) \vee (X \wedge Z) \vee (Y \wedge Z), \qquad t = 40, \cdots, 59$$

$$f_t(X, Y, Z) = X \oplus Y \oplus Z, \qquad t = 60, \cdots, 79$$

其中 $\oplus$, $\wedge$ 和 $\vee$ 分别是逐位模 2 加、逐位与和逐位或运算, $\neg$是逐位取反.

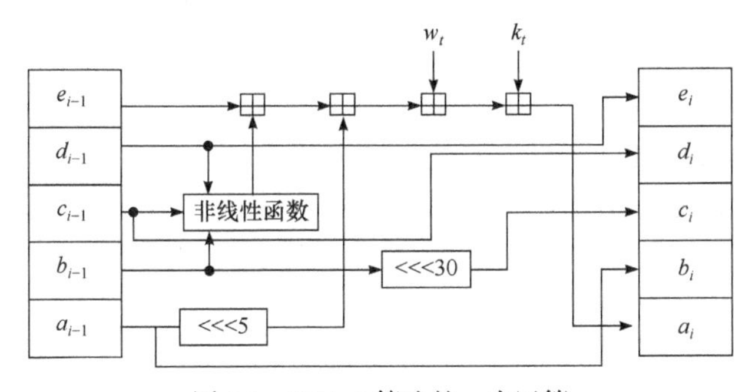

图 6.1　SHA-1 算法的一次运算

设 t 表示操作序号($t = 0, \cdots, 79$), w_t 表示扩展后消息的第 t 个子分组, $<<< s$ 表示循环左移 s 位, 则主循环如下所示:

for　$t = 0$　to　79

　　$\text{TEMP} = (a <<< 5) + f_t(b, c, d) + e + w_t + k_t$

　　$e = d$

　　$d = c$

　　$c = b <<< 30$

$b = a$

$a = \text{TEMP}$

在这之后 a, b, c, d 和 e 分别加上 A、B、C、D 和 E 作为下一个 512bit 分组的寄存器输入，然后用下一个 512bit 数据分组继续运行算法，最后的输出是 $h(m) = A\|B\|C\|D\|E$.

2. SHA-3

自 2004 年起，一系列被广泛应用的 Hash 函数，如 MD4, MD5, SHA-1 等受到我国学者王小云教授提出的模差分和消息修改方法的攻击[9,10]. 为此，NIST 于 2007 年 11 月在全球发起征集新一代 Hash 函数标准 SHA-3 的计划. 截至 2008 年 10 月，该计划共收到 64 个算法. 2008 年 12 月，NIST 从这 64 个算法中选出 51 个进入第一轮评估. 2009 年 7 月，NIST 公布了在第一轮评估中胜出的 14 个算法. 2010 年 12 月，NIST 选出了进入最后一轮评估的 5 个算法: BLAKE, Grøstl, JH, Keccak 和 Skein. 2012 年 10 月，NIST 宣布由 Guido Bertoni, Joan Daemen, Michael Peeters 和 Gilles Vas Assche 设计的 Keccak 算法[11]为最终获胜算法，成为 SHA-3 标准.

Keccak 算法是基于新颖的海绵结构(sponge construction)而设计的 Hash 函数，这与 MD 系列 Hash 函数是所基于的 Merkle-Damgard 迭代结构有本质的不同. 海绵结构示意图如图 6.2 所示，其核心是 $b = r + c$ 比特的置换函数 f, 其中 b 表示置换宽度，r 表示比特率，c 表示容量. 当 f 是一个随机置换时，海绵结构被证明与随机预言机是不可区分的. 海绵结构的迭代过程可以分为两个部分: 第一部分是消息的吸收 (absorbing) 过程，每一次吸收 r 比特的消息 P_i 与 f 的 r 比特输出(初始时刻为全 0)进行异或，然后经 f 扩散至整个状态；第二部分是消息摘要的挤压 (squeezing) 过程，每次挤压得到 r 比特消息摘要 z_i, 经过一次或多次挤压截取预期长度的消息摘要. 理论上，海绵结构可以将任意长度的消息压缩成任意长度的消息摘要. SHA-3 共提供了 224, 256, 384, 512 四种消息摘要长度的 Hash 函数，分别称为 SHA3-224, SHA3-256, SHA3-384, SHA3-512. 它们的置换宽度 b 均为 1600, 容量 c 是消息摘要长度的两倍，以抵抗可能的攻击，相关参数如表 6.1 所示.

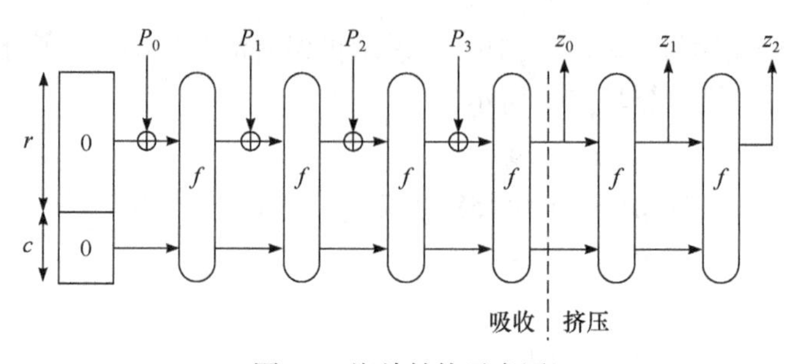

图 6.2　海绵结构示意图

表 6.1　SHA-3 参数对应表

	置换宽度 b	比特率 r	容量 c	消息摘要长度
SHA3-224	1600	1152	448	224
SHA3-256	1600	1088	512	256
SHA3-384	1600	832	768	384
SHA3-512	1600	576	1024	512

下面从消息填充、整体结构、f的状态表示、置换f四个方面进一步介绍 SHA-3.

1) 消息填充.

消息填充的目的是使得填充后的消息长度是 r 的倍数. 设当前消息为 M, 填充后的消息为 P, 则

$$P = M \| 01 \| 1 \| 0^u \| 1$$

且 P 的长度是 r 的倍数, 即 $u = [-(\text{len}(M) + 4)] \bmod r$, 也即 u 等于$-(\text{len}(M) + 4)$模 r 的非负最小剩余, 其中 $\text{len}(M)$ 表示 M 的长度, 01 表示当前使用的 SHA3-224, SHA3-256, SHA3-384 或 SHA3-512.

2) 整体结构.

将填充后的消息 P 分成 n 个 r 比特字, 即

$$P = P_0 \| P_1 \| \cdots \| P_{n-1}$$

其中每个 P_i 的长度均为 r, 其中 $n = \text{len}(P)/r$, 则 SHA-3 的整体结构伪码表示如表 6.2.

表 6.2　SHA-3 整体结构伪码表示

SHA-3 整体结构	
输入	消息 M
输出	d 比特消息摘要 Z
1:	$P = M \| 01 \| 1 \| 0^u \| 1$, 其中 $u = [-(\text{len}(M) + 4)] \bmod r$　/*消息填充*/
2:	将 P 分成 n 个 r 比特字 $P = P_0 \| P_1 \| \cdots \| P_{n-1}$, 其中 $n = \text{len}(P)/r$
3:	$S = 0^{1600}$　/*初始化*/
4:	for all $0 \leqslant i < n$ do
5:	$S = f(S \oplus (P_i \| 0^c))$
6:	end for
7:	return($\text{Trunc}_d(S)$)　/* $\text{Trunc}_d(S)$ 表示截取 S 的前 d 比特 */

注: SHA-3 四个版本的消息摘要长度分别为 224, 256, 384, 512, 由表 6.1 知 $r \geqslant 576$, 因此消息摘要只需挤压 1 次.

3) f 的状态表示.

SHA-3 置换函数 f 是 1600 比特的置换函数, 这 1600 比特的状态可以用一维

数组 $S[1600]=(S[0], S[1], S[2],\cdots, S[1599])$表示，也可以用 $5\times5\times64$ 的立方体 $A[x, y, z]$表示，其中 $0\leqslant x\leqslant4$, $0\leqslant y\leqslant4$, $0\leqslant z\leqslant63$. 图 6.3 给出立方体三维结构及 x, y, z 编号示意图. S 与 A 之间的对应关系如下:

$$A[x, y, z]=S[320\cdot y+64\cdot x+z],\quad 0\leqslant x\leqslant4, 0\leqslant y\leqslant4, 0\leqslant z\leqslant63$$

例 6.2 $A[0, 0, 0]=S[0]$, 对应图 6.3 中的阴影(a 对应); $A[3, 3, 0]=S[1152]$, 对应图 6.3 中的阴影(b 对应); $A[3, 2, 1]=S[833]$, 对应图 6.3 中的阴影(c 对应).

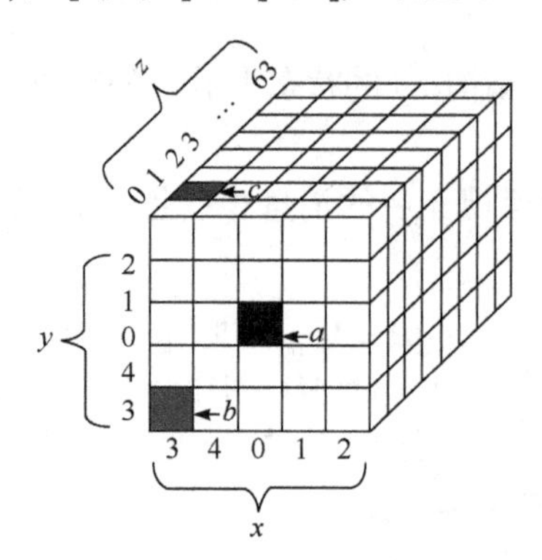

图 6.3 SHA-3 状态立方体结构示意图

图 6.4 进一步给出了 SHA-3 状态空间结构示意图, 除了已经介绍的立方体结构外, 还包含了:

面(plane) 立方体在 xz 平面的截面, 称为面(Plane), 由图 6.3 知, 该立方体共有 5 个面, 从下到上依次记为 Plane(3), Plane(4), Plane(0), Plane(1), Plane(2);

片(slice) 立方体在 xy 平面的截面, 称为片, 由图 6.3 知, 该立方体共有 64 个片, 从前往后依次记为 Slice(0), Slice(1),$\cdots$, Slice(63);

板(sheet) 立方体在 yz 平面的截面, 称为板, 由图 6.3 知, 该立方体共有 5 个板, 从左到右依次记为 Sheet(3), Sheet(4), Sheet(0), Sheet(1), Sheet(2);

行(row) x 轴方向上的一条立方体, 称为行, 由图 6.3 知, 该立方体共有 320 个行, 记为 Row(y, z), $0\leqslant y\leqslant4$, $0\leqslant z\leqslant63$;

列(column) y 轴方向上的一条立方体, 称为列, 由图 6.3 知, 该立方体共有 320 个列, 记为 Column(x, z), $0\leqslant z\leqslant4$, $0\leqslant z\leqslant63$;

道(lane) z 轴方向上的一条立方体, 称为道, 由图 6.3 知, 该立方体共有 25 个列, 记为 Lane(x, y), $0\leqslant x\leqslant4$, $0\leqslant y\leqslant4$;

比特(bit) 立方体中每个方格单位, 称为比特, 由图 6.3 知, 该立方体共有 1600 个方格, 对应 1600 个状态比特.

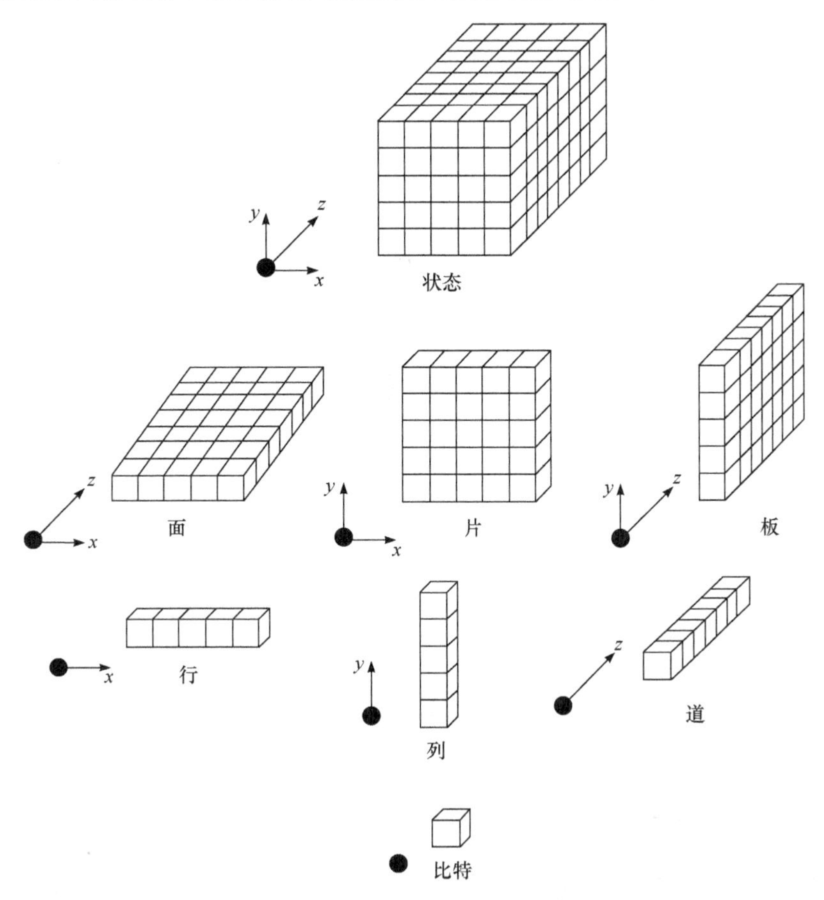

图 6.4　SHA-3 状态空间结构示意图

4) 置换 f.

SHA-3 置换 f 是一个迭代置换，由 24 轮组成，每轮依次作 $\theta, \rho, \pi, \chi, \tau$ 五个变换，即

$$\mathrm{Rnd} = \tau \cdot \chi \cdot \pi \cdot \rho \cdot \theta$$

其中 θ, ρ, π, τ 是线性变换，χ 是唯一的非线性变换. 下面分别介绍上述五个变换.

A. θ 变换.

对 $0 \leqslant x < 5, 0 \leqslant y < 5, 0 \leqslant z < 64$, θ 变换如下:

$\theta: A[x, y, z]$

$$\leftarrow A[x, y, z] \oplus \bigoplus_{y'=0}^{4} A[x-1 \bmod 5, y', z] \oplus \bigoplus_{y''=0}^{4} A[x+1 \bmod 5, y'', z-1 \bmod 64]$$

该变换将 $A[x, y, z]$ 比特附近的两列(column)比特之和加到该比特上，其空间示意图如图 6.5 所示.

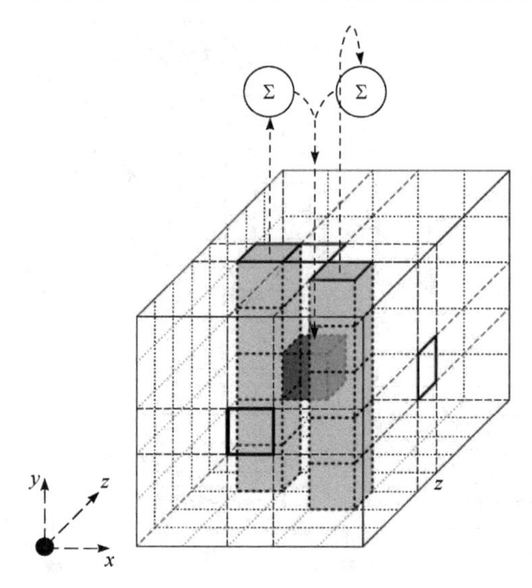

图 6.5 θ 变换示意图

该变换的伪码如表 6.3 所示.

表 6.3 θ 变换伪码表示

θ 变换	
输入	状态数组 A
输出	状态数组 A'
1:	for all $0 \leqslant x < 5$ do
2:	for all $0 \leqslant z < 64$ do
3:	$C[x,z] = A[x, 0, z] \oplus A[x, 1, z] \oplus A[x, 2, z] \oplus A[x, 3, z] \oplus A[x, 4, z]$
4:	end for
5:	end for
6:	for all $0 \leqslant x < 5$ do
7:	for all $0 \leqslant z < 64$ do
8:	$D[x,z] = C[(x-1) \bmod 5, z] \oplus C[(x+1) \bmod 5, (z-1) \bmod 64]$
9:	end for
10:	end for
11:	for all $0 \leqslant x < 5$ do
12:	for all $0 \leqslant y < 5$ do
13:	for all $0 \leqslant z < 64$ do
14:	$A'[x, y, z] = A[x, y, z] \oplus D[x, z]$
15:	end for
16:	end for
17:	end for
18:	return(A')

B. ρ 变换.

对 $0 \leqslant x < 5, 0 \leqslant y < 5, 0 \leqslant z < 64$, ρ变换如下:

$$\rho: A[x, y, z] \leftarrow A[x, y, z - s(x, y)]$$

其中 $s(x, y)$是关于 x, y 的函数, 表示偏移量, 其具体数值如表 6.4 所示. 对于给定的 $x, y, s(x, y)$的值是确定, 因此 ρ 变换实际上是对 x, y 所对应的道 Lane(x, y)进行循环移动 $s(x, y)$位.

表 6.4　ρ 变换偏移量

$s(x, y)$	$x=3$	$x=4$	$x=0$	$x=1$	$x=2$
$y=2$	25	39	3	10	43
$y=1$	55	20	36	44	6
$y=0$	28	27	0	1	62
$y=4$	56	14	18	2	61
$y=3$	21	8	41	45	15

该变换的伪码如表 6.5 所示.

表 6.5　ρ 变换伪码表示

```
ρ 变换
输入  状态数组 A
输出  状态数组 A'
1:  s[5,5] = [0,36,3,41,18; 1,44,10,45,2; 62,6,43,15,61; 28,55,25,21,56; 27,20,39,8,14]
2:  for all 0 ⩽ x < 5 do
3:    for all 0 ⩽ y < 5 do
4:      for all 0 ⩽ z < 64 do
5:        A'[x, y, z] = A[x, y, z − s(x, y)]
6:      end for
7:    end for
8:  cnd for
9:  return(A')
```

C. π 变换.

对 $0 \leqslant x < 5, 0 \leqslant y < 5, 0 \leqslant z < 64$, π变换如下:

$$\pi: A[x, y, z] \leftarrow A[(x + 3y) \bmod 5, x, z]$$

该变换对 xy 平面的每个片 Slice(z)进行片内置换, 其空间示意图如图 6.6 所示.

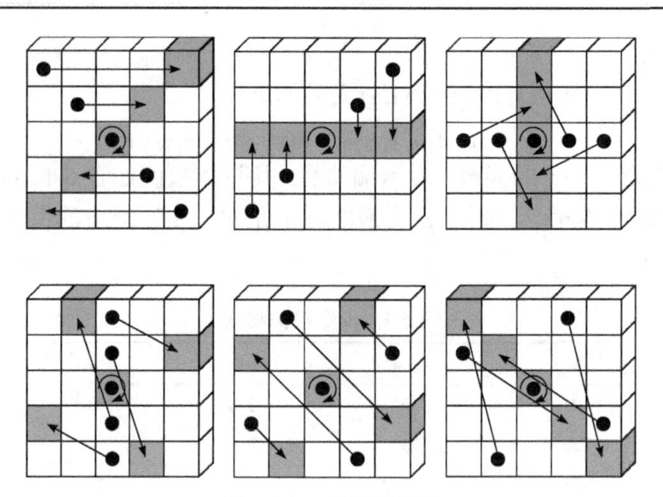

图 6.6　π 变换示意图

该变换的伪码如表 6.6 所示.

表 6.6　π 变换伪码表示

π 变换	
输入	状态数组 A
输出	状态数组 A'
1:	for all $0 \leqslant x < 5$ do
2:	for all $0 \leqslant y < 5$ do
3:	for all $0 \leqslant z < 64$ do
4:	$A'[x, y, z] = A[(x + 3y) \bmod 5, x, z]$
5:	end for
6:	end for
7:	end for
8:	return(A')

D. χ 变换.

对 $0 \leqslant x < 5, 0 \leqslant y < 5, 0 \leqslant z < 64$, χ 变换如下:

$$\chi: A[x, y, z] \leftarrow A[x, y, z] \oplus ((A[(x+1) \bmod 5, y, z] \oplus 1) \cdot A[(x+2) \bmod 5, y, z])$$

该变换对每个 y, z 所对应的行 Row(y, z) 进行非线性变换, 其空间示意图如图 6.7 所示.

该变换的伪码如表 6.7 所示.

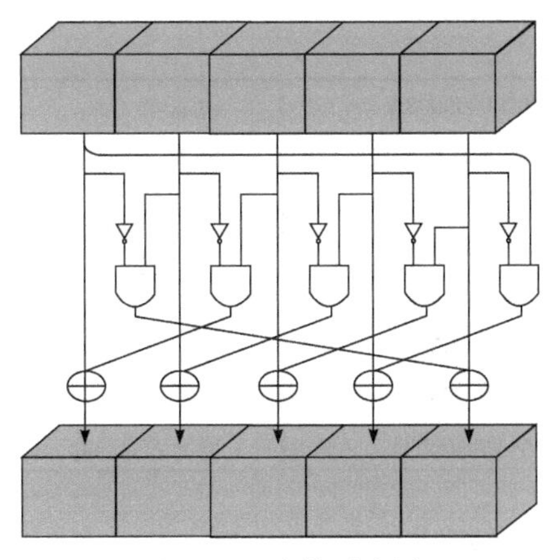

图 6.7　χ 变换示意图

表 6.7　χ 变换伪码表示

χ 变换	
输入	状态数组 A
输出	状态数组 A'
1:	for all $0 \leqslant x < 5$ do
2:	for all $0 \leqslant y < 5$ do
3:	for all $0 \leqslant z < 64$ do
4:	$A'[x, y, z] = A[x, y, z] \oplus ((A[(x+1) \bmod 5, y, z] \oplus 1) \cdot A[(x+2) \bmod 5, y, z])$
5:	end for
6:	end for
7:	end for
8:	return(A')

E. τ 变换.

τ 变换只作用于道 Lane(0, 0), 并对 Lane(0, 0)异或一个与轮数有关的 64 比特轮常数, 即对 $0 \leqslant z \leqslant 63$,

$$\tau: A[0,0\ z] \leftarrow A[0, 0, z] \oplus \mathrm{RC}_i[z]$$

其中 $\mathrm{RC}_i = (\mathrm{RC}_i[0], \mathrm{RC}_i[1], \cdots, \mathrm{RC}_i[63])$是第 i 轮轮常数, 其取值如表 6.8 所示.

表 6.8　τ 变换的轮常数

RC_0	0x0000000000000001	RC_4	0x000000000000808B
RC_1	0x0000000000008082	RC_5	0x0000000080000001
RC_2	0x800000000000808A	RC_6	0x8000000080008081
RC_3	0x8000000080008000	RC_7	0x8000000000008009

续表

RC_8	0x000000000000008A	RC_{16}	0x8000000000008002
RC_9	0x0000000000000088	RC_{17}	0x8000000000000080
RC_{10}	0x0000000080008009	RC_{18}	0x000000000000800A
RC_{11}	0x000000008000000A	RC_{19}	0x800000008000000A
RC_{12}	0x000000008000808B	RC_{20}	0x8000000080008081
RC_{13}	0x800000000000008B	RC_{21}	0x8000000000008080
RC_{14}	0x8000000000008089	RC_{22}	0x0000000080000001
RC_{15}	0x8000000000008003	RC_{23}	0x8000000080008008

该变换的伪码如表 6.9 所示.

表 6.9　τ 变换伪码表示

τ 变换	
输入	状态数组 A, 轮常数 RC_i
输出	状态数组 A'
1:	for all $0 \leqslant z < 64$ do
2:	$A'[0,0\ z] \leftarrow A[0,0,z] \oplus RC_i[z]$
3:	end for
4:	return(A')

6.2.3　SM3 算法

SM3 算法是由王小云等基于 SHA-2 设计的 Hash 函数, 由国家密码管理局于 2010 年发布. 其采用 Merkle-Damgard 结构, 对输入长度小于 2^{64} 比特的消息, 分组长度为 512 比特, 经过填充和迭代压缩, 生成长度为 256 比特的 Hash 值. SM3 算法安全性与 SHA-256 相当, 被广泛地应用于数据的完整性检验、数字签名及验证、消息认证码生成及验证、随机数生成、密钥交换和数据加密等.

SM3 算法作为国产 Hash 算法, 体现了我国自主创新水平的提升, 增强了我国自主研发密码算法的自信心, 同时也为云计算、物联网等新基建的安全发展保驾护航, 为网络空间安全秩序提供了高质量的密码技术和服务, 为密码事业发展奠定了更加坚实的科技基础.

针对 SM3 算法的攻击很少, 目前主要有: Zou 等[12]在 2011 年使用初始结构、部分匹配和消息补偿等技术改进了标准的中间相遇原像攻击, 提出了对缩减到 28 轮(从第一轮开始)和 30 轮(从第七轮开始)的 SM3 算法的原像攻击方法, 这是针对 SM3 算法的第一个原像攻击结果. 随后, 在 2012 年的 SAC 会议上 Kircanski 提出了一种针对 SM3 算法的 boomerang 攻击[13], 其采用了一种高阶差分密码分析方法, 并在此基础上, 针对缩减到 32 轮的 SM3 算法提出了一种实用的 4 和区分器. 在之后的时间里, 学者们尝试对其结果进行改进. Wang 等[14]提出了对缩减到 29/30/31/32 轮 SM3 算法的 (伪) 原像攻击和伪碰撞攻击, 所有攻击都是从第一轮开始进行, 并且这是 SM3 算法 (伪) 碰撞攻击第一个公开发表的结果. 文献[15]对 SM3 算法压缩函数应用 boomerang 攻击, 同时展示了提升到 34/35/36/37 轮的区分器. Shen 等[16]进一步提升了 37 轮区分器的计算复杂度, 并提出了扩展到 38 轮的区分器. Mendel 等[17]给出了对缩减的 SM3 算法的抗碰撞安全性分析, 并展示了对 SM3 算法 20 轮的碰撞攻击以及 24 轮的自由起始碰撞攻击.

1. SM3 Hash 算法相关符号和函数

SM3 Hash 算法的符号定义如表 6.10 所示.

表 6.10 SM3 Hash 算法的符号定义

符号	含义
$B^{(i)}$	第 i 个消息分组
CF	压缩函数
$\mathrm{FF}_j, \mathrm{GG}_j$	布尔函数, 随 j 的变化取不同的表达式
P_0	压缩函数中的置换函数
P_1	消息扩展中的置换函数
m	消息
m'	扩充后的消息
$\wedge$	32 比特与运算
$\vee$	32 比特或运算
$\neg$	32 比特非运算
$\oplus$	32 比特异或运算
$+$	mod 2^{32} 算数加运算
$<<< k$	循环左移 k 比特
$\leftarrow$	左向赋值运算符

SM3 Hash 算法相关函数包括

(1) 初始向量:

IV: 7380166f 4914b3b9 17442d7 da8a0600 a96f30bc 163138aa e38dee4d b0fb0e4e

(2) 常量:

$$T_j = \begin{cases} 79cc4519, & 0 \leqslant j \leqslant 15 \\ 7a879d8a, & 16 \leqslant j \leqslant 63 \end{cases}$$

(3) 布尔函数:

$$FF_j(X,Y,Z) = \begin{cases} X \oplus Y \oplus Z, & 0 \leqslant j \leqslant 15 \\ (X \wedge Y) \vee (X \wedge Z) \vee (Y \wedge Z), & 16 \leqslant j \leqslant 63 \end{cases}$$

$$GG_j(X,Y,Z) = \begin{cases} X \oplus Y \oplus Z, & 0 \leqslant j \leqslant 15 \\ (X \wedge Y) \vee (\neg X \wedge Z), & 16 \leqslant j \leqslant 63 \end{cases}$$

式中, X,Y,Z 为字.

(4) 置换函数:

$$P_0(X) = X \oplus (X <<< 9) \oplus (X <<< 17)$$

$$P_1(X) = X \oplus (X <<< 15) \oplus (X <<< 23)$$

式中, X 为字.

2. SM3 算法描述

SM3 算法本质是对任意输入长度小于 2^{64} 比特的数据经过填充、迭代压缩后,生成 256 比特的 Hash 值. 处理过程如下:

1) 填充.

假设消息 m 的长度为 l 比特. 首先将比特 "1" 添加到消息的末尾, 再添加 k 个 "0", k 是满足 $l+1+k \equiv 448 \pmod{512}$ 的最小的非负整数. 然后再添加一个 64 位比特串, 该比特串是长度 l 的二进制表示. 填充后的消息 m' 的比特长度为 512 的倍数.

2) 迭代压缩.

(1) 迭代过程.

将填充后的消息 m' 按 512 比特进行分组:

$$m' = B^{(0)} B^{(1)} \cdots B^{(n-1)}$$

其中 $n = (l+k+65)/512$.

对 m' 按下列方式迭代:

FOR $i = 0$ TO $n-1$

$V^{(i+1)} = \mathrm{CF}(V^{(i)}, B^{(i)})$

END FOR

其中 CF 是压缩函数, $V^{(0)}$ 为 256 比特初始值 IV, $B^{(i)}$ 为填充后的消息分组, 迭代压缩的结果为$V^{(n)}$.

(2) 消息扩展.

将消息分组$B^{(i)}$按以下方式扩展生成 132 个字$W_0,W_1,\cdots,W_{67},W_0',W_1',\cdots,W_{67}'$,用于压缩函数CF:

① 将消息分组$B^{(i)}$划分为 16 个字$W_0,W_1,\cdots,W_{15}$.

② FOR $j=16$ TO 67

$W_j \leftarrow P_1(W_{j-16} \oplus W_{j-9} \oplus (W_{j-3} <<< 15)) \oplus (W_{j-13} <<< 7) \oplus W_{j-6}$

END FOR

③ FOR $j=0$ TO 63

$W_j' \leftarrow W_j \oplus W_{j+4}$

END FOR

(3) 压缩函数.

令 A, B, C, D, E, F, G, H 为字寄存器, SS1, SS2, TT1, TT2 为中间变量, 压缩函数 $V^{(i+1)}=\mathrm{CF}(V^{(i)},B^{(i)}),0\leqslant i\leqslant n-1$. 计算过程描述如下:

```
ABCDEFGH ← V^(i)
FOR j = 0 TO 63
    SS1 ← ((A <<< 12) + E + (T_j <<< j)) <<< 7
    SS2 ← SS1 ⊕ (A <<< 12)
    TT1 ← FF_j(A,B,C) + D + SS2 + W_j'
    TT2 ← GG_j(E,F,G) + H + SS1 + W_j
    D ← C
    C ← B <<< 9
    B ← A
    A ← TT1
    H ← G
    G ← F <<< 9
    F ← E
    E ← P_0(TT2)
END FOR
V^(i+1) ← ABCDEFGH ⊕ V^(i)
```

(4) Hash 值.

$\mathrm{ABCDEFGH} \leftarrow V^{(n)}$

输出 256 比特的 Hash 值$y=\mathrm{ABCDEFGH}$.

SM3 算法的流程如图 6.8 所示.

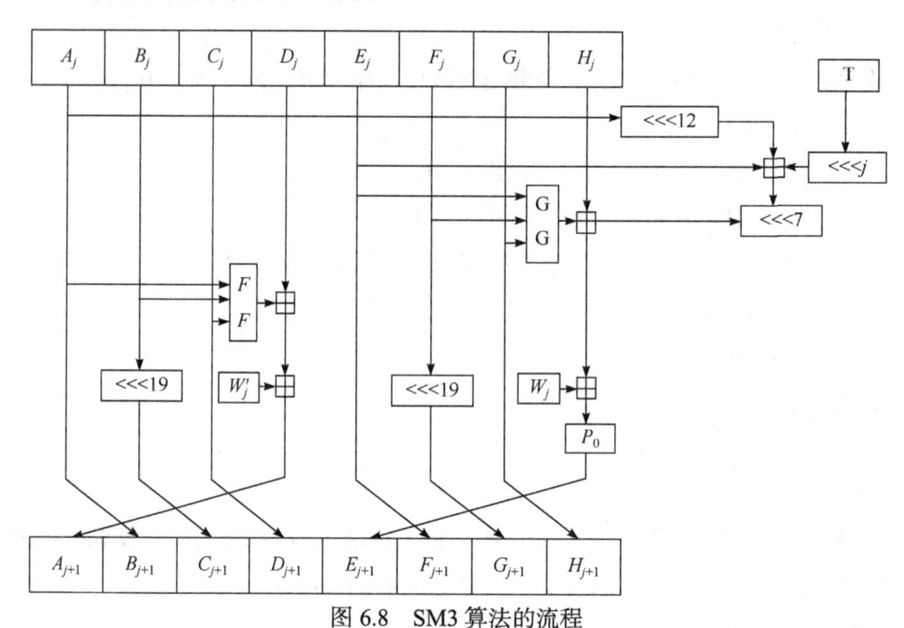

图 6.8 SM3 算法的流程

6.3 数字签名体制

数字签名[18,19](digital signature)是实现消息源身份认证的重要工具, 它在信息安全, 包括身份验证、数据完整性、不可否认性以及匿名性等方面有重要作用, 特别在大型网络安全通信中的密钥分配、认证及电子商务系统中具有特殊作用.

数字签名

传统签名的真正目的是让个人/实体提供同一数据或文档的图章. 当今世界中, 几乎每个合法的经济交易都有正式的书面内容. 文件上的一个或多个签名可保证其真实性. 多个世纪以来, 法律系统已经使签名发展成为一种使交易合法化和正式化的事实选择. 这些合法机制包括一些经受住时间检验的机制, 证实了文档的真实性. 在基于书面文档的世界中, 签名和原始文档始终无法紧密联系在一起, 例如, 把未经授权的文档插入到原始文档和伪造文档之间这样的犯罪活动是非常容易做到的, 同时, 签名者也有可能在一个文档上随便涂画, 并宣布这就是他的实际签名, 那么, 接收方将无法再检验这个签名. 为了避免这些问题, 在一些高额交易中, 通常需要签名者在同一个文档上签名两次. 因此, 在基于书面的世界中可以非常明白地看到: 签名、签名者和被签署文档之间的联系是不安全的.

在商业应用前沿, 传统习惯目前正在经历迅速的变革, 大多数商业通信已经从书面形式转为电子交易形式. 随着电子交易的出现, 数据已经完全变成电子格式, 并且以自动方式进行的交易越来越多, 商业应用程序也越来越智能化, 能够代表人来进行交易. 因为在这些系统中人的干预非常小, 所以就带来了一个附加问题, 即需要能够对消息源进行准确的认证. 电子形式的数据非常容易被篡改, 因为通常情况下, 篡改电子数据格式不会留下任何痕迹. 使用电子数据时, 另一个风险就是假扮某用户. 为了避免假扮用户的攻击, 严格认证用户的身份已经成为迫在眉睫的要求.

数字签名是一种能够以电子形式存储的消息签名的方法. 正因为如此, 签名之后的消息能够通过计算机网络传输. 数字签名实现了签名的数字化, 使只能使用物理形式验证的手写签名变成了可以以数学难题为基础的作为工具的数字化验证. 数字签名能够把签名者与其签署的电子文档紧密联系在一起. 一个数字签名体制包括两部分: 签名算法和验证算法.

一个数字签名体制至少应满足以下三个条件.

(1) 签名者事后不能否认自己的签名, 接收者也不能否认收到的签名消息.

(2) 接收者能验证签名有效性, 而任何其他人都不能伪造签名.

(3) 当双方关于签名的真假发生争执时, 法官或第三者能解决双方之间发生的争执.

为了实现签名, 发送者必须向接收者提供足够的非保密信息, 以便使其能验证消息的签名, 但又不能泄露用于产生签名的机密消息, 以防他人伪造.

按照签名的不同功能可分成普通的数字签名和特殊功能的数字签名(如不可否认签名、盲签名、群签名和代理签名等). 按照验证方法可分成在验证时需要输入被签名信息和在验证时自动恢复被签名信息两类. 按照是否使用随机数可分成确定的和概率的两种签名算法. 按使用公钥系统不同分为基于一般公钥系统和基于身份的公钥系统的签名体制等.

一个数字签名体制由以下部分组成:

(1) 一个明文消息空间 M: 某字母表中串的集合.

(2) 一个签名空间 S: 可能的签名集合.

(3) 一个签名密钥空间 K: 用于生成签名的可能密钥集合和一个认证密钥空间 K': 用于验证签名的可能密钥集合.

(4) 一个有效的密钥生成算法 Gen: $\mathrm{N}\to K\times K'$, 其中 K 和 K' 分别为私钥和公钥空间.

(5) 一个有效的签名算法 Sign: $M\times K\to S$.

(6) 一个有效的验证算法 Verify: $M\times S\times K'\to\{\mathrm{True}, \mathrm{False}\}$.

对任意 $sk\in K$ 和任意的 $m\in M$, 我们用

$$s\leftarrow \mathrm{Sign}_{sk}(m)$$

表示签名变换, 称“s 是用密钥 sk 生成的对消息 m 的签名”.

对任意的私钥 $sk \in K$, 用 pk 表示与 sk 相匹配的公钥. 对于 $m \in M$ 和 $s \in S$, 必有

$$\text{Verify}_{pk}(m, s) = \begin{cases} \text{True}, & \text{概率为1}, \quad s = \text{Sign}_{sk}(m) \\ \text{False}, & \text{压倒性概率}, \quad s \neq \text{Sign}_{sk}(m) \end{cases}$$

其中, 概率空间包括 S, M, K 和 K', 如果签名/验证是概率算法, 那么也许还包括一个随机的输入空间.

在公钥密码体制中, 一个主体可以使用他自己的私钥 "加密" 消息, 所得到的 "密文" 可以用该主体的公钥 "解密" 来恢复成原来的消息, 这样如此生成的 "密文" 和 "被加密" 的消息一起可以起到篡改检验码的作用, 即为消息提供数据完整性保护. 基于公钥密码算法的数字签名本质上是公钥密码算法的逆序应用, 签名算法一般由解密算法来充当, 即用私人密钥签名, 用公开密钥验证.

设用户 A 选用了某公钥密码体制: 公开密钥为 e, 私人密钥为 d, 加、解密算法分别记为 E_d 和 D_e, 则 d 为签名密钥, e 为验证密钥. 设用户 A 要向用户 B 发送消息 m, 并签名, 则用户 A 用自己的私人密钥 d "加密" (签名) 消息 m:

$$s = E_d(m)$$

并把(m, s)发给 B. 用户 B 用 A 的公开密钥 e 验证 ("解密") 签名 s:

$$\text{Verify}_e(m, s) = \text{True} \Leftrightarrow m = D_e(s)$$

一般来讲, 数字签名体制的安全性在于: 由 m 和 m 的签名 s 难以推出密钥 k 或伪造一个(m', s') 使得 $\text{Verify}_{pk}(m', s') = \text{True}$. 实际上, 对一个给定的公钥和签名体制, 有大量的(消息, 签名)对可以利用, 因为它们并非秘密信息. 攻击者应当有权要求签名者对攻击者所选取的消息签名. 这样的攻击称为适应性攻击, 因为它可以用一种适应的方式选取消息. 我们称抵抗适应性选择消息攻击的不可伪造性是强安全的数字签名. 一个签名体制不可能是无条件安全的, 因为对一个给定的消息, 攻击者使用验证算法 Verify_{pk} 可以尝试所有的 $s \in S$, 直到他发现一个有效的签名. 因此, 给定足够的时间, 攻击者总能对任何消息伪造签名. 我们的目的是找到计算上或可证明安全的签名体制.

数字签名几乎总是和一种非常快的 Hash 函数结合使用. 使用具有好的性质的 Hash 函数, 不仅可以提高签名速度、缩短签名长度, 而且可以增加抗伪造攻击的能力. Hash 函数和签名算法的结合参见图 6.9.

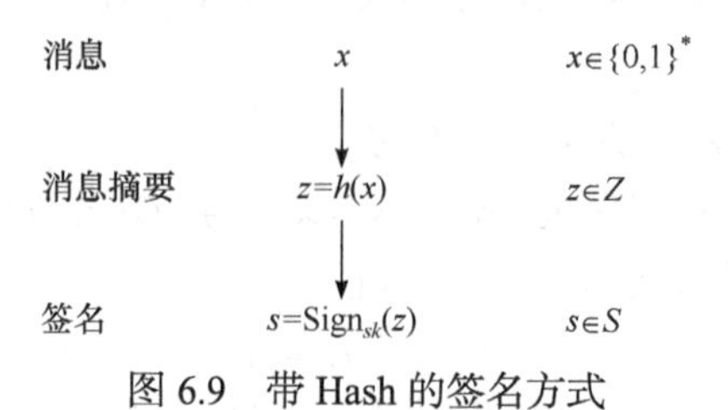

图 6.9　带 Hash 的签名方式

由于 Hash 函数的无碰撞性, 寻找 $m_1, m_2, m_1 \neq m_2, h(m_1) = h(m_2)$是困难的, 这样产生伪造签名的可能性就会很小.

6.3.1 几种著名数字签名体制

到现在为止, 基于公钥的数字签名体制是数字签名体制设计的主流方式, 也就是基于两类数学难题的安全性——大数分解问题和离散对数问题.

1. 基于大数分解问题的数字签名——RSA 数字签名体制

RSA 签名体制是继 Diffie 和 Hellman 提出数字签名思想后的第一个数字签名体制[20],它是由 Rivest, Shamir 和 Adleman 三人实现的, 体制描述如下:

PSA 数字签名体制

设 $n = pq, p$ 和 q 是两个大素数, 令 $M = S = Z_n$, 选取整数 $e, 1 < e < \varphi(n)$, 使 $\gcd(e, \varphi(n)) = 1, ed \equiv 1(\bmod \varphi(n))$, 公开密钥为 n 和 e, 保密 p, q, d. 对消息 $m \in Z_n$, 定义

$$s = \mathrm{Sign}_{sk}(m) \equiv m^d (\bmod n) \tag{6.1}$$

为 m 的签名. 对给定的 m 的签名 s, 可按以下验证条件验证其真假:

$$\mathrm{Verify}_{pk}(m, s) = \mathrm{True} \Leftrightarrow m \equiv s^e (\bmod n) \tag{6.2}$$

如果用户 A 使用 RSA 的解密密钥签一个消息 m, 那么 A 是唯一能产生此签名的人, 这是因为私人密钥 d 只有 A 知道. 而验证算法使用了 RSA 的加密算法, 所以任何人都能验证一个签名是不是一个有效的签名.

RSA 签名体制有三个弱点:

(1) 难防伪造: 如果用户 A 对消息 m_1 和 m_2 的签名分别是 s_1 和 s_2, 那么任何一个拥有(m_1, m_2, s_1, s_2) 的人都可以伪造消息 $m = m_1 m_2$, 并盗用 A 的签名 $s = \mathrm{Sign}_{sk}(m)$. 这是因为

$$\mathrm{Sign}_{sk}(m) = \mathrm{Sign}_{sk}(m_1 m_2) = \mathrm{Sign}_{sk}(m_1)\, \mathrm{Sign}_{sk}(m_2) (\bmod n)$$

(2) 签名太长: 签名者每次只能签$[\log_2 n]$比特的消息, 获得同样长度的签名. 因此, 当消息很长时, 只能将消息分成$[\log_2 n]$比特的组, 逐组进行签名. 而RSA数字签名所涉及的运算都是模指数运算, 故签名的运算速度慢且签名太长.

克服上述两个弱点的办法之一是在对消息进行签名之前, 先将消息 Hash 成消息摘要.

在传输签名和消息对给验证者的过程中, 为了对消息进行保护, 通常对消息进行加密. 用RSA公钥密码体制将加密和签名结合起来, 我们有两种不同的方法.

(1) 先签名后加密: 给定明文消息 m: 用户 A 先对 m 进行签名得 $s = \mathrm{Sign}_A(m)$. 然后使用 B 的公开密钥对 m 和 s 进行加密得 $c = E_B(m, s)$. 最后 A 将密文 c 发给

B. 当 B 收到 c 后，他首先利用自己的私人密钥解密 c 获得 (m, s)，然后使用 A 的公开验证算法 Verify_A，检测(m, s)是否等于真.

(2) 先加密后签名：给定明文消息 m，用户 A 先用 B 的加密变换对消息 m 进行加密得 $c = E_B(m)$，然后对 c 进行签名得 $s = \text{Sign}_A(c)$，最后 A 将(c, s)发送给 B. B 收到 (c, s) 后，先解密 c 以获得 m，然后使用 Verify_A 验证 A 对 c 的签名 s.

方法(2)容易引起误解. 如果攻击者 O 获得一对(c, s)，他可用$s' = \text{Sign}_O(c)$代替 s 得到 (c, s')，将 (c, s') 发送给 B. B 先对 c 进行解密，然后使用 O 的验证算法 Verify_O验证签名的有效性. 这样，B 误认为消息来自 O. 由于这个原因，我们应当采用先签名后加密体制才比较安全.

2. 基于离散对数的数字签名体制——ElGamal 签名体制

ElGamal 签名体制

基于求解有限域上离散对数的困难性而设计的数字签名体制统称为离散对数数字签名体制. 该类体制综合起来有以下参数：

p 是 $2^{L-1} < p < 2^L$ 中的大素数，如早期 $512 \leqslant L \leqslant 1024$.

q 是$p-1$ 或$p-1$ 的大素因子；q 的值可限定在某个范围内，如 $2^{128} \leqslant q \leqslant 2^{256}$.

$\alpha : \alpha \in Z_p^*, \alpha^q \equiv 1 (\text{mod}\, p)$.

h 是一个选定的单向 Hash 函数.

整个网络共用 p, q, α 和 h；而用户的私人密钥为 x: $1 < x < q$；公开密钥为

$$\beta \equiv \alpha^x (\text{mod}\, p) \tag{6.3}$$

下面我们介绍 ElGamal[21] 数字签名体制. ElGamal 数字签名体制是由 ElGamal 于 1985 年与 ElGamal 公钥加密体制同时提出的数字签名体制，其修正形式已被美国 NIST 作为数字签名标准. 该体制的安全性基于求 F_p 上离散对数的困难性，且是一种非确定性双钥体制. 对同一明文消息，由于选择的随机数不同而有不同的签名.

对于 $K = (p, \alpha, x, \beta)$ 和一个秘密的随机数 $k \in Z_{p-1}^*$ (规定取 $q = p-1$)，定义消息 m 的签名为

$$\text{Sign}_K (m, k) = (s, t)$$

其中

$$s \equiv \alpha^k (\text{mod} p), \quad t \equiv (m - xs)k^{-1} (\text{mod} p-1)$$

对 $m, s \in Z_p^*$ 和 $t \in Z_{p-1}$，定义

$$\text{Verify}_K(m, (s, t)) = \text{true} \Leftrightarrow \beta^s s^t \equiv \alpha^m (\text{mod} p)$$

在使用 ElGamal 数字签名体制时，我们还应当注意：

(1) 签名者不能泄露签某个消息的随机数 k. 否则，可以由签名解出用户的私

人密钥 x.

(2) 签名者也不能用同一个随机数 k 来签两个不同的消息 m_1 和 m_2. x 为私钥，假如我们用某个 k 签了消息 m_1 和 m_2 分别得到(s_1, t_1)和(s_2, t_2)，则由

$$t_1k + xs_1 \equiv m_1(\mathrm{mod}(p-1)) \tag{6.4}$$

$$t_2k + xs_2 \equiv m_2(\mathrm{mod}(p-1)) \tag{6.5}$$

可得

$$k = (m_1 - xs_1)t_1^{-1} \equiv (m_2 - xs_2)t_2^{-1}(\mathrm{mod}(p-1))$$

于是，如果$(s_2t_1 - s_1t_2)^{-1}(\mathrm{mod}\ (p-1))$存在，则

$$x \equiv (m_2t_1 - m_1t_2)(s_2t_1 - s_1t_2)^{-1}(\mathrm{mod}(p-1))$$

这样，就解出了用户的私人密钥 x，从而可以冒充签名者签任何其他消息. 当$(s_2t_1 - s_1t_2)^{-1}(\mathrm{mod}\ (p-1))$ 不存在时，可以求出 k 后再求出 x.

6.3.2 ElGamal 签名体制的变形

1. Schnorr 签名体制

1991 年，Schnorr[22]提出了一种可看作是ElGamal签名方案的变形的签名体制，但它本身还具有一个特点：可以大大地缩短签名的长度表示，而不降低离散对数的安全性. 这是对公钥密码学的一个重要贡献.

可以通过构造一个域 F_p，使之包含一个更小的、素数阶 q 的子群，来缩短表示. 我们注意到，在类 ElGamal 密码系统中，早期参数 p 的标准设置为 $p \approx 2^{1024}$. 为了适应在解离散对数问题方面的进步，p 的长度很可能需要增大. 但是在 Schnorr 的工作之后，将参数 q 设置为 $q \approx 2^{160}$ 已经成为一种标准的约定. 这种设置很可能保持不变，而不考虑 p 的长度的增加. 这是因为子群的信息对于解 F_p 上离散对数问题的一般方法来说不会起到什么作用，即使知道了目标元素在给定的子群中也没用. 设定 q 为恒定的 2^{160} 仅仅是由生日攻击的下界要求定出的. Schnorr 签名体制描述如下：

1) 系统参数的建立.

(1) 选取两个素数 p 和 q，使其满足 $q|(p-1)$ (这两个参数典型的长度分别为$|p| = 1024$ 和 $|q| = 160$).

(2) 选取一个 q 阶元素 $g \in Z_p^*$.

(3) 建立一个密码 Hash 函数 H: $\{0,1\}^* \to Z_q$.

2) 主体密钥建立.

用户 A 选取一个随机数 $x \in Z_p^*$，并计算

$$y \leftarrow g^x(\mathrm{mod} p)$$

A 的公钥为(p, q, g, y, H)；他的私钥为 x.

3) 签名生成.

为了生成消息 $m\in \{0, 1\}^*$的签名, A 选取一个随机数 $l \in Z_p^*$, 并生成一个签名对(e, s), 其中

$$r \equiv g^l (\bmod p)$$
$$e = H(m\|r)$$
$$s \equiv l + xe (\bmod q)$$

4) 签名验证.

设 B 是一个验证者, 他知道公钥 (p, q, g, y, H) 属于 A. 给定一个(消息, 签名)对$(m, (e, s))$, B 的验证过程为

$$r' \equiv g^s y^{-e} (\bmod p)$$
$$e' = H(m\| r')$$
$$\mathrm{Verify}_{(p, q, g, y, H)}(m, (s, e)) = \mathrm{True} \Leftrightarrow e' = e$$

相比 ElGamal 签名体制, Schnorr 签名体制中签名是 Z_q 中的两个元素, 签名的长度被大大地缩短为 $2\log_2 q$.

2. 数字签名标准(DSA)

数字签名体制是 1991 年 8 月由美国 NIST 公布的[23,24], 1994 年 12 月 1 日正式采用的美国联邦信息处理标准. 这个签名标准有较大的兼容性和适用性, 已成为网络中安全体系的基本构件之一. DSS 中所采用的签名算法简记为 DSA(digital signature algorithm), 此算法是 Kravits 于 1993 年设计的. 算法中使用的单向 Hash 函数为 SHA-1. 如 Schnorr 签名体制一样, DSA 使用了 Z_p^* 的一个 q 阶子群. 在 DSA 中, 要求 q 是 160 比特的素数, p 是长为 L 比特的素数, 其中 $L \equiv 0 \ (\bmod 64)$ 且 $512 \leqslant L \leqslant 1024$. DSA 中的密钥与 Schnorr 签名体制的密钥具有相同的形式. DSA 还规定了在消息被签名之前, 要用 SHA-1 算法将消息压缩. 结果是 160 比特的消息摘要有 320 比特的签名, 并且计算是在 Z_p 和 Z_q 上进行的. 体制描述如下:

对于 $K = (p, q, \alpha, x, \beta)$和一个秘密的随机数 k, $1 \leqslant k \leqslant q-1$, DSA 算法定义 $\mathrm{Sign}_K(m, k) = (r, s)$, 其中

$$r \equiv \alpha^k (\bmod p)(\bmod q)$$
$$s \equiv (\mathrm{SHA}-1(m) + xr)k^{-1} (\bmod q)$$

(如果 $r = 0$ 或 $s = 0$, 则应该为 k 另选一个随机数.)

对于 $m\in \{0, 1\}^*$和 $s, r\in Z_q^*$, 验证是通过下面的计算来完成的.

计算

$$e_1 \equiv \mathrm{SHA}-1(m)s^{-1} (\bmod q)$$
$$e_2 \equiv r s^{-1} (\bmod q)$$

$$\text{Verify}_K(m,(r,s)) = \text{ture} \Leftrightarrow (\alpha^{e_1}\beta^{e_2})(\text{mod}p)(\text{mod}q) \equiv r$$

3. ECDSA

在 2000 年，椭圆曲线数字签名算法[25](elliptic curve digital signature algorithm, ECDSA)作为 FIPS 186-2 得到了批准. 体制描述如下:

设 p 是一个素数，E 是定义在 F_p 的椭圆曲线. 设 α 是 E 上阶数为 q 的一个点，使得在 $\langle\alpha\rangle$ 上的离散对数问题是难处理的. 定义

$$K=\{(p,q,E,\alpha,a,\beta)|\ \beta=a\alpha\}$$

其中 $1\leqslant a\leqslant q-1$，值 p, q, E, β 和 α 是公钥, a 为私钥.

对于$(p, q, E, \alpha, a, \beta)$和一个秘密的随机数 k, $1\leqslant k\leqslant q-1$，定义

$$\text{Sign}_{sk}(m,k)=(r,s)$$

其中

$$k\alpha=(u,v)$$

$$r\equiv u(\text{mod}\,q)$$

$$s\equiv k^{-1}(h(m)+ar)(\text{mod}\,q)$$

这里 Hash 函数采用 SHA-1(如果 $r=0$ 或 $s=0$，则应该为 k 另选一个随机数). 对于 m 的签名 $r, s\in Z_q^*$，验证是通过下面的计算完成的:

$$w\equiv s^{-1}(\text{mod}q)$$

$$i\equiv wh(m)(\text{mod}q)$$

$$j\equiv wr(\text{mod}q)$$

$$(u,v)=i\alpha+j\beta$$

$$\text{Verify}_{pk}((m,(r\|s)))=\text{True}\Leftrightarrow u(\text{mod}q)\equiv r$$

6.4 具有隐私保护的数字签名体制

6.4.1 群签名及其应用

1991 年在欧密会上 Chaum 和 van Heyst[26]提出了一个新类型的签名体制——群签名. 这种体制允许群成员之一代表这个群体对消息签名，任何知道群公钥的人可以验证签名的正确性，没有人可以知道是群中哪一位签的名. 但有一个可信任的第三方——称为群管理员，他在签名出现争议时可以确定签名者的身份. 在群签名体制中，验证者只能确定是群中的某个成员生成的签名，但不能确定具体是哪个成员生成的签名，从而实现了签名者的匿名性，具有隐私保护的功能. 群签名在管理、军事、政治及经济等多个方面有着广泛的应用. 比如在公共资源的管理、重要军事命令的签发、重要领导人的选举、电子商务、重要新闻的发布和

金融合同的签署等事务中, 群签名都可以发挥重要作用.

一个群签名体制包括下列四个过程.

(1) 建立: 一个指定群管理员和群成员之间的概率交互协议. 它的结果包括群公钥 y、群成员的秘密密钥 x 和给群管理员的秘密管理密钥.

(2) 签名: 一个概率算法, 其输入为一个消息和群成员的秘密密钥 x, 其结果为一个对消息的签名.

(3) 验证: 一个算法, 其输入为消息、消息签名和群公钥 y, 其结果为签名是否正确.

(4) 打开: 一个算法, 对输入的签名和群管理员的秘密管理密钥其结果为发出签名的群成员的身份和事实证明.

可以假定群成员和群管理员之间的所有交流都是秘密进行的. 一个群签名体制必须满足下列性质.

(1) 不可伪造性: 只有群成员能产生正确的消息签名.

(2) 匿名性: 除群管理员外, 要确定哪一个群成员对消息进行了签名是不可能的.

(3) 不可连接性: 不打开签名情况下要确定两个签名是否由同一个群成员签署的是不可能的.

(4) 陷害攻击安全性: 群管理员和群成员不能代表其他成员签名.

最后一个性质表明群管理员一定不能知道群成员的秘密密钥. 对于群签名体制的有效性由如下几个因素决定:

(1) 群公钥 y 的大小.

(2) 签名的长度.

(3) 签名和验证算法的有效性.

(4) 加入和打开协议的有效性.

6.4.2 盲签名及其应用

盲签名体制[27]是保证参与者匿名性的基本的密码协议. 自从出现对电子现金技术的研究以来, 盲签名已成为其最重要的实现工具之一. 一个盲签名体制是一个协议, 包括两个实体: 消息发送者和签名者. 它允许发送者让签名者对给定的消息签名, 并且没有泄露关于消息和消息签名的任何信息. 1982 年, Chaum 首次提出盲签名概念, 并利用盲签名技术提出了第一个电子现金方案. 利用盲签名技术可以完全保护用户的隐私权, 因此, 盲签名技术在诸多电子现金方案中广泛使用.

盲数字签名的基本原理是两个可换的加密算法的应用, 第一个加密算法是为了隐蔽信息, 可称为盲变换; 第二个加密算法才是真正的签名算法.

盲数字签名的过程可以用图 6.10 表示.

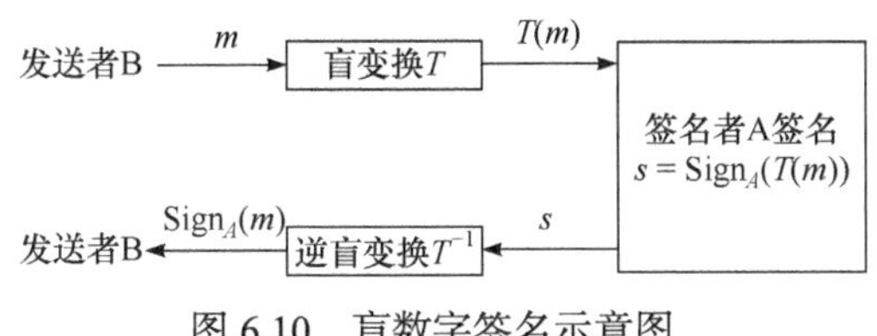

图 6.10　盲数字签名示意图

盲数字签名的特点是

(1) 消息的内容对签名者是盲的;

(2) 签名者不能将所签文件 $T(v)$ 和实际要签的文件 v 联系起来, 即使他保存所有签过的文件, 也不能确定出所签文件的真实内容.

6.5　签密体制

作为保障信息安全的核心技术之一, 密码学可以提供信息的机密性(confidentiality)、完整性(integrity)以及不可抵赖性(non-repudiation). 所谓机密性是指信息只能被授权用户使用, 不能泄露给未授权的用户; 完整性是指信息在传输或存储过程中, 不会被删除、插入伪造等修改的特性; 而不可抵赖性是为防止通信方对之前会话内容或者承诺的否认. 在公钥密码学中, 公钥加密可以看作是将可读的明文信息转换成不可读的密文信息; 而数字签名可以看成对数据进行密码变换, 使得数据的接收者可以认证签名者的身份. 以往, 这些安全性质是分开研究的, 利用公钥加密体制提供消息的机密性, 使用数字签名体制保证数据的完整性和不可抵赖性, 即认证性. 但是, 随着信息化技术逐步深入到社会的各个领域, 单一的保密通信或者认证通信已经不能满足日益多样化的安全需求, 如何在复杂开放的网络环境中实现既认证又保密的通信成为信息安全的重要目标.

一种自然的方法是 "先签名后加密" : 发送者首先对消息进行签名, 然后加密该结果; 收到密文后接收方首先解密, 然后验证签名的有效性. 这与传统的邮件通信过程十分类似, 为了保证通信的机密性同时避免内容被伪造, 一般的做法是作者先对该信签名, 并将其密封在一个信封里, 之后再交给邮递员传递. "先签名后加密" 方法虽然能够既认证又保密地传递消息, 但是其花费的代价, 包括通信成本、计算代价等方面, 是单独签名和加密所需代价的总和. 显然, 这不是完成既认证又保密的通信目标的经济方式, 效率较低.

作为一个重要的密码学原语, 签密(signcryption)能够在一个合理的逻辑步骤内同时完成数字签名和公钥加密两项功能, 而其计算量和通信成本都要低于传统的 "先签名后加密" . 相比直接组合公钥加密和数字签名, 签密具有如下优点:

(1) 签密的计算量和通信成本要低于传统的 "先签名后加密" .

(2) 签密允许并行计算一些昂贵的密码操作.

(3) 合理设计的签密方案可以达到更高的安全水平.

(4) 签密可以简化同时需要保密和认证的密码协议的设计.

特别地, 文献[28]基于离散对数提出了一个签密方案, 在当时的安全级别下(模数为 512 比特), 签密比使用基于离散对数困难问题的"先签名后加密"方法节省了 58 % 的计算量和 70 % 的通信成本. 对于更大的安全参数(1536 比特的模数), 签密比使用RSA密码体制的"先签名后加密"方法节省了 50% 的计算量和 91% 的通信成本. 并且, 签密成本的节省随着安全参数的增大也会增加. 随着密码分析理论和技术的进步, 未来密码体制将需要更大的安全参数, 签密体制也将更加具有实际意义.

签密这一概念自郑玉良[28]于 1997 年国际密码学会议提出后, 引起密码学界的广泛关注, 一系列高效且安全的签密方案相继被提出, 并在电子支付、移动代理安全、密钥管理和 Ad-Hoc 网络路由协议等领域得到广泛的应用.

6.5.1 签密的形式化定义与安全性

1. 签密的形式化定义

形式上, 一个签密方案由如下三个多项式时间算法组成.

(1) 密钥生成算法(KeyGen): 该算法输入安全参数 λ, 输出用户的公钥/私钥对 (pk,sk), 记作 $(pk,sk)=\text{KeyGen}(1^\lambda)$. 这里假定发送者的公钥/私钥对是 (pk_S,sk_S), 接收者的公钥/私钥对是 (pk_R,sk_R).

(2) 签密算法(Signcrypt): 该算法输入消息 m, 发送者的私钥 sk_S, 接收者的公钥 pk_R, 输出密文 σ, 记作 $\sigma=\text{Signcrypt}(m,sk_S,pk_R)$.

(3) 解签密算法(Designcrypt): 该算法是由接收者完成的确定性算法, 输入密文 σ, 发送者的公钥 pk_S, 接收者的私钥 sk_R, 输出消息 m 或者错误符号 $\perp$ (表示密文无效), 记作 $m=\text{Designcrypt}(\sigma,sk_R,pk_S)$.

正确性 我们称一个签密方案满足正确性, 如果解签密算法能够恢复出正确的原始消息, 即 $m=\text{Designcrypt}(\text{Signcrypt}(m,sk_S,pk_R),sk_R,pk_S)$.

除上述三个基本算法外, 部分签密体制也把解签密算法分解成解密和验证两个算法, 具体定义如下.

(1) 解密算法(Decrypt): 算法输入密文 σ, 发送者的公钥 pk_S, 接收者的私钥 sk_R, 输出消息 m 以及签名 s 或者错误符号 $\perp$ (表示密文无效), 记作 $(m,s)=\text{Decrypt}(\sigma,sk_R,pk_S)$.

(2) 验证算法(Verify): 算法输入消息 m 及签名 s, 发送者的公钥 pk_S, 输出判断符号 T(表示 s 是对应消息 m 和公钥 pk_S 的有效签名) 或者 $\perp$ (表示 s 不是消息 m

和公钥 pk_S 的有效签名).

相应地，正确性要求如下：假定 $\sigma = \text{Signcrypt}(m, sk_S, pk_R)$，那么 $(m,s) = \text{Decrypt}(\sigma, sk_R, pk_S)$ 并且 $T = \text{Verify}(m, s, pk_S)$.

2. 签密的安全性要求

一个签密体制需要满足的基本安全性要求是机密性和不可伪造性. 攻击者从一个签密密文中获取相应的明文信息或者产生一个有效的签密密文在计算上都是不可行的，即签密方案需要满足在适应性选择密文攻击下不可区分(Indistinguishability Against Adaptive Chosen Ciphertext Attacks, IND-CCA)以及在适应性选择消息攻击下存在性不可伪造(Existential Unforgeability Against Adaptive Chosen Message Attacks, EUF-CMA).

除此之外，签密体制涉及的安全性还包括不可否认性和前向安全性等. 其中不可否认性意味着发送者不能否认他已经签密过的消息，也就是说，消息的接收者可以向第三方证明发送者的确发送过该消息. 如果使用签名体制，不可否认性是很容易实现的，因为签名体制是公开可验证的，签名的接收者只需要将签名提交给第三方，第三方就可以验证发送者签名的有效性. 但是对于签密体制来说，机密性意味着只有接收者才能够解密密文获得相应明文信息，这就需要用到其他方法来提供签密方案的不可否认性. 目前常用的方法是使用交互式零知识证明技术，效率一般较低. 前向安全是从内部安全的角度出发，如果某个用户的私钥意外泄露，第三方也不能恢复出他过去所签密的明文，即在发送者私钥丢失的情况下仍然具有机密性.

需要指出的是，在讨论签密体制安全性时有一个默认前提，即用户的公钥与其身份主体相互绑定并且能够公开查询. 以 Alice 想要把某加密信息发送给接收者 Bob 为例，这里要求只有 Bob 能够解密该信息并且 Bob 要相信该保密信息确实来自 Alice. 在这种端到端通信中，Alice 发送消息时 Bob 不一定实时在线，所以 Alice 不能通过建立一个交互的共享会话密钥的方式来安全通信. 取而代之，Alice 通过加密方式给 Bob 发送离线密文, Bob 上线之后再解密获得明文信息.

因为每个用户都可以生成公钥和私钥，当且仅当 Bob 能够确信 Alice 对应的公钥时签密才有意义. 反之，如果攻击者能够生成一对公钥和私钥，同时使得 Bob 确信这是 Alice 生成的公钥，那么签密的基本的安全性目标将不能实现：一方面，攻击者可以冒充 Alice 给 Bob 发送消息；另一方面，攻击者也能够解密 Bob 发送给 Alice 的密文信息.

6.5.2 基于离散对数的签密体制

1997 年，密码学者郑玉良[28]基于离散对数问题首次给出了签密方案的具体构造，具体描述如下：

(1) 系统参数建立：由一个可信的权威机构生成系统公开参数(p,q,g,H,KH_k,E_S,D_S)，其中p和q是素数，满足$q|(p-1)$；g是Z_p^*的q阶元素；H是Hash 函数，KH_k是带密钥k的 Hash 函数；(E_S,D_S)分别表示一个对称加密体制(例如 AES)的加密和解密算法.

(2) 用户公私钥生成算法：用户 Alice 随机选择整数$x_A \in Z_q^*$作为其私钥，公钥y_A计算为$y_A = g^{x_A} \bmod p$.

(3) 签密算法：发送者 Alice 执行如下步骤，把消息m签密发送给接收者 Bob(公钥为y_B).

(i) 随机选择$x \in Z_q^*$，计算$K = (y_B)^x \bmod p$，并利用 Hash 函数H将$k = H(K)$分成合适长度的比特串k_1和k_2，即$H(K) = k_1 \| k_2$;

(ii) 计算$c = E_{k_1}(m)$，$r = KH_{k_2}(m)$，并令$s = x \cdot (r + x_A)^{-1} \bmod q$；

(iii) 输出签密密文$\sigma = (c,r,s)$，并发送给 Bob.

(4) 解签密算法：收到 Alice 发送的签密密文$\sigma = (c,r,s)$后，接收者 Bob 执行如下步骤.

(i) 计算$(k_1,k_2) = H(K)$，其中$K = (y_A \cdot g^r)^{s \cdot x_B} \bmod p$；

(ii) 利用密钥k_1解密c计算出明文$m = D_{k_1}(c)$，并验证$r = KH_{k_2}(m)$是否成立.如果等式成立，接受m作为 Alice 发送的有效明文，否则输出错误符号$\perp$.

正确性 容易验证，上述签密体制满足正确性，即Bob的解签密过程返回的消息m确实是Alice签密发送的相同消息. 注意到 Bob 恢复出：$K = (y_A \cdot g^r)^{s \cdot x_B} \bmod p = g^{x_A \cdot s \cdot x_B} \cdot (g^r)^{s \cdot x_B} = (y_B)^{s(r+x_A)} = (y_B)^x \bmod p$，即为 Alice 加密的$K$. Bob 使用从$K$分离出来的$(k_1,k_2)$，显然可以解密$c$并恢复出消息$m$.

接下来，分别从效率和安全性两方面对上述签密体制进行分析.

(1) 效率：该签密方案在计算代价和通信带宽方面都非常高效. 在计算方面，签密时，发送者需执行一个模指数运算和一个模逆运算，其他均为对称密码运算；而解签密时，接收者计算量主要集中在计算$K = (y_A \cdot g^r)^{s \cdot x_B} \bmod p$. 注意到$(y_A \cdot g^r)^{s \cdot x_B} \bmod p = (y_A)^{s \cdot x_B} \cdot (g^{r \cdot s \cdot x_B}) \bmod p$. 利用快速算法，两个幂的乘积可以用一个指数运算的代价计算，故接收者解签密的计算量与发送者签密的计算量基本相当. 在通信带宽方面，因为对称加密基本不会引起数据扩展，所以签密密文的比特长度为消息比特长度加上 $2\|q\|$，与 Schnorr 签名体制的带宽相同. 究其本质，该签密体制可以看作是一个混合公钥加密体制，可以用极低的代价加密任意长度的消息，进而有效发送大批量的数据(使用分组密码的 CBC, CTR 等工作模式).

(2) 安全性：对于该签密体制的不可伪造性,该方案本质上是一个对承诺值

$K=(y_A\cdot g^r)^{s\cdot x_B} \bmod p$ 的 Schnorr 签名体制，所以在随机预言模型(ROM)下可以证明签名在适应性选择消息攻击性是存在性不可伪造的. 然而，对于该签密体制的机密性，还不能给出合理的规约证明. 该签密方案使用承诺值 $K=(y_A\cdot g^r)^{s\cdot x_B} \bmod p$ 作为发送者和接收者共享的对称密钥的种子，进而利用对称加密来提供消息的机密性. 但是只有目标接收者(利用私钥)才可以恢复承诺值 K, 这也限制了该方案在选择密文攻击下的规约证明.

数字签名体制能够提供不可否认性的一个重要原因就是消息的签名是公开可验证的：当事双方因为一个消息签名对发生争执时可以转交给第三方仲裁. 而该签密方案不具有公开可验证性：签名的验证需要利用接收者私钥恢复出承诺值 K, 因而不能交由第三方直接仲裁. Zheng 建议接收者使用零知识证明来向仲裁者证明其拥有发送者的签名. 将一个简单的验证过程转化为交互式证明协议，这无疑会增加计算量和通信成本，这也是 Zheng 签密体制的一个重要缺陷.

6.5.3 基于 RSA 的签密体制

在 2003 年，Malone-Lee 和 Mao 利用 RSA 密码体制，提出了一个新的签密体制，称作是一箭双雕 (two birds one stone)[29]. 该签密方案是可证明安全的：在随机预言模型下，基于 RSA 求逆问题的困难性假设，作者证明了消息机密性和签名的不可伪造性. 具体构造如下.

(1) 系统参数建立：由一个可信的权威机构生成系统公开参数 (n,k,k_0,k_1,G,H)，其中 n 为签密消息的比特长度，即此签密体制的消息必须限制长度，不能用来签密任意长度的消息. RSA 模数 N 的比特长度 $k=\|N\|$ 是偶正整数，满足 $k=n+k_0+k_1$，其中 2^{-k_0} 和 2^{-k_1} 都是可忽略的量. 典型的参数设置为 $k=\|N\|=2048$, $k_0=k_1=160$. H 和 G 是两个 Hash 函数，其中 $H:\{0,1\}^{n+k_0}\to\{0,1\}^{k_1}$ 称作是压缩函数，$G:\{0,1\}^{k_1}\to\{0,1\}^{n+k_0}$ 称作是生成函数，在安全性分析时 H 和 G 都被模型化为随机预言机.

(2) 用户公私钥生成算法：发送方 Alice 选定 RSA 公钥 (N_A,e_A)，私钥 d_A 满足 $e_A\cdot d_A=1 \bmod \varphi(N_A)$. 同理, Bob 的公钥和私钥为 (N_B,e_B) 和 d_B，满足 $k=\|N_A\|=\|N_B\|$.

(3) 签密算法：发送者 Alice 执行如下步骤，把消息 $M\in\{0,1\}^n$ 签密发送给接收者 Bob.

(i) 均匀随机选择 $r\in\{0,1\}^{k_0}$，计算 $w=H(M\|r), s=G(w)\oplus(M\|r)$, 并检验 $s\|w\leqslant N_A$ 是否成立. 如果不成立，则需重新选择 $r\in\{0,1\}^{k_0}$ 直至 $s\|w\leqslant N_A$ 成立为止;

(ii) 计算 $c' = (s \| w)^{d_A} \bmod N_A$，并检验 $c' \leqslant N_B$ 是否成立. 如果不成立，即 $c' > N_B$，则令 $c' \leftarrow c' - 2^{k-1}$ 可保证 $c' \leqslant N_B$.

(iii) 输出签密密文 $c = (c')^{e_B} \bmod N_B$，并发送给 Bob.

(4) 解签密算法: 收到签密密文 c 后, 接收者 Bob 执行如下步骤进行解签密.

(i) 计算 $c' = (c)^{d_B} \bmod N_B$，并检验 $c' \leqslant N_A$. 如果 $c' > N_A$，输出错误符号 $\perp$.

(ii) 计算 $\mu = (c')^{e_A} \bmod N_A$，并分解 $\mu = s \| w$.

(iii) 恢复出消息 $M \| r = G(w) \oplus s$，并验证 $w = H(M \| r)$. 如果等式成立，输出消息 M. 如果上述等式 $w = H(M \| r)$ 不成立，令 $c' \leftarrow c' + 2^{k-1}$，并检验 $c' \leqslant N_A$. 如果 $c' > N_A$，输出错误符号 $\perp$；否则，计算 $\mu = (c')^{e_A} \bmod N_A$，并分解 $\mu = s \| w$. 恢复出消息 $M \| r = G(w) \oplus s$，进一步验证 $w = H(M \| r)$ 是否成立. 如果等式成立，输出消息 M. 否则输出错误符号 $\perp$.

正确性 注意到在签密过程中, 在计算 $c' = (s \| w)^{d_A} \bmod N_A$ 时, 为了保证 $c' \leqslant N_B$ 成立, 可能需要赋值 $c' \leftarrow c' - 2^{k-1}$，即“砍掉”了 c' 的最高比特位. 这个步骤导致解签密可能需要额外的步骤. 特别地, 可能需要计算 $\mu = (c')^{e_A} \bmod N_A$ 两次, 其中两个 c' 相差 2^{k-1}. 利用 RSA 陷门函数的性质, 容易验证上述签密体制满足正确性, 这里不再赘述.

同样从效率和安全性两方面对上述签密体制进行分析.

(1) 效率: 该签密方案密文非常紧凑, 其签密密文与一次 RSA 加密或者一次 RSA 签名的长度相同. 一次操作同时完成了 RSA 加密和 RSA 签名两个密码功能, 这也是该签密方案命名为一箭双雕的原因. 这个性质在很多电子商务应用中非常具有优势. 以授权支付的信用卡为例, 一条包含信用卡卡号的短信息需要在互联网上发送, 要求既要提供机密性保护又要提供授权支付的不可否认性. 如果使用上述一箭双雕签密方案, 只需要提供一个短消息的签密即可, 不仅可以获得较高的效率, 还能够减少实现这类密码协议的工程复杂度.

(2) 安全性: Malone-Lee 和 Mao 对于该签密体制的安全性给出了严格的形式化归约证明: 在选择密文攻击下密文的机密性和选择消息攻击下签名的不可伪造性. 证明思路与 RSA-OAEP 很类似, 都需要借助于随机预言模型, 同时证明详细描述也很烦琐, 这里不再给出具体证明, 感兴趣的读者可以参阅文献[29]了解详细的证明过程.

上述一箭双雕签密方案能够提供不可否认性. 签密的接收者对签密密文执行解签密过程中, 可以直接获得发送方关于填充消息的 RSA 签名. 特别地, 该签名具有公开验证性, 任何第三方都可以验证该 RSA 签名的有效性.

小结与注释

通过前几章的学习，了解了加密体制、Hash 函数、消息认证码和数字签名等密码基本算法，它们单独使用时可以提供不同的密码服务功能如下表.

密码算法 \ 服务功能	机密性	数据完整性	数据源身份认证	实体身份认证	不可否认性
加密算法	是	否	否	否	否
Hash 函数	否	是 (附加条件)	否	否	否
消息认证码	否	是	是	否	是 (附加条件)
数字签名	否	是	是	否	是

上述密码算法结合不同的附加条件和应用场景可以提供更多的密码服务功能，如分组加密算法可以用于设计消息认证码，消息认证码增加密钥也可设计实现数据源身份认证功能等. 第 7 章将介绍如何实现实体身份认证的密码技术.

数据完整性保护技术可以分为对称技术和非对称技术，由对称密码技术生成的通常称为消息认证码(MAC)，MAC 的生成和验证可以使用密钥 Hash 函数技术，也可以使用分组密码加密算法.

在数字签名中，Hash 函数可以用来产生消息摘要，为数字签名提供更加可靠的安全性，在具有实用安全性的公钥密码系统中，Hash 函数被广泛地用于实现密文正确性验证机制. 对于要获得可证安全的抵抗主动攻击的加密体制来说更是必不可少. 在需要随机数的密码学应用中，Hash 函数被广泛地用作实用的伪随机数. 所以对 Hash 函数在密码学中的应用问题的理解，到这里应该有更多的了解. 要设计一个接受任意长度输入的函数不是一件容易的事，更要满足单向性、无碰撞性和混合性. 当然 Hash 函数的混合性和抗碰撞性可以用分组密码体制，甚至公钥密码体制的迭代方式来获得，但是这样构造的 Hash 函数的速度是令人难以忍受的. 在实际中，Hash 函数的构造是建立在压缩函数的想法上，也就是本章中介绍的安全 Hash 函数标准 SAH-1 的设计方法：给定一长度为 m 的输入，单向压缩函数输出长为 n 的压缩值，压缩函数的输入是消息分组和文本前一分组的输出. 一般认为，如果压缩函数是无碰撞的，那么，用它 Hash 任意长度的消息也是无碰撞的. 有关 Hash 函数的更多详细信息可参见文献[1]，有关 SHA-1 可见文献[3].

数字签名技术很好地实现了数据源和数据完整性的保护，对今天的每个人都有着紧密的联系：Internet 银行已经部分地从顾客服务台转移到顾客的台式机上，给予顾客很大的灵活性，并且银行可以通过减少每次的周转时间来提高其内部的效率. 目前, 大多数银行都具有了基本交易功能; 使用数字签名以提高生产率的另一个例子是美国专利和商标办公机构(United States Patent and Trademark Office, USPTO). USPTO 启动了一个电子归档系统(electronic filing system , EFS), 该系统支持通过 Internet 对专利应用文档进行安全电子归档. EFS 在公钥基础设施内部使用了数字证书, 从而以数字化的方式签署电子数据包, 使其在 Internet 上传输. 从应用者的角度看, 电子归档系统的最大好处是能在一年内 365 天每 24 小时归档专利应用文档, 并消除由于邮寄而产生的延迟. 除此之外, 数字签名技术在安全电子交易(secure electronic transaction, SET)和 VoIP(voice over IP)等领域都有广泛的应用.

正像任何发展的技术一样, 尽管发展过程充满曲折, 但基于公钥的数字签名也在不断前进, 对于特定的商业需求来说数字签名将会产生多种变化形式, 如具有隐私保护的数字签名方案、代理签名、使用匿名证书的签名、隐形数字签名和签密体制等. 有关数字签名算法 DSA 可见文献[23, 24], 有关 ElGamal 签名方案可参见文献[21].

习题 6

6.1 什么是随机预言模型?随机预言模型存在吗?

6.2 设 Hash 函数输出空间大小为 2^{160}, 找到该 Hash 函数一个碰撞概率大于 1/2 所需要的计算量是多少?

6.3 为什么说 Hash 函数实际上是不可逆的?

6.4 如果我们定义一个 Hash 函数(或压缩函数) h, 它把一个 n 比特的二元串压缩成 m 比特的二元串. 我们可以把 h 看作一个从 Z_{2^n} 到 Z_{2^m} 的函数. 它试图以模 2^m 的整数运算来定义 h. 我们在练习中说明这种类型的一些简单构造是不安全的, 应该避免.

假定 $n=m, m>1, h: Z_{2^m}\rightarrow Z_{2^m}$ 被定义为

$$H(x)=x^2+ax+b(\bmod 2^m)$$

证明: 对任意的 $x\in Z_{2^m}$, 无须解二次方程式, 就很容易解决第二原像问题.

6.5 假定 f: $\{0,1\}^m\rightarrow\{0,1\}^m$ 是一个原像稳固的双射. 定义 h: $\{0,1\}^{2m}\rightarrow\{0,1\}^m$ 如下: 给定 $x\in\{0,1\}^{2m}$, 记作

$$x=x'||x''$$

其中 $x', x''\in\{0,1\}^m$, 然后定义

$$h(x)=f(x'\oplus x'')$$

证明: h 不是第二原像稳固的.

6.6 假定 Alice 使用 ElGamal 签名方案 $p=31847$, $\alpha=5$ 以及 $\beta=25703$. 设 a 为私人密钥,给定消息 $x=8990$ 的签名(23972, 31396)以及 $x=31415$ 的签名(23972, 20481), 假设两个签名使用同一个随机数 k, 计算 k 和 a 的值(无须求解离散对数问题的实例).

6.7 假定我们实现了 $p=31847$, $\alpha=5$ 以及 $\beta=26379$ 的 ElGamal 签名方案. 编制完成下面任务的计算机程序:

(a) 验证对消息 $x=20543$ 的签名(20679, 11082).

(b) 通过求解离散对数问题的实例决定私钥 a.

(c) 在无须求解离散对数问题的实例的情况下, 确定对消息 x 签名时使用的随机值 k.

6.8 这里是 ElGamal 签名方案的一种变型. 密钥用同前面相似的方法构造: Alice 选择 $\alpha\in Z_p^*$ 是一个本原元, $0\leqslant\alpha\leqslant p-2$, 其中 $\gcd(a, p-1)=1$ 且 $\beta=\alpha^a(\bmod p)$. 密钥 $K=(\alpha, a, \beta)$, 其中 α, β 值是公开的, a 是私钥. 设 $x\in Z_p$ 是一则要签名的消息, Alice 计算签名 $\mathrm{Sign}(x)=(\gamma, \delta)$, 其中

$$\gamma = \alpha^k (\bmod p)$$

且

$$\delta = (x - k\gamma)a^{-1} (\bmod p-1)$$

与原来的 ElGamal 签名方案唯一的差别是计算δ. 回答有关该方案的下列问题.

(a) 描述关于消息 x 的签名(γ, δ)是如何使用 Alice 的公钥进行验证的.

(b) 描述修改后的方案的计算优点.

(c) 简要比较原来的与修改后的方案的安全性.

6.9 证明在 ECDSA 中一个正确构造的签名将满足验证条件.

6.10 设 E 表示椭圆曲线 $y^2 = x^3 + x + 26(\bmod 127)$,可以看出$\#E = 131$ 是一个素数. 因此, E 中任何非单位元是$(E, +)$的生成元. 假设 ECDSA 在 E 上实现, $A = (2, 6)$, $m = 54$.

(a) 计算公钥 $B = mA$;

(b) 当 k=75 时, 计算在 SHA-1$(x) = 10$ 的情况下关于 x 的签名;

(c) 说明用于验证(b)构造出来的签名的计算过程.

实践习题 6

6.1 查阅 OpenSSL 中 SHA-1 实现的代码, 分析该代码实现的技巧. 基于该代码开发分别对文件和键盘输入字符串进行 Hash 压缩的程序.

6.2 查阅 SHA-3 官方发布 C 代码进行分析解读.

6.3 基于 SHA-1 源代码, 开发分别对文件和键盘输入字符串生成 HMAC 消息认证码的程序, 其中密钥提示键盘输入.

6.4 基于之前相关代码, 利用 SHA-1 实现对文件进行 Hash 压缩后进行 RSA 签名 (可根据之前实现 RSA 参数规模合理使用 Hash 结果的一定长截断).

6.5 基于之前相关代码, 实现利用 SHA-1 对文件进行 Hash 压缩后进行 ElGamal 签名(可根据之前实现 ElGamal 参数规模合理使用 Hash 结果的一定长截断).

参考文献 6

[1] Preneel B. The state of cryptographic Hash functions. Lectures on Data Security, Lecture Notes in Computer Science. Springer-Verlag, 1999, 1561: 158-182.

[2] Bellare M, Rogaway P. Random oracles are practical: A paradigm for designing efficient protocols. First ACM Conference on Computer and Communications Security. ACM Press, 1993: 62-73.

[3] Secure Hash Standard. Federal Information Proceeding Standard Publication 180-1, 1995.

[4] Secure Hash Standard. Federal Information Proceeding Standard Publication 180-2 (Draft), 2001.

[5] Rivest R L. The MD4 message digest algorithm. Advances in Cryptology-CRYPTO'1990, Lecture Notes in Computer Science, Springer-Verlag, 1991, 537: 303-311 .

[6] Dobbertin H. Cryptanalysis of MD4. Journal of Cryptology, 1998, 11(4): 253-271.

[7] Rivest R L. The MD5 message digest algorithm. Internet Network Working Group RFC 1321, 1992.

[8] DEN Boer B, Bosselaers A. Collisions for the compression function of MD5. Advances in Cryptology-EUROCRYPT'1994, Lecture Notes in Computer Science. Springer-Verlag, 1995, 765: 293-304.

[9] Wang X Y, Yu H B. How to break MD5 and other Hash functions. Advances in Cryptology-Eurocrypt'2005, LNCS 3494. Springer-Verlag, 2005: 19-35.

[10] Wang X Y, Lin Y Q, Yu H B. Finding collisions in the full SHA-1. In victor shoup, editor, Advances in Cryptology-Eurocrypt 2005, LNCS 3621. Springer-Verlag, 2005: 17-36.

[11] Bertoni G, Daemen J, Peeters M, et al. Keccak Specifications. http://csrc. nist.gov/ groups/ ST/hash/sha-3/Round3/submissions_rnd3.html, 2011.

[12] Zou J, Wu W, Wu S, et al. Preimage Attacks on Step-Reduced SM3 Hash Function// Kim H. ed. Information Security and Cryptology-ICISC 2011. ICISC 2011. Lecture Notes in Computer Science, vol 7259. Berlin, Heidelberg: Springer.

[13] Kircanski A, Shen Y, Wang G, et al. Boomerang and Slide-Rotational Analysis of the SM3 Hash Function//Knudsen L R, Wu H. ed. Selected Areas in Cryptography. SAC 2012. Lecture Notes in Computer Science, vol 7707. Berlin, Heidelberg: Springer.

[14] Wang G L, Shen Y Z. Preimage and pseudo-collision attacks on step-reduced SM3 hash function,Information Processing Letters, 2013, 113(8): 301-306.

[15] Bai D, Yu H, Wang G, Wang X. Improved Boomerang Attacks on SM3//Boyd C, Simpson L. ed. Information Security and Privacy. ACISP 2013. Lecture Notes in Computer Science, vol 7959. Berlin, Heidelberg: Springer.

[16] Shen Y, Bai D, Yu H. Improved cryptanalysis of step-reduced SM3. Sci. China Inf. Sci, 2018, 61: 038105.

[17] Mendel F, Nad T, Schläffer M. Finding Collisions for Round-Reduced SM3//Dawson E. ed. Topics in Cryptology-CT-RSA 2013. CT-RSA 2013. Lecture Notes in Computer Science, vol

7779. Berlin, Heidelberg: Springer, 2013.

[18] Pedersen T P. Signing contracts and paying electronically. Lectures on Data Security, Lecture Notes in Computer Science, Springer-Verlag, 1999, 1561: 134-157.

[19] Mohan Atreya, 等. 数字签名. 贺军, 等译. 北京: 清华大学出版社, 2003.

[20] Rivest R L, Shamir A, Adleman L M. A method for obtaining digital signatures and public key cryptosystems. Communications of the ACM, 1978, 21: 120-126.

[21] ElGamal T. A public key cryptosystem and a signature scheme based on discrete logarithms. IEEE Trans Inform Theory, 1985, 31(4): 469-472.

[22] Schnorr C P. Efficient signature generation by smart cards. Journal of Cryptology, 1991, 4(3): 161-174.

[23] Digital Signature Standard. Federal Information Proceeding Standard Publication 186, 1994.

[24] Digital Signature Standard. Federal Information Proceeding Standard Publication 186-2, 2000.

[25] Johnson D, Menezes A, Vanstone S. The elliptic curve digital signature algorithm (ECDSA). International Journal of Information Security, 2001, 1: 36-63.

[26] Chaum D, van Heyst E. Group signatures. Advances in Cryptology-Eurocrypt, 1991. Lecture Notes in Computer Science. Berlin: Springer, 1992, 547: 257-265.

[27] Chaum D. Blind signature systems. Advances in Cryptology: Proceedings of Crypto' 1983, Plenum, 1984: 153-156.

[28] Zheng Y. Digital signcryption or how to achieve cost (signature & encryption) << cost (signature) + cost (encryption). Advances in Cryptology-Proceeding of Crypto' 1997. Lecture Note in Computer Science. Speringer-Verlag, 1997, 1294: 165-179.

[29] Malone-Lee J, Mao W. Two birds one stone: signcryption using RSA. Topics in Cryptology-The Cryptographers' Track, Proceeding of the RSA Conference 2003 (CT-RSA 2003). Lecture Note in Computer Science. Speringer-Verlag, 2003, 2612: 210-224.

第 7 章

密码协议与身份认证和识别

密码协议是应用密码技术用以保障某种安全的协议, 也常称为安全协议. 参与密码协议的各方可能是朋友或可信任的人, 也可能是敌人或相互不信任的人. 密码协议的目的就是在参与者共同完成某项任务的同时, 不仅能够发现或防止彼此之间的欺骗行为, 还要能够避免敏感信息被窃听者窃取或篡改. 密码协议是保证密码系统安全的重要组成部分.

为了防止在通信过程中进行身份欺诈行为, 通信或数据传输系统应能够正确认证通信用户或终端的个人身份. 例如, 银行的自动取款机(automatic teller machine, ATM)只将现款发给经它正确识别的账号持卡人, 从而大大提高了工作效率和服务质量. 计算机的访问和使用, 安全地区的出入也都是以精确的身份认证为基础的.

传统的身份认证是通过检验诸如工作证、身份证、护照等证件或指纹、视网膜图样等 "物" 的有效性来确认持证人的身份. 这种靠人工的识别方法已远远不能适应信息化时代的需求. 身份认证和识别协议是利用密码技术完成的身份认证技术, 具有较高的安全性. 在各种信息系统中, 身份鉴别通常是进入系统的第一道关卡, 因此确定用户身份识别的安全性对系统的安全至关重要.

7.1 密码协议

7.1.1 密码协议基本概念

密码协议
基本概念

随着信息化的发展, 信息安全对密码技术应用的需求和对新密码技术的需求不断扩展, 几类基本密码算法的功能和应用不能满足日益增长的需求. 在此背景下, 密码协议(cryptographic protocol)的研究与应用迅速发展, 成为现代密码学的重要内容.

现实中的协议是两个或多个参与者为完成某项任务所采取的一系列有序步骤, 具有下述基本特点.

(1) 确定性: 每个参与者都必须了解协议, 事先知道所要完成的所有步骤.

(2) 统一性: 每个参与者都必须同意并遵循协议.

(3) 明确性: 每一步骤必须明确定义, 不会引起误解.

(4) 完整性: 对每种可能的情况都要规定具体的操作.

下面给出一个简单的"电话抛币"协议以理解协议的含义, 该协议用于用户 A 和 B 通过电话交谈完成面对面的抛掷硬币决定"胜负"的功能, 当然该协议的目的是保证结果的公平.

协议的初始化: A 和 B 有一个共同认可的"强"单向函数 f, 该函数不仅求逆困难, 甚至由函数值判断原像的奇偶性都困难, 同时, 该函数是单射, 即不存在 $x \neq y$ 使得 $f(x) = f(y)$.

电话抛币协议:

(1) A 任取一个数 a, 计算 $b = f(a)$, 将 b 告诉 B;

(2) B 猜测 a 的奇偶性, 将结果告诉 A;

(3) A 公布 a, 根据事先约定的猜测是否成功决定胜负;

(4) B 验证是否 $f(a) = b$.

显然, 在协议中, A 和 B 均无法控制结果, 从而结果是随机的, 满足问题本身需要的安全(公平)性.

7.1.2 密码协议的安全性

密码协议的安全仍然要从攻击者能力和安全级别两个角度综合考虑. 由于协议的安全级别需要根据具体协议所解决的具体问题来定义, 所以协议的安全分析首先关注攻击者的能力.

由于攻击者能力与开放网络应用环境有关, 所以首先将攻击环境刻画为威胁模型. Dolev 和 Yao 提出的威胁模型被广泛采用为密码协议的标准威胁模型, 该模型通过描述攻击者的能力和局限建立攻击者能力.

攻击者有以下能力:

(1) 能获得经过网络的任何消息;

(2) 能发起和任何其他用户的会话;

(3) 有机会成为任何主体发出消息的接收者;

(4) 能冒充任何主体给任意另外主体发送消息.

攻击者局限对应仅关注协议自身结构安全, 假定攻击者:

(1) 不能猜出从足够大空间选出的随机数;

(2) 没有密钥(或私钥)无法解密密文;

(3) 不能求出私人信息, 如用户私钥;

(4) 不能控制假设的可信第三方或得到假设安全的秘密 (如离线保护内容).

考虑协议的安全性同样需要区分攻击者的各种不同行为. 一般从两个角度区分, 一是区分外部攻击和内部攻击; 二是区分被动攻击和主动攻击. 外部被动攻击指协议外部实体通过观察协议试图获得信息；而外部主动攻击通常指外部主体试图通过各种方式干扰协议正常运行；内部被动攻击者遵守协议，但试图获得比事先规定更多的信息，与外部被动攻击的区别在于拥有协议中规定的更多信息，显然，能够抵抗内部被动攻击的协议必然能够抗击外部被动攻击；最后，内部主动攻击者则不遵守协议，可能通过各种作弊来达到非法目的．显然，内部主动攻击者是最有能力的攻击者．

特别指出，协议攻击中有一个很重要的攻击手段：获取通信双方在信道上传送的消息，在以后的适当时机重新使用，通常称为重放攻击或延迟攻击．为此，必须保证消息的新鲜性，通常采用交互式“询问-应答”机制或为消息加上时戳(某种形式的时间标记)解决．

7.1.3 密码协议的分类

对现已提出的各种大量密码协议进行严格准确的分类是很困难的，因为从不同的角度分类，会有不同的结果．目前一般认为科学的分类方法是以协议的功能而不是协议采用的密码技术来分类．

从保障通信基本安全的角度，一般如下看待基本的密码协议：

通信安全首先要保护消息的安全，包括保密、真实、完整和不可否认．在公钥密码和对称密码选择之间，由于公钥密码的代价远远超过对称密码，所以大量数据的加密和消息认证还是需要使用对称密码实现，由此带来了对称密码密钥建立问题，即通信双方如何安全有效地获得一个共享的密钥．解决该问题的协议称为密钥建立(key establishment)协议．

通信安全的第二个安全需求是要确保通信双方是合法的用户，不同于消息的认证，这里需要验证通信双方的身份以免身份冒充．解决该问题的协议称为身份认证协议．

在互联网时代，现实中很常见情形是两个从未接触过的网络用户需要相互确认对方并进行安全通信，为此需要也应该在完成身份认证的同时建立起共享的密钥，这类协议一般称为可认证的密钥建立协议．

在上述三类基本协议之外，密码协议既包括各类构造其他协议的基础协议，也包括用于各种应用的应用协议，还包括如零知识证明、秘密共享等解决各类特殊问题或密码基础问题的协议．

7.2 身份认证协议

一个身份认证系统包括申请者(P)和验证者(V)两个主体．根据验证者是否可信，身份认证分为两类，验证者可信条件下只需要防范攻击者冒充，而验证者不可信条件下还需要防止验证者利用验证过程获得信息冒充验证者. 故而严格意义的身份认证区分为身份证实和身份识别(identification), 前者是"你是否是你声称的你"问题, 后者是"我是否知道你是谁"问题, 显然后者比前者更难解决.

本节用身份认证术语介绍身份证实, 将在后面一章节介绍身份识别.

理论上讲, 身份认证依靠以下三种基本途径或它们的组合实现: 所有、所知和个人生物特征. 基于所有认证的传统方法是通过证件或信物. 当前通信系统中进行身份认证的主要方式是通过所知, 不仅可以通过双方共享的口令或对称密码的密钥, 还可以基于和证书中公钥相对应的私钥. 基于生物特征认证目前应用还不是很广泛, 因为代价较高和难以远程实现.

7.2.1 基于口令的认证

基于口令的认证

口令是利用所知进行身份认证的传统方法, 譬如在登录一个计算机系统或网络应用系统时, 用户首先要输入自己的账户名和口令用于证明自己的身份, 计算机系统或应用系统则通过验证口令来识别用户是否合法.

利用口令来证明和识别用户的身份, 虽然方法简单并且易于实现, 但安全性很低. 首先, 因为通常的口令字都不是很长, 攻击者很容易通过枚举搜索获取用户的口令; 其次, 口令在保存和传送过程中, 有泄露危险; 最后, 由于口令是固定的, 通过重放攻击很容易冒充成功. 为此, 提出了各种安全增强型口令方案.

首先是验证端存储口令 Hash 值 $H(pw)$而不是口令明文 pw 以防止验证端泄露口令, 因为基于 Hash 函数的单向性, 由杂凑值求口令是困难的, 与此对应, 验证口令时先对口令杂凑再与存储的 Hash 值对比验证.

其次, 为了防止字典攻击, 提出了加盐(salt)的口令机制, 验证端选择一个随机串(称为 salt), 将盐和用户口令一起杂凑, 将 Hash 值 $h = H(\text{salt}, pw)$和盐 salt 一起存储, 在收到用户提交用户名和口令 pw'后, 查询用户得到 salt 和 Hash 值 h, 计算 $h'=H(\text{salt}, pw')$与 h 对比验证.

显然, 上述改进方案中传输的口令都是固定的, 因此都不能抵抗重放攻击. 为抗击重放攻击, 必须每次提交的口令都不一样, 这样的方案称为一次性口令方案.

典型的 Lamport 一次性口令方案如下: 双方选择一合适的单向函数 f, 约定口令使用次数 n, 用户在 f 的定义域内选择随机值 x, 登记在验证端的初始验证值为 $P = f^n(x)$, 进行第 i $(1 \leqslant i \leqslant n)$ 次验证时, 用户提交 $P_i = f^{n-i}(x)$, 验证端通过 $f(P_i) = P$ 是否成立进行验证, 并将验证值 P 更新为 P_i.

显然, 以上一次性方案代价高昂, 而且需要处理好同步问题, 并不实用. 随着电子技术的进步和网络和移动应用的普及，目前有两种简单的一次性口令技术得到广泛应用. 一是基于手机短信的随机口令机制，系统通过手机短信发给用户一个随机口令，用户提交该口令认证. 二是基于所谓动态密码器，系统为用户发放一个电子密码器，该密码器基于恰当的密码技术，通常每分钟更新出一个新口令，当然，系统端通过对应的算法保持每分钟得到相同的口令.

如前所述，为了抗击重放攻击，必须提供消息的新鲜性，新鲜性的提供分为两种模式. 一种是非交互的模式，每个消息中加入一个称为时戳的新信息，通常是当前时间或依次增加的序列号，这种方式需要适当处理系统的时同步或序列号的同步. 另一种是采用称为"挑战-响应"模式的交互方式，验证方随机选择一个"挑战"给申请方，申请方通过对该挑战的正确回复即"响应"实现认证.

显然，上述手机短信随机口令属于交互认证，而随时间更新的电子密码器可视为采用时间为时戳的非交互认证. 当然，目前网上和手机银行应用中还有一种交互式一次性口令密码器，这种密码器支持输入，系统发出随机挑战，将随机挑战输入密码器，将密码器计算结果提交系统进行验证.

7.2.2 基于密码技术的认证

对称加密、消息认证码、公钥加密和数字签名均可用于认证，认证依靠的是验证者可验证申请者知道共享的对称密钥或知道与申请者数字证书中公钥对应的私钥，而认证的具体实现是验证申请者能够完成基于共享密钥或私钥才能实现的密码操作，如解密正确、生成合法的认证码或数字签名.

下面给出一些实例. 其中以 T 表示当前时间，以 SN 表示序列号，以"$T||SN$"表示基于 T 或 SN 的时戳.

基于对称加密的非交互认证. $P \to V$: $E_k(T||SN)$; V 解密验证时戳正确与否.

基于消息认证码的交互认证. $V \to P$: 随机挑战 r; $P \to V$: 以生成 r 的认证码作为响应 $s = A_k(r)$; V 验证 s 正确与否.

基于公钥加密的交互认证. $V \to P$: 任选随机消息 m 用 P 的公钥 pk_p 加密生成挑战 $r = E_{pk_p}(m)$; $P \to V$: 用私钥 $sk\text{-}p$ 解密 r 得到响应 $s = D_{sk\text{-}p}(r) = m'$; V 验证 m' 是否为正确的 m.

基于数字签名的非交互认证. $P \to V$: 用己方私钥 sk_p 对时戳的签名 $\mathrm{Sign}_{sk_p}(T||SN)$; V 用申请方的公钥 pk_p 验证签名是否有效.

综合四种密码技术和交互与否，除了公钥加密不能用于非交互认证外，还有以下认证模式：基于对称加密交互；基于消息认证码非交互；基于数字签名交互. 依据原理不难给出这些认证模式.

7.3 零知识证明的基本概念

零知识证明的基本概念

用 A 表示“出示证件(明)者”, B 表示“验证者”. A 如何向 B 证明他知道某事或具有某件物品？通常的方法是A告诉B他知道该事或向B展示此物品. 这种证明方法的确使B相信A知道此事或具有此物品. 然而, 这样做的结果使 B 也知道此事或见到了此物品, 我们称这种证明是最大泄露证明(maximum disclosure proof). A 如何使 B 相信他知道某事或具有某件物品而又不让 B 知道此事或见到此物品？如果 A 和 B 通过互相问答的方式且 A 的回答始终没有泄露他知道的事情或展示他具有的物品, 而又使 B 通过检验 A 的每一次回答是否成立能最终相信 A 知道此事或具有此物品, 那么这种证明就是零知识证明[1](zero knowledge proof).

这类证明可分为两大类: 最小泄露证明(minimum disclosure proof)和零知识证明.

最小泄露证明满足下述条件:

(1) **证明的完备性**(completeness) 若 A 知道某知识, 则 A 使 B 几乎确信 A 知道此知识, 或者说,A 使 B 相信他知道此知识的概率为 $1-|q|^{-t}$ (对大于 1 的整数 q 和任意正常数 t), 也即出示证件者 A 可以使验证者 B 相信他知道此知识.

(2) **证明的可靠性**(soundness) 若 A(或第三者 O)不知道此知识, 则 A 使 B 相信他知道此知识的概率是可忽略的, 或者说, 验证者 B 拒绝接受 A 的证明的概率为 $1-|q|^{-t}$ (对大于 1 的整数 q 和任意正常数 t), 即出示证件者 A 无法欺骗验证者 B.

零知识证明满足上述条件(1)和(2), 而且满足

(3) **证明是零知识的** 验证者 B 从出示证件者 A 那里得不到要证明的知识的任何信息, 因而 B 也不可能向其他任何人出示此证明.

零知识证明通常是通过交互式协议(interactive protocol)实现的. 若 A 知道要证明的知识, 则他可以正确回答 B 的提问; 若 A 不知道要证明的知识, 则他能正确回答 B 的提问的概率小于等于 1/2, 当 B 向 A 作了多次这样的提问后就可以推断出 A 是否知道要证明的知识, 而且保证这些提问及相应的回答不会泄露 A 所要证明的知识.

为了更清楚地了解零知识证明的过程, 我们先介绍一个通俗的例子.

图 7.1 是一个环形洞穴, 环中间 C 点和 D 点之间有一道秘密门, 这个门只靠念咒语才能打开. 现在, A 要向 B 证明他知道开启 C 和 D 之间秘密门的咒语, 但他又不想让 B 知道此咒语. 为此, 他们执行下列协议:

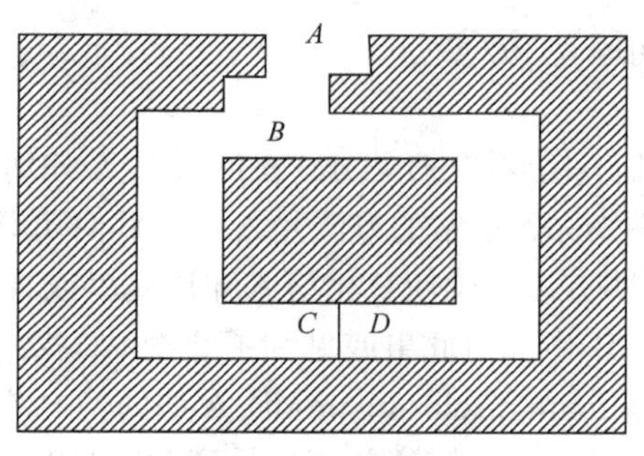

图 7.1　零知识证明图

协议 1:

(1) A 进入洞中 C 点或 D 点;

(2) 当 A 到达秘密门之后, B 从 A 点走到 B 点并叫 A:

(a) 从左边出来,

(b) 从右边出来;

(3) A 按 B 的要求去执行(以咒语相助);

(4) B 在 B 点验证 A 是否按要求走出来.

A 和 B 重复执行协议 1 多次(t 次).

若 A 知道开门咒语, 则 A 每次都可以按 B 的要求走出来, 因而 B 确信 A 知道启门咒语. 这就是说, 这个证明是完备的.

若 A 不知道开门咒语, 则 A 走到 B 点到底从左边进入 C 点还是从右边进入 D 点才能猜中 B 的呼叫呢? 显然, A 猜中 B 的呼叫的机会只有 50%. 因此, 每执行完一次协议 1, A 能够按 B 的要求走出洞口的概率为 1/2. 当 A 和 B 执行 t 次协议 1 时, A 每次都能按 B 的要求走出洞口的概率仅为 2^{-t}. 当 $t=16$ 时, A 能欺骗 B 的概率仅为 $1/65536 \approx 0.00001526$, 因而 B 拒绝接受 A 的示证的概率为 $1-2^{-t}$, 这就是说, 这个证明是可靠的.

因为执行完 t 次协议 1 之后, B 也未得到 A 所知道的开门咒语的任何信息 (此信息记在 A 的心中, 任何人无法得到), 所以, 这个证明也是零知识的.

此洞穴问题可以转换为数学问题. 假如 A 知道解某个难题 G 的秘密信息, 而 B 通过与 A 执行交互式协议来验证其真伪.

协议 2:

(1) A 将难题 G 转换成另一难题 H, 且 H 与 G 同构; A 根据解难题 G 的秘密信息和同构算法解难题 H, 并将 H 出示给 B (B 不可能由此难题 H 得到有关难题 G 或其解).

(2) B 要求 A 回答下列问题之一:

(a) 向 B 证明 G 和 H 同构;

(b) 公布 H 的解 s, 并证明 s 是 H 的解;

(3) A 按 B 的要求去执行;

(4) B 验证 A 的回答是否正确.

A 和 B 重复执行协议 2 共 t 次. 值得注意的是 A 必须仔细进行 G 到 H 的转换和回答 B 的提问, 使 A 和 B 即使重复多次执行协议 2 也得不到有关难题 G 的解的任何信息.

例 7.1 Hamilton (哈密顿) 回路问题.

设 G 是一个有 n 个顶点的连通的有向图. 如果 G 中有一条回路可以通过且仅通过 G 的各顶点一次, 则称其为 G 上的一条 Hamilton 回路. 当 n 很大时, 要想找 G 中一条 Hamilton 回路是一个 NP-完全问题. 若 A 知道 G 上一条 Hamilton 回路, 如何使 B 相信他知道这条回路而又不泄露这条回路的任何信息呢? 为此, A 和 B 执行下列协议:

协议 3:

(1) A 随机置换图 G 的顶点并改变其顶点的标号得到图 H (改变 G 的顶点的同时 G 的边也相应地改变). 因为 G 和 H 同构, 所以 G 上的 Hamilton 回路和 H 上的 Hamilton 回路一一对应. 由出示证件者 A 知道 G 上的一条 Hamilton 回路, A 也可以得到 H 上相应的一条 Hamilton 回路. A 将 H 的副本出示给 B.

(2) B 要求 A 回答下列问题之一:

(a) 出示 G 与 H 同构的证明;

(b) 出示 H 上的 Hamilton 回路;

(3) A 根据 B 的要求执行下列任务之一:

(a) 证明 G 与 H 同构, 但不出示 H 上的 Hamilton 回路;

(b) 出示 H 上的 Hamilton 回路, 但不证明 G 与 H 同构;

(4) B 验证 A 所执行的任务的正确性.

A 和 B 执行协议 3 共 t 次, 而每次选用的置换都是不同的.

若 A 知道 G 上的一条 Hamilton 回路, 则 A 总能正确完成协议 3 的第(3)步. B 经过多次提问并验证后, 可以确信 A 知道 G 上的一条 Hamilton 回路, 所以此证明是完备的.

若 A 不知道 G 上的 Hamilton 回路, 则 A 在协议 3 的第 (3) 步可以正确回答 B 在 (a) 中的提问, 但若 B 要求 A 执行任务 (b) 时, 因为 A 不知道 G 上的 Hamilton 回路, 尽管他知道 G 与 H 是如何同构的, 也找不出 H 上的 Hamilton 回路. 因为寻找图 H 上的一条 Hamilton 回路是困难的. 因此, A 能正确回答 B 的提问的概率仅为 1/2. 当 A 和 B 执行 t 次协议 3 之后, A 每次都能正确回答 B 的提问的概率为 2^{-t}, 故此证明是可靠的.

直观地说, 验证者 B 不可能知道图 G 上的 Hamilton 回路. 这是因为: 若 B 得

到 G 与 H 的同构的证明, 则在 H 上找一条 Hamilton 回路和在 G 上找一条 Hamilton 回路一样困难. 若 B 知道 H 上的一条 Hamilton 回路, 要找出 G 与 H 的同构是另外一个难题. 因此, B 不可能得到图 G 上的 Hamilton 回路的任何信息. 这就是说, 此证明是零知识的.

但是, 如果要严格证明一个交互式协议是零知识的, 我们必须考虑两种概率分布: ① 一种是由验证者 B 与出示证件者 A 交互之后产生的概率分布; ② 另一种是没有和任何出示证件的人交互, 自然算出的概率分布. 交互式证明协议是零知识的意味着对每个类型①的分布, 都存在一个类型②的分布, 使得这两个分布是"本质上相同的". 直观地说, 交互式证明协议的零知识性意味着 B 与 A 交互所得到的信息是 B 单独也能得到的.

协议 1, 2 和 3 都要求 A 和 B 交互执行协议 t 次, 且 t 要相对大. 可用并行零知识证明协议来完成上述 t 次交互.

例 7.2 离散对数的零知识证明. 出示证件者 A 要向验证者 B 证明他知道一个 x, 使

$$\alpha^x \equiv \beta\,(\bmod p) \tag{7.1}$$

其中 p 是大素数, $\alpha, \beta \in Z_p^*$, $\|\alpha\| = p-1$, 即 α 的阶为 $p-1$; α, β, p 公开. A 如何向 B 证明他知道一个 x 满足 (7.1) 式, 而又不让 B 知道 x? 为此, 他们执行下列协议:

协议 4:

(1) A 生成 t 个随机数 $r_1, r_2, \cdots, r_t; 0 \leqslant r_i \leqslant p-1, i = 1, 2, \cdots, t$, 并计算

$$h_i \equiv \alpha^{r_i}\,(\bmod p), \quad i = 1, 2, \cdots, t \tag{7.2}$$

A 将 $h_1, h_2, \cdots, h_t$ 发送给 B.

(2) A 和 B 一起执行掷硬币试验, 产生 t 个比特的二元数据 $k_1, k_2, \cdots, k_t$.

(3) 对所有的 t 个比特的二元数据 $k_1, k_2, \cdots, k_t$, A 执行下列任务之一:

(a) 若 $k_i = 0$, 则 A 将 $b_i = -r_i$ 发送给 B;

(b) 若 $k_i = 1$, 则 A 将 $b_i = (x - r_i)(\bmod (p-1))$ 发送给 B.

(4) B 验证 $\alpha^{b_i} \equiv h_i^{-1} \beta^{k_i}\,(\bmod p)$. (7.3)

因为

$$\alpha^{b_i} \equiv \alpha^{k_i x - r_i} \equiv h_i^{-1} \beta^{k_i}\,(\bmod p)$$

所以, 如果 A 遵守协议 4, 即 A 知道 x 且 A 的回答通过了 (7.3) 式的验证, 那么 B 接受 A 的身份证明, B 确信 A 知道 x. 因此, 协议 4 是完备的.

若 A 不知道满足 (7.1) 式的 x, 则当 $k_i = 0$ 时, A 在第(3)步的回答可以通过第(4)

步 B 的验证. 而当 $k_i=1$ 时, A 在第(3)步的回答不能通过第(4)步 B 的验证. 这是因为 A 不知道满足 (7.1) 式的 x 时, 只能猜一个 x 去计算 b_i 作为回答, 由于 x 是取值于[0, $p-1$]内的整数, 猜对的可能性极小. 综上, 对每个 i, A 在第(3)步的回答可以通过第(4)步 B 的验证的概率为 1/2. 执行完所有的 $i=1,2,\cdots,t$ 步后, A 的回答都能通过 B 在第(4)步的验证的概率仅为 2^{-t}, 所以, 这个身份识别协议是可靠的.

直观地说, 检验证件者 B 要想得到 A 的秘密信息 x, 只有在执行协议第(3)步中 $k_i=1$ 时, 通过 b_i 来求 x. 因为 B 不掌握 x 和 r_i, 所以, 尽管他得到了 b_i, 也无法求出 x. 因此, 此证明是零知识的.

零知识证明的可靠性已经保证了出示证件者 A 无法欺骗验证者 B. 验证者 B 是否能冒充出示证件者 A 或者与第三者勾结起来冒充 A? 这是一个零知识证明协议的安全性问题, 我们将在以后各节结合具体的零知识身份证明协议讨论这个问题.

交互式零知识证明存在以下两个问题:

(1) 难以使第三者 O 相信 A 和 B 没有勾结. B 欲使第三者 O 相信 A 知道某知识, 他将他与 A 执行零知识证明的协议复本送给 O. 此时, O 未必相信 A 知道此知识, 因为 O 很难相信 B 与 A 没有勾结. 假如 A 和 B 都不知道此知识, A 假装知道此知识而让 B 只提他可以答对的问题, 这样得到的 A 和 B 执行协议的复本就可以欺骗 O.

(2) 不便于机器验证.

为了使第三者相信 A 确实知道某知识, 也为了便于机器验证, 我们可以将任何零知识交互证明系统转换成非交互式零知识证明系统. 这只要将 B 的提问用计算 Hash 函数的值来代替就可以了.

协议 5:

(1) A 将难题 G 转换成 t 个不同的难题 $H_1, H_2,\cdots, H_t$, $G\approx H_i$, $i=1,2,\cdots,t$. A 根据解难题 G 的秘密信息解决 t 个不同的难题 $H_1, H_2,\cdots, H_t$.

(2) A 将上述所有信息送入 Hash 函数 h 进行计算, 并保存前 t 个比特的值 $k_1, k_2,\cdots, k_t$.

(3) A 依次取出(2)中前 t 个比特.

(a) 若 $k_i=0$, 证明新旧难题同构;

(b) 若 $k_i=1$, 公布 H_i 的解, 并证明它是 H_i 的解.

(4) A 公布(2)中所有的约定和(3)中所有的做法.

任何人或机器都可以对一个非交互式零知识证明进行验证.

若 Hash 函数 h 的前 t 个比特值基本上是“0”和“1”平衡的, 则可以证明这种非交互式零知识证明协议的完备性、可靠性以及此证明是零知识的.

与交互式零知识证明相比, 在无交互作用下, t 的值应当取得大些. 一般应满

足 t 为 64～128.

7.4 识别个人身份的零知识证明

诸如智能卡和个人识别号 (personal identification number, PIN) 等身份识别技术存在的问题之一是证件者通过出示存储在或印在一张卡上的计算机通行字来证明他的身份. 一名敌手 O 和一位不诚实的验证者 B 合作就可以获得一个身份验证的副本卡或窃取识别字 ID(A), 这样, 敌手 O 以后便可以利用这些信息冒充 A, 从而可以获得与 A 一样的存取权或进行各种其他业务的权利. 使用个人身份的零知识证明 (一般是实时的) 可以避免上述身份识别的这种缺陷.

假设下面身份识别体制中有一个可信中心 TA. TA 选一个 Blum 数作为模数, 即 $n = pq$, p 和 q 是两个大素数且 $p \equiv 3(\text{mod}4)$, $q \equiv 3(\text{mod}4)$. T 公布 n, 保密 p 和 q 就结束自己的使命.

令出示证件者 A 的身份信息为 J, 其中 J 是由诸如姓名、性别、年龄、职业、身份证号码、DNA 等组成的数字串. 用一个单向函数(例如 Hash 函数) f 将 J 变换成 A 的秘密身份识别符 $f(J) = \text{ID(A)}$, 再将 ID(A) 分成 k 个十进制数 $c_1, c_2, \cdots, c_k$, 其中 $1 \leqslant c_j < n$ 且 $\gcd(c_j, n) = 1$. A 的公开身份识别符 ID′(A)也为 k 个十进制数 $d_1, d_2, \cdots, d_k$, 其中 $1 \leqslant d_j < n$, 而且每个 d_j 与 c_j 有下列关系:

$$d_j c_j^2 \equiv \pm 1(\text{mod}\, n), \quad j = 1, 2, \cdots, k \tag{7.4}$$

出示证件者 A 要使验证者 B 相信他知道自己的秘密身份识别符 ID(A), 他将自己的公开的身份识别符 ID′(A)和 n 发送给 B, 并与 B 一起执行下列交互式协议.

协议:

(1) A 选择一个随机数 r, 计算

$$x \equiv \pm r^2 (\text{mod}\, n) \tag{7.5}$$

并将 x 发送给 B;

(2) B 选择下标集合$\{1,2,\cdots,k\}$的一个子集 G, 并将 G 发送给 A;

(3) A 计算

$$y \equiv r T_c (\text{mod}\, n) \tag{7.6}$$

其中 T_c 是下标 j 属于 G 的那些 c_j 的乘积, A 将 y 发送给 B;

(4) B 验证

$$x \equiv \pm y^2 T_d (\text{mod}\, n) \tag{7.7}$$

是否成立, 其中 T_d 是足标 j 属于 G 的那些 d_j 的乘积.

若条件(7.7)得不到满足, 则 B 拒绝 A 的示证, 否则, A 与 B 再次执行协议. 设 A 与 B 执行协议共 t 次.

在协议的第(1)步使用 r 是必要的. 否则, B 可以通过选择 $G=\{j\}$ 找出所有的 c_j, 从而得到 A 的秘密身份识别符.

素数 $p\equiv 3(\mathrm{mod}4)$, $q\equiv 3(\mathrm{mod}4)$ 可以确保 A 的公开身份识别符中的数可以在模 n 的所有雅可比符号等于 1 的范围内取值.

因为

$$y^2T_d\equiv r^2T_c^2\ T_d\equiv \pm r^2\equiv \pm x\ (\mathrm{mod}n)$$

所以如果 A 遵守协议, 即知道他自己的秘密身份信息 ID(A), 则他在协议的第(3)步的回答是正确的, 因而能通过 B 在第(4)步的验证, 因此 B 接受 A 的这轮身份证明. 当 A 和 B 执行协议多次后, B 确信了 A 的身份. 于是, 身份识别协议是完备的.

若冒充者 O 不知道身份信息 ID(A), O 行骗的唯一方法是在执行协议时预先猜出集合 G (注意, G 是由 B 确定的), 并把 $\pm r^2T_d$ 作为步骤(1)中的 x 发送给 B, 而且令步骤(3)中的 $y=r$. 这样, 如果 O 猜对了集合 G, 则可以通过 B 在第(4)步的验证. 如果 O 猜错了集合 G, 当然不能通过 B 在第(4)步的验证, 而 O 猜对集合 G 的概率显然小得可怜. 这是因为 O 既不知道子集 G 中元素的个数 s, 也不知道究竟要选哪 s 个元素. 不妨设 O 猜对子集 G 的概率为 2^{-u}, 则 O 与 B 执行协议共 t 次后, O 都能猜对子集 G 的概率仅为 2^{-ut}. 这就是说, 这个身份识别协议是可靠的. 可以证明, A 和 B 在执行协议共 t 次的过程中, 始终没有泄露他的秘密身份信息 ID(A), 因此, 这个身份识别协议是零知识的.

例 7.3 可信中心 TA 公布模数 $n=2773$. A 的身份识别符 ID(A)由下列 6 组数组成

$$c_1=1901,\quad c_2=2114,\quad c_3=1509$$
$$c_4=1400,\quad c_5=2001,\quad c_6=119$$

上述每个 c_i $(i=1,2,\cdots,6)$的平方 mod2773 依次为

$$582,\quad 1693,\quad 448,\quad 2262,\quad 2562,\quad 296$$

根据(7.4)式可以计算出 A 的公开身份识别符

$$d_1=81,\quad d_2=2678,\quad d_3=1207$$
$$d_4=1183,\quad d_5=2681,\quad d_6=2595$$

当 $j=1,3,4,5$ 时, $d_j c_j^2\equiv 1(\mathrm{mod}2773)$; 当 $j=2,6$ 时, $d_jc_j^2\equiv -1(\mathrm{mod}2773)$.

若 A 选择随机数 $r=1111$, 并将

$$x\equiv -r^2(\mathrm{mod}2773)=2437$$

发送给 B, 再假定 B 将 $G=\{1,4,5,6\}$发送给 A. 于是 A 计算

$$y\equiv 1111\times 1901\times 1400\times 2001\times 119\equiv 1282(\mathrm{mod}2773)$$

并将 y 发送给 B；由于

$$\begin{aligned} y^2T_d &= 1282^2 \times 81 \times 1183 \times 2681 \times 2595 \\ &\equiv 2437 (\mathrm{mod}\, 2773) = x \end{aligned}$$

所以验证条件成立.

同样，若 A 选择随机数 $r = 1990$,

$$x \equiv r^2 (\mathrm{mod} 2773) = 256$$

且 B 选择 $G = \{2,3,5\}$，则得到

$$T_d = 688, \quad T_c = 1228, \quad y = 707$$

此时，验证条件应为

$$-y^2T_d \equiv -2517 \equiv x\ (\mathrm{mod} 2773)$$

验证条件仍然成立.

7.4.1 Feige-Fiat-Shamir 身份识别体制

Fiat 和 Shamir 于 1986 年根据零知识证明的思想提出的一种新型的身份识别体制，后经 Feige, Fiat 和 Shamir 改进为身份的零知识证明. 这是最著名的零知识身份证明.

我们首先来介绍简化的 Feige-Fiat-Shamir[2](简称为 FFS)身份识别体制.

(1) 可信中心 TA 为该体制选择以下参数:

TA 选择 $n = pq$ (p: q 为大素数，要求 p 和 q 至少为 512 比特，尽量为 1024 比特大小的规模). n 可在一组示证者之间共用.

(2) 可信中心 TA 产生用户 A 的公钥和私钥.

(a) TA 随机选取 $\omega \in Z_n^*$，使得 ω 是模 n 的平方剩余.

(b) 求最小正整数 s，使

$$s \equiv \sqrt{\omega^{-1}}\ (\mathrm{mod} n) \tag{7.8}$$

用户 A 的公钥为ω，私人密钥为 s (以 s 代表 A 的身份).

(3) 示证者 A 向验证者 B 证明他的身份要执行如下简化的 FFS 身份识别协议:

(a) A 选随机数 r ($r < n$)，计算

$$I \equiv r^2 (\mathrm{mod}\ n) \tag{7.9}$$

并将 I 发送给 B.

(b) B 选取随机比特 $k = 0$ 或 1，并把 k 发送给 A.

(c) A 按 B 的要求回应 B: 若 $k = 0$，他把 r 发送给 B；否则他将 $y = rs(\mathrm{mod} n)$ 发送给 B.

(d) B 验证 A 的回应:

若 $k=0$, B 验证 $I\equiv r^2(\bmod n)$; (7.10)

若 $k=1$, B 验证 $I\equiv y^2\omega(\bmod n)$. (7.11)

如果 B 对 A 的回应通过验证 (7.10) 或 (7.11), 则 B 接受 A 的证明.

我们知道, 若 $k=0$, 则 $I\equiv r^2(\bmod n)$; 若 $k=1$, 则 $y^2\omega=r^2s^2\omega\equiv r^2(\bmod n)$. 所以, 如果 A 遵守简化的 FFS 身份识别协议, 即 A 知道 $s\equiv\sqrt{\omega^{-1}}$ 且 A 的回答通过了 B 在第(4)步的验证, 那么 B 接受 A 的这轮身份证明. 这就是说, 简化的 FFS 身份识别协议是完备的.

若 A 不知道 s, 则 A 在执行简化的 FFS 身份识别协议的第(c)步时, 当 $k=0$ 时, 他把 r 发送给 B, 此时 B 可以通过第(d)步的验证而受骗, 而当 $k=1$ 时, 因为 A 不知道 s, 所以, 他不可能计算出正确的 $y=rs(\bmod n)$. 他可能的做法是: 要么仍把 r 发送给 B, 这样, B 通过第(d)步的验证发现 A 不知道 s; 要么他随便取一个 y 发送给 B, 此时, B 也可以通过第(d)步的验证发现 A 不知道 s. 综上, 当 A 不知道 s 时, B 受骗的概率为 1/2, 而连续执行 t 次简化的 FFS 身份识别协议后, B 受骗的概率仅为 2^{-t}. 这就是说, 简化的 FFS 身份识别协议是可靠的.

其次, 我们介绍 FFS 身份识别体制. 该体制在简化的 FFS 身份识别体制的基础上, 采用了并行的零知识证明, 增加了每轮中的识别数量, 减少了 A 与 B 之间的交互次数.

(1) 可信中心 TA 为该体制选择以下参数:

TA 选择 $n=pq$ (p, q 为大素数, n 至少为 1024bit). n 可在一组出示证件者之间共用.

(2) 可信中心 TA 产生用户 A 的公钥和私钥

(a) TA 随机选取 d 个不同的数 $\omega_1,\omega_2,\cdots,\omega_d\in Z_n^*$, 使得 ω_i $(i=1,2,\cdots,d)$ 是模 n 的平方剩余.

(b) 对每个 ω_i $(i=1,2,\cdots,d)$, 求最小正整数 s_i, 使

$$s_i\equiv\sqrt{\omega_i^{-1}}(\bmod n),\quad i=1,2,\cdots,d \tag{7.12}$$

用户 A 的公钥为 ω_i $(i=1,2,\cdots,d)$, 私钥为 s_i $(i=1,2,\cdots,d)$.

(3) 示证者 A 向验证者 B 证明他的身份要执行如下 FFS 身份识别协议:

(a) A 选随机数 r $(r<n)$, 计算

$$I\equiv r^2(\bmod n) \tag{7.13}$$

并将 I 发送给 B.

(b) B 选随机比特串 $k_1,k_2,\cdots,k_d$, 并把 $k_1,k_2,\cdots,k_d$ 发送给 A.

(c) A 计算

$$y = r \cdot \prod_{i=1}^{d} s_i^{k_i} \pmod{n} \tag{7.14}$$

并把 y 发送给 B.

(d) B 验证

$$I \equiv y^2 \cdot \prod_{i=1}^{d} \omega_i^{k_i} \tag{7.15}$$

如果 B 通过了(7.15)的验证, 则 B 接受 A 的身份证明. 因为

$$y^2 \cdot \prod_{i=1}^{d} \omega_i^{k_i} \equiv r^2 \cdot \left(\prod_{i=1}^{d} s_i^{k_i} \right)^2 \cdot \prod_{i=1}^{d} \omega_i^{k_i} \equiv r^2 \equiv I \pmod{n}$$

所以, 如果 A 遵守 FFS 身份识别协议, 即 A 知道 s_i $(i = 1, 2, \cdots, d)$且 A 的回答通过了 B 在第(d)步的验证, 那么 B 接受 A 的身份证明. 于是, FFS 身份识别协议是完备的.

类似于简化的 FFS 身份识别协议, 我们可以证明 FFS 身份识别协议是可靠的.

例 7.4 设 $n = 5 \times 7$, 那么, 可能的二次剩余 ω 及 $x^2 \equiv \omega \pmod{n}$的解分别如表 7.1 所示.

表 7.1

ω	$x^2 \equiv \omega \pmod{n}$ 的解	ω	$x^2 \equiv \omega \pmod{n}$ 的解
1	1, 6, 29, 34	16	4, 11, 24, 31
4	2, 12, 23, 33	21	14, 21
9	3, 17, 18, 32	25	5, 30
11	9, 16, 19, 26	29	8, 13, 22, 27
14	7, 28	30	10, 25
15	15, 20		

因为 14, 15, 21, 25, 30 与 35 都不互素, 所以 ω 只能在 1, 4, 9, 11, 16, 29 中选, 它们对应的 s 分别是 1, 3, 2, 4, 9, 8. 设 A 的公钥是{4, 11, 16, 29}, 私钥是{3, 4, 9, 8}. A 和 B 执行一轮 FFS 身份识别协议如下:

(1) A 选随机数 $r = 16$, 计算 $I \equiv 16^2 \pmod{35} = 11$, 并将 11 发送给 B.

(2) B 选随机比特串{1,1,0,1}, 并把{1,1,0,1}发送给 A.

(3) A 计算: $16 \times 3 \times 4 \times 8 \pmod{35} = 31$; 并把 31 发送给 B.

(4) B 验证: $31^2 \times 4 \times 11 \times 29 \pmod{35} \equiv 11 = I$.

如果 B 通过第(4)验证, B 接受 A 的身份证明. A 和 B 可重复执行 FFS 身份识别协议 t 次, 每次用的随机数 r 都不要相同, 且每次选用的比特串 $k_1, k_2, \cdots, k_d$ 也不

能相同.

最后我们介绍加强的 FFS 身份识别体制. 设用户 A 的身份识别符为 J, 选择一个安全的 Hash 函数 h(公开), 再找一系列的随机数 $j_1, j_2, \cdots, j_d$, 使

$$\omega_i \equiv h^2(J \cdot j_i)(\bmod n), \quad i = 1, 2, \cdots, d \tag{7.16}$$

且 $\omega_i^{-1}(i = 1, 2, \cdots, d)$ 存在. 再求最小正整数 $s_i(i = 1, 2, \cdots, d)$ 满足

$$s_i \equiv \sqrt{\omega_i^{-1}}(\bmod n), \quad i = 1, 2, \cdots, d \tag{7.17}$$

令 $\omega_1, \omega_2, \cdots, \omega_d$ 为用户 A 的公钥, $s_1, s_2, \cdots, s_d$ 为 A 的私钥.

在执行 FFS 身份识别协议之前, A 应当将自己的公开身份的信息 J 和 d 个随机数 $j_1, j_2, \cdots, j_d$ 发送给 B. 这样 B 就可以根据公开的 Hash 函数 h 和(7.16)式计算出 A 的公钥 $\omega_1, \omega_2, \cdots, \omega_d$. 然后, A 和 B 就可以执行 FFS 身份识别协议了.

最后, 若所有用户都各自选用自己的模数 n, 并在密钥文件中公开, 则可以免去使用可信中心 TA.

7.4.2 Guillou-Quisquater 身份识别体制

FFS 身份识别体制对于智能卡这样的应用不甚理想. 这是因为它与外部的信息交换很费时, 并且每次识别所需的存储量使卡中有限资源更为紧张.

Guillou-Quisquater[3](简称为 GQ)身份识别体制更适合类似于智能卡的应用. 它将 A 与 B 之间的信息交换和每次交换的并行识别都控制到最少, 每次证明只进行一次识别信息的交换.

下面我们来介绍 GQ 身份识别体制.

(1) 可信中心 TA 为智能卡选择以下参数:

(a) 选择两个大素数 p 和 q, 计算 $n = pq$ (p 和 q 仅 T 知道, 对任何人都保密), 且选好 RSA 的公开密钥 e, 要求 e 为素数且至少 40 比特.

(b) 选择一个安全的签名体制 F 和一个安全的 Hash 函数 h.

上述 RSA 公钥体制的模 n, 公开密钥 e 及 Hash 函数 h 和签名体制 F 的验证算法 Ver_T 归所有智能卡共用.

(2) 可信中心 TA 为用户 A 颁发身份证书:

设用户 A 的身份信息为 J.

(a) TA 用 Hash 函数 h 对 A 的身份信息 J 进行 Hash 得到身份识别符 ID(A).

(b) 用户 A 选一个私人密钥 b, $0 \leqslant b \leqslant n-1$, 计算

$$I \equiv (b^{-1})^e(\bmod n) \tag{7.18}$$

并将 I 发送给 TA.

(c) TA 对 (ID(A), I) 签名得

$$s = \text{Sign}_T(\text{ID}(\text{A}), I) \tag{7.19}$$

并将证书 $C(\text{A}) = (\text{ID}(\text{A}), I, s)$发送给 A.

(3) 示证者 A 向验证者 B 证明他的身份要执行如下 GQ 身份识别协议:

(a) A 选择一个随机数 r, $0 \leqslant r \leqslant n-1$, 并计算

$$\beta \equiv r^e (\text{mod}\, n) \tag{7.20}$$

A 把他的证书 $C(\text{A}) = (\text{ID}(\text{A}), I, s)$ 和 β 发送给 B.

(b) B 通过检测 $\text{Ver}_T(\text{ID}(\text{A}), I, s)$ 来验证 TA 的签名, 然后选一随机数 k, $1 \leqslant k \leqslant e$, 并将 k 发送给 A.

(c) A 计算

$$\alpha \equiv rb^k (\text{mod}\, n) \tag{7.21}$$

并将 α 发送给 B.

(d) B 计算

$$\beta' \equiv \alpha^e I^k (\text{mod}\, n) \tag{7.22}$$

如果 $\beta' = \beta$, 则 B 应接受 A 的身份证明.

下面给出的例子没有使用 Hash 函数和签名.

例 7.5 可信中心 TA 为 GQ 身份识别体制选择的参数为 $p = 467$, $q = 479$, $n = pq = 223693$, $e = 503$. 假定用户 A 的私人密钥 $b = 101576$, 计算

$$I \equiv (101576^{-1})^{503} (\text{mod}\, 223693) = 89888$$

A 要向 B 证实他的身份且他选择了 $r = 187485$, 那么他发给 B 的值为

$$\beta \equiv r^e (\text{mod}\, n) = 24412$$

设 B 以 $k = 375$ 回应, 那么 A 计算

$$\alpha \equiv 187485 \times 101576^{375} (\text{mod}\, 223693) = 93725$$

并把 93725 发送给 V. 最后 V 计算

$$\beta' \equiv 93725^{503} \times 89888^{375} (\text{mod}\, 223693) = 24412 = \beta$$

因此, B 接受 A 的身份证明.

因为

$$I^k \alpha^e \equiv (b^{-e})^k (rb^k)^e (\text{mod}\, n) \equiv r^e (\text{mod}\, n) = \beta$$

所以如果 A 遵守 GQ 协议, 即 A 知道 b 且 A 的回答通过了 B 在第(d)步的验证, 那么 B 接受 A 的身份证明, 且称 GQ 身份识别协议是完备的.

因为 I 是由 A 的私人密钥通过 RSA 公钥体制加密而成的, 所以, 我们可以假

定从I求出b是不可行的. 在这个假定下, 我们来证明GQ身份识别体制是可靠的.

定理 7.1 假设O知道一个值β, 在GQ身份识别协议中他能用这个值成功地冒充A的概率$\varepsilon > 1/e$, 那么O在多项式时间内能计算出b的值.

证明 当O知道β后, 他要模仿A, 必须猜出接收者B所选的口令k, $1 \leqslant k \leqslant e$. 因为O能用此$\beta$以概率$\varepsilon > 1/e$成功地模仿A, 所以, 在$e$个可能的口令$k$中, 有大于$e\varepsilon = 1$个口令被猜中. 只要有一个口令被猜中, O就能计算出一个α, 使B在GQ身份识别协议的第(d)步通过他的验证. 因此, O能够计算出值α_1, α_2 满足

$$\beta \equiv I^{k_1}\alpha_1^e \equiv I^{k_2}\alpha_2^e \pmod n$$

不失一般性, 假设$k_1 > k_2$, 则有

$$I^{k_1-k_2} \equiv \left(\frac{\alpha_2}{\alpha_1}\right)^e \pmod n$$

因为$0 < k_1 - k_2 < e$和e是素数, 必存在$t = (k_1 - k_2)^{-1}(\mathrm{mod}\, e)$, 且O通过使用扩展欧几里得算法能在多项式时间内计算t, 因此

$$I^{(k_1-k_2)t} \equiv \left(\frac{\alpha_2}{\alpha_1}\right)^{et} \pmod n$$

现在对某个正整数j, 有

$$(k_1 - k_2)t = ej + 1$$

所以

$$I^{ej+1} \equiv \left(\frac{\alpha_2}{\alpha_1}\right)^{et} \pmod n$$

等价地

$$I \equiv \left(\frac{\alpha_2}{\alpha_1}\right)^{et} (I^{-1})^{ej} \pmod n$$

同余式两边同时取$e^{-1}(\mathrm{mod}\,\varphi(n))$次幂, 得到

$$b^{-1} \equiv \left(\frac{\alpha_2}{\alpha_1}\right)^{t} (I^{-1})^{j} \pmod n$$

同余式两边同时计算模n的逆可得

$$b \equiv \left(\frac{\alpha_2}{\alpha_1}\right)^{-t} I^{j} \pmod n$$

这就是说, O能在多项式时间内计算出b.

定理 7.1 证明了任何以不可忽略的概率成功地执行 GQ 身份识别协议的人必定知道(即在多项式时间内计算出) A 的私人密钥 b. 换言之, 若冒充者 O (包括 A 本身) 不知道 A 的私人密钥 b, 则他成功地执行识别协议的概率可以忽略. 因此, GQ 身份识别协议是可靠的.

7.4.3 Schnorr 身份识别体制

Schnorr 身份识别体制[4]是 FFS 和 GQ 身份识别体制的一种变形, 其安全性基于计算有限域上离散对数的困难性. 可以通过预计算来降低实时计算量, 所需传送的数据量亦减少许多, 特别适用于计算能力有限的情况.

Schnorr 身份识别体制

该体制是最有吸引力的身份识别体制, 在许多国家都申请了专利.

下面我们来介绍 Schnorr 身份识别体制.

(1) 可信中心 TA 为该体制选择以下参数:

(a) 选择素数 $p > 2^{512}$, 使计算 Z_p^*上的离散对数是困难的.

(b) 选择素数 $q \geqslant 2^{140}$, 使 $q|(p-1)$, q 为素数.

(c) 选择$\alpha \in Z_p^*$, 使α的阶为 q (例如$\alpha = g^{(p-1)/q}(\text{mod}p)$, 其中 g 是 Z_p^* 的生成元).

(d) 选择一个安全参数t满足$q > 2^t$ $(t \geqslant 60)$, 为了更高的安全性, Schnorr建议 $t \geqslant 72$.

(e) 选择一个安全的签名体制 F, 其签名算法为 Sign_T, 验证算法为 Ver_T.

(f) 选择一个安全的 Hash 函数 h, 所有信息在签名之前都要进行 Hash.

公开的参数为 p, q, α 及 Hash 函数 h 和签名体制 F 的验证方程.

(2) 可信中心 TA 为用户 A 颁发身份证书:

设用户 A 的身份信息为 J.

(a) TA 使用 Hash 函数 h 提取 A 的身份信息 J 得到 A 的身份识别信息 ID(A).

(b) 用户 A 选一个私人密钥 $b, 0 \leqslant b \leqslant q-1$, 计算

$$I \equiv \alpha^{-b}(\text{mod}\, p) \tag{7.23}$$

并将 I 发送给 T.

(c) TA 对 (ID(A), I) 签名得

$$s = \text{Sign}_T(\text{ID}(A), I) \tag{7.24}$$

并将证书 $C(\text{A}) = (\text{ID(A)}, I, s)$ 发送给 A.

(3) 示证者 A 向验证者 B 证明他的身份要执行如下 Schnorr 身份识别协议:

(a) A 选择一个随机数 $r, 0 \leqslant r \leqslant q-1$, 并计算

$$\beta \equiv \alpha^r(\text{mod}p) \tag{7.25}$$

A 把他的证书 $C(\mathrm{A}) = (\mathrm{ID}(\mathrm{A}), I, s)$ 和 β 发送给 B.

(b) B 通过检测验证算法 $\mathrm{Ver}_T(\mathrm{ID}(\mathrm{A}), I, s)$来验证 T 的签名, 然后选择一随机数 k, $1 \leqslant k \leqslant 2^t$, 并将 k 发送给 A.

(c) A 验证 $1 \leqslant k \leqslant 2^t$, 计算

$$y \equiv (bk + r)(\bmod q) \tag{7.26}$$

并将 y 发送给 B.

(d) B 计算

$$\beta' \equiv \alpha^y I^k (\bmod p) \tag{7.27}$$

如果$\beta' = \beta$, 则 B 的身份识别成功.

下面给出的例子没有使用 Hash 函数和签名.

例 7.6 可信中心 TA 为 Schnorr 身份识别体制选择的参数为 $p = 88667$, $q = 1031$, $\alpha = 70322$, α 在 Z_p^* 中的阶为 q. 假定用户 A 的私人密钥 $b = 755$, 计算

$$I \equiv (70322)^{-755} \equiv (70322)^{1031-755} (\bmod 88667) = 13136$$

A 要向 B 证实他的身份且他选择了 $r = 543$, 那么他发给 B 的值为

$$\beta \equiv 70322^{543}\ (\bmod 88667) = 84109$$

设 B 以 $k = 1000$ 回应, 那么 A 计算

$$y = 755 \times 1000 + 543 (\bmod 1031) = 851$$

并把 851 发送给 B. 最后 B 计算

$$\beta' \equiv 70322^{851} \times 13136^{1000} (\bmod 88667) = 84109 = \beta$$

因此, B 接受 A 的身份证明.

因为

$$\beta' \equiv \alpha^y I^k (\bmod p) \equiv \alpha^{bk+r} (\alpha^{-b})^k \equiv \alpha^r (\bmod p) = \beta$$

所以, 如果 A 遵守 Schnorr 协议, 即 A 知道 b 且 A 的回答通过了 B 在第(4)步的验证, 那么 B 接受 A 的身份证明, 且称 Schnorr 身份识别协议是完备的.

先对协议作几点说明:

(1) 该协议的第(a)步可在 B 出现之前作预处理.

(2) 设置 t 的目的是防止冒充者 O 伪装 A 猜测 B 的口令 k. 因为 $1 \leqslant k \leqslant 2^t$, 所以, 当 k 由 B 随机选择时, O 能猜测到 k 的概率仅为 2^{-t}. 当 $t = 40$ 时, 此概率几乎为 0. 假如 O 能猜测到 B 的口令 k, 则 O 就可以任选一个 y, 计算

$$\beta \equiv \alpha^y I^k (\bmod p)$$

O 就能将 A 的身份证书 $C(\mathrm{A}) = (\mathrm{ID}(\mathrm{A}), I, s)$ (O 可以接收到 A 发给 B 的 $C(\mathrm{A})$) 和 β 发送给 B. 这样, 在协议第(c)步 O 收到 B 发来的口令 k 后(O 不用这个 k 去计算 y, 因为他不知道 A 的私人密钥 b), O 将自己选的 y 发送给 B, 于是, B 在第(d)步可以通过验证$\beta' \equiv \alpha^y I^k (\bmod p)$. 这样, O 可以冒充 A 向 B 证明 A 的身份.

(3) TA 的签名用来证明 A 的身份证书的合法性. 当 B 验证了 TA 对 A 的证书的签名后, 他无疑问地相信 A 的身份证书是真实的. 如果冒充者 O 要伪造 A 的身份证书, 那么, B 可以通过验证签名来识破 O 的伪造.

(4) 若冒充者 O 使用 A 的正确的证书 $C(\mathrm{A}) = (\mathrm{ID}(\mathrm{A}), I, s)$, 在不知道 A 的私人密钥 b 的情况下去模仿 A, 则他在协议的第(c)步要通过计算 $y \equiv (bk + r)(\mathrm{mod}\,q)$来回答 B 在第(b)步提出的口令 k, 而 y 是 b 的函数, 要计算 y 又涉及离散对数问题. 所以, O 这样去冒充 A 向 B 证明 A 的身份也是不可能的.

下面我们来证明 Schnorr 身份识别协议是可靠的.

定理 7.2 假设 O 知道一个值 β, 在 Schnorr 身份识别协议中他能用这个值成功地冒充 A 的概率 $\varepsilon \geqslant 1/2^{t-1}$, 那么在多项式时间内 O 能计算出 b 的值.

证明 当 O 知道β后, 他要模仿 A, 必须猜出验证者 B 所选的口令 k, $1 \leqslant k \leqslant 2^t$. 因为 O 能用此$\beta$以概率$\varepsilon \geqslant 1/2^{t-1}$ 成功地模仿 A, 所以, 在 2^t 个可能的口令 k 中, 大约有 $2^t \times \varepsilon \geqslant 2$ 个口令被猜中. 只要有一个口令 k 被猜中, O 就能计算出一个 y, 使 B 在 Schnorr 身份识别协议的第(4)步通过他的验证. 因此, O 能计算出 y_1, y_2, k_1 和 k_2 满足

$$y_1 \neq y_2 (\mathrm{mod}\,p) \text{且} \beta \equiv \alpha^{y_1} I^{k_1} \equiv \alpha^{y_2} I^{k_2} (\mathrm{mod}\,p)$$

即

$$\alpha^{y_1 - y_2} \equiv I^{k_2 - k_1} \ (\mathrm{mod}\,p)$$

因为 $I = \alpha^{-b}$, 我们有

$$y_1 - y_2 \equiv b(k_1 - k_2)(\mathrm{mod}\,q)$$

又因为 $0 < |k_1 - k_2| < 2^t$ 且 $q > 2^t$ 是素数, 所以 $\gcd(k_1 - k_2, q) = 1$, 故 O 能计算出

$$b \equiv (y_1 - y_2)(k_1 - k_2)^{-1}(\mathrm{mod}\,q)$$

定理 7.2 证明了任何一个能以不可忽略的概率成功地执行 Schnorr 身份识别协议的人必定知道(即在多项式时间内计算出) A 的私人密钥 b. 换言之, 若冒充者 O (包括 A 本身)不知道 A 的私人密钥 b, 那么他成功地执行此身份识别协议的概率可以忽略. 因此, Schnorr 身份识别协议是可靠的.

例 7.7 设 Schnorr 身份识别体制的参数与例 7.6 中的相同. 假如 O 知道了

$$\alpha^{851} I^{1000} \equiv \alpha^{454} I^{19} (\mathrm{mod}\,p)$$

那么他计算

$$b = (851 - 454)(1000 - 19)^{-1}(\mathrm{mod}\,1031) = 755$$

从而得到了 A 的私人和钥 b.

我们已经证明了 Schnorr 协议是可靠的和完备的, 但这两点仍不足以保证该协议是安全的. 例如, 若用户 A 为了向 O 证明他的身份, 他简单地泄露了他的私

人密钥 b 的值. 此时该协议仍是可靠的和完备的, 然而, 它将是完全不安全的, 因为以后 O 总能冒充 A. 这迫使我们必须考虑此协议泄露给参加协议的验证者(或攻击者)的秘密信息(在这个协议中是 b 的值). 我们希望用户 A 在证明自己的身份时, 验证者 B 或攻击者 O 不能得到他的私人密钥 b 的任何信息, 从而以后 O 不能冒充用户 A.

如果通过参与执行该协议多项式次且有进行多项式数量级的计算, 仍不能确定出 b 的值的任何信息, 那么, 我们就相信此协议是安全的.

小结与注释

本章对密码协议、零知识证明和身份识别体制进行研究. 首先介绍密码协议和零知识证明的概念, 然后给出利用零知识证明构造的身份识别协议.

在现实世界中, 我们用物理信物作为身份证明: 护照、驾驶执照、信用卡等. 这些信物包含了把它与一个人联系起来的东西: 通常是照片或签名, 怎么能用数字方式来实现这种联系呢? 可以采用身份认证协议来实现. 使用零知识证明来作身份证明以及身份认证协议与数字签名的关系最先是由 Fiat 和 Shamir 开始研究的[5].

习总书记在党的二十大会议上多次强调网络安全的重要性, 网络安全事关党的长期执政, 事关国家长治久安, 事关经济社会发展和人民群众福祉. 本章用数字方式来解决信物与人之间的联系的这种身份认证技术, 极大地保证了用户信息的安全、合法利益, 是深入贯彻党中央关于网络强国思想的重要保证.

习题 7

7.1 设用户 A 的秘密身份识别符 c 与公开身份识别符 d 满足 $dc^2 \equiv \pm 1(\bmod n)$，而 $n = pq, p \equiv q \equiv 3(\bmod 4)$为两个不同的奇素数. 证明雅可比符号$\left(\frac{d}{n}\right)=1$.

7.2 设正整数 $n = pq, p, q$ 为素数，公开 n，保密 p 与 q. 再设 $x \in \mathrm{QR}_n$. 示证者 A 要证明他知道 x 的平方根 s，于是，他和验证者 B 执行协议 A:

协议 A:

(1) A 选一个随机数 $r \in Z_n^*$，计算 $y \equiv r^2(\bmod n)$，并把 y 发送给 B;

(2) B 选一个随机数 $k = 0$ 或 1，并把 k 发送给 A;

(3) A 计算 $I \equiv s^k r(\bmod n)$，并把 I 发送给 B;

(4) B 验证是否有 $I^2 \equiv x^k y(\bmod n)$. 如果 $I^2 \equiv x^k y(\bmod n)$，那么 B 接受 A 的这轮证明.

试证明：协议 A 是完备的和可靠的.

7.3 在第 7.2 题中

(1) 定义一个有效三元组是具有形式(y, k, I)的三元组，此处 $y \in \mathrm{QR}_n, k = 0$ 或 1, $I \in Z_n^*$ 且 $I^2 \equiv x^k y(\bmod n)$. 证明有效三元组的数目是 $2(p-1)(q-1)$.

(2) 证明：如果 A 和 B 遵守协议 A，那么每一个这样的三元组是等概率出现的.

(3) 证明：在不知道 $n = pq$ 的分解的情况下，B 能产生有相同概率分布的三元组.

(4) 证明：协议 A 是一个对 B 的零知识证明.

7.4 假设用户 A 使用 GQ 身份识别体制，其参数 $p = 17, q = 19$ 和 $e = 13$.

(1) 假设用户 A 的私人密钥 $b = 41$，求 A 的身份识别信息 I.

(2) 假设 $r = 31$，计算$\beta \equiv r^e(\bmod n)$.

(3) 假设用户 B 发出一个询问 $k = 7$，计算用户 A 的回答α.

(4) 完成用户 B 的验证.

7.5 假设用户 A 使用 GQ 身份识别体制，其参数 $n = 199543, e = 523$ 和 $I = 146152$，又假设攻击者 O 已经发现

$$I^{456} \times 10136^{e} \equiv I^{257} \times 36056^{e} (\bmod n)$$

陈述 O 如何计算出用户 A 的私人密钥 b.

7.6 假设用户 A 使用 Schnorr 身份识别体制，其参数 $q = 1201, p = 122503, t = 10$

和$\alpha=11538$.

(1) 验证α在Z_p^*中有阶q.

(2) 假设 A 的私人密钥$a=357$, 计算I.

(3) 假设$r=868$, 计算β.

(4) 假设用户 B 发出一个询问$k=501$, 计算用户 A 的回答y.

(5) 完成用户 B 的验证过程.

为了便于计算, 我们给出

$$\alpha^2 \equiv 87186,\ \alpha^{2^2} \equiv 87446,\ \alpha^{2^3} \equiv 43153,\ \alpha^{2^4} \equiv 13306,\ \alpha^{2^5} \equiv 32801$$

$$\alpha^{2^6} \equiv 84255,\ \alpha^{2^7} \equiv 101181,\ \alpha^{2^8} \equiv 19051,\ \alpha^{2^9} \equiv 86715,\ \alpha^{2^{10}} \equiv 12079$$

$$I^2 \equiv 114881,\quad I^{2^2} \equiv 28462,\quad I^{2^3} \equiv 95608,\quad I^{2^4} \equiv 83313$$

$$I^{2^5} \equiv 35989,\quad I^{2^6} \equiv 106405$$

$$I^{2^7} \equiv 51759,\quad I^{2^8} \equiv 98477$$

以上均模 122503.

7.7 假设用户 A 使用 Schnorr 身份识别体制, 其参数$q=1201$, $p=122503$, $t=10$和$\alpha=11538$. 现设$I=51131$, 且 O 知道了

$$\alpha^3 I^{148} \equiv \alpha^{151} I^{1077} (\mathrm{mod}\, p)$$

O 如何计算出用户 A 的私人密钥α?

7.8 给定下列对平方剩余问题的交互式证明系统:

已知:不知道分解的整数$n=pq$, 其中p和q均为素数, $x \in \widetilde{\mathrm{Q}}\widetilde{\mathrm{R}}_n$.

协议 B:

(1) B 选一个随机数$k \in Z_n^*$, 并计算$y \equiv k^2 (\mathrm{mod}\, n)$.

(2) B 再随机选$i=0$或 1, 并把$z \equiv x^i y (\mathrm{mod}\, p)$发送给 A.

(3) 若$z \in \mathrm{QR}_n$, A 定义$j=0$, 否则他定义$j=1$, 然后把j发送给 B.

(4) B 检查是否有$i=j$.

A 和 B 一起共执行$\log_2 n$次协议 B. 如果执行$\log_2 n$次协议 B 时, B 在第(4)步都得到验证, 则 B 接受 A 的证明.

(1) 证明: 该交互式证明系统是可靠的和完备的.

(2) 解释该交互式证明系统不是零知识的原因.

参考文献 7

[1] Goldwasser S, Micali S, Rackoff C. The knowledge complexity of interactive proof-systems. SIAM Journal of Computing, 1989, 18: 186-208.

[2] Feige U, Fiat F, Shamir A. Zero knowledge proofs of identity. Proceedings of STOC' 1987, 1987: 210-217.

[3] Guillon S, Quisquater J. A practical zero-knowledge protocol fileted to security microprocessor minimizing both transmission and memory. Advances in Cryptology-EUROCRYPT' 1988, Lecture Notes in Computer Sciences, Springer-Verlag, 1989, 330: 123-128.

[4] Schnorr C. Efficient Identification and Signature for Smartcards. Advances in Cryptology-CRYPTO' 1989, Lecture Notes in Computer Science. Springer-Verlag, 1990, 435: 239-252.

[5] Fiat A, Shamir A. How to prove yourself: practical solutions to identification and signature problems. Advances in Cryptology-CRYPTO' 1986, Lecture Notes in Computer Science, Springer-Verlag, 1987, 263: 186-194.

*第 8 章

密钥管理技术

密钥是加密算法中的可变因素. 用密码技术保护的现代信息系统的安全性极大地取决于对密钥的保护, 而不是对算法或硬件本身的保护. 即使密码体制公开, 密码设备丢失, 只要密钥没有泄露, 同一型号的密码机仍可以使用. 然而, 一旦密钥丢失或出错, 不但合法用户不能提取信息, 而且可能给非法用户窃取信息提供时机. 因此, 密钥的保密与安全管理在维护信息系统安全中具有不可估量的价值. 同时, 考虑到密钥有其生存期, 存在被攻击者通过密码分析破解的风险, 密钥不能无限期使用. 随着时间的推移, 攻击者有更多的机会获取加密的数据, 从而加速其破解密码的过程. 此外, 密钥本身也有可能遭到泄露, 增加系统的风险. 所以, 缩短密钥生存期是降低此类风险的有效手段.

密钥生存期也称为密钥寿命或者密钥有效期. 它通常用时间阶段来表示, 在此阶段内, 密钥是有效的. 一旦密钥有效期结束, 密钥不能再用于加密或解密. 控制密钥生存期是密钥管理的重要手段. 一般而言, 密钥生存期由多种因素决定, 如加密消息的敏感程度、密钥泄露的危害程度、密钥重新生成的开销等. 一般而言, 密钥使用时间越长, 泄露的可能性越大. 如果密钥已经发生泄露, 那么密钥使用时间越长, 泄露的信息就越多, 造成的危害就更大.

密钥管理是处理从密钥产生到最终销毁的整个过程中的有关问题, 包括密钥的产生、存储、装入、分配、保护、丢失、销毁等内容, 其中密钥的分配和存储是最棘手的.

本章将研究密钥分配、密钥协商、秘密共享、密钥的存储等问题, 同时也对密钥管理的其他方面作些简要的介绍.

8.1 密钥概述

8.1.1 密钥的种类

根据密钥在信息系统安全中所起的作用, 密钥大体上可以分为以下几种:

密钥概述

(1) 基本密钥(base key)或称为初始密钥(primary key): 用户自己

选定或由系统分配给用户的可在较长(相对于会话密钥)一段时间内由用户专用的秘密密钥, 故又称为用户密钥(user key), 用 k_p 表示. 要求基本密钥既安全又便于更换. 基本密钥要和会话密钥一起去启动和控制某种加密算法构成的密钥生成器来产生用于加密明文数据的密钥流.

(2) 会话密钥(session key): 两个通信终端用户在一次通话或交换数据时所用的密钥, 用 k_s 表示. 当用其对传输的数据进行保护时称为数据加密密钥(data encrypting key), 当用它保护文件时称为文件密钥(file key). 会话密钥的作用是: 我们不必太频繁地更换基本密钥, 有利于密钥的安全和管理. 这一类密钥可由用户预先约定, 也可由系统动态地产生并赋予通信双方, 它为通信双方专用, 故又称之为专用密钥(private key).

基本密钥与会话密钥之间的关系如图 8.1 所示.

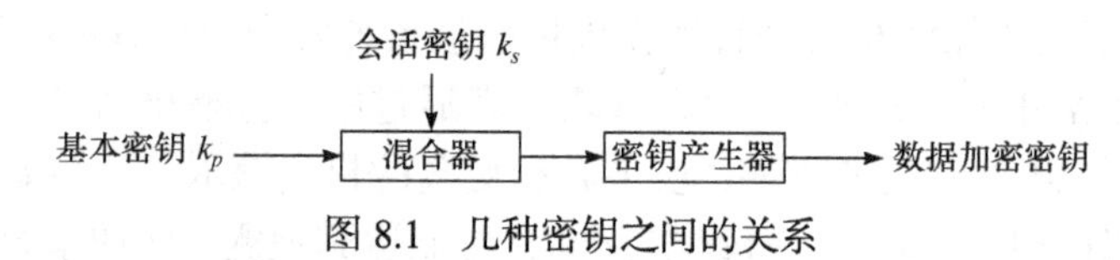

图 8.1　几种密钥之间的关系

(3) 密钥加密密钥(key encrypting key): 用于对传送的会话密钥或文件密钥进行加密时使用的密钥, 也称为次主密钥(submaster key)或辅助(二级)密钥(secondary key), 用 k_e 表示. 通信网中每个节点都分配有一个这样的密钥. 为了安全, 各节点的密钥加密密钥应互不相同. 在主机和主机之间以及主机和各终端之间传送会话密钥时都需要有相应的密钥加密密钥. 每台主机存储有关至各其他主机或本主机范围内各终端所用的密钥加密密钥, 而各终端只需要一个与其主机交换会话密钥时所需的密钥加密密钥, 称为终端主密钥(terminal master key). 在主机和一些密码设备中, 存储各种密钥的装置应有断电保护和防干扰、防欺诈等控制能力.

(4) 主机主密钥(host master key): 它是对密钥加密密钥进行加密的密钥, 存储在主机处理器中, 用 k_m 表示.

除了以上几种密钥外, 还有用户选择密钥(custom option key)用来保证同一类密码机的不同用户可使用不同的密钥; 簇密钥(family key)及算法更换密钥(algorithm changing key)等. 这些密钥的主要作用是在不加大更换密钥工作量的情况下, 扩大可使用的密钥量.

8.1.2 建立密钥的方式

密钥建立协议是为两方或多方提供共享的秘密, 在其后作为对称密钥使用, 以达到加密、消息认证和实体认证的目的. 密钥建立大体分成两类: 密钥分配和密钥协商. 密钥分配是由一方建立(或得到)一个秘密值安全地传送给另一方. 密钥协商是由双方(或多方)生成的共享秘密, 该秘密是参与各方提供信息的函数, 任何一方都不能事先预定所产生的秘密数值.

密钥建立的模式大致可分成以下三种.

(1) 点到点机制: 涉及的双方直接通信, 不需借助于第三方机构, 进而可以生成一个只有双方共享的密钥, 如图 8.2 所示.

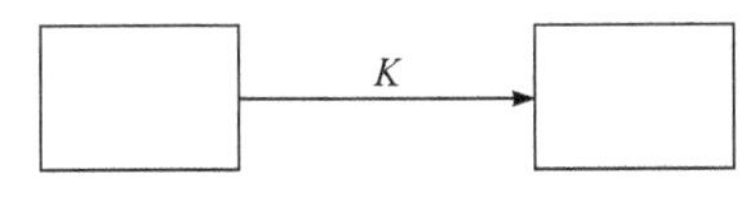

图 8.2 点到点的密钥建立模式

(2) 密钥分配中心(key distribution center, KDC).

用户 A 和 B 分别与 KDC 共享主密钥 K_{AT} 和 K_{BT}, KDC 为用户 A 和 B 生成并分配会话密钥 K. 图 8.3 中 A 将(A, B)发送给 KDC. KDC 将 $E_{K_{AT}}$ (B, K) 返回给用户 A. 此外, 如图 8.3(a)所示, 将 $E_{K_{BT}}$ (A, K) 经过 A 传送给 B, 或如图 8.3(b)所示, KDC 直接将 $E_{K_{BT}}$ (A, K) 传送给 B.

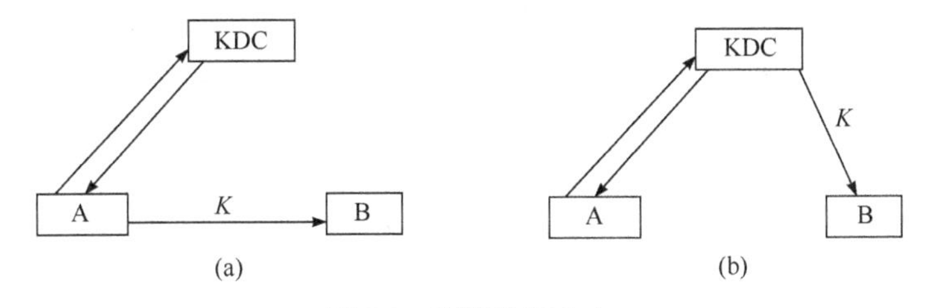

图 8.3 密钥分配中心

(3) 密钥转换中心(key translation center, KTC).

与(2)不同的是由 A 生成 A 和 B 之间的会话密钥 K, KTC 只起传送作用. 首先 A 将 (A, B, $E_{K_{AT}}$ (B, K)) 发送给 KTC. KTC 解密求出 K 后将生成的 $E_{K_{BT}}$ (A, K) 经过 A 传送给 B, 或直接传送给 B. 这样 B 也能够解密求出会话密钥 K.

8.2 密钥分配

所谓密钥分配 (key distribution) 是指一方选择密钥, 然后把它发送给另一方或者多方. 利用密钥分配协议可以在一个不安全的信道上传送用户之间的共享密钥, 并且每个用户不需要存储很多的密钥.

8.2.1 基于对称密码体制的密钥分配协议——Kerberos 方案

基于对称密码体制的密钥分配协议-Kerberos 方案

Kerberos 密钥分配协议是一种在线式密钥分配协议[1]. 所谓在线式指的是当两个用户 U 和 V 想要进行保密通信时, 就根据协议交互计算进而产生一个新的密钥, 而不是使用事先确定的某一个密钥.

在线式密钥分配协议每次随机产生一个密钥, 也就是说密钥随时在更新, 避免了由于一个密钥使用过久而存在的密钥泄露问题, 从而提高了用户之间的保密通信的安全性. 在有可信机构(trusted authority, TA)参与的在线式密钥分配协议中, TA 和通信网络中的每个用户 U 共享一个密钥 K_U. TA 和用户 U 之间的保密通信利用对称密码体制来实现, 密钥为 K_U. 当用户 U 想利用对称密码与用户 V 进行保密通信时, 用户 U 就向 TA 申请一个会话密钥. 在接到申请后, TA 产生一个会话密钥 K, 并将其加密, 然后传送给用户 U 和 V.

如果使用在线密钥分配, 那么网络中的每个用户和可信中心只要共享一个密钥而无需再储存别的密钥, 会话密钥将通过请求可信中心 TA 来得到. 确保密钥新鲜是可信中心的职责.

Kerberos 系统是由麻省理工学院(MIT)设计的基于对称密码体制的密钥服务系统[2]. 在这个系统中, 存在一个中心认证服务器用于用户和服务器提供相互认证, 每个用户 A 和可信中心 TA 共享一个秘密的密钥. 目前该系统已有 5 个版本, 目前大多数实际系统使用的是第 4 个版本 V4. Kerberos 系统 V4 中要求使用 DES 分组密码体制, 传送的所有消息都通过 CBC 模式进行加密. 在最新的版本 V5 中(Internet 标准 RFC 1510)可以选用其他密码算法.

Kerberos 密钥分配协议的基本思想是引入可信中心帮助用户分发会话密钥以建立安全信道. 该方法最早是由 Needham 和 Schroeder[3]提出的, 但是该协议存在缺陷[4], Kerberos 系统本质上是带时戳版本的 Needham-Schroeder 协议.

我们用 ID(A)表示用户 A 的身份识别信息, 使用 Kerberos 方案传输一个会话密钥的过程可分两步进行(图 8.4):

(1) 用户 A 为了和用户 B 通信, 他就向可信中心 TA 申请一个会话密钥, 其申请过程是

① 可信中心 TA 随机地选择一个会话密钥 k、一个时戳 t 和一个生存期 L, 计算 $c_1 = E_{k_A}(k, \mathrm{ID}(B), t, L)$ 和 $c_2 = E_{k_B}(k, \mathrm{ID}(A), t, L)$, 并将 c_1 和 c_2 发送给 A.

② 用户 A 首先解密 c_1 获得密钥 k, $\mathrm{ID}(B), t$ 和 L.

(2) 用户 A 和用户 B 交换密钥 k 的过程是

① A 计算 $c_3 = E_k(\mathrm{ID}(A), t)$, 并将 c_3 和可信中心发送来的 c_2 一起发送给 B.

② 用户 B 首先解密 c_2 获得密钥 K, $\mathrm{ID}(A), t$ 和 L, 然后使用 k 解密 c_3, 获得 t

和 ID(A), 并检测 t 的两个值和 ID(A)的两个值是否一样. 如果是一样的, 那么 B 计算 $c_4 = E_k(t+1)$, 并将 c_4 发送给 A.

③ A 使用 k 解密 c_4 获得 $t+1$, 并验证解密结果是 $t+1$.

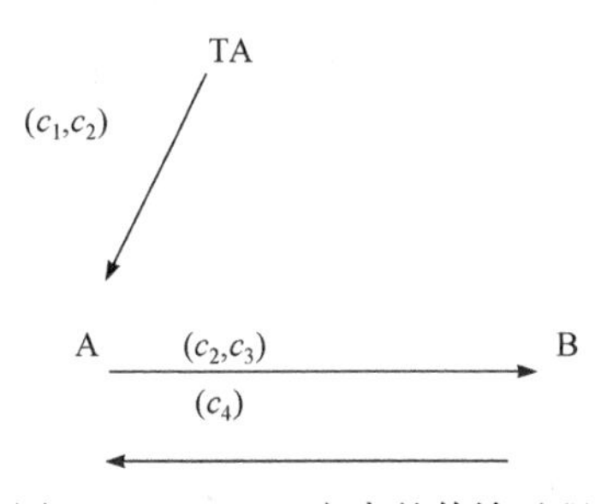

图 8.4　Kerberos 方案的传输过程

方案的第 1 步是可信中心 TA 和申请通信者 A 之间进行秘密的密钥交换. 可信中心 TA 首先使用他和申请者 A 共享的密钥 k_A 加密他为 A 和 B 通信选择的密钥 k, 时戳 t, 生存期 L 和 ID(B)得到 c_1, 使用他和用户 B 共享的密钥 k_B 加密 k, t, L 和 ID(A)得到 c_2, 然后他把 c_1 和 c_2 都发给用户 A. A 能使用他与可信中心共享的密钥 k_A 解密 c_1 获得他将要与 B 通信的会话密钥 k、时戳 t、生存期 L 和 ID(B), 且 A 能验证目前的时间在区间 $[t, t+L]$ 内, 并通过验证解密 c_1 获得的 ID(B)检测可信中心颁发给他的会话密钥 k 是他和用户 B 的会话密钥. 最后, 用户 A 将 c_2 转发给 B, 并且使用新的会话密钥 k 加密 t 和 ID(A), 也将加密结果 c_3 发送给 B. 当用户 B 收到 A 发来的 c_2 和 c_3 后, 他用自己和可信中心共享的密钥 k_B 解密 c_2 获得 k, t, L 和 ID(A), 然后使用新的会话密钥 k 解密 c_3 获得 t 和 ID(A), 并验证这两个 t 的值相同且两个 ID(A)的值也相同. 这可使 B 相信加密在 c_2 中的会话密钥 k 和用于加密 t, ID(A)的密钥相同. 然后 B 使用 k 加密 $t+1$, 并将所得的结果 c_4 送回给 A. 当 A 收到 c_4 后, 他使用 k 解密 c_4 并验证解密结果是 $t+1$. 这可使 A 相信会话密钥 k 已经被成功地传输给了 B, 因为产生消息 c_4 时需要 k. 消息 c_1 和 c_2 用来提供会话密钥 k 在传输过程中的秘密性. c_3 和 c_4 用来提供密钥 k 的确证性, 也就是能使 A 和 B 相互相信他们拥有同样的会话密钥.

时戳 t 和生存期 L 的目的是阻止一个主动的敌手存储旧消息并在后来重发. 这种攻击称为重放攻击(replay attack). 这种方法奏效是因为一旦密钥过期, 它不能再被作为合法的密钥接收.

Kerberos 协议的缺点, 首先协议需要在线认证服务; 其次, 网络中的所有用户都要有同步时钟, 因为目前的时间被用来确定一个给定的会话密钥是不是合法的. 在实际中, 提供完全准确的同步时钟是困难的, 所以允许时间有一定量的偏差.

8.2.2 公钥密码系统的密钥传送方案

公钥密码学的一个重要优点就是易于建立两个相距遥远的终端用户间的安全信道，而不需要他们彼此见面或者使用在线认证服务，这正好克服了对称密码技术的缺点. 使用公钥加密技术，用户 A 可以直接对选定的随机密钥 K 利用 B 的公钥加密计算并将密文发送给对方. 因此，基于公钥的技术能够较为容易地在大规模的开放性系统中应用推广.

在公钥密码系统中，不再需要安全的信道来传送私钥，且总是假定已经掌握对方的真实公钥. 因此对方公钥的真实性是保证公钥系统安全的保障之一.

在实际中，如何能保证被访问者的公钥确实是属于被访问者的呢?有可能假冒者已经用他自己的公钥替代了被访问者的公钥. 除非在如何形成密钥和密钥的真实性与合法性认证中存在可靠性，否则，公钥加密算法是不可信的.

为了使公钥加密算法能在商业应用中发挥作用，有必要使用一个基础设施来跟踪认证公钥. 公钥基础设施(public key infrastructure, PKI)是一个框架结构，它是由定义加密体制运转规则的策略和用于产生与发布密钥和证书的程序构成的. 所有的 PKI 都是由证书授权和合法性操作组成的. 证书授权将一个公钥绑定给一个实体. 合法性确保了证书是合法的. 证书机构 (certification authority, CA) 是一个可信的服务器，是提供公钥加密和数字签名服务的平台，采用 PKI 框架管理密钥和证书. 基于 PKI 的框架结构及在其上开发的 PKI 应用，为建立 CA 提供了强大的证书和密钥管理能力.

公钥证书(certification)是指由其发布者签署的一套信息，这里发布者一般指的是证书认证中心 CA. 有很多类型的证书，其中，身份证书包含了一个实体的身份信息，数据都由 CA 的私人密钥进行签名. 根据 X.509[5]建议, CA 为用户的公开密钥提供证书. 用户与 CA 交换公开密钥, CA 用其私钥对数据集(包括 CA 名、用户名、用户的公开密钥及其有效期等)进行数字签名，并将该签名附在上述数据集后，构成用户的证书，存放在用户的目录款项中.

证书作为网上交易双方真实身份证明的依据，是一个经证书认证中心数字签名的、包含证书申请者(公开密钥拥有者)个人信息及其公开密钥的文件. CA 作为可信第三方通过签名担保公钥及公钥所属主体的真实性. CA 有自己的签名密钥对，每个已在系统中注册的用户都能获得 CA 真实的公钥，并用它对证书中的 CA 签名进行验证. 系统用户验证签名成功，获得对公钥真实性的信任. 由此看到，公钥证书是传递信任的一种手段. CA 通过发放公钥证书来证实用户个人身份和公钥数据.

1) 证书类型

个人证书(客户证书)、服务器证书(站点证书)、安全电子函件证书(这种证书证实电子函件用户的身份和公钥)、CA 证书.

2) 证书的内容

主流证书的格式定义在 ITU 标准 X.509 里, 根据这项标准, 证书包括申请证书个人的信息和发行证书的 CA 的信息.

X.509 是一种国际标准, 被设计用来为大型计算机网络上的目录服务提供认证. 由于它本身是作为国际标准化组织和国际电信联盟的一个标准, 所以很多产品都是基于它开发出来的. 例如, X.509 被用在签证和万事达信用卡的安全电子交易的标准中.

公钥证书是一个包含多项数据的结构化数据记录, 它由数据部分和签名部分组成. 数据部分至少应包括明文形式的公钥参数及公钥主体标识(在系统内唯一). 签名部分是 CA 对数据部分的签名, 它的作用是把公钥与持有公钥的用户主体捆绑起来. 公钥证书的概念最早由 Kohnfelder 提出[6].

公钥证书的数据部分一般要包括:

(1) 公钥的可用期限;

(2) 证书的序号或公钥标识符;

(3) 关于主体的其他信息(如住址、网址);

(4) 关于公钥的其他信息(如公钥加密算法、打算怎样使用);

(5) 与识别主体身份、生成密钥对或其他安全政策有关的措施;

(6) 有助于签名验证的信息(如签名算法标识符、签名人的姓名);

(7) 公钥目前状态(是否吊销).

建立公钥证书时, CA 用非密码技术确定用户的身份以及公钥. 用户的公私钥一般由用户自己生成, 用户只把公钥交给 CA. 只有 CA 正确识别公钥对应的持有人之后才会发放公钥证书. CA 应该要求该用户证明他掌握与之相应的私钥, 其目的是防止对手把某用户的公钥偷换成自己的公钥去形成该用户的新公钥证书. 为此可以采用如下方法:

(1) 要求用户对证书的部分签名;

(2) 用户先随机选择 r_1, CA 再随机选择 r_2 并计算 $h(r_1 \| r_2)$, 让用户对其签名.

3) CA 的管理

一个单独的实体能够跟踪并发布每个 Internet 用户的公钥是不可能的. 相反 PKI 通常是由多个 CA 和他们发布的证书组成的, 这些 CA 可以相互认证身份. 在 X.509 公钥证书基础设施中, 公钥证书规模呈树状层次结构增大, 称其为目录信息树. 在这种树状层次结构中, 每个节点代表一个主体, 并且它的公钥证书由他相邻的父节点发行. 叶节点表示端用户主体, 非叶节点代表不同级别或不同域的 CA. 例如, 国家级 CA 有银行、教育和政府机构域, 其中每个域又分为许多子 CA, 如银行域又分为不同类型的银行子域. 根节点代表根 CA, 它是整个系统中的主体. 根 CA 应该保证它自己的公钥的可靠性. 因为每个 CA 都有服务一个很大的域的潜力, 所以继承树深度(DIT)的深度不需要很大. 两个端用户主体通过在 DIT 中向上找一个离它们最近的父节点来建立一条安全的通信信道.

8.3 密钥协商

密钥协商是一种协议, 利用这种协议, 通信双方可以在一个公开的信道上通过互相传送一些公开消息来共同建立一个共享的秘密密钥. 在密钥协商中, 双方共同建立的秘密密钥通常是双方输入消息的一个函数.

密钥协商

本节介绍 Diffie-Hellman 密钥协商协议. 1976 年提出的 Hellman 密钥交换协议[7]是一个典型的密钥协商协议. 通信双方利用该协议可以在一个公开的信道上建立共享的会话密钥.

设 p 是一个素数, α 是 Z_p^* 的一个本原元, p 和 α 是公开的, 则 Diffie-Hellman 密钥协商协议可描述如下:

(1) A 随机地选择 a_A, $0 \leqslant a_A \leqslant p-2$, 计算 $\alpha^{a_A} \pmod p$, 并将计算结果发送给 B;

(2) B 随机地选择 a_B, $0 \leqslant a_B \leqslant p-2$, 计算 $\alpha^{a_B} \pmod p$, 并将计算结果发送给 A;

(3) A 计算 $k \equiv (\alpha^{a_B})^{a_A} \pmod p$, B 计算 $k \equiv (\alpha^{a_A})^{a_B} \pmod p$.

这样, A 和 B 实际上建立了共同的密钥 $k \equiv \alpha^{a_A a_B} \pmod p$. A 和 B 以后每次通信时可协商出不同的会话密钥 k. 这是因为他们各自都要重新随机选择秘密值 a_A 和 a_B. 对于被动攻击者来说, 已知 p 和 α 是公开的, 他可以监听获得 $\alpha^{a_A} \pmod p$ 和 $\alpha^{a_B} \pmod p$ 的值, 但是不能计算出会话密钥 k 的值. 但是, 对于主动攻击者来说, 他可以在双方通信过程中截获并修改会话内容, 并且敌手可以伪装成一个诚实的通信方与另一方执行协议. 不幸的是, Diffie-Hellman 密钥协商协议容易受到一个主动攻击者的中间人攻击 (man in the middle attack). 设 O 是一个主动攻击者, 他同时和用户 A 与用户 B 进行密钥协商协议. 在对协议运行的攻击中, O 首先截获 A 发送给 B 的 α^{a_A} 值, 并伪装成 A 将计算的值 α^{a_O} 发送给 B, 其中 a_O 是由 O 随机选取的值. 按照协议规则, B 将计算结果 α^{a_B} 的值发送给 A, 该数值再次被 O 截获而 A 并未收到该数值. 这样, O 和 B 协商了一个密钥 $\alpha^{a_B a_O}$, 而 B 以为这个密钥就是他和 A 共享的值.

类似地, O 也可以伪装成 B, 并与 A 协商出共同密钥 $\alpha^{a_A a_O}$. 于是, 当 A 加密一个消息发送给 B 时，O 能解密密文而 B 不能. 同理，当 B 加密一个消息发送给 A 时，O 能解密密文而 A 不能. 这样，O 就可以在 A 和 B 之间阅读并转发保密通信，伪装成一方身份欺骗另一方，并且不会被发现.

Diffie-Hellman 密钥交换协议人员遭受中间人攻击的原因在于这个协议没有对消息来源进行认证. 为了避免中间人攻击，必须确保收到的消息的确来自目标参与者，即确信用户 A 和 B 正在执行密钥协商协议，而不是 A 和O 或 B 和O 在进行密钥协商协议. 我们采用第7章数字签名的方法，比如B可以对 α^{a_B} 和其身份公钥进行签名，获得双方认证的密钥协商协议，进而能够抵抗中间人攻击. 这种密钥协商协议也称作是认证密钥交换协议，具体描述如下:

设 A 和 B 各自拥有证书机构 CA 颁发的公钥证书 $\mathrm{Cert}_A=\mathrm{Sign}_{\mathrm{CA}}(A,PK_A)$ 和 $\mathrm{Cert}_B=\mathrm{Sign}_{\mathrm{CA}}(B,PK_B)$，其中 PK_A 和 PK_B 分别是 A 和 B 的公钥.

(1) A 随机地选取某个大整数 $\alpha_A\in[0,p-2]$，计算 $R_A\equiv\alpha^{a_A} \bmod p$，并将计算结果 R_A 以及公钥证书 Cert_A 发送给 B;

(2) B 随机地选取某个大整数 $\alpha_B\in[0,p-2]$，计算 $R_B\equiv\alpha^{a_B} \bmod p$，并使用私钥 SK_B 对 R_A,R_B 以及公钥 PK_A,PK_B 数字签名: $\mathrm{Sign}_B(R_A,PK_A,R_B,PK_B)$，并将公钥证书 Cert_B、消息 R_A,R_B,PK_A,PK_B 以及签名 $\mathrm{Sign}_B(R_A,PK_A,R_B,PK_B)$ 一起发送给 A;

(3) A 验证签名通过之后，使用自己私钥 SK_A 对 R_A,R_B 以及公钥 PK_A,PK_B 数字签名: $\mathrm{Sign}_A(R_A,PK_A,R_B,PK_B)$，并将公钥证书 Cert_B 以及签名 $\mathrm{Sign}_B(R_A,PK_A,R_B,PK_B)$ 一起发送给 B.

8.4 秘密共享

秘密共享

为了保护密钥不使其因损坏而蒙受巨大损失，人们往往采取建立多个拷贝的方法. 这样，在提高可靠性的同时也加大了风险. 秘密共享(secret sharing)是一种可取的方案，因为他在提高可靠性的同时不加大风险，而且有助于关键行为(如签署支票、打开金库)的共同控制. 秘密共享是一种份额化的密钥分配技术. 它的基本思想是把秘密分成许多块(称为份额(share))，分别由多人掌管，必须有足够多的份额才能重建原来的秘密，并用它触发某个动作.

一类特殊的密钥共享叫做 (t,n)-门限方案(threshold scheme). 令 $t\leqslant n$ 是正整数，(t,n)-门限方案是这样一种方法: 在 n 个参与者组成的集体中共享密钥 k，其中任何 t 个人组成的子集可以重构密钥 k 的值，而任何小于 t 个参与者组成的子集将无法算出 k 的值.

(t,n)-门限方案是更多普遍的共享方案的关键组成模块，下面我们将描述建

立 (t,n)-门限方案的一种方法——Shamir 阈值方案[8]. 这个方案是在 1979 年由 Shamir 设计的, 它是基于高等代数课程中的一些思想的自然推广.

以下用 K 表示密钥集, S 表示子密钥集, 且 $P=\{P_i \mid 1\leqslant i\leqslant n\}$. 在 Shamir 的 (t,n)-门限方案中, 分发者构造了一个次数为 $t-1$ 的随机多项式 $a(x)$, 其常数项为密钥 k. 每个参与者 P_i 得到了多项式 $a(x)$ 所确定的曲线上的一个点 (x_i,y_i), $1\leqslant i\leqslant n$. 设 $K=Z_p, p>n+1$ 是素数, 子密钥集 $S=Z_p$. 这里, 密钥 k 和分配给参与者的子密钥都是 Z_p 中的元素.

(1) 分发者随机选择一个 $t-1$ 次多项式

$$h(x)=a_{t-1}x^{t-1}+\cdots+a_1x+a_0\in Z_p[x],\quad a_0=k \tag{8.1}$$

(2) 分发者选择 Z_p 中 n 个不同的非零元 $x_1,x_2,\cdots,x_n$, 计算 $y_i=h(x_i), 1\leqslant i\leqslant n$.

(3) D 将 (x_i,y_i) 分配给每个参与者 $P_i(1\leqslant i\leqslant n)$, 值 $x_i(1\leqslant i\leqslant n)$ 是公开知道的, $y_i(1\leqslant i\leqslant n)$ 作为参与者 P_i 分享到的秘密密钥.

例 8.1 设 $p=17, t=3, n=5$, 且公开的 x 坐标 $x_i=i\ (1\leqslant i\leqslant 5)$, $B=\{P_1,P_3,P_5\}$. 设 P_1,P_3,P_5 的子密钥分别为 $y_1=8, y_3=10, y_5=11$. 记多项式为

$$h(x)=a_0+a_1x+a_2x^2$$

且由计算 $h(1),h(3)$ 和 $h(5)$, 我们得到 Z_{17} 中三个线性方程

$$\begin{aligned}a_0+a_1+a_2&=8\\a_0+3a_1+9a_2&=10\\a_0+5a_1+8a_2&=11\end{aligned}$$

容易求出此线性方程组在 Z_{17} 中的唯一解 $a_0=13, a_1=10$ 和 $a_2=2$, 故我们得到密钥 $k=a_0=13$, 多项式 $h(x)=13+10x+2x^2$.

一般地, 令 $y_{i_j}=h(x_{i_j}), 1\leqslant j\leqslant t$, $h(x)=a_{t-1}x^{t-1}+\cdots+a_1x+a_0\in Z_p[x], a_0=k$, 则由参与者的子集的密钥 (x_{i_j},y_{i_j}) 可得如下方程组:

$$\begin{aligned}a_0+a_1x_{i_1}+\cdots+a_{t-1}x_{i_1}^{t-1}&=y_{i_1}\\a_0+a_1x_{i_2}+\cdots+a_{t-1}x_{i_2}^{t-1}&=y_{i_2}\\&\cdots\cdots\\a_0+a_1x_{i_t}+\cdots+a_{t-1}x_{i_t}^{t-1}&=y_{i_t}\end{aligned} \tag{8.2}$$

其系数矩阵 A 为范德蒙德矩阵, 且 A 的行列式值

$$|A|=\prod_{1\leqslant j<s\leqslant t}(x_{i_s}-x_{i_j})(\mathrm{mod}\ p)$$

因为每一个 x_{i_j} 的值均两两不同，所以 $|A|\neq 0$，故线性方程组(8.2)在 Z_p 中有唯一解 $(a_0,a_1,\cdots,a_{t-1})$．这样，我们从发送给的某 t 个参与者的子密钥 (x_{i_j},y_{i_j}) 便可确定多项式 $h(x)$ 及密钥 $k=a_0$．

t–1 个参与者打算计算 k 的值，其结果如何？此时，(8.2)是 t 个未知数，t–1 个方程的线性方程组．假设他们以猜一个 y_0 的方法来增加方程组中方程的个数(第 t 个方程)，以达到使(8.2)有解的目的．对每一个猜测的子密钥 y_0 的值，都存在一个唯一的多项式 $h_{y_0}(x)$ 满足

$$y_{i_j}=h_{y_0}(x_{i_j}),\quad 1\leqslant j\leqslant t-1$$

且 $y_0=h_{y_0}(0)$．而我们的密钥值是 $k=a_0=h(0)$．因此，t–1 个参与者合伙也不能推出密钥 k. 更确切地说，任何小于等于 t–1 个参与者构成的集合都不能得到密钥 k 的任何信息.

假设我们已经有了多项式(8.1)且每个参与者都有了自己的子密钥 $y_i=h(x_i)$，$1\leqslant i\leqslant n$，那么每一对 (x_i,y_i) 都是“曲线” $h(x)$ 上的一个点．因为 t 个点唯一地确定多项式 $h(x)$，所以 k 可以由 t 个共享重新构成．但是，从 $t_1<t$ 个共享就无法确定 $h(x)$ 或 k.

给定 t 个共享 $y_{i_s}\,(1\leqslant s\leqslant t)$，根据拉格朗日插值公式重构的 $h(x)$ 为

$$h(x)=\sum_{s=1}^{t}y_{i_s}\prod_{\substack{j=1\\ j\neq s}}^{t}\frac{x-x_{i_j}}{x_{i_s}-x_{i_j}} \tag{8.3}$$

这里的运算都是 Z_p 上的运算.

一旦知道 $h(x)$，通过 $k=h(0)$ 易于计算出密钥 k. 因为

$$k=h(0)=\sum_{s=1}^{t}y_{i_s}\prod_{\substack{j=1\\ j\neq s}}^{t}\frac{-x_{i_j}}{x_{i_s}-x_{i_j}}(\mathrm{mod}p) \tag{8.4}$$

若令

$$b_s=\prod_{\substack{j=1\\ j\neq s}}^{t}\frac{-x_{i_j}}{x_{i_s}-x_{i_j}}(\mathrm{mod}p) \tag{8.5}$$

则

$$k=h(0)=\sum_{s=1}^{t}b_s y_{i_s}\,(\mathrm{mod}p) \tag{8.6}$$

因为 $x_i\,(1\leqslant i\leqslant n)$ 的值是公开知道的，所以我们可以计算出 $b_s\,(1\leqslant s\leqslant n)$．

例 8.2 例 8.1 中参与者子集是$\{P_1, P_3, P_5\}$. 根据(8.5)式可以计算出

$$b_1 \equiv \frac{-x_3}{x_1 - x_3} \cdot \frac{-x_5}{x_1 - x_5} (\bmod 17) \equiv 3 \times 5 \times (-2)^{-1} \times (-4)^{-1} (\bmod 17) = 4$$

类似地可得$b_3 = 3, b_5 = 11$. 在给出子密钥分别为 8, 10 和 11 的情况下, 根据(8.6)式可以得到$k = 4 \times 8 + 3 \times 10 + 11 \times 11 (\bmod 17) = 13$.

除上述素数p外, Shamir 门限方案可建立在任何有限域F_q上, 这里q是素数的方幂. 在计算机相关的应用中, 我们最感兴趣的是有限域F_{2^n}.

8.5 密钥保护

密钥的安全保密管理是密码系统安全的重要保证. 保证密钥安全的基本原则除了在有安全保证环境下进行密钥的产生、分配、装入以及存储于保密柜内备用外, 密钥绝不能以明文形式出现.

(1) 终端密钥的保护. 可用二级通信密钥(终端主密钥)对会话密钥进行加密保护. 终端主密钥存储于主密钥寄存器中, 并由主机对各终端主密钥进行管理. 主机和终端之间就可用共享的终端主密钥保护会话密钥的安全.

(2) 主机密钥的保护. 主机在密钥管理上担负着更繁重的任务, 因而也是敌手攻击的主要目标. 在任一给定时间内, 主机可有几个终端主密钥在工作, 因而其密码装置需为各应用程序所共享. 工作密钥存储器要由主机施以优先级别进行管理加密保护, 称此为主密钥原则. 这种方法将大量密钥的保护问题化为仅对单个密钥的保护. 在有多台主机的网络中, 为了安全起见, 各主机应选用不同的主密钥. 有的主机采用多个主密钥对不同类密钥进行保护. 例如, 用主密钥 0 对会话密钥进行保护, 用主密钥 1 对终端主密钥进行保护, 而网络中传送会话密钥时所用的加密密钥为主密钥 2. 三个主密钥可存放于三个独立的存储器中, 通过相应的密码操作进行调用, 可视为工作密钥对其所保护的密钥进行加密、解密. 这三个主密钥也可由存储于密码器件中的种子密钥按某种密码算法导出, 以计算量来换取存储量的减少. 此方法不如前一种方法安全. 除了采用密码方法外, 还必须和硬件、软件结合起来, 以确保主机主密钥的安全.

密钥分级管理保护法. 图 8.5 和表 8.1 都给出了密钥的分级保护结构, 从中可以清楚地看出各类密钥的作用和相互关系. 从这种结构可以看出, 大量数据可以通过少量动态产生的数据加密密钥(初级密钥)进行保护; 而数据加密密钥又可由更少量的、相对不变(使用期较长)的密钥(二级)或主机密钥 0 来保护, 其他主机密钥(1 和 2)用来保护三级密钥. 这样, 只有极少数密钥以明文形式存储在有严密物理保护的主机密码器件中, 其他密钥则以加密后的密文形式存于密码器以外的存

储器中, 因而大大简化了密钥管理, 并改进了密钥的安全性.

为了保证密钥的安全, 在密码设备中都有防窜扰装置. 当密封的关键密码器被撬开时, 其基本密钥和主密钥等会自动从存储器中消除, 或启动装置自动引爆.

密钥丢失的处理也是保护密钥的一项重要工作. 密码管理要有一套管理程序和控制方法, 最大限度地降低密钥丢失率. 对于事先产生的密钥加密密钥的副本应存放在可靠的地方, 作为备份. 一旦密钥丢失, 可派信使或通过系统传送新的密钥, 以便迅速恢复正常业务. 硬件或软件故障以及人为操作上的错误都会造成密钥丢失或出错, 采用报文鉴别程序可以检测系统是否采用了正确的密钥进行密码操作.

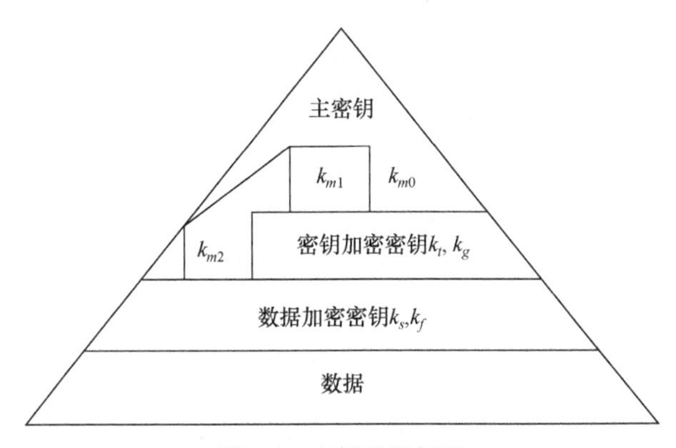

图 8.5　密钥分级保护

表 8.1　密钥分级结构

密钥种类	密钥名	用途	保护对象
	主机主密钥 0, k_{m0} 主机主密钥 1, k_{m1} 主机主密钥 2, k_{m2}	对现有密钥或存储在主机内的密钥加密	初级密钥 二级密钥 二级密钥
密钥加密密钥	终端主密钥 (或二级通信密钥) k_t 文件主密钥(或二级文件密钥) k_g	对主机外的密钥加密	初级通信密钥 初级文件密钥
数据加密密钥	会话(或初级)密钥 k_s 文件(或初级)密钥 k_f	对数据加密	传送的数据 存储的数据

密钥的安全储存也是保护密钥的重要手段. 密钥存储时必须保证密钥的机密性、认证性和完整性, 防止泄露和修正. 下面介绍几种可行的存储密钥的方法.

(1) 每个用户都有一个用户加密文件备以后用. 由于只与用户有关, 个人负责, 因而是最简易的存储方法. 例如, 在有些系统中, 密钥存在于个人的脑海中, 而不存在于系统中, 用户要记住它, 且每次需要时键入.

(2) 存入 ROM 钥卡或磁卡中. 用户将自己的密钥键入系统, 或将卡放入读卡机或计算机终端. 若将密钥分成两半: 一半存入终端, 另一半存入如 ROM 钥卡上. 一旦丢失 ROM 钥卡也不致泄露密钥.

(3) 难以记忆的密钥可用加密形式存储, 这要用密钥加密密钥来对要使用的密钥进行加密, 如 RSA 的私人密钥可用 AES 加密后存入硬盘, 用户需有 AES 密钥, 运行解密程序才能将其恢复.

(4) 若利用确定性算法来生成密钥, 则在每次生成时, 用易于记忆的口令, 启动密钥产生器对数据进行加密, 但这不适用于文件加密(过后要解密, 还得用原来密钥, 又要存储之).

控制密钥的使用也是保护密钥的重要手段.

对密钥的使用进行限制, 以保证按预定的方式使用密钥, 对密钥的保护也十分重要. 可以赋予密钥的控制信息有: ① 密钥的主权人; ② 密钥的合法使用期限; ③ 密钥的识别符; ④ 预定的用途; ⑤ 限定的算法; ⑥ 预定使用的系统和环境或密钥的授权用户; ⑦ 与密钥生成、注册、证书有关的实体名字; ⑧ 密钥的完整性校验 (作为密钥真实性的组成部分).

为了密码的安全, 避免一个密钥作多种应用, 需要对密钥实施隔离(separation)、物理上的保护或密码技术上的保护来限制密钥的授权使用. 密钥标签(tag)、密钥变形(variant)、密钥公证(notarization)、控制矢量(control vector)等都是为对密钥进行隔离所附加的控制信息的方式.

小结与注释

加密算法与其密钥的安全性息息相关. 本章我们讨论了关于密钥建立和管理的重要问题. 我们知道: 公钥密码思想的提出为公开信道的密钥建立提供了可能性, 但实际中, 并不能完全依赖公钥密码进行密钥分配. 公钥密码加密的主要缺点在于: 当与对称密码加密计算进行比较时, 当前的公钥密码加密计算速度是比较慢的. 因此, 有时 RSA 用来传送一个 DES 密钥, 该密钥将被用来保护大量数据传送的安全性. 然而, 一个需要在短时间内与许多客户机通信的中心服务器需要的密钥建立方法有时比目前的公开密钥算法快. 因此, 在这种情况下, 就有必要考虑其他的方法来交换和制订对称加密算法的密钥. Kerberos (由古希腊神话中一个守护地狱入口的三头狗而得名)是一个对称加密协议的真实实现, 该协议的目的是为网络中各种用户间的密钥交换提供高等级的认证和安全性. Kerberos 是我们每天都会用到的一个正式版本的协议(例如在银行兑取现金), 详细描述可参阅文献[9].

公钥加密算法是一个涉及身份鉴别、密钥分发的强大工具. 在这些应用中, 公钥是公开的, 但是当你访问公钥时, 如何能保证被访问者的公钥确实是属于被访问者的呢? 有可能假冒者已经用他自己的公钥替代了被访问者的公钥. 除非在如何形成密钥与密钥的真实性和合法性认证中存在可靠性, 否则, 公钥加密算法是不可信的. 公钥基础设施提供了这种信任关系建立的平台. 在这个平台上, 证书是公钥密码密钥管理的重要方式之一; 是传达信任关系的纽带; 是公钥密码实现可信的基础, 相关文档可参见文献[5].

通过公钥认证框架(树状层次公钥证书基础设施, 如 X.509 公钥证书框架)来实现把一个主体的公钥与他的身份消息结合起来是公钥安全实现的一种方式, 然而, 为了建立和维护这种树状结构, PKI 会导致系统异常复杂且成本过高. 人们一直希望标准的公钥认证框架能够简化. 1984 年, Shamir[10]开创了一种新的公钥密码体制, 该体制大大降低了密钥认证系统的复杂性, 在这个体制中, 私钥是由主密钥和公钥生成的, 这和通常的公钥密码体制密钥生成的步骤相反, 这个计算过程是保密的, 只限于特许的主体(如可信机构 TA)知道, TA 拥有专有的主密钥. 公钥作为密钥生成过程的输入, 具有任意性, 而为了降低公钥认证的复杂性, Shamir 在他的新公钥体制中建议用户的身份可以作为公钥, 因此新方案命名为基于身份(identity, ID)的公钥密码学. 在基于身份(ID)的公钥密码系统中, 一个逻辑步骤内能够同时验证公钥的可靠性和基于公钥的私钥的真实性是基于 ID 公钥的一个好的特性, 能够避免从签名者到验证者之间证书的传递, 节约通信带宽, 因此, 基于 ID 的公钥密码体制也被称为非交互式的公钥密码体制. 但必须注意在基于 ID 公钥系统中必须存在可信的主体, 这是一个非常严格的限制.

密钥建立和管理是密码学应用中非常关键的环节. 如何生成、存储、备份、分发、更新、吊销和销毁密钥, 都是需要深入研究和考虑的问题. 在实际应用中, 还需要考虑如何确保密钥的安全传输、如何处理密钥的丢失或被窃等情况.

随着密码学的发展和新的攻击手段的出现, 密钥建立和管理的方法与技术也需要不断更新和改进, 以应对新的安全挑战. 因此, 密钥建立和管理的问题将一直贯穿密码技术应用的整个过程, 也必将一直伴随密码发展的各个阶段.

习题 8

8.1 假设 A 和 B 要进行 $p=43, \alpha=3$ 的 Diffie-Hellman 密钥预分配方案，并设 A 选择了 $a_A=37$ 和 B 选择了 $a_B=16$. 给出 A 和 B 将要完成的计算，并确定他们计算出来的密钥.

8.2 假设我们使用 Shamir 门限体制共享密钥 k, 其中 $p=31, t=3, n=7$，且公开的 x 坐标分别为 $x_1=2, x_2=3, x_3=5, x_4=7, x_5=11, x_6=13, x_7=17$. 令 $B=\{P_1, P_5, P_7\}$, P_1, P_5, P_7 分享的子密钥分别为 $y_1=10, y_5=24, y_7=17$，试求 $h(x)$ 和密钥 k.

8.3 Shamir 秘密共享体制如第 2 题. 令 $B=\{P_2, P_4, P_6\}$ 且 P_2, P_4, P_6 分享的子密钥分别为 $y_2=30, y_4=26, y_6=16$，不求 $h(x)$ 而直接计算出密钥 k.

实践习题 8

8.1　编写小规模参数(100 比特)Diffie-Hellman 密钥协商示例程序, 进行协商实践.

8.2　编写小规模 Shamir 秘密共享示例程序, 进行秘密分发与重构实践.

参考文献 8

[1] Kohl J, Neuman C. The Kerberos network authentication service (V5). 1993.

[2] Miller S P. Kerberos authentication and authorization system. Project Athena Technical Plan Section E. 2.1, 1988.

[3] Needham R M, Schroeder M D. Using encryption for authentication in large networks of computers. Communications of the ACM, 1978, 21(12): 993-999.

[4] Lowe G. An attack on the Needham-Schroeder public-key authentication protocol. Information Processing Letters, 1995, 56(3).

[5] Rec I X. 509 (revised). The directory-authentication framework. International Telecommunication Union, 1993.

[6] Kohnfelder L M. Towards a practical public-key cryptosystem. Massachusetts Institute of Technology, 1978.

[7] Diffie W, Hellman M E. New directions in cryptography//Democratizing Cryptography: The Work of Whitfield Diffie and Martin Hellman, 2022: 365-390.

[8] Shamir A. How to share a secret. Communications of the ACM, 1979, 22(11): 612-613.

[9] Bruce S. Applied Cryptography: Protocols, Algorthms, and Source Code in C. 2nd ed. 1996.

[10] Shamir A. Identity-based cryptosystems and signature schemes//Advances in Cryptology: Proceedings of CRYPTO' 1984. Berlin Heidelberg: Springer, 1985: 47-53.

*第 9 章

密码学新进展

9.1 概述

伴随计算方式从手工计算、机械计算到电子计算的转变，人类的计算能力在不断提升. 与此同时，密码完成了从完全依赖个人经验的古典密码技术到建立在香农信息论和计算复杂性理论基础上的现代密码科学的转变，人们对密码的理解在不断深化，设计精巧的密码体制不断涌现. 一些堪称经典的体制，如 RSA 算法与 AES 算法，其算法久经考验而没有被攻破的迹象. 现有的形势似乎是如此美好，以至于人们可以高枕无忧. 但由物理学与生物学重大进展带动的人类计算能力再次提升使得密码学前进的步伐不可能就此停止.

云计算是网格计算、分布式计算、并行计算、效用计算、网络存储、虚拟化、负载均衡等传统计算机和网络技术发展融合的产物. 它体现了“网络就是计算机”的思想，将大量计算资源、存储资源与软件资源链接在一起，形成巨大规模的共享虚拟 IT 资源池，为远程计算机用户提供“召之即来，挥之即去”且似乎“能力无限”的 IT 服务.

1982 年 Feynman 首次提出将量子力学与计算机相结合的构想，开辟了量子时代的新纪元. 1985 年 Deutsch 进一步阐述了量子计算机的基本概念，并证实了在某些方面，量子计算机相比经典计算机而言确实具有更强大的功能. 1994 年 Shor 给出了一个能够在多项式时间内解决大整数分解和离散对数问题的 Shor 量子算法. 至此，人们察觉到在功能强大的量子计算机面前，现有密码技术搭成的“城墙”是如此“不堪一击”，因此设计研究能够抵抗量子计攻击的下一代加密算法也变得迫在眉睫.

本章将从量子计算出发，从密码体制安全性的角度解释量子计算给现代密码学带来的挑战与机遇，由此引出对抗量子计算密码的一些简单介绍，并对用于解决云计算安全的全同态密码的现状与未来作简要介绍.

9.2 量子计算与量子密码

量子力学自其诞生之日起就对科学发展产生了巨大影响. 量子力学现象发生的尺度是在微观粒子层次, 与我们的日常经验不完全一致. 关于它的解释, 物理学界也产生了诸多争论, 而对于非物理学家, 这更是一个不易理解的话题. 虽然解释存在争议, 但是观测到的量子力学现象是人们普遍接受的. 因此, 相对于寻找更具说服力的解释, 科研人员近年来更关注如何利用量子力学现象为现实服务, 量子计算和量子密码就是其中的代表性领域.

9.2.1 量子计算

量子计算和量子计算机概念起源于著名物理学家Feynman. 他在1982年观察到一些量子力学现象不能有效地在经典计算机上模拟出来, 因此他建议考虑: 利用量子力学做一些经典计算机上不可能做的计算, 按照量子力学原则建造的新型计算机对解决某些问题可能比传统计算机更有效. 1985年Deutsch[1]指出利用量子态的相干叠加性可以实现并行量子计算, 并提出了量子图灵机和量子电路的模型. 1993年, Bernstein和Vazirani[2]开始考虑量子图灵机的计算复杂性问题, 同年, 姚期智[3]证明了量子电路模型与量子图灵机在计算复杂度方面等价, 从而完成了量子计算机的理论基础[4].

2001年, 一个由IBM公司成功研发的7qubit的示例性量子计算机成功领跑了该领域的研究. 2007年, 中国科学家潘建伟首次在量子计算机上实现了Shor量子分解算法, 该成果标志着中国光学量子计算机的研究在国际上已经达到了先进水平. 2008年, 加拿大的D-Wave公司对已有量子计算机系统进行改进并成功将运算位数提高到48 qubit. 2010年, 英国布里斯托尔大学开发出了一种新的光子芯片, 该芯片速度更快、存储量更大, 为量子计算机的信息存储提供了新的思路. 同年, 潘建伟团队与清华大学组成的联合小组通过研究量子隐形传态技术的特点, 成功实现了世界上最远距离的量子传输并将该研究成果发表在国际权威杂志*Nature Photonics*上, 该成果向全球展示了基于量子计算机的量子通信网络实现的可行性. 与此同时, 杜江峰教授在*Nature*上发表了一篇关于保持固态自旋比特的量子相干性研究的论文, 该成果对固态自旋量子计算机的实现具有重要意义. 后来, 英国和澳大利亚的联合研究小组设计了一种称为FTQC的容错量子计算方案, 该方案的提出奠定了量子计算机走向实用化的基础.

1. 量子计算机的特性

(1) 传统计算机以“位”(bit)作为信息单元, 每个位有0或1两种状态; 量子计

算机以 “量子位”(qubit) 作为信息单元, 每个量子位所处的量子态需要用两个正交的基本量子态$|0\rangle$和$|1\rangle$来表示. 不同之处在于:

第一, 位只有 0 或 1 两种状态, 而量子位的状态可以既非$|0\rangle$也非$|1\rangle$, 它以叠加态的形式存在, 即

$$|\psi\rangle=\alpha|0\rangle+\beta|1\rangle,\quad \text{其中}\ \alpha,\beta\ \text{为复数且满足}\ |\alpha|^2+|\beta|^2=1$$

第二, 任意一个时刻, 位处于 0 还是 1 是可以准确测定的, 而量子位处于哪一个量子态是无法准确测定的, 即无法确定α和β的准确值, 只知道如果对它进行测量, $|\psi\rangle$变为$|0\rangle$的概率为$|\alpha|^2$, 变为$|1\rangle$的概率为$|\beta|^2$. 因为对处于叠加态的量子位进行测量时, 叠加态将受到干扰并发生变化, 这种变化称为坍缩.

(2) 传统计算机中, 一个n位寄存器一个时刻只能存储一个n位数; 量子计算机中, n位量子寄存器能同时存储从 0 到2^n-1这2^n个n位数.

(3) 传统计算机中, 对于函数f, 一个点x经过一次处理产生一个输出$f(x)$, 如果有多个点, 则只能依次逐个处理; 量子计算机中, 输入和输出的量子位可以是某些基本态的线性组合, 量子计算机能同时处理线性组合中所有的基本态. 也就是说, 量子计算机的一次处理能计算出所有x的$f(x)$. 量子计算机相当于众多的经典计算机并行.

但是, 要注意的是, 由于在测量量子位的量子态时, 其叠加态将发生坍缩, 因此虽然量子寄存器能同时存储2^n个n位数, 但只能读出某一个n位数; 虽然量子计算机的一次处理能计算出所有x的$f(x)$, 但也只能读出某个x_0的输出$f(x_0)$.

因此, 需要设计 “好” 的量子算法来使得想要检验的结果出现概率比其他的要高得多.

2. 量子算法

为了充分利用量子计算机的量子并行计算特性, 解决传统计算机不能解决的问题, 需要设计高效的量子算法来使所需要的结果在测量时以高概率出现.

1994 年 Shor 提出了基于量子傅里叶变换(QFT)的大数分解量子算法[5], 可将大整数分解成两个素因子乘积的时间复杂度降低为多项式级别, 实现了指数加速, 即 Shor 量子算法将传统计算机上这个困难的问题变为了量子计算机上多项式时间可解决的问题.

1996 年 Grover 提出了量子搜索算法[6]. 在N个无序数组中查找到某个特定的元素, 传统算法平均需要$O(N)$次查找, 而 Grover 量子搜索算法平均只需$O(N^{1/2})$次即可. 虽然 Grover 量子搜索算法只是平方数量级加速, 但由于其应用的广泛性

因而也备受关注.

要注意的是, 虽然普遍认为量子计算机的计算能力比经典计算机强大, 但也存在极限. 不是所有的 NP 问题都在量子计算机上可解, 一般认为, 有界错误量子概率多项式时间(bounded-error quantum probabilistic polynomial time, BQP)代表着所有能够被量子计算机有效解决的问题类. 相对应地, BPP(Bounded-error probabilistic polynomial time)类代表了所有能够被经典计算机有效解决的问题. 普遍认为 BPP 真包含于 BQP, 即存在一些问题(可能的如离散对数问题和整数分解问题)属于 BQP 类而不属于 BPP 类. 但是 BPP 类与 BQP 类的关系, 即量子复杂性类与经典复杂性类的关系, 相关的理论研究远远还没有解决.

3. 对现代密码体制的挑战

我们知道, 目前对密码体制安全性的评价标准有: 计算安全性、可证明安全性和无条件安全性. 近年来, Shor 量子算法[5]的研究表明, 大多数安全性可以归约到 HSP(hidden subgroup problem)的公钥密码体制无法抵抗量子计算机. 这意味着 RSA, ElGamal 及 ECC 等目前的主流公钥密码体制将不再安全. Grover 量子搜索算法, 极大地提高了穷尽搜索密钥的效率, 相当于将密码体制的密钥长度减少一半, 这对密钥长度较短的密码体制的安全性有一定影响, 但现在的对称密码体制(如 AES)只需增加密钥长度即可抵抗量子计算. 因此, 量子计算对现代密码学的威胁主要在公钥密码方面.

但是, 机遇总是与挑战并存. 量子力学原理也为探索设计无条件安全密码带来了新思路, 基于量子力学原理的量子密码也开始蓬勃发展.

9.2.2 量子密码

"在密码学初期, 安全性依赖于加密方法的保密. 现代密码学最重要假设就是 Kerckhoffs 原则: 在评估一个密码系统的安全性时, 必须假定敌方知道所用的加密方法, 即攻击者已知加密方案的组成算法的所有细节, 只是不知道所使用的密钥. 因此, 密码系统的安全性应该基于敌方确定密钥的困难程度而不是所用算法的保密性[7]".

1917 年 Vernam 提出了一次一密(one-time pad), 由于它在加密前需要交换一个和明文一样长的真随机数序列作为密钥, 而且这个密钥只能用一次, 敌方确定密钥的难度增大, 保证了密码体制的无条件安全性, 但也给密钥管理带来巨大困难, 因此传统环境限制了它的使用范围. 然而, 量子密码的出现有可能使得一次一密的广泛应用成为现实.

1. 量子密码的安全性基础

与安全性建立在计算复杂性理论基础上的密码学不同, 量子密码的安全性建立在量子力学的 Heisenberg 测不准原理和量子不可克隆原理上, 这与敌方的计算能力无关.

Heisenberg 测不准原理表明, 对于微观粒子的共轭物理量(如位置和动量), 当对其中的一个物理量进行测量时, 将会干扰另一个物理量, 即不可能同时精确地测量粒子的共轭物理量.

不可克隆原理[8]是 Heisenberg 测不准原理的推论, 它表明, 在不知道量子态的情况下, 要精确复制单个量子是不可能的. 因为对于单个量子, 要复制就需要先进行测量, 而由 Heisenberg 测不准原理知, 测量必然会改变量子态.

2. 量子密钥分配(QKD)

这是目前量子密码最主要的应用, 也是提出时间最早、研究最深入的量子密码方案.

在传统信道中, 如果窃听者要获取合法用户的通信内容, 只需接入信道截获即可. 但是, 在量子信道中, 每个经典信息由单个量子携带, 窃听者为获得信息, 要么需要对量子态进行测量, 要么需要对量子进行复制, 然而 Heisenberg 测不准原理和量子不可克隆原理表明这些方法不可能成功, 并且一旦有窃听行为, 合法的通信过程就会被破坏, 合法的通信用户就能发现有窃听行为存在, 从而保证了通信安全.

因此, 原则上, 量子密钥分配方案可以用于传输一次一密和现有对称密码算法(如 AES)的密钥. 用户在通信前产生一个完全随机的密钥并通过量子信道完成密钥交换, 用该密钥对信息加密后在经典信道上传输完成通信.

1984 年 Bennett 和 Brassard 提出了第一个量子密码方案[9], 这是一个量子密钥分配方案, 简称 BB84 方案. 该方案使用四个非正交的量子态, 四个量子态分别属于两组共轭基, 每组共轭基内的两个量子态正交. 因此该方案也称四态方案. BB84 方案具有无条件安全性.

1992 年 Bennett 提出了使用两个非正交的量子态的量子密码方案[10], 简称 B92 方案. 但是理论和试验证明在某些环境下该方案存在被窃听的可能.

1991 年由 Ekert 提出的基于关于量子纠缠态 EPR 原理的 Bell 不等式方案[11], 简称 E91 方案.

尽管不可克隆原理为量子密钥分配提供了安全保证, 但是也为量子密钥分配的远距离应用带来了障碍. 通过直接传输光子的量子密钥分配方法在理论上仅有几百千米. 由于不能通过克隆来实现远距离应用, 因此需要通过其他方法, 如量子远程传态来解决这个问题.

3. 量子远程传态

量子远程传态[12]属于量子通信的研究领域. 理论上, 如果能够将处于位置 A

和B的两个粒子实现纠缠纯化，则到达A的光子就可以被远程传送到B而不需要经过中间的光纤，重复多次，就可以将密钥传递任意远. (纠缠是量子力学中的一个很重要的性质.)

其中，要注意的是：第一，量子态没有被克隆；第二，它需要经典信道配合；第三，整个过程不是瞬时实现的. 量子远程传态核心是实现“纠缠纯化”，目前，该技术仍在研究中.

9.3 抗量子计算的公钥密码体制

随着量子计算理论的发展，一些经典计算机模型下的数学难题发现在量子计算机模型下可以被有效求解，例如利用Shor算法能够在量子模型下多项式时间内解决离散对数问题和大整数分解问题. 特别地，近年来量子计算机的研制进展迅速，一旦足够规模的量子计算机诞生，现有的公钥密码体系 (如 Diffie-Hellman 密钥交换协议、RSA 算法、ElGamal 公钥加密算法、ECDSA 数字签名算法等) 将丧失其安全性. 为应对量子计算机的攻击威胁，各国政府和研究机构相继发起设计能够抵抗量子计算机攻击的密码体制——称作后量子密码学(post-quantum cryptography)或抗量子密码学(quantum-resistant cryptography). 2016 年 4 月，美国 NIST 开启了后量子密码算法标准化的工作计划进程，并于 2017 年底征集到包括公钥加密、签名和密钥交换协议三类共计 69 个公钥密码算法提案，并打算用三到五年时间对征集的算法进行评估. 此外，欧盟的 SAFEcrypto 项目、日本的 CryptoMathCREST 密码项目等，也在推进后量子密码的研究.

根据底层困难数学问题的不同，后量子密码主要包括以下几类：基于编码理论的公钥密码体制、基于多变量的公钥密码体制、基于 Hash 函数的数字签名体制以及基于格的公钥密码体制等.

1. 基于编码理论的公钥密码体制

编码理论中的基本难解问题是解码问题，即在已知生成矩阵的情况下，如何在码空间中寻找一个码字与已知码的 Hamming 距离最短. 如果已知码为 0，则问题就是最小权重问题. 1978 年, Berlekamp, McEliece 和 Van Tilborg[13]证明最小权重问题是 NP 完全问题. McEliece 于 1978 年提出了一种基于代数编码理论的公开密钥体制. 该体制基于 Goppa 码的纠错编码存在性，虽然有一种算法可求解 Goppa 码，但是要在线性二进制码中找到一种给定大小的代码字则是一个 NP 完全问题.

2. 基于多变量的公钥密码体制

多变量公钥密码体制是形式为有限域上的多元非线性方程组的一类密码体制的总称，其安全性核心是基于多项式系统求解问题. 目前已经证明高次多变量多项式求解问题是NP困难的，即便是最简单的形式：有限域GF(2)上二次多项式方程组求解也是 NP 完全的. 因为高次多变量多项式系统效率不是很高，当前大多数多变量公钥密码方案使用的是二次多变量多项式系统，其安全性依赖于 MQ (multivariate quadratic) 多项式问题. Matsumoto和Imai[14]提出了第一个多变量密码体制：MI 体制，但其很快就被攻破，并且很多变形也没有达到安全的标准. 近年来出于抗量子算法攻击的考虑，许多新的多变量密码体制相继提出，其中比较著名的包括 Patarin 提出的 HFE(hidden field equations) [15]体制以及丁津泰等提出的PMI+[16]体制.

3. 基于 Hash 函数的数字签名体制

基于Hash函数的数字签名体制主要是基于Hash函数的安全性，即Hash函数的抗碰撞性，这可以看作是Hash函数数字签名的最低要求. 这种体制主要是将签名消息经 Hash 函数由任意长度变为固定长度的比特串，然后再由单向函数对该比特串作出签名. Hash 函数的选择没有固定的要求，只要达到密码学中的hash安全函数即可.

基于Hash函数的数字签名体制中最经典的是Merkle Hash树签名体制[17]，它是由传统的 Hash 函数和任意的一次签名算法共同构造出一个完全二叉树来实现数字签名的，由于该体制不依赖于大整数分解和离散对数等难解决问题，所以被认为是可以抵抗量子密码分析. Merkle Hash 树签名由一次性签名的签名密钥作为叶子节点，实现验证时只需要一个公钥作为根节点即可. 但是，Merkle Hash 树方案在实施时，相对RSA签名效率不够好，在初始化Hash树时需要的工作过多，从而影响了整个签名算法的效率，由此也有许多改进和变型. 现在基于Hash函数的数字签名体制被认为是抗量子公钥签名体制中最有可能代替 RSA 和椭圆曲线签名体制的候选算法.

4. 基于格的公钥密码体制

格是定义在 R^m 中的一个离散的加法子群，严格地讲，格是 m 维欧氏空间 R^m 的 $n(m \geqslant n)$ 个线性无关向量组的所有整系数线性组合，即 $L(B)=\left\{\sum_{i=1}^{n} x_i \boldsymbol{b}_i : x_i \in Z, i=1,\cdots,n\right\}$. 这里 m 是格的维数，n 是格的秩，满足 $m=n$ 的格称为满秩格. 向量组 $\boldsymbol{b}_1,\boldsymbol{b}_2,\cdots,\boldsymbol{b}_n$ 称为格的一组基，同一个格可以用不同的格基表示[18].

基于格的公钥密码体制的安全性都是以格上的困难问题为基础的. 在格上，

主要有两个经典的困难问题，分别是最短向量问题(SVP)和最近向量问题(CVP)，其中 Ajtai 在 1996 年证明了 SVP 在随机归约下是 NP 困难问题，而 CVP 在确定性归约下被证明是 NPC 问题. 而小整数解 SIS 问题可以看作是格 $\Lambda_q^{\perp}(A)$ 上的 SVP 问题.

(1) 最短向量问题(shortest vector problem, SVP)：对于给定的一组基 $B=(\boldsymbol{b}_1,\boldsymbol{b}_2,\cdots,\boldsymbol{b}_n)$，找出其所生成的格 $L(B)$ 中长度最短的非零向量，即在格 $L(B)$ 中找到一个非零向量 $\boldsymbol{v}=B\cdot\boldsymbol{x}=\sum_{i=1}^{n}x_i\boldsymbol{b}_i,\boldsymbol{x}\in Z^n$，满足对于任意 $\boldsymbol{y}\in Z^n,\boldsymbol{y}\neq\boldsymbol{0}$，均有 $\|\boldsymbol{v}\|\leqslant\|B\cdot\boldsymbol{y}\|$. 这里使用欧几里得范数衡量向量的长度，即 $\|\boldsymbol{x}\|=\sqrt{\sum_{i=1}^{n}(x_i)^2}$.

(2) 最近向量问题(closest vector problem, CVP)：对于给定的一组基 $B=(\boldsymbol{b}_1,\boldsymbol{b}_2,\cdots,\boldsymbol{b}_n)$ 和任意一个目标向量 $\boldsymbol{y}$，找出其所生成的格 $L(B)$ 中与 $\boldsymbol{x}$ 距离最近的向量，即在格 $L(B)$ 中找到一个向量 $\boldsymbol{v}=B\cdot\boldsymbol{x}=\sum_{i=1}^{n}x_i\boldsymbol{b}_i,\boldsymbol{x}\in Z^n$，满足对于任意 $\boldsymbol{z}\in Z^n$，均有 $\|\boldsymbol{v}-\boldsymbol{y}\|\leqslant\|B\cdot\boldsymbol{z}-\boldsymbol{y}\|$.

格最早是作为一种密码分析的工具引入密码学的. 1982 年 Shamir[19]首次利用格理论对背包公钥密码体制进行了密码分析，之后，1996 年 Coppersmith[20]将 RSA 密码体制的分析转化成求解格中困难问题，进而利用 LLL 算法来求解. 利用格设计密码体制则要归功于 Ajtai 的开创性工作. 1996 年 Ajtai[21]证明了格中某些问题如果在最坏情形下是困难的，那么在平均情形下它也是困难的，即基于格的密码体制可以提供最坏情形下的安全性证明. 随后，1997 年 Ajtai 和 Dwork 构造出了第一个基于格的公钥密码体制：AD 加密方案[22]，这是第一个被证明解决系统任意实例的难度等价于解决系统最难实例难度的密码方案，自此便为公钥密码体制开辟了一个新的领域. 随后一大批基于格的抗量子密码体制相继被提出，早期比较著名的密码体制有 GGH[23]和 NTRU[24]密码体制以及近几年 Regev[25]提出的基于带错学习(learning with error, LWE) 问题的公钥密码系统.

9.3.1 GGH 公钥加密体制

GGH 公钥加密方案是一个在 1997 年由 Goldreich, Goldwasser, Halevi[23]三人提出的加密方法，该方案基于 CVP 难题. 然而，遗憾的是，1999 年该方案被 Nguyen 设计的算法破解，直接将其转化为一个简单的 CVP 问题.

最近向量问题是指对于一个非格 L 中的向量 $\boldsymbol{w}$，在格中寻找一个向量 $\boldsymbol{v}$，使得 $\|\boldsymbol{w}-\boldsymbol{v}\|$ 最小.

首先介绍埃尔米特形式(Hermite normal form, HNF)的概念. 对于 $A\in Z^{m\times n}$，若存在幺模矩阵 U， $H=UA\in Z^{m\times n}$，满足限制

(1) H 是上三角矩阵，即 $h_{i,j}=0,i>j$；

(2) 每一行的枢轴都严格位于上一行枢轴的右下侧;

(3) 枢轴下方的元素都为 0, 枢轴上方的元素是严格小于枢轴的非负数,
那么就称 H 是 A 的 (行) HNF.

对于任意的 $A \in Z^{m\times n}$, 如果存在唯一的 HNF: $H = UA \in Z^{m\times n}$, 那么 U 是幺模矩阵.

GGH 公钥密码体制描述如下:

密钥生成算法: 选择一个好基 $\boldsymbol{v}_1, \boldsymbol{v}_2, \cdots, \boldsymbol{v}_n$, 以及一个整数矩阵 U, 满足 $\det(U) = \pm 1$, 计算 $W = UV$, 这样, 得到一组坏基 $\boldsymbol{w}_1, \boldsymbol{w}_2, \cdots, \boldsymbol{w}_n$. $\boldsymbol{w}_1, \boldsymbol{w}_2, \cdots, \boldsymbol{w}_n$ 即公钥.

加密算法: 选择小明文向量 $\boldsymbol{m}$. 选择随机小向量 $\boldsymbol{r}$. 用公钥计算 $\boldsymbol{e} = x_1\boldsymbol{w}_1 + x_2\boldsymbol{w}_2 + \cdots + x_n\boldsymbol{w}_n + \boldsymbol{r}$. $\boldsymbol{e}$ 就是密文.

解密算法: 用 Babai 算法计算最近向量 $\boldsymbol{v}$ 最接近 $\boldsymbol{e}$, 再次计算 $\boldsymbol{v}\boldsymbol{w}^{-1}$ 即得到明文 $\boldsymbol{m}$.

我们用下面的例子来介绍 Babai 最近向量算法.

例 9.1 设格 $L \subset R^2$, 向量 $\boldsymbol{v}_1 = (137, 312)$, $\boldsymbol{v}_2 = (215, -187)$ 是格的基. 寻找一个一个 L 中的向量 $\boldsymbol{v}$ 满足 $\|\boldsymbol{w} - \boldsymbol{v}\|$ 最小, 其中 $\boldsymbol{w} = (53172, 81743)$.

要寻找一个最近的向量, 即 $\boldsymbol{w} = t_1\boldsymbol{v}_1 + t_2\boldsymbol{v}_2$, 所以有下列的方程

$$(53172, 81743) = (t_1, t_2)\begin{pmatrix} 137 & 312 \\ 215 & -187 \end{pmatrix}$$

可以解得 $t_1 \approx 296.85, t_2 \approx 58.15$, 所以最近向量为

$$\boldsymbol{v} = 287(137, 312) + 58(215, -187) = (53159, 81818)$$

通过这个方法, 我们求得了一个最近向量, 那么这样四舍五入产生的误差到底是有多大呢?

我们计算下 $\|\boldsymbol{v} - \boldsymbol{w}\|$, 其值大约为 76.12, 效果还是不错的, 比较接近 $\boldsymbol{w}$ 了.

但是对于另一组基 $\boldsymbol{v}_1 = (1975, 438), \boldsymbol{v}_2 = (7548, 1627)$, 也是采用上面的办法, 得到的 $\boldsymbol{v}' = (56405, 82444)$, 计算 $\|\boldsymbol{v}' - \boldsymbol{w}\| = 3308.12$, 误差较大.

对于两组基为什么会得到不太一样的效果呢? 这里给大家介绍一下阿达马比例.

阿达马比例 $H(v_1, v_2) = \left(\dfrac{\det(L)}{\|\boldsymbol{v}_1\|\|\boldsymbol{v}_2\|}\right)^{\frac{1}{2}}$, 在 n 维的情况下, $H(\boldsymbol{v}_1, \boldsymbol{v}_2, \cdots, \boldsymbol{v}_n) = \left(\dfrac{\det(L)}{\|\boldsymbol{v}_1\|\|\boldsymbol{v}_2\|\cdots\|\boldsymbol{v}_n\|}\right)^{\frac{1}{n}}$, 对于上面的两组基, 分别计算其阿达马比例.

对于第一组基,

$$H(\boldsymbol{v}_1,\boldsymbol{v}_2)=\left(\frac{\det(L)}{\|\boldsymbol{v}_1\|\|\boldsymbol{v}_2\|}\right)^{\frac{1}{2}}=\left(\frac{92699}{340.75\times 284.95}\right)^{\frac{1}{2}}\approx 0.997\text{，接近于 1}$$

对于第二组基,

$$H(\boldsymbol{v}_1,\boldsymbol{v}_2)=\left(\frac{\det(L)}{\|v_1\|\|v_2\|}\right)^{\frac{1}{2}}=\left(\frac{92699}{2022.99\times 7721.36}\right)^{\frac{1}{2}}\approx 0.077\text{，接近于 0}$$

把接近于 1 的基称为好基(good basis), 接近于 0 的基称为坏基(bad basis). 这里需要提的一点是, 阿达马系数的范围是 $(0,1)$.

9.3.2 NTRU 公钥加密体制

1998 年, Hoffstein 等[24]提出了一种基于多项式环结构的公钥密码体制, 并将其命名为 NTRU 加密算法. NTRU 可以看作是基于理想格而构建的, 其安全性也与格上的困难问题密切关联. 它充分利用了理想格的结构性, 具有算法简洁、计算速度快、占用存储空间小等一系列优点, 早在 2008 年即已被接受为 IEEE 1363.1 标准之一, 被认为很有可能替代如今大量使用的 RSA 的公钥密码方案. 其不足之处在于缺乏可证明安全性的支持, 同时存在解密失败的缺点. 事实上, 早期的基于格的公钥加密体制都存在解密错误不可忽略的问题.

NTRU 公钥加密体制在 $N-1$ 次的整系数多项式 $R=Z[x]/(x^N-1)$ 上运算, 对任意的 $f\in R$, f 可以表示为

$$f=\sum_{i=0}^{N-1}f_iX^i=[f_0,f_1,\cdots,f_{N-1}]$$

多项式环 R 上的 “+” 运算即普通意义上的多项式加法. 设 $f,g\in R$, 定义 h 为

$$h=f*g=\sum_{k=0}^{N-1}h_kX^k$$

其中 $h_k=\sum_{i+j\equiv k(\mathrm{mod}\,N)}f_ig_j$, 即 $f*g$ 也就是模 x^N-1 的乘积.

例 9.2 设 $N=3$, $f=X^2+X+9$, $g=3X^2+X+5$, 定义 $h=f*g$, 则

$$h_1=f_0g_1+f_1g_0+f_2g_2=9\times1+1\times5+1\times3=17,\quad h=33X^2+17X+49$$

定义多项式环 $R=Z[x]/(x^N-1)$, 相应地 $R_p=Z_p[x]/(x^N-1)$, $R_q=Z_q[x]/(x^N-1)$. 进一步定义集合 $L(d_1,d_2)$, 表示多项式环 R 中所有次数小于 N 的随机多项式, 并且满足其系数含有 d_1 个 1, d_2 个 -1, 其余系数都为 0.

1) 参数说明.

NTRU 的实现过程中需要选取 4 个重要参数 (N,p,q,d), 其中 N 表示多项式

环中的多项式是 $N-1$ 次多项式; p 为小模数, 在解密中得到的明文 m 要用模 p 约简; q 为大模数, 多项式的系数用模 q 约简; d 是多项式中系数为 1(或者 −1) 的个数. 为确保 NTRU 的正确性, 应满足 $\gcd(p,q)=\gcd(N,q)=1$ 且 $q>(6d+1)p$.

2) 密钥生成.

用户随机选取私钥 $f\in L(d+1,d)$ 和 $g\in L(d,d)$, 然后分别计算 f 在环 $Z_q[x]/(x^N-1)$ 上的逆元 f_q 和在环 $Z_p[x]/(x^N-1)$ 上的逆元 f_p, 使其满足 $f*f_q\equiv 1(\bmod q)$, $f*f_p\equiv 1(\bmod p)$. 如果逆元不存在, 则重新选择 f.

最后计算公钥: $h\equiv f_q*g(\bmod q)$.

3) 加密算法.

假设要加密的消息 $m\in R_p$, 加密者首先随机选取小系数多项式 $r\in L(d,d)$, 然后使用公钥 $h\in R_q$ 计算密文 $y\equiv pr*h+m(\bmod q)$.

4) 解密算法.

用户利用私钥 f 解密 y, 首先计算: $a\equiv f*y(\bmod q)$, 其中 $a_i\in(-q/2,q/2]$, $i=0,1,2,\cdots,N-1$. 然后计算 $b=f_p*a(\bmod p)$, 中心提升后即为明文 m.

事实上, 上述过程对于部分参数有时无法恢复出正确明文, 但是解密错误的概率非常小, 可以证明如果 $q>(6d+1)p$, 总是能够正确解密.

正确性验证如下:

$$\begin{aligned}a&\equiv f*y(\bmod q)=f*pr*h+f*m(\bmod q)\\&\equiv f*pr*f_q*g+f*m(\bmod q)=pr*g+f*m(\bmod q)\end{aligned}$$

多项式 r,g,f,m 都是小系数多项式, 所以 $r*g$ 和 $f*m$ 都有小的系数且 $p\ll q$, 因此多项式 $p\varphi*g+f*m$ 的系数在 $(-q/2,q/2]$ 的概率非常大. 这时有 $a=pr*g+f*m$, 用模 p 化简 a 系数得到

$$b\equiv f*m(\bmod p)$$

又

$$f_p*b\equiv f_p*f*m(\bmod p)=m(\bmod p)$$

从而解密成功.

例 9.3 取定 NTRU 的参数 (N,p,q,d), 设 $(N,p,q,d)=(7,3,41,2)$, 可以验证 $41=q>(6d+1)p=39$. 根据定义, 用户 A 随机选取私钥 $f=X^6-X^4+X^3+X^2-1\in L(3,2)$, $g=X^6+X^4-X^2-X\in L(2,2)$, 计算逆元:

$$f_q=f^{-1}\bmod q=8X^6+26X^5+31X^4+21X^3+40X^2+2X+37\in R_q$$

$$f_p=f^{-1}\bmod p=X^6+2X^5+X^3+X^2+X+1\in R_p$$

则用户 A 的私钥为 (f,f_p)，计算公钥 h 为

$$h=f_q*g=20X^6+40X^5+2X^4+38X^3+8X^2+26X+30\in R_q$$

给定要加密的消息 $m\in R_p$ 为 $m=-X^5+X^3+X^2-X+1\in R_p$，设选取的随机多项式为 $r=X^6-X^5+X-1\in L(2,2)$，计算密文：

$$y\equiv pr*h+m\equiv 31X^6+19X^5+4X^4+2X^3+40X^2+3X+25(\mathrm{mod}\,q)$$

收到密文 y 之后，用户 A 使用私钥解密过程如下：首先计算出

$$f*y\equiv X^6+10X^5+33X^4+40X^3+40X^2+X+40(\mathrm{mod}\,q)$$

使用中心提升后得到 $a\equiv X^6+10X^5-8X^4-X^3-X^2+X-1\in R$，进一步计算

$$b=f_p*a\equiv 2X^5+X^3+X^2+2X+1(\mathrm{mod}\,p)$$

中心提升后恢复成明文 $m'=-X^5+X^3+X^2-X+1$，即为加密的消息，从而解密成功.

9.3.3 Regev 公钥加密体制

2005 年, Regev[25]提出了 LWE 问题，证明了格上困难问题(如近似最短向量问题 GapSVP)在量子条件下可归约为 LWE 问题，并首次给出了基于 LWE 的公钥密码方案: Regev 加密方案. 此方案的解密错误可以忽略，同时, LWE 在构建密码系统时更加方便，一系列基于 LWE 问题的密码学函数、算法和协议相继提出，其中包括陷门单向函数、基于身份加密算法、不经意传输协议、CCA 安全密码系统和全同态加密等，开创了基于格的密码学研究的新篇章.

LWE 问题类似于求解有噪声的线性方程组，例如，给定如下误差不超过 ±1 的不等式:

$$14s_1+13s_2+9s_3+5s_4\approx 13\,\mathrm{mod}\,17$$

$$13s_1+15s_2+6s_3+4s_4\approx 16\,\mathrm{mod}\,17$$

$$7s_1+11s_2+13s_3+5s_4\approx 8\,\mathrm{mod}\,17$$

$$3s_1+9s_2+3s_3+15s_4\approx 0\,\mathrm{mod}\,17$$

$$6s_1+8s_2+15s_3+5s_4\approx 5\,\mathrm{mod}\,17$$

要求从中恢复出 $\boldsymbol{s}$ (答案是 $\boldsymbol{s}=(1,9,13,11)$). 显然，如果没有误差，使用高斯消元很容易求解出 $\boldsymbol{s}$. 但是，引入错误偏差，求解 $\boldsymbol{s}$ 的问题就与格中某些困难问题联系起来. 具体定义如下:

LWE 问题: 给定参数 (q,n,m) 均为正整数， χ_s,χ_e 是定义在 Z 上的分布，其中

秘密值 $\boldsymbol{s}$ 中每个元素 $s_1, s_2, \cdots, s_m$ 都从分布 χ_s 中独立随机选取. 对每个 $i=1,2,\cdots,n$，从 Z_q^m 中均匀随机选取向量 $\boldsymbol{a}_i$, 依分布 χ_e 选取 e_i，并计算 $b_i=\langle \boldsymbol{a}_i, \boldsymbol{s}\rangle + e_i \bmod q$. 这里 $\langle \boldsymbol{a}_i, \boldsymbol{s}\rangle$ 表示两个向量 $\boldsymbol{a}_i$ 和 $\boldsymbol{s}$ 的内积. LWE 问题定义为给定 $(\boldsymbol{a}_i, \boldsymbol{b}_i)_{i=1}^n$ 的值, 要求计算秘密向量 $\boldsymbol{s}$.

LWE 问题中的错误分布 χ_e 是宽度为 αq 的离散高斯分布(discrete Gauss distribution), 其中 $\alpha<1$ 称为错误率. 在早期研究中, LWE 的秘密值 χ_s 服从 Z_q 中的均匀分布. Applebaum 等指出使用短秘密类型的 LWE (即 $\chi_s=\chi_e$) 和使用均匀分布的 LWE 问题困难性相当.

格上高斯分布很早就用来研究格的性质, 也是基于格公钥密码体制设计的一个重要工具. 定义空间 R^m 中以 $\boldsymbol{c}\in R^m$ 为中心，σ 为参数的高斯函数为 $\rho_{\sigma,\boldsymbol{c}}(\boldsymbol{x})=\exp(-\pi\|\boldsymbol{x}-\boldsymbol{c}\|^2/\sigma^2)$. 定义格 $\varLambda$ 上以 $\boldsymbol{c}$ 为中心，σ 为参数的离散高斯分布为 $D_{\varLambda,\sigma,\boldsymbol{c}}(\boldsymbol{x})=\rho_{\sigma,\boldsymbol{c}}(\boldsymbol{x})/\rho_{\sigma,\boldsymbol{x}}(\varLambda)$,其中 $\rho_{\sigma,\boldsymbol{c}}(\varLambda)=\sum_{\boldsymbol{x}\in\varLambda}\rho_{\sigma,\boldsymbol{c}}(\boldsymbol{x})$.

为写作方便, 当高斯分布的中心为原点 0 时, 常常将 0 点省略. 取 $\varLambda=\varLambda_q^{\perp}(A)$, 由定义可知, 离散高斯分布 $D_{\varLambda_q^{\perp}(A),\sigma}(\boldsymbol{x})$ 可以看作是从参数为 σ 的高斯分布中抽取向量 $\boldsymbol{x}\in R^n$, 而该向量恰好为格 $\varLambda_q^{\perp}(A)$ 中向量(即 $\boldsymbol{x}\in\varLambda_q^{\perp}(A)$)的条件分布.

离散高斯分布具有如下两个重要性质.

性质 9.1 给定 $q\geqslant 3$ 为素数, 整数 $m>2n\log q$, 高斯参数 $\sigma\geqslant w(\sqrt{\log m})$, 对任意向量 $\boldsymbol{u}\in Z_q^n$, 有如下结论:

(1) 对于几乎所有随机选择的矩阵 $A\in Z_q^{n\times m}$, 都满足

$$\Pr[\boldsymbol{x}\sim D_{\varLambda_q^{\perp}(A),\sigma}:\|\boldsymbol{x}\|>\sigma\sqrt{m}]\leqslant \mathrm{negl}(n)$$

(2) 对于几乎所有随机选择的矩阵 $A\in Z_q^{n\times m}$,如果 $\boldsymbol{e}\sim D_{Z^m,\sigma}$，那么 $\boldsymbol{t}=A\boldsymbol{e}\bmod q$ 的分布统计接近于 Z_q^n 上的均匀分布.

给定矩阵 $A\in Z_q^{n\times m}$, 我们称格 $\varLambda_q^{\perp}(A)$ 的一组短基(即范数较小的基) $T_A\in Z_q^{m\times m}$ 为格 $\varLambda_q^{\perp}(A)$ 的陷门. Ajtai 于 1999 年最早研究并给出了第一个能够生成 $\varLambda_q^{\perp}(A)$ 及其陷门的概率多项式算法, 成为基于格的公钥密码体制的重要工具. 之后 Alwen 和 Peikert[26]在 2009 年给出一个改进的陷门抽样算法, 相关结果描述如下.

引理 9.1 给定参数 $q=\mathrm{poly}(n)$ 和 $m>8n\log q$, 存在一个概率多项式时间算法, 输入 1^n, 输出矩阵 $A\in Z_q^{n\times m}$ 和 $T\in Z_q^{m\times m}$, 其中 A 统计接近于 $Z_q^{n\times m}$ 的均匀分布; T 的所有列向量构成 $\varLambda_q^{\perp}(A)$ 的一组基, 即有 $A\cdot T=0\bmod q$; 并且 T 中每个列向量

的范数都不超过 $20n\log q$.

高斯抽样算法 SampleD 可以在任意格 Λ 上按照离散高斯分布 $D_{\Lambda,s,c}$ 进行抽样. 在介绍 SampleD 之前, 我们先介绍一下子程序 SampleZ, 其输出整数的分布为 $D_{Z,s,c}$: 以实数 c 为中心, 以 s 为高斯参数的离散高斯分布. 设安全参数为 n, 取 $t=\log n$, 算法首先均匀随机地选取整数 $x\in Z\bigcap[c-st,c+st]$, 然后按概率 $\rho_s(x-c)\in(0,1]$ 输出 x. 如果没有输出 x 的值, 重复以上过程, 直至有 x 值输出为止.

接下来介绍高斯抽样算法 SampleD, 算法输入包括: n 维格 Λ 的一组基 $B=(\boldsymbol{b}_1,\cdots,\boldsymbol{b}_n)$, 记 $\tilde{B}=(\tilde{\boldsymbol{b}}_1,\cdots,\tilde{\boldsymbol{b}}_n)$ 为 B 的 Gram-Schmidt (格拉姆-施密特)正交型, 高斯参数 s 以及中心 $\boldsymbol{c}\in R^n$, 算法流程如下:

(1) 令 $\boldsymbol{v}_n:=0,\boldsymbol{c}_n:=\boldsymbol{c}$, For $i:=n,n-1,\cdots,1$, do:

(a) 令 $\boldsymbol{c}_i':=\langle \boldsymbol{c}_i,\tilde{b}_i\rangle/\langle\tilde{b}_i,\tilde{b}_i\rangle, s_i':=s/\|\boldsymbol{b}_i\|$;

(b) 利用 SampleZ 进行采样: $z_i\sim D_{Z,s',c'}$;

(c) $\boldsymbol{c}_{i-1}:=\boldsymbol{c}_i-z_i\boldsymbol{b}_i, \boldsymbol{v}_{i-1}:=\boldsymbol{v}_i-z_i\boldsymbol{b}_i$.

(2) 输出 $\boldsymbol{v}_0$.

可以验证, 高斯抽样算法 SampleD 的输出 $\boldsymbol{v}_0$ 服从离散高斯分布, 并且 $\boldsymbol{v}_0$ 到中心 $\boldsymbol{c}$ 的距离由 Gram-Schmidt 正交基 $\tilde{B}$ 的范数决定.

Regev 加密方案的安全性依赖于 LWE 求解问题: 公钥设置为有小偏差的线性方程组, 私钥即方程组的解 $\boldsymbol{s}$, 给定公钥求解私钥显然是困难的. 该加密方案是逐比特加密的, 如果明文是 0, 则从线性方程组中随机选择若干个“近似”等式相加, 将其作为密文输出; 如果明文是 1, 则在“近似”等式相加基础上再加一个合适的值后输出结果作为密文. 解密时, 解密者已知秘密值 $\boldsymbol{s}$, 很容易判断密文在若干个“近似”等式相加基础上有没有再加某个值, 进而可以恢复明文. 方案具体构造如下:

(1) 系统参数生成: 安全参数取值为 n, 模数 q 是介于 n^2 和 $2n^2$ 之间的一个素数, 方程个数 $m\approx 1.1\cdot n\log q$, 错误率 $\alpha\approx(\sqrt{n}\cdot\log^2 n)^{-1}$.

(2) 用户公私钥生成算法:均匀随机选取 $\boldsymbol{s}\in Z_q^n$ 作为其私钥, 从均匀分布中独立选取 m 个向量 $\boldsymbol{a}_1,\cdots,\boldsymbol{a}_m\in Z_q^n$, 再从标准方差为 $\alpha q/\sqrt{2\pi}$ 的离散高斯分布中抽样 m 个元素 $e_1,\cdots,e_m\in Z_q$, 计算公钥为 $(\boldsymbol{a}_i,b_i)_{i=1}^m$, 其中 $b_i=\langle\boldsymbol{a}_i,\boldsymbol{s}\rangle+e_i \bmod q$.

(3) 加密算法: 从集合 $\{1,2,\cdots,m\}$ 中均匀随机选择一个子集合 S. 若加密明文为 0 时, 密文为 $\left(\sum_{i\in S}\boldsymbol{a}_i,\sum_{i\in S}b_i\right)$; 反之, 若明文为 1, 密文为 $\left(\sum_{i\in S}\boldsymbol{a}_i,\left\lfloor\frac{q}{2}\right\rfloor+\sum_{i\in S}\boldsymbol{b}_i\right)$,

其中符号$\left\lfloor \frac{q}{2} \right\rfloor$表示向下取整.

(4) 解密算法: 收到密文$(\boldsymbol{a},b)$后, 利用私钥$\boldsymbol{s}$计算$c=b-\langle \boldsymbol{a},\boldsymbol{s}\rangle \bmod q$, 然后比较$c$与 0 和$\left\lfloor \frac{q}{2} \right\rfloor$的距离: 当$c$离$\left\lfloor \frac{q}{2} \right\rfloor$更近时, 即$\frac{q}{4} \leqslant c \leqslant \frac{3q}{4}$, 解密为 1; 否则, 当$c$离 0 更近时, 解密为 0.

正确性 容易验证, 如果没有误差, 即每个$e_i=0$, 则解密计算$c=b-\langle \boldsymbol{a},\boldsymbol{s}\rangle \bmod q$要么为 0, 要么为$\left\lfloor \frac{q}{2} \right\rfloor$, 此时解密不会出错. 当且仅当所有误差的和大于$\frac{q}{4}$时, 解密才会出错. 注意到加密过程中至多$m$个误差量相加, 每个误差的标准偏差是$\alpha q$, 其和小于$q/\log n$, 因此误差量的和大于$\frac{q}{4}$的概率是可忽略的, 加密体制满足正确性.

安全性 Regev 加密方案是可证明安全的, 假如存在多项式时间算法能够以不可忽略的概率区分密文是对 0 还是 1 的加密结果, 那么可以构造一个区分器, 进而以不可忽略的概率区分 LWE 样本$(\boldsymbol{a},\langle \boldsymbol{a},\boldsymbol{s}\rangle+\boldsymbol{e})$和$(Z_q^n,Z_q)$中的均匀随机分布, 即解决了判定型 LWE 问题.

9.4 面向云计算的同态加密

本节首先介绍同态加密和全同态加密的基本定义, 阐述全同态加密的发展状况. 然后介绍云计算的概况及其安全需求, 阐述云计算如何对用户的加密数据进行处理, 传统的加密方式都无法满足这种需求, 而全同态加密方案就可以很好地解决这个问题.

9.4.1 同态加密

同态加密 (homomorphic encryption, HE) 最初由 Rivest 等[27]于 1978 年提出, 是一种允许直接对密文进行操作的加密变换技术. HE 技术最早用于对统计数据进行加密, 由算法的同态性保证了用户可以对敏感数据进行操作但又不泄露数据信息.

同态加密是一种加密形式, 它允许人们对密文进行特定的代数运算得到仍然是加密的结果, 与对明文进行同样的运算再将结果加密一样. 具体原理如下: 记加密操作为E, 明文为m, 加密得e, 即$e=E(m)$, $m=E^{-1}(e)$. 已知针对明文有操作f, 针对E可构造F, 使得$F(e)=E(f(m))$, 这样E就是一个针对f的同态加密算法. 假设f是个很复杂的操作, 有了同态加密, 我们就可以把加密得到的e交给第三方, 第三方进行操作F, 我们拿回$F(e)$后, 解密后, 就得到了$f(m)$. 换言之，这项技术令人们可以在加密的数据中进行诸如检索、比较等操作，得出正确的结果，而在整个处理过程中无须对数据进行解密．其意义在于，真正从根本上解决将数据及其操作委托给第三方时的保密问题．

一个同态加密标准 ε 应该有四个算法：$\text{KeyGen}_\varepsilon$，$\text{Encrypt}_\varepsilon$，$\text{Decrypt}_\varepsilon$ 和 $\text{Evaluate}_\varepsilon$，加解密过程及其同态性质如下．

密钥生成 $\text{KeyGen}_\varepsilon$ 算法：输入安全参数 λ，输出密钥对 $(k_e, k_d) = k \in K$，其中 K 是密钥空间，k_e 为加密密钥，k_d 为解密密钥．

加密 Enc_ε 算法：输入加密密钥 k_e，明文空间中的元素 $m \in M$，输出密文空间的密文 $c \in C$．

解密 Dec_ε 算法：输入密钥空间的某密钥 $k \in K$，密文空间的密文 $c \in C$，输出如果密文解密不失败，算法输出密文对应的明文 $m \in M$，满足 $c = \text{Enc}(k_e, m)$．

密文运算 Eva_ε 算法：这是同态加密算法的核心，输入一组密文 $c_1, c_2, \cdots, c_t$ 以及要对密文进行运算的函数 f，设密文对应的明文分别是 $m_1, m_2, \cdots, m_t$，即 $c_i = \text{Enc}(k_e, m_i)$，算法输出密文的 $c \in C$ 可视作相应的明文 $m = f(m_1, m_2, \cdots, m_t)$ 在加密密钥 k_e 作用下的密文，即

$$\text{Dec}_\varepsilon(k_d, c) = f(m_1, m_2, \cdots, m_t)$$

显然，同态加密方案的一个必要条件就是密文运算 Eva_ε 输出的密文能够被正确解密．

正确性 对于任意安全参数 λ，$\text{KeyGen}_\varepsilon$ 输出任意密钥对 (k_e, k_d)，对任意 $f \in F_\varepsilon$，给定任意明文 $m_1, m_2, \cdots, m_t$ 与对应的密文 $\boldsymbol{c} = (c_1, c_2, \cdots, c_t)$，若 $\boldsymbol{c}' \leftarrow \text{Eva}_\varepsilon(k_e, f, \boldsymbol{c})$，则必有 $f(m_1, m_2, \cdots, m_t) = \text{Decrypt}_\varepsilon(k_d, \boldsymbol{c}')$ 成立．

同态加密 加密方案 $\varepsilon = (\text{KeyGen}_\varepsilon, \text{Enc}_\varepsilon, \text{Dec}_\varepsilon, \text{Eva}_\varepsilon)$ 称为部分同态加密方案，如果对某一类特定函数 F_ε 中的每个函数 f，Eva_ε 输出的密文都满足正确性要求．若对于所有布尔函数 f，Eva_ε 输出的密文都满足正确性要求，则称其为全同态加密体制．

随着全同态加密方案的提出，在云计算领域中也有了很大的发展．事实上，全同态加密的应用价值早被密码学家所熟知，但对它的构造一直困扰着密码学界，直到 2009 年 9 月，IBM 研究员 Gentry[28]设计出了第一个全同态加密方案，该方案使得加密信息，即使是被刻意打乱的数据仍能够被深入地分析，而不会影响其保密性．他使用被称为“理想格”的数学对象，格可以提供一些附加的结构基础，而理想格则可以提供多变量结构基础，这样可以方便构造者来计算深层的循环，使人们可以充分操作加密状态的数据，而这在过去根本无法想象．经过这一突破，存储他人机密电子数据的电脑销售商就能受用户委托来充分分析数据，不用频繁与用户交互，也不必看到任何隐私数据．利用 Gentry 的技术，对加密信息的分析

能得到同样细致的分析结果, 就好像原始数据完全可见一样. 同年, Van Dijk 等[29]提出了第二代全同态加密方案, 该方案基于整数上的运算而无须理想格, 比 Gentry 基于理想格方案更加简洁. 2013 年, Gentry 等[30]首次利用近似特征向量技术, 基于带错学习问题构造出第三代全同态加密方案, 密文函数运算不再需要使用函数转化公钥, 方案更加简洁. 有关全同态加密方案的研究进展可参阅综述文章[31].

9.4.2 云计算

云计算以其便利、经济、高可扩展性等优势吸引了越来越多的企业的目光, 将其从 IT 基础设施管理与维护的沉重压力中解放出来, 更专注于自身的核心业务发展. 由于云计算的发展理念符合当前低碳经济与绿色计算的总体趋势, 并极有可能发展成为未来网络空间的神经系统, 它也被世界各国政府所大力倡导与推动. 我国也积极参与到云计算的研究之中, 2010 年 10 月, 北京启动实施"祥云工程"行动计划, 计划到 2015 年形成 500 亿元的产业规模, 带动整个产业链规模达到 2000 亿元, 云应用的水平居于世界前列, 使北京成为世界级云计算产业基地. 2010 年 11 月, 上海云计算 3 年发展方案出台, 上海将致力打造"亚太云计算中心", 培育 10 家年经营收入超亿元的云计算企业, 带动信息服务业新增经营收入千亿元. 可以说, 云计算将渗透到以后人们工作、生活、学习的各个方面.

随着云计算的不断普及, 云计算发展面临许多关键性问题, 隐私保护已成为制约其发展的重要因素. 例如, 用户数据被盗卖给其竞争对手、用户使用习惯隐私被记录或分析、分析用户潜在而有效的盈利模式, 或者通过两个公司之间的信息交流推断他们之间可能有的合作等. 数据安全与隐私保护涉及用户数据生命周期中创建、存储、使用、共享、归档、销毁等各个阶段, 同时涉及所有参与服务的各层次云服务提供商. 所以, 我们要求有一种加密方式可以对用户的加密数据直接进行处理而无须解密, 用户收到云处理的数据后进行解密可以得到所需要的结果. 显然, 无论是传统的对称加密还是非对称加密都无法满足这种需求, 而全同态加密方案就可以很好地解决这个问题.

小结与注释

量子计算的实现不存在原理性的困难, 当前的难点在于量子计算的物理实现, 但量子计算机进入实用化阶段只是时间早晚的问题, 基于固态物理系统与量子光学系统的量子计算机是目前研究的重点.

除了已经处于工程研究和实际应用阶段的量子密钥分配, 量子密码还包括量子身份认证、量子签名、量子秘密共享等. 尽管面临诸多困难, 量子密码仍然得到越来越多的关注.

量子计算、量子密码都包含在更广泛的量子信息学中. 量子信息学是量子力学与信息科学相结合的一个新兴学科, 除了量子计算、量子密码, 还包括量子通信、量子纠错、量子密集编码等诸多内容. 随着时代发展与科技进步, 其内容也会更加丰富.

量子计算机的迅速发展给当前所使用的密码技术产生了极大威胁, 目前政府机构、工业界等对于实用化的后量子密码系统需求较为迫切, 预计未来几年将是后量子密码学的快速发展时期. 基于格的公钥密码体制参数尺寸、通信成本较为合理、计算速度快, 兼具可证明安全性, 被认为是最有可能胜出的抗量子攻击密码候选方案.

面向数据隐私保护是云计算研究领域的一个重要分支, 对该领域的研究已取得了不少成果. 如何既保证数据的正确性, 又实现隐私数据的保密性, 成为研究人员要解决的重要问题. 利用同态加密技术可以较好地解决这一问题, 人们正在此基础上研究更完善的实用技术, 这对云计算具有重大价值.

密码学的目的就是信息保密与破译, 它的发展也是一个学科交叉融合的过程. 最初以个人经验为起点, 通过结合计算技术并将基础建立在数学之上, 才形成如今的密码学. 科学技术的进步为今后学科交叉融合提供了更多的条件. 以计算为纽带, 密码学将有可能在更广的范围内与其他学科结合. 某些学科的发展会对密码学提出新的需求, 或为密码破译提供新的工具, 而一些学科中的难题则可以为构建新型密码体制提供素材.

参考文献 9

[1] Deutsch D. Quantum theory, the Church-Turing principle and the universal quantum computer. Proceedings of the Royal Society of London. A. Mathematical and Physical Sciences, 1985, 400(1818): 97-117.

[2] Bernstein E, Vazirani U. Quantum complexity theory. Proceedings of the Twenty-fifth Annual ACM Symposium on Theory of Computing, 1993: 11-20.

[3] Yao A C C. Quantum circuit complexity. Proceedings of 1993 IEEE 34th Annual Foundations of Computer Science. IEEE, 1993: 352-361.

[4] 孙晓明. 量子计算若干前沿问题综述. 中国科学: 信息科学, 2016, 46: 982-1002.

[5] Shor P W. Algorithms for quantum computation: discrete logarithms and factoring. Proceedings 35th Annual Symposium on Foundations of Computer Science. IEEE, 1994: 124-134.

[6] Grovel L K. Quantum mechanics algorithm for database search//Proceedings of the 28th ACM Symposium on the Theory of Computation. New York: ACM Press, 1996: 219.

[7] 任伟. 现代密码学: 原理与协议. 北京: 国防工业出版社, 2011.

[8] Wootters W K, Zurek W H. A single quantum cannot be cloned. Nature, 1982, 299(5886): 802-803.

[9] Bennett C H, Brassard G. Quantum cryptography: Public key distribution and coin tossing. Theoretical Computer Science, 2014, 560: 7-11.

[10] Bennett C H. Quantum cryptography using any two nonorthogonal states. Physical Review Letters, 1992, 68(21): 3121.

[11] Ekert A K. Quantum cryptography based on Bell's theorem. Physical Review Letters, 1991, 67(6): 661.

[12] Loepp S, Wootters W K. Protecting Information: From Classical Error Correction to Quantum Cryptography. Cambridge: Cambridge University Press, 2006.

[13] Berlekamp E, McEliece R, Van Tilborg H. On the inherent intractability of certain coding problems (corresp.). IEEE Transactions on Information Theory, 1978, 24(3): 384-386.

[14] Imai H, Matsumoto T. Algebraic methods for constructing asymmetric cryptosystems. Algebraic Algorithms and Error-Correcting Codes: 3rd International Conference, AAECC-3 Grenoble, France, July 15－19, 1985 Proceedings 3. Berlin, Heidelberg: Springer, 1986: 108-119.

[15] Patarin J. Hidden fields equations (HFE) and isomorphisms of polynomials (IP): Two new families of asymmetric algorithms. International Conference on the Theory and Applications of Cryptographic Techniques. Berlin, Heidelberg: Springer, 1996: 33-48.

[16] Ding J, Gower J E. Inoculating multivariate schemes against differential attacks. Public Key Cryptography-PKC 2006: 9th International Conference on Theory and Practice in Public-Key Cryptography, 2006. Proceedings 9. Berlin, Heidelberg: Springer, 2006: 290-301.

[17] Merkle R C. Secrecy, Authentication, and Public Key Systems. Stanford University, 1979.

[18] 王小云, 刘明洁. 格密码学研究. 密码学报, 2014, 1(1): 13-27.

[19] Shamir A. A polynomial time algorithm for breaking the basic Merkle-Hellman cryptosystem. 23rd Annual Symposium on Foundations of Computer Science (SFCS 1982). IEEE, 1982: 145-152.

[20] Coppersmith D. Finding a small root of a univariate modular equation. International Conference on the Theory and Applications of Cryptographic Techniques. Berlin, Heidelberg: Springer, 1996: 155-165.

[21] Ajtai M. Generating hard instances of lattice problems. Proceedings of the twenty-eighth annual ACM symposium on Theory of Computing, 1996: 99-108.

[22] Ajtai M, Dwork C. A public-key cryptosystem with worst-case/average-case equivalence. Proceedings of the Twenty-Ninth Annual ACM Symposium on Theory of Computing, 1997: 284-293.

[23] Goldreich O, Goldwasser S, Halevi S. Public-key cryptosystems from lattice reduction problems. Advances in Cryptology—CRYPTO'1997: 17th Annual International Cryptology Conference Santa Barbara, California, 1997. Proceedings 17. Berlin, Heidelberg: Springer, 1997: 112-131.

[24] Hoffstein J, Pipher J, Silverman J H. NTRU: A ring-based public key cryptosystem. International Algorithmic Number Theory Symposium. Berlin, Heidelberg: Springer, 1998: 267-288.

[25] Regev O. On lattices, learning with errors, random linear codes, and cryptography. Journal of the ACM (JACM), 2009, 56(6): 1-40.

[26] Alwen J, Peikert C. Generating shorter bases for hard random lattices. Theory of Computing Systems, 2011, 48: 535-553.

[27] Rivest R L, Adleman L, Dertouzos M L. On data banks and privacy homomorphisms. Foundations of Secure Computation, 1978, 4(11): 169-180.

[28] Gentry C. Fully homomorphic encryption using ideal lattices. Proceedings of the forty-first annual ACM Symposium on Theory of Computing, 2009: 169-178.

[29] Van Dijk M, Gentry C, Halevi S, et al. Fully homomorphic encryption over the integers// Advances in Cryptology-EUROCRYPT 2010: 29th Annual International Conference on the Theory and Applications of Cryptographic Techniques, 2010. Proceedings 29. Berlin, Heidelberg: Springer, 2010: 24-43.

[30] Gentry C, Sahai A, Waters B. Homomorphic encryption from learning with errors: Conceptually-simpler, asymptotically-faster, attribute-based. Advances in Cryptology-CRYPTO 2013: 33rd Annual Cryptology Conference, Santa Barbara, 2013. Proceedings, Part I. Berlin, Heidelberg: Springer, 2013: 75-92.

[31] 王付群. 全同态加密的发展与应用. 信息安全与通信保密, 2018: 81-91.

附录